NEW

임상영양학

김미현 · 양경미 · 윤정미 · 윤택준 · 이복희 · 이양순 · 허은실

Clinical Nutrition

지구문화사
JIGU PUBLISHING Co.

머리말

현대사회는 경제수준의 향상과 함께 의료기술의 발달로 인간의 수명이 연장되면서 건강한 삶에 대한 관심과 욕구가 높아지고 있습니다. 그러나 고열량, 고지방, 고당질 위주의 서구식 식생활, 운동부족 및 스트레스의 증가 등의 환경요인으로 인해 비만, 고혈압, 동맥경화, 당뇨병 등의 만성퇴행성 질환의 이환율이 증가하고 이로 인한 사망률도 증가하고 있는 추세입니다.

이들 질환을 치료하기 위해서는 병원에서 제공되는 의료적 치료와 함께 임상영양관리가 매우 중요한데, 특히 만성퇴행성 질환의 성공적 치료를 위해서는 의사, 간호사 이외에 영양사, 운동처방사, 심리치료사 등 다양한 보건의료계 전문가들과의 협력이 필수적입니다.

임상영양관리는 질병의 발병원인 및 증상을 이해하고 적절한 식이처방을 통해 질병을 치료하여 합병증을 예방함으로써 환자의 건강을 유지, 증진시키고 환자의 삶의 질을 향상시키는 데에 그 목적이 있습니다.

이 책은 대학에서 식품영양학을 전공하는 학생과 보건의료계에 종사하는 건강관련 전문인 및 임상영양치료에 관심이 있는 일반인들에게 도움을 주고자 집필되었습니다. 이 책에서는 현대인에게 가장 문제가 되고 있는 만성질환은 물론, 최근 증가추세에 있는 질병까지를 포괄적으로 다루고 있으며 이들 질병의 원인과 증상의 진단, 치료 및 합병증 예방에 대하여 구체적으로 설명하였습니다. 또한 학습목표, check point 및 어려운 내용이나 용어에 대한 guide 등을 삽입하고 쉽게 정리된 표와 그림을 많이 사용하여 학습자의 이해를 높이고자 하였습니다.

이 책은 오랜기간 동안 임상영양학을 강의해온 필자들에 의해 여러 번의 수정과 보완을 거쳐 마침내 햇빛을 보게 되었습니다. 비록 오랜 준비기간을 거쳤다고는 하나 여전히 부족한 부분이 많을 것으로 생각되며, 선후배 선생님들과 독자의 조언과 충고를 수용하여 더욱 알찬 교재로 거듭날 수 있기를 바라는 바입니다.

마지막으로 이 책의 출판을 위해서 애써주신 지구문화사 주병오 사장님, 주민기 실장님 및 직원 여러분께 깊은 감사를 드리는 바이다.

계사년 새봄에

저자 일동

차례

Contents

Chapter 4 소화기 질환

Chapter 5 간, 담낭 및 췌장질환

Chapter 6 당뇨병

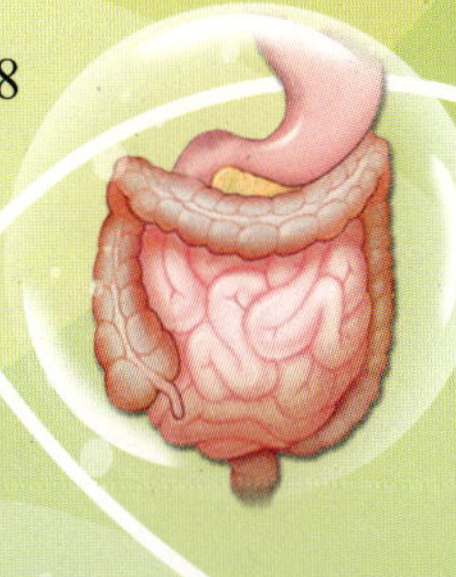

Chapter 7 비 만

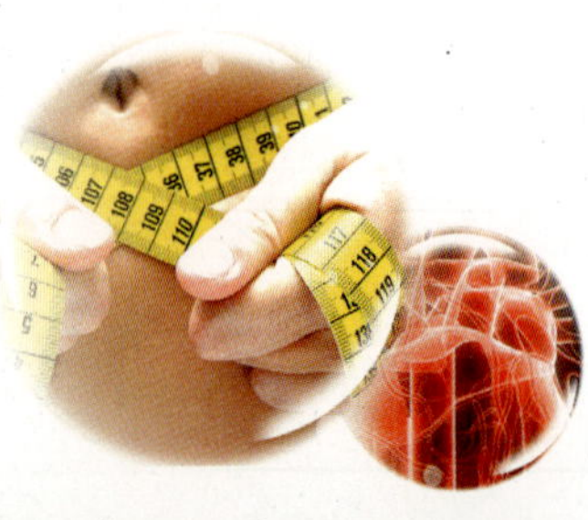

Contents

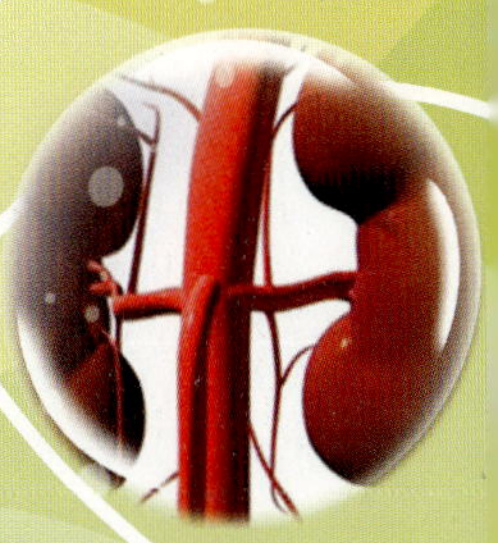

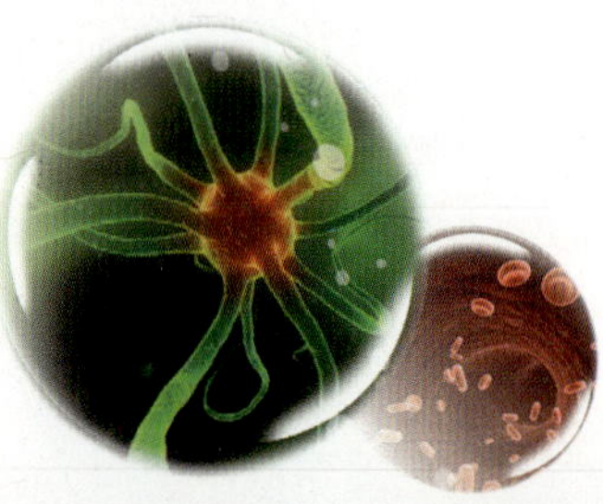

Contents

Chapter 14 대사성 스트레스

Chapter 15 암과 그 치료법

Contents

Chapter 16 면역반응 및 면역계 질환

Chapter 1

임상영양학 개요

학습 목표

- 임상영양학이란 어떤 학문인가?
- 임상영양사의 역할과 책임 및 업무는 무엇인가?
- 환자의 영양상태 종합판정은 어떻게 할 것인가?

1-1 임상영양학의 정의

임상영양학 clinical nutrition이란 식품에 함유되어 있는 영양소의 체내작용 기전을 토대로 영양과 질병과의 관계를 다루며, 이를 환자에게 적용하여 건강을 회복 · 유지하도록 하는 응용과학의 한 분야이다.

최근 잘못된 식습관이 심혈관질환, 비만, 암 및 당뇨병 등 만성퇴행성 질환 발병의 주요 원인이 되고 있으며, 이러한 질환은 식습관의 개선으로 예방 혹은 치료된다는 사실이 과학적으로도 입증되어 있다. 예를 들어 지방과 콜레스테롤의 섭취는 줄이고 통곡식을 적절히 먹으면 동맥경화를 예방할 수 있다. 열량 섭취 열량의 감소로 체중을 줄일 수 있으며, 단순당의 섭취를 줄이고 식이섬유질의 섭취를 늘리면 당뇨병의 관리가 용이해진다.

실제로 2만 명의 남성을 대상으로 주 1회 생선을 섭취하게 한 결과, 심장발작에 의한 사망률을 52%까지 감소시켰다는 보고가 있다. 또한 채소 및 과일, 통곡식, 저지방 유제품 및 살코기 위주의 식사만을 하는 4만 2천 명의 여성이 그렇지 않은 여성들에 비해 수명이 더 길었다는 사실이 이를 뒷받침해 준다.

게다가 플라보노이드가 풍부한 브로콜리, 감귤, 사과, 양파 및 당근 등을 많이 섭취하면 폐암을 예방할 수 있다. 그리고 비타민 E는 협심증과 심장발작 위험을 낮추는 데에도 유용한 것으로 보고되어 있다.

따라서 임상영양학이란 다양한 질병의 원인과 증상, 발병과정, 치료 및 예방 방법을 공부하고, 이들 질환과 영양소 대사 및 생리적·생화학적 변화를 이해함으로써 적절한 영양처방과 지원을 통해 환자가 건강을 회복·유지할 수 있도록 하는 것이다.

1-2 임상영양사의 역할과 책임 및 업무

최근 의료 서비스 분야에서 임상영양 서비스는 점차로 확대되고 기술적 요구도가 더욱 높아지는 추세에 있다. 임상영양사 clinical dietitian는 환자의 영양요구도를 판정 및 기록하며, 의료진에 의해 내려진 식이처방에 따라 환자식을 검사하고 조리원의 관리 및 감독을 담당한다.

일반적으로 임상영양사는 환자의 의학적·영양적 요구도에 대하여 의사 및 그 밖의 의료관계자들과 의논하며, 일부 임상영양사는 과체중 환자의 체중관리나 신장병 및 당뇨병 환자 혹은 중환자 등의 관리로 더욱 전문화된 역할을 수행한다. 그러나 장기요양소나 소규모 병원 혹은 교정기관에 근무하는 임상영양사는 급식부서의 업무를 관리하기도 하며, 규모가 큰 기관에서는 직급별로 여러 명의 임상영양사를 고용하기도 한다.

임상영양사는 역할에 따라 임상영양 총관리자 clinical nutrition manager, 임상영양 주관리자 chief clinical dietitian, 임상영양사 clinical dietitian, 보조영양사 diet technician 등으로 구분한다. 직위명은 기관의 규모나 운영방침에 따라 다를 수 있으나 일반적인 직무내용은 거의 동일하다.

(1) 임상영양 총관리자 Clinical Nutrition Manager

영양관리 분야의 최고 관리자층으로서 기관에 따라서 임상영양부서의 수장이 되거나 보통은 급식영양 서비스 부서의 부지배인 assistant director이 되는 것이 일반적이다.

Guide

임상영양사를 다음과 같이 세분하는 나라도 있다.

① 임상영양 관리자
건강관련시설에 입원한 환자의 전반적인 영양관리에 대해 책임을 지는 관리자로서 정기적으로 직접적인 환자관리를 감독하지는 않는다.

② 관리영양사
건강관련시설의 임상영양부서를 관리하는 관리영양사로서 환자관리를 감독한다.

③ 환자 서비스 관리자
환자에 대한 급식 서비스를 관리하는 책임자로서 임상영양사와 함께 환자의 급식 서비스를 관리한다.

④ 서비스 영양관리사
건강관련시설에 근무하는 정규영양사로서 환자에게 영양 서비스를 제공한다. 어느 정도의 관리기술 management skills이 요구된다.

의료기관 내에서 급식부서와 영양부서는 같은 부서에 소속되어 있는데, 그 이유는 서로에 대한 의존성이 높기 때문이다.

임상영양 관리자는 환자나 고객의 영양관리에 대한 책임을 지며 이를 위해 영양검색 nutrition screening, 식사요법에 대한 관리, 영양지원 및 그 밖의 영양 중재 활동을 담당한다. 임상영양 관리자는 임상영양사 및 보조영양사, 영양부서 직원 diet clerk 등을 감독하며 환자의 급식 서비스 관리를 담당한다.

(2) 임상영양 주관리자 Chief Clinical Dietitian

환자를 관리하고 다른 영양사와 보조영양사 및 영양부서 직원을 관리하는 등 전반적인 임상영양부서의 업무를 담당한다. 급식부서와 협동하여 환자관리를 담당하나 환자관리에 대한 직접적인 책임을 지지는 않는다.

(3) 환자 서비스 관리자 Patient Services Manager

대규모 기관에서 환자에 대한 급식서비스를 관리하는 자를 환자 서비스 관리자라고 한다. 환자 서비스 관리자는 트레이라인과 식사배달 서비스를 담당하며, 환자의 식사서비스에 대한 만족도와 급식서비스를 조율한다. 보통은 기관의 규모에 따라 직무와 관련하여 임상영양 서비스 관리자 혹은 급식 서비스 관리자에게 보고하며, 두 관리자 모두에게 보고하는 경우도 있다.

(4) 임상영양사 Clinical Dietitian

일상적인 영양사 업무를 담당하는 영양사로서 환자에 대한 영양관리를 담당한다. 비록 관리자는 아니지만 관리자적 기술을 필요로 하며, 보조영양사를 관리하고 식사 매뉴얼의 개정이나 임상영양 프로토콜 개발 등과 같은 특정한 프로젝트를 수행하기도 한다.

(5) 보조영양사 Diet Technician

환자관리를 책임지며 실제 트레이라인의 감독자는 아니나 일반적으로 급식 서비스 시에 트레이라인에 대한 점검을 담당한다.

1-3 환자의 영양상태 판정

영양판정이란 환자 및 일반 개인의 영양관련 문제를 식별해내기 위하여 영양상태에 영향을 미치는 다양한 요인과 관련한 정보를 수집하고 평가하는 과정이다. 병원에 입원한 환자는 감염, 호흡부전, 외상과 같은 스트레스 등으로 인해 약 30~50% 정도에서 영양불량 malnutrition이 발생한다.

영양불량은 급성 혹은 만성으로 올 수 있는데, 환자의 영양불량은 환자의 사망률, 이환율, 입원기간 등을 증가시키므로 예방이 매우 중요하다. 따라서 영양불량의 위험에 있는 개인을 영양검색 혹은 영양선별과정 nutrition screening을 통해 가려낸 후, 적절한 영양계획을 수립하고 임상영양치료를 신속하게 실시하여야 한다.

영양판정은 과학과 기술을 접목한 분야로서 객관적인 자료와 주관적인 경험을 토대로 실시된다. 최근에는 첨단과학기술을 활용하여 열량요구량(간접열량측정법), 지방량과 체지방 조성(예: 신체전기저항도) 등을 결정한다.

그러나 영양판정에 있어서 가장 필수적인 요소는 영양사가 영양상태 판정을 위해 받는 적절한 훈련과 여러가지 도구를 활용하여 수집된 정보를 해석한 후, 영양상태 개선을 위한 중재활동 nutrition intervention을 제대로 실시할 수 있는 능력이다.

1. 영양검색 Nutrition Screening

영양검색 혹은 영양선별이란 환자가 영양불량이나 영양불량의 위험요소를 지니고 있는지 여부를 가려내는 과정이다. 영양전문가에 의해 실시되는 영양검색은 임상영양사 외에 간호사 및 기타 의료진에 의해서도 수행될 수 있다. 영양검색이 효과적으로 활용되기 위해서는 무엇보다도 신속함이 중요하며, 이로써 영양위험에 처해 있는 환자에게 빠른 영양지원을 할 수 있어야 한다. 일반적으로 입원 후 48시간 이내에 실시하는 것이 좋다.

영양검색도구에는 NRS nutrition risk screening, MST malnutrition screening tool, NRI nutrition risk index, MUST malnutrition universal screening tool 등이 있

다. 영양검색도구를 선정할 때에는 간단하고 타당성이 있으면서 특이성이 있는 영양지표를 선택하여 실시하여야 한다. 영양검색 시 영양불량의 위험도를 식별하기 위해 고려되어야 할 요소를 표 1-1에, 영양검색 평가지의 예시는 표 1-2에 제시하였다.

표 1-1 영양불량 위험도를 식별하기 위한 평가요소

• 나이, 병력, 질환 경험의 유무
• 신장, 체중, BMI, 최근의 체중 변화
• 건강상태를 나타내주는 생화학적 지표
• 최근의 식이 섭취량이나 식욕의 변화
• 식품섭취를 어렵게 하는 증상이나 문제점(저작이나 연하곤란, 오심, 구토)
• 식품 알레르기나 섭취 제한 식품
• 빈혈, 체내 조직량 감소, 욕창의 유무
• 당뇨병, 신장병 및 기타 만성질환의 병력
• 영양소 흡수를 저해하는 약물의 복용
• 우울증이나 자폐증의 유무

표 1-2 영양검색 평가지의 예시 (NRS 2002)

1. Initial screening			
		Yes	No
1	Is BMI > 20.5?		
2	Has the patlent lost weight within the last 3 months?		
3	Has the patlent had a reduced dietary lntake in the last week?		
4	Is the patient severely ill?(e.g. in intensive therapy)		

Yes : If the answer is "Yes! to any question, the screening in Table 2 is performed.

No : If the answer is No! to all question, the patient is re-screened at weekly intervals. If the patient is scheduled for a major operation, a preventive nutritional care plan is considered to avoid the associated risk staus.

출처: Kondrup J. Allison SP Elia M. Veilas B, Piauth M(2003): Espen Guidelines for Nutrition 2002 Clin Nutr 22:415-421

2. Final screening			
Impaired nutritional status		Severity of disease(increase in requirements)	
Absent Score 0	Normal nutritional status	Absent Score 0	Normal nutrional requirements
Mild Score 1	Wt loss > 5% in 3 months of food intake below 50~75% of normal requiement in preceding week	Mild Score 1	Hip fracture* Chronic patients, in paticular with acute complications : cirrhosis*, COPD* *Chronic hemodialysis, diabetes, oncology*
Moderate Score 2	Wt loss >5% in 2 months of BMI 18.5~20.5 +impaired general condition or Food intake 25~60% of normal requirement in preceding week	Moderate Score 2	Major abdominal surgery* Stroke* *Severe pneumonia, hematologic malignancy*
Severe Score 3	Wt loss > 5% in 1 month (> 5% in 3 mos) or BMI < 18.5+impaired general condition or food intake 0~25% of normal requirement in preceding week in preceding week	Severe Score 3	Head injury* Bone marrow transplantation* Intensive care patients(APACHE > 10).
Score : +		Score : _Total score	
Age	If ≥70 years : add 1 to total score above −age-adjusted total score		
Score ≥ 3 : the patient is nutritionaly at-risk and a nutnitional care plan is intiated.			
Score ≥ 3 : weekly rescreening of the patient. If the patient e.g. is scheduled for a major operations, a preventive nutritional care plan is considered to avoid the associate risk status.			

2. 영양판정

임상영양사는 영양관리과정 NCP, nutrition care process과 같은 체계적인 의학영양치료법을 실행함으로써 영양불량 및 영양관련 문제를 해결할 수 있다. 영양관리과정은 4단계로 구성되어 있다.

- 영양판정
- 영양진단
- 영양중재
- 영양 모니터링 및 평가

영양관리과정은 한 번의 실시로 끝나는 것이 아니라 각 단계별로 되돌아가서 재평가와 수정을 거침으로써 완성된다(그림 1-1).

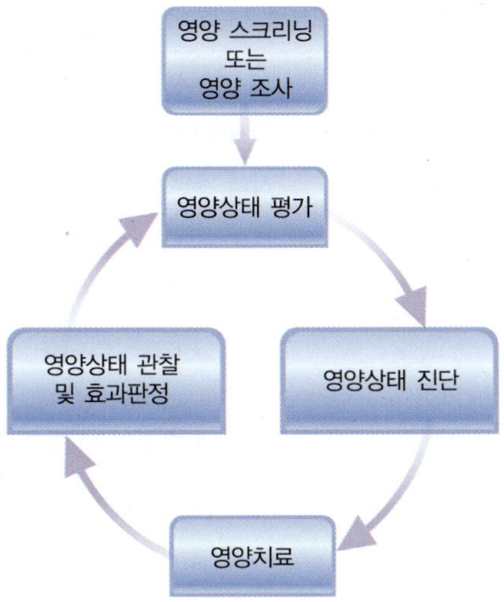

그림 1-1 영양관리과정

영양판정은 환자의 영양문제를 식별하고 영양적 요구도를 평가하기 위한 정보수집 과정을 포함하며, 이를 토대로 영양상태를 판정하는 것이다. 이때 사후 영양평가 follow-up assessment는 영양관리계획이 효과적이었는지 여부를 판정할 때 사용된다. 영양판정이 제대로 이루어지기 위해서는 영양문제가 아주 사소한 것이라도 이를 선별해 낼 수 있을 만큼 예민도가 높으면서 문제가 되는 영양소를 찾아낼 수 있어야 한다. 영양판정을 위해 보편적으로 사용하는 정보로는 과거정보, 식사섭취 자료, 신체계측 자료, 생화학적 자료, 임상학적 자료가 있다.

1. 과거정보

의학적 · 사회적 이력과 식사력 등과 같은 과거정보를 수집함으로써 환자의 영양상태와 영양요구도 및 식습관 관련 문제점을 알아낼 수 있다(표 1-3). 이러한 정보는 환자나 환자 보호자 혹은 관리주체 caregiver를 통해 얻을 수 있다.

(1) 의학적 병력 medical history

의학적 병력은 환자의 식품섭취에 영향을 미칠 수 있는 건강문제의 식별에 도움을 주며, 필요 시 식사섭취 변화 등에도 사용할 수 있다. 질병은 영양불량에 대한 위험도를 높이는데, 모르는 채 지나갈 경우에는 심각한 결과를 초래할 수 있다.

표 1-3 영양평가에 사용하는 과거정보

병력 medical history	사회적 이력 social history	식사력 diet history
현재 건강상태	사회적 지위	식사 패턴
과거 건강상태	문화 / 종교	식이 제한
가족의 병력	교육 수준	평소 / 현재 체중
수술 유무	거주지	식품 알레르기
약물복용 유무	흡연/마약 여부	음주 여부
알레르기	거주지역 내 구매여건	저작(씹는 것) / 삼키는 능력
식이보충제 / 허브 건강보조식품 복용여부	부업 상태 / 조리시설 / 식사담당자	식사 시 도움이 필요한지의 여부

병력조사 항목으로는 처방약물 prescription drug, 일반매약 over the counter drugs, OTC drugs, 건강보조제 등이 있다. 일부 약물의 경우, 영양상태에 치명적인 영향을 미칠 수 있으므로 영양소와 약물의 상호작용에 대한 부분도 영양관리계획에서 주의 깊게 다뤄져야 할 것이다.

(2) 사회적 이력 social history

사회적 이력은 개인의 식품구매력과 건강 및 영양문제를 관리할 수 있는 정도에 영향을 미친다. 또한, 문화적 배경은 식품기호도에 상당한 영향을 주는데, 오늘날과 같은 다문화 시대에 있어 문화적 배경에 대한 이해는 필수적이다. 재정사항은 건강관리의 질에 영향을 미치며, 주거환경이나 거주상태 역시 식사섭취 및 영양상태에 직·간접적으로 영향을 준다. 예를 들어 독거노인이나 혼자 생활하는 미혼자들은 식사섭취상태가 불량하기 쉬우며, 식사지침을 따르기 어려운 경우가 많다.

(3) 식사력 diet history

식사력은 한 개인의 식사실천도와 식습관에 대한 자세한 정보를 제공한다. 식품섭취 및 음식섭취 패턴, 생활방식, 신체적 이상 여부 등은 식사력에서 다루어져야 하는 항목이다. 식품섭취 및 음식섭취 패턴을 알아내기 위해서는 최근 식품섭취에 관한 24시간회상법을 활용하거나, 식품섭취빈도를 조사하는 방법을 사용하는 것이 좋다.

check point

건강관리체계

① 건강관리체계는 '영양상태 판정, 영양상태 진단, 영양치료, 영양상태의 관찰 및 평가'의 4단계로 이루어진다.

- 영양상태 판정방법에는 신체계측 검사, 영양섭취 상태, 생화학적 분석 및 임상적 검사가 있다.
- 영양섭취상태 평가에는 24시간회상법, 식품섭취빈도조사법, 식사기록법, 직접관찰법 등이 있다.
- 신체계측은 성장패턴, 영양과잉, 영양부족, 신체조성을 평가하는데 유용하다.

② 질병의 종류 및 치료방법들은 식품섭취 및 영양소 섭취량에 영향을 줄 수 있으며 이는 영양불량 상태를 초래할 수 있다. 또한 환자의 영양불량 상태는 임상치료의 효과를 감소시킬 수 있다.

2. 식사섭취 자료

정확한 식사섭취 자료를 얻는다는 것은 매우 어려운 작업이다. 왜냐하면 식사섭취조사방법은 주로 개인의 기억력과 정직함, 그리고 평가자의 기술과 훈련 정도에 의해 영향을 많이 받기 때문이다. 게다가 각각의 방법에 따라 장점과 단점이 있기 때문에 최상의 결과를 얻으려면 여러 가지 방법을 적절히 혼용하는 것이 좋다. 식사섭취 자료 수집방법에는 24시간회상법, 식품섭취빈도조사법, 식사기록법, 직접관찰법의 4가지가 있다(표 1-4).

(1) 24시간회상법 24-Hour Recall

24시간회상법이란 숙련된 면접자가 한 개인이 그 전날 혹은 24시간 전부터 지금까지 섭취한 음식이나 음료수를 모두 알아내는 조사법이다. 면접자는 연대기적 기법을 활용하여 시간의 흐름에 따라 먹은 것을 얘기하도록 함으로써 피면접자의 기억이 정확하게 회상될 수 있도록 도와주면서 24시간 동안 섭취한 음식의 내용을 수집한다.

면접자가 정확한 식사내용을 알아내기 위해서는 음식모형, 계량 컵, 계량 스푼 등을 활용하면 좋고, 특히 그날의 식사내용이 일상적이었는지 아닌지를 확인하는 것이 필요하다. 24시간회상법이 더 정확하려면 주중 2일, 주말 1일을 포함한 3일치를 사용하는 것이 좋다.

24시간회상법은 간단하게 개인의 식사섭취 패턴을 알 수 있지만 식사내용의 상당부분을 기억에 의존하기 때문에 자료의 정확도가 낮아질 수 있다.

(2) 식품섭취빈도조사법 Food Frequency Questionnaire

식품섭취빈도조사법이란 음식과 음료를 포함한 모든 음식을 특정기간 중에 얼마나 자주 먹었는지를 조사하는 것이다. 보통 6개월 혹은 1년을 기준으로 조사하며, 단순 식품섭취빈도조사법, 반정량적 식품섭취빈도조사법, 정량적 식품섭취빈도조사법의 3가지가 있다.

단순 식품섭취빈도조사법은 정성적인 조사로서 상용식품의 목록을 식품군별로 나눠서 빈도를 알아보는 방법이다. 또 반정량적 식품섭취빈도조사법은 단순 식품섭취빈도조사법과 마찬가지 형태이나 부가적으로 평균적인 1인 1회 분량을 고려하여 식품섭취량을 추정해 내는 방법이다. 마지막의 정량적 식품섭취빈도조사법은 반정량적 식품섭취빈도조사법을 변형하여 1인 1회 분량을 대, 중, 소로 구분한 후 이를 선택하게 하여 섭취량 추정을 좀 더 정확하게 하고자 만든 것이다.

식품섭취빈도조사법은 모든 상용식품을 다 조사하는 것이 아니라 질병과 관련하여 문제가 되는 영양소를 위주로 식품목록을 구성하여 간단히 실시할 수도 있다. 예를 들면, 골다공증과 관련하여 칼슘의 영양상태를 판정하고 싶을 때에는 우유 및 유제품, 강화식품, 칼슘 함량이 높거나 낮은 특정 과일과 채소 및 칼슘보조제 섭취 등을 조사하면 된다.

(3) 식사기록법 Food Record, Diet Record

식사기록법이란 정해진 기간 내에 개인이 섭취한 음식과 음료를 그때그때마다 일지를 쓰듯 모두 기록하는 것이다. 보통은 3일간 식사기록법을 가장 많이 사용한다. 제대로 시행하는 경우, 가장 정확하고 완전한 식사섭취패턴을 알 수 있는 방법으로 기억에 의존하지 않는다.

조사항목으로는 먹은 음식명, 음식의 양과 종류, 먹은 시간과 장소, 그밖에 준비방법과 같은 참고사항 등이 포함된다. 그러나 개인에게 상당한 시간과 노력을 요하는 방법이며, 개인의 협조 정도가 결과에 영향을 미칠 수 있다.

(4) 직접관찰법

식사를 제공하는 의료관련시설에서 실제로 섭취한 음식을 직접 관찰하고 분석하는 방법으로 환자나 개인의 식품기호도와 식욕변화 및 처방식이에 대한 문제점을 파악하는 데 도움이 된다. 의료관련 전문가들은 환자의 영양소 섭취량을 결정하기 위해 직접 섭취량을 관찰하고 이를 토대로 환자에게 필요한 열량을 산정한다.

표 1-4 영양판정을 위해 사용하는 식사섭취조사법의 종류

방 법	개 요	장 점	단 점
24시간 회상법	24시간 동안 먹은 음식과 음료를 자세하게 인터뷰하는 방법	• 응답자의 지식, 교육 정도와 관계없이 결과를 얻을 수 있다. • 식품을 모두 먹은 후 인터뷰하기 때문에 식품 선택에 영향을 받지 않는다. • 비교적 쉽고 빠르게 평가할 수 있다.	• 기억에 의존한다. • 음료, 소스, 양념 등이 결측될 가능성이 있다. • 식품섭취를 과소, 과대평가 할 수 있다. • 하루의 섭취자료가 응답자의 정확한 평소 섭취라 할 수 없다. • 계절적인 차이가 나타나지 않는다.
식품섭취빈도 조사법	특정기간 동안 먹은 식품의 섭취 빈도를 조사하는 방법	• 오랜 기간의 식품섭취를 평가하므로 하루, 계절적인 변화를 고려하지 않아도 된다. • 음식이 완전히 소비된 후 조사하므로 식품 선택에 구애받지 않는다. • 조사 가격이 저렴하다.	• 기억에 의존한다. • 식품섭취의 단기간 변화를 관찰하는 데에는 적절하지 않다. • 정확한 빈도 및 양을 측정하는 것이 어렵다. • 영양소 섭취량 추정이 정확하지 않을 수 있다.
식사기록법	특정기간(보통 며칠간) 동안 먹은 음식을 적게 하는 방법. 음식의 중량과 크기(size)를 알 때 정확성이 높아진다.	• 기억력에 의존하지 않는다. • 먹은 음식을 그때 그때 적기 때문에 정확한 식품섭취자료를 얻을 수 있다. • 기록하는 방법이 식품선택에 대한 의식을 향상시켜 식품섭취를 조절할 수 있다.	• 개인적인 식품선호의 다양성 때문에 자료분석 시에 시간과 노력이 많이 든다. • 시간이 걸리고 귀찮기 때문에 높은 수준의 동기유발이 필요하다. • 누락시키는 경우가 많다. • 지식과 건강이 필요하다. • 계절적인 변화를 알 수 없다.
직접관찰법	식사 전후의 식판이나 냉장고 등을 관찰하는 방법	• 기억력에 의존하지 않는다. • 개인의 식품섭취를 방해하지 않아도 된다. • 지정된 식이에 대한 수용도를 평가할 수 있다.	• 거주지가 있을 때만 가능하다. • 노동집약적이다.

임상영양사나 영양사가 열량을 산출하기 위해서는 식사할 때에 제공된 음식량에서 남긴 음식량을 빼서 총 섭취량을 계산하면 된다. 그러나 직접관찰법은 노동집약적 작업으로서 비용이 비싼 단점이 있으며, 특히 규칙적이고 주의 깊게 기록을 남기도록 해야 한다.

3. 신체계측 자료

신체의 크기와 체중 및 조성을 측정하는 신체계측은 영양상태를 직접적으로 반영하는 중요한 지표이다. 신체계측에 가장 많이 사용하는 지표는 키, 체중, 체질량지수 BMI, body mass index, 허리둘레, 허리-엉덩이둘레, 피부두겹두께, 상완위(위팔뚝둘레) 등이 있다.

신체계측치 중 키와 체중은 체질량지수 산출에 사용되는데 비만, 영양결핍, 단백질-열량 영양불량을 판정하며 활용도가 매우 높은 지표이다. 허리둘레는 내장지방과 관련이 많아 영양판정 시에 많이 활용되며, 피부두겹두께 skinfold thickness 역시 비만판정에 활용되는데 캘리퍼 caliper란 도구를 사용하여 다양한 신체부위를 측정함으로써 체지방 축적 정도를 알아낼 수 있다. 상완위는 제지방조직량(근육량)을 측정하는 데 사용한다.

영아와 2세 미만의 어린이는 키 대신에 누운 키 recombent length를 측정하고 2세 이상의 어린이는 선 키 height를 측정한다. 3세까지 어린이는 머리둘레를 측정하여 단백질-열량 영양불량 및 정상적인 발달여부를 판정할 수 있으며, 표준성장발달곡선을 활용하여 성장 패턴의 이상 여부를 판정한다.

표준성장발달곡선이란 성별에 따라 체중, 신장, 두위, BMI 등을 나이 등에 맞추어 작성한 것으로 정상기준치(15~85 백분위수)의 한계선과의 비교를 통해 영양이나 성장 패턴의 이상 여부를 알 수 있다.

환자의 경우, 신장계의 사용이 불가능한 노인이나 걸을 수 없는 사람 및 심한 척추만곡증이 있는 사람 등은 무릎높이를 측정하여 남녀별 공식에 대입하거나 노모그램 nomogram을 이용하여 키를 산출해 낼 수 있다(그림 1-2, 1-3).

의도하지 않은 체중감소 혹은 체중증가는 영양불량 혹은 부종 등과 같은 의학적 이상을 나타낼 수 있으므로 체중변화에 주의를 기울여야 한다. 부종은 심부전, 간경변증, 신부전 등을 앓고 있는 환자의 병을 악화시킬 수 있고 실제 영양불량 상태가 있음에도 불구하고 이를 가려버릴 수 있으므로 주의해야 한다.

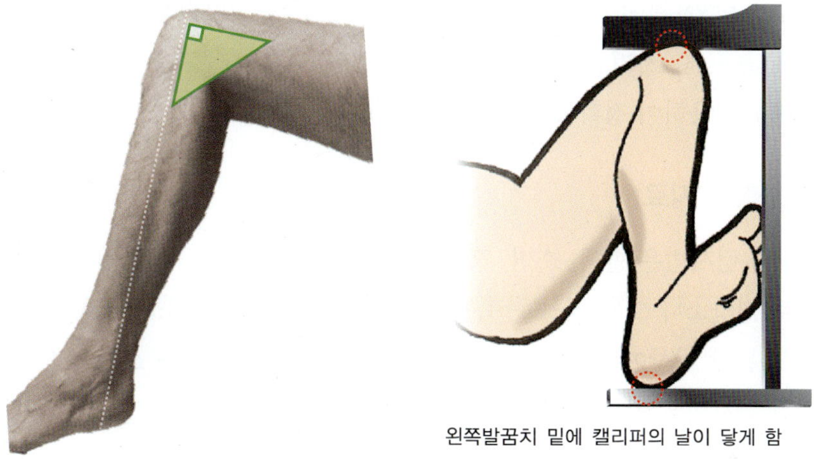

그림 1-2 무릎높이 측정법

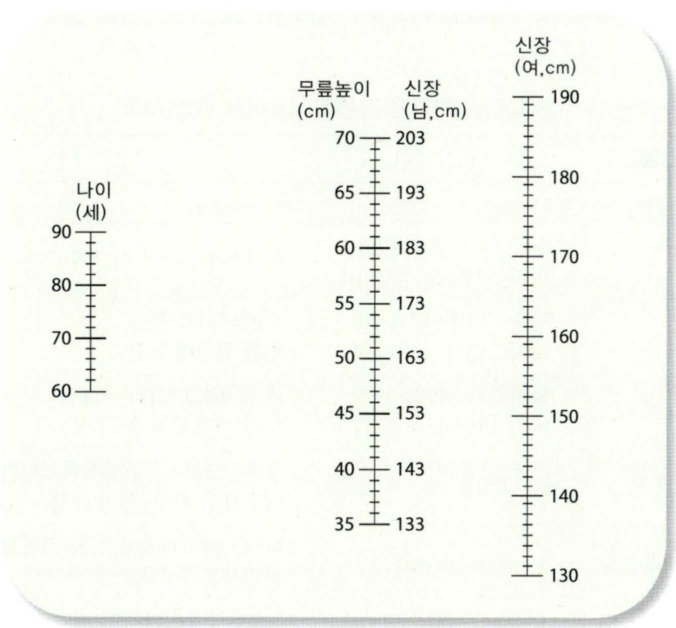

그림 1-3 무릎높이를 이용한 신장추정 nomogram

최근에는 생체전기저항법, 용적측정법, 초음파, 단층촬영법, 이중 에너지 방사선흡수법 DEXA, dual energy x-ray absorptiometry, 중성자활성측정법 neutron activation analysis, 자기공명영상법 MRI, magnetic resonance imaging 등 다양한 의료장비를 활용하여 정확하게 신체조성을 측정할 수 있다.

4. 생화학적 자료

생화학적 검사법은 혈액, 소변, 혹은 머리카락, 타액, 대변 등의 인체 시료를 대상으로 영양소나 그 대사물을 측정하거나(성분검사), 영양소의 부족으로 발생하는 기능적 이상여부(기능검사)를 측정하는 것이다. 혈액과 소변을 이용한 생화학적 검사법은 임상적 증상이 나타나지 않더라도 환자의 영양상태를 객관적이고 정량적으로 측정할 수 있다.

혈액, 소변 등의 생화학 시료를 측정한 생화학적 검사결과값을 식이섭취조사나 임상검사 결과와 병행하여 사용하면 좀 더 정확하게 영양상태를 파악할 수 있다. 이러한 생화학적 검사법을 사용할 경우에는 시료의 채취 · 운반 · 보관 · 분석에 대한 관리를 철저히 해야만 좋은 결과를 도출해 낼 수 있다.

표 1-5 생화학적 검사에 사용하는 판정 지표

검사 지표		정상범위	진 단
1. 혈액검사			
적혈구 수		남자 : 4.3~5.7 백만/μL 여자 : 3.8~5.1 백만/μL	적혈구 수 : 빈혈 진단에 도움
헤모글로빈		남자 : 13.5~17.5 g/dL 여자 : 12.0~16.0 g/dL	적혈구의 Hb 함량 빈혈 진단에 도움
헤마토크리트		남자 : 39~49% 여자 : 35~45%	총 혈액량의 적혈구 백분율 빈혈 진단에 도움
평균 혈구 용적		80~100 fL	적혈구 크기 : 소구성저색소빈혈과 대구성고색소빈혈을 구분
평균 혈구 Hb 농도		31~37% Hb/cell	적혈구 안의 Hb농도 : 철 결핍성 빈혈을 판별하는데 도움
백혈구 수		4,500~11,000 cells/μL	백혈구 수 : 일반적인 면역력 평가
2. 혈액의 화학적 검사			
혈청단백질	총단백질	6.4~8.3 g/dL	단백질 수치는 질병에 특이하지 않거나 또는 매우 예민하다. 체단백질, 질병, 감염, 수화, 신진대사, 임신, 약물투여에서의 변화를 반영

혈청단백질	알부민	3.4~4.8 g/dL	질병 또는 PEM 반영. 질병의 개선 또는 악화에 느리게 반응
혈청단백질	트랜스페린	200~400 mg/dL > 60 yr : 180~380 mg/dL	질병, PEM 또는 철결핍을 반영. 알부민보다 변화에 좀 더 예민
혈청단백질	프리알부민	10~40 mg/dL	질병 또는 PEM 반영. 알부민, 트랜스페린보다 건강상태의 변화에 더욱 반응
혈청단백질	C-반응성 단백질	68~8,200 ng/mL	염증 또는 질병의 지표
혈청효소	크레아틴키나아제(CK)	남자 : 38~174 U/L 여자 : 26~40 U/L	근육, 두뇌, 심장에서 다른 형태의 CK가 발견됨. 혈액에서 높은 수치는 심장발작, 뇌 조직 손상, 골격근 손상의 지표가 됨.
혈청효소	락테이트디하이드로게네이즈(LDH)	208~378 U/L	LDH는 많은 조직에서 발견됨. 특별한 타입은 심장발작, 폐 손상, 간질환 후에 높아짐.
혈청효소	알카린포스포타아제	25~100 U/L	많은 조직에서 발견 : 간 기능 평가를 위해 측정
혈청효소	아스파테이트아미노트랜스페라아제(AST)	10~30 U/L	보통 간 손상평가를 위해 측정 : 간질환에서 상승. 근 손상 후에 증가
혈청효소	알라닌아미노트랜스페라아제(ALT)	남자 : 10~40 U/L 여자 : 7~35 U/L	보통 간 손상평가를 위해 측정 : 간질환에서 상승. 근 손상 후에 증가
혈청효소	나트륨	136~46 mEq/L	수화상태, 신경근, 신장, 부신기능검사에 도움

3. 전해질검사

칼륨	3.5~5.1 mEq/L	산-알칼리균형, 신장기능검사, 칼륨 불균형을 감지
염소	98~106 mEq/L	수화, 산-알칼리 전해질 불균형을 평가하는 데 도움

4. 기타

포도당 (공복 시)	74~106 mg/dL > 60 yrs : 80~115 mg/dL	내당능 이상, 당뇨, 저혈당의 위험을 감지 당뇨치료에 도움
글리코실레이트 Hb	5.0~7.5% of Hb	1~3개월의 혈당조절능력 모니터에 사용
요소질소	6~20 mg/dL	초기 신장기능을 검사, 수치는 간부전, 탈수, 충격에 의해 변화
요산	남자: 3.5~7.2 mg/dL 여자: 2.6~6.0 mg/dL	통풍, 신장기능변화 감지에 사용 나이, 식사, 인종에 의해 영향을 받음
크레아티닌	남자: 0.7~1.3 mg/dL 여자: 0.6~1.1 mg/dL	신장기능을 검사

단백질의 영양상태 검사지표로는 크레아티닌 배설량, 3-메틸히스티딘, 혈청 알부민과 트렌스페린, 임파구 수 등이 있으며, 지질의 경우에는 혈청 중성지질, 총 콜레스테롤, LDL-콜레스테롤, HDL-콜레스테롤 등이 있다. 철분 영양상태는 헤마토크리트, 헤모글로빈, 적혈구 지수, 트랜스페린 포화도, 혈청 페리틴 등이 있다. 그 외에 전해질과 기타 영양상태 검사 지표는 표 1-5와 같다.

5. 임상학적 자료

임상학적 조사법은 부족 혹은 과다한 영양섭취와 관련된 여러 가지 신체적 증상, 징후를 토대로 판정하는 것이다. 대부분의 신체적 징후는 한 가지 영양소의 결핍에 의해 나타나기보다는 여러 영양소가 복합적으로 작용하거나, 영양과 관계없는 요인에 의해서도 나타나기 때문에 주의를 해야 한다. 예를 들어, 입술이 갈라진 것은 비타민 B군의 결핍이 원인일 수 있으나 햇빛과 바람, 탈수에 의한 결과일 수도 있다.

표 1-6 영양상태에 대한 임상증상

신체 관련부위	정상징후	영양실조 징후	다른 발생요인
머리카락	윤택이 나고 탄력 있는 두피	윤기가 없고 건조해 보이며 쉽게 빠짐 화학 및 방사선치료에 의한 탈모	과한 머리 염색, 연령 증가
눈	밝고, 맑은 분홍색의 망막	눈 점막이 창백하고 건조하며 빛에 쉽게 적응염증이 있음. 야맹증(비타민 A), 주위에 홍조(비타민 B 복합체)	빈혈, 영양소과 관련 없는 안질환, 알레르기
입술	부드럽고 색깔이 좋음	건조하고 갈라지며 상처가 있으며 구각염 있음(비타민 B 복합체)	태양, 바람, 잘 맞지 않는 틀니로 인한 과량의 타액분비 또는 다른 질병
입과 잇몸	부풀지 않은 붉은 혀, 정상적인 미각, 충치 없는 치아, 출혈, 통증 없는 잇몸	밋밋한 자홍색의 혀(비타민 B), 미각의 상실(아연), 붓고 출혈 있는 잇몸(비타민 C)	약물복용, 치주질환(열악한 치과위생상태)
피부	부드럽고 탄력 있는 좋은 피부색	더딘 상처회복(비타민 C, 아연) : 건조, 거칠고, 피부조직의 지방 부족(필수지방산, 비타민 B) ; 피부 밑 출혈(비타민 C, K)	서툰 피부 관리, 당뇨병, 연령, 약물복용
손톱	부드럽고 단단한 붉은색	단백질-열량 영양불량 시 숟가락 모양	창백한 색깔(철분부족)
기타	—	치매, 말초신경장애(비타민 B) ; 갑상선 비대, 굽은 다리(비타민 D)	노령장애(치매), 당뇨(말초신경장애)

따라서 식사섭취조사와 생화학 검사 등의 자료와 통합적으로 분석하는 것이 필요하다. 영양불량의 징후는 모발, 피부, 혀와 입과 같이 세포활동이 빠르게 발생하는 신체부위에서 자주 나타난다. 임상판단과 관련한 증상들은 표 1-6에 제시하였다.

3. 주관적 종합판정

주관적 종합판정 SGA, subjective global assessment은 환자의 병력과 임상조사에 기초한 영양상태 평가를 위한 문서기록 방법이다. 주관적 종합판정을 통하여 개인의 영양평가에 정확성을 기할 수 있다. SGA의 환자 병력관련 구성요소에는 체중과 식사섭취 변화, 위장관계 증상, 활동력, 대사성 스트레스 정도, 근육소모 및 지방손실 정도, 부종이나 복수의 5가지가 있다.

임상조사의 구성요소에는 피하지방 손실, 근육 손실, 부종, 복수의 4가지가 있다. SGA는 이들 구성요소를 토대로 영양상태의 등급을 매겨 평가한다. SGA의 구성요소에 대하여 표 1-7에 제시하였다.

SGA의 마지막 단계는 영양판정 등급을 매기는 것이다. A등급은 영양상태 양호, B등급은 중간 정도의 영양불량 혹은 영양불량 의심상태, C등급은 심한 영양불량상태로 판정한다. 예를 들어, 체중감소율이 지속적으로 10% 이상이고 식사섭취가 부실하며 피하지방과 근육소모가 심한 환자는 C등급으로 판정한다. 체중감소율이 5%이고 식사섭취량은 감소하였으며 피하지방과 근육소모가 조금 혹은 보통인 경우는 B등급으로 판정한다.

비록 SGA가 개인의 영양상태를 정확히 평가하는 도구가 되기는 하지만 영양결핍 정도가 적은 환자를 잘못 평가할 수 있는 한계점도 있으므로 유의해야 한다.

표 1-7 주관적 종합판정(SGA)의 요소

화자력

1. 체중변화

최대 체중 ____________

6개월 전 체중 ____________

최근 체중 ____________

$$\% \text{ 체중 변화} = \frac{\text{6개월 전 체중} - \text{최근 체중}}{\text{6개월 전 체중}} \times 100$$

지난 6개월 간의 체중 감소량 ____________

지난 6개월 간의 체중 감소비율 ____________

지난 2주간의 변화 ______ 증가 ______ 변화 없음 ______ 감소

2. 식사섭취상황(평소식사와 비교하여 기록)

변화 없음 ______ 변했음 ______

기간 : _________

형태 : 섭취량 증가 _________ 반고형식 _________ 일반유동식 _________ Ⅳ or hypocaloric liquids _________ 굶음 ____________

3. 위장증상(2주 이상 지속된 경우만)

없음 ____________

______ 오심 ______ 구토 ______ 설사 ______ 식욕부진

4. 신체기능 능력

____________ 기능장애 없음 ____________ 기능장애 있음

기간 : _________

형태 : ____________ 정상은 아니나 기능은 함 ______ 외래 통원 ______ 병상에 누워만 있음

5. 질병에 따른 대사량

_____ 스트레스 없음 _____ 낮은 스트레스 _____ 중 정도 스트레스 _____ 심한 트레스

신체진단

(각 질문마다 정상이면 0, 약한 정도이면 +1, 중 정도이면 +2, 심하면 +3으로 기입)

______ 피하지방 손실(어깨, 삼두근, 가슴, 손) ______ 근육 소모(삼각근, 대퇴사각근)

______ 발목부종 ______ 복수

등급판정

______ A = 영양상태 양호

______ B = 중 정도의 영양불량 또는 영양불량이 의심됨

______ C = 심한 영양불량

* 출처 : Detsky AS et al., 1987

Chapter 2

병원식과 영양지원

학습목표

- 병원식에는 어떠한 특징이 있는가?
- 영양지원은 어떤 방법이 치료에 도움이 되는가?
- 정맥영양의 특징과 합병증의 관리방법은 무엇인가?

오늘날 과체중, 비만, 만성퇴행성 질환의 증가가 건강분야에서 중요한 이슈가 되고 있지만, 반대로 음식섭취 부족으로 인한 단백질-열량 영양불량 PEM, protein-energy malnutrition도 여전히 세계 여러 곳에서 건강문제가 되고 있다. 또한, 병원에 입원한 환자의 30~50%, 요양원 nursing home 환자의 95%가 영양불량 징후를 보이고 있다고 보고된 바 있어 심각한 문제가 되고 있다.

의료기관에 입원한 환자의 영양불량은 입원 전 만성질환으로 발생한 것이 대부분이기는 하나 의료기관에 입원한 후의 통증, 불안, 우울과 기타 익숙하지 않은 식품이나 식사 스케줄로 인해서 더욱 나빠진다. 영양불량은 감염의 위험을 높이고 상처치유를 지연시키며 가정이나 직장 혹은 일상생활로의 복귀를 늦추는 등 일상생활에 지장을 초래한다.

의료기관의 영양사 및 관련부서에서는 환자에게 적절한 영양지원 nutrition support을 제공함으로써 영양불량은 물론 기타 질병을 예방 혹은 치료하여야 한다. 이러한 지원은 환자의 특정한 영양요구량을 만족시키도록 고안되거나 환자의 신체요구량에 맞게 조정된 경구식사 oral diet를 제공함으로써 가능하다.

일반적으로 경구식사의 조절만으로는 환자의 영양적 · 신체적 요구도를 모두 만족시킬 수 없는 경우가 대부분이다. 그러므로 부가적으로 보충식사 supplemental foods, 경장영양 enteral nutrition, tube feeding 및 정맥영양 parenteral nutrition을 제공해야만 한다.

영양지원은 영양관리과정 NCP, nutrition care process에 있어 결정적 구성요소로서 영양관리자는 환자에게 적절한 형태의 영양지원 서비스를 제공하여야 한다.

2-1 병원식

병원에 입원한 환자에게 개별 환자의 나이, 신장, 체중, 활동 정도와 의학적 상태 등을 고려하여 적절한 식사를 제공함으로써 환자의 영양상태를 유지 · 개선하는 것이 무엇보다 중요하다. 병원식은 일반식 regular diet, house diet과 치료식 therapeutic diet의 두 가지로 구분한다. 일반식은 특정영양소의 제한이나 점도 consistency의 조정이 필요하지 않은 환자에게 제공되는 식사이며, 치료식은 환자의 질병상태에 따라 특정영양소나 점도 등을 조정한 식사를 말한다.

1. 일반식

일반식은 특별한 영양소의 제한이나 조정이 불필요한 환자에게 제공되는 식사이다. 일반식의 종류에는 상식 normal diet, 연식 soft diet, 전유동식 full liquid diet, 맑은 유동식 clear liquid diet이 있다.

1. 상 식 Normal Diet

상식은 정상인이 일상적으로 먹는 보통 식사와 동일하다. 영양소 함량은 한국인 영양섭취기준(2010)을 참고로 6가지 기초식품군을 배합하여 균형식이 되도록 구성한다.

2. 연 식 Soft Diet

연식은 소화되기 쉽도록 부드럽게 조리한 식사이다. 섬유소와 강한 향신료 등은 제외하고 결체조직이 적은 식품으로 구성하여 소화기능이 저하된 경우와 구강과 식도에 장애가 있는 경우에 처방한다(표 2-1). 그러나 연식만 먹을 경우, 충분한 영양소 공급이 어려우므로 장기간 처방이 필요한 경우에는 별도의 영양지원이 요구된다.

표 2-1 연식 허용음식과 제한음식

종류	허용 음식	제한 음식
죽류	흰죽, 옥수수죽(껍질없이), 녹두죽	
육류	장산적 등의 다진 쇠고기 요리, 연한 닭고기	
난류	수란, 달걀찜, 반숙	달걀 프라이
유제품	우유 및 모든 유제품	
채소류	모든 채소, 양상추	
과일류	과일주스, 과일(모든 과일)	
유지류	버터, 마가린, 소량의 기름	강한 향의 샐러드드레싱, 땅콩류, 코코넛
향신료	계핏가루, 약간의 후추 · 고춧가루,	겨자, 카레가루
	• 흰죽, 감자죽, 우유죽, 잣죽, 깨죽, 호박죽 • 감자조림, 으깬 감자, 토란 • 토스트, 빵죽, 부드러운 칼국수 • 곱게 다진 쇠고기로 만든 요리, 연한 닭고기, 족편, 흰살생선, 굴, 반숙달걀, 수란 달걀찜, 스크램블드 에그 • 두부, 순두부, 두유, 우유, 연유, 분유, 바닐라,아이스크림, 연질 및 순한 맛의 치즈, 요구르트 • 당근, 시금치, 아욱, 애호박, 쑥갓, 어린 완두콩, 아스파라거스, 가을 호박, 근대 • 익은 복숭아, 익은 바나나, 익은 멜론, 사과소스 • 버터, 마가린, 크림, 카스테라, 비스킷, 푸딩, 커스터드, 꿀, 설탕, 계핏가루, 약간의 후추	• 잡곡죽, 오트밀죽, 팥죽 • 감자튀김, 포테이토칩, 고구마를 이용한 음식 • 팥빵, 옥수수빵, 보리빵, 과자, 라면, 자장면,스파게티, 냉면 • 결합조직이 많은 쇠고기, 돼지고기, 햄, 소시지, 튀긴고기요리, 기름기가 많은 생선, 건어물, 냉동어 어묵, 생선튀김, 생선자반, 달걀프라이, 오믈렛 • 유부, 거르지 않은 청국비지, 장조림, 강미치즈, 경질치즈, 낙화생 아이스크림, 딸기 아이스크림 • 건조 채소, 강미채소, 고섬유 채소, 건조과일, 덜익은 과일, 수박, 참외, 감, 배 • 견과류, 라드, 도넛, 파이, 케이크, 잼, 마멀레이드, 보리미숫가루, 술, 생강차, 수정과, 커피, 홍차, 녹차, 탄산음료, 고춧가루, 겨자, 카레가루, 고추냉이, 마늘

자료 출처 : 미국 식이 협회에서 각색, 임상 식이요법 매뉴얼(시카고 : 미국 식이협회, 2000), 제25장 : 위수술

3. 전유동식 Full Liquid Diet

전유동식은 맑은 유동식에서 연식으로 이행될 때의 중간식으로 수술 후 회복기 환자에게 제공된다. 일종의 미음식으로 열량이나 영양소가 충분하지 못한 식사이므로 2~3일 정도의 단기간 급식에만 이용하는 것이 좋다.

check point

전유동식의 예

미음(쌀미음, 조미음, 조제미음), 기름기가 적은 고깃국, 커스터드 푸딩, 달걀찜, 두유, 우유, 액상 요구르트, 으깬 채소, 설탕, 꿀, 시럽 등

4. 맑은 유동식 Clear Liquid Diet

맑은 유동식은 수술이나 검사 전후 환자에게 제공하거나 정맥영양 후 경구섭취를 시작하는 환자에게 제공되는 식사이다. 위장관의 자극을 최소화하면서 탈수 방지 및 갈증 해소를 목적으로 한다.

check point

맑은 유동식의 예

물, 물로 만든 얼음, 보리차, 옥수수차, 레모네이드, 과즙 음료, 기름기 없는 맑은 장국, 과일 주스(넥타, 토마토, 자두 주스는 제외함) 등

2. 치료식

치료식은 환자의 질병상태에 따라 증상을 완화시키거나 질병을 치료하기 위해 제공되는 식사이다. 치료식은 질병의 종류에 따라 특정영양소를 가감하거나 질감 texture과 점도 consistency를 조절한 형태로 제공된다. 영양소의 조성을 조절하는 식사로는 당뇨식, 신장식, 간질환식, 심장질환식 및 섬유소 조절식, 저지방식 등이 있다. 질감이나 점도를 조정하는 식사는 연하곤란 dysphagia과 같이 기계적 소화에 문제가 있는 경우에 제공된다.

2-2 영양지원

영양지원이란 병원식이나 영양보충식사 혹은 식욕촉진제로도 영양상태의 유지 및 회복이 어려운 환자를 대상으로 임상적 경과를 호전시키기 위해 경장으로 필요한 영양소의 전부 혹은 일부를 제공하는 의료적 치료를 말한다.

1. 경장영양

경장영양 enteral nutrition이란 튜브(관)와 카테터 catheter 및 개구 stoma 등에 의해 위장관으로 영양액을 공급하는 것이다. 경장영양 혹은 관급식 tube feeding은 동일한 용어이다. 같은 의미로 사용되는 경장영양은 비위장관 nasogastric-, 구위장관 orogastric-, 비장관 nasointestinal- 경로로 제공될 수 있다.

경장영양은 환자가 정상적인 장관기능을 가지고 있으나 적절히 먹지 못하는 경우에 처방된다. 특히, 경장영양은 정신상태에 이상이 있거나 연하기능 이상 및 위장상부의 질병이 있을 때 실시한다(그림 2-1).

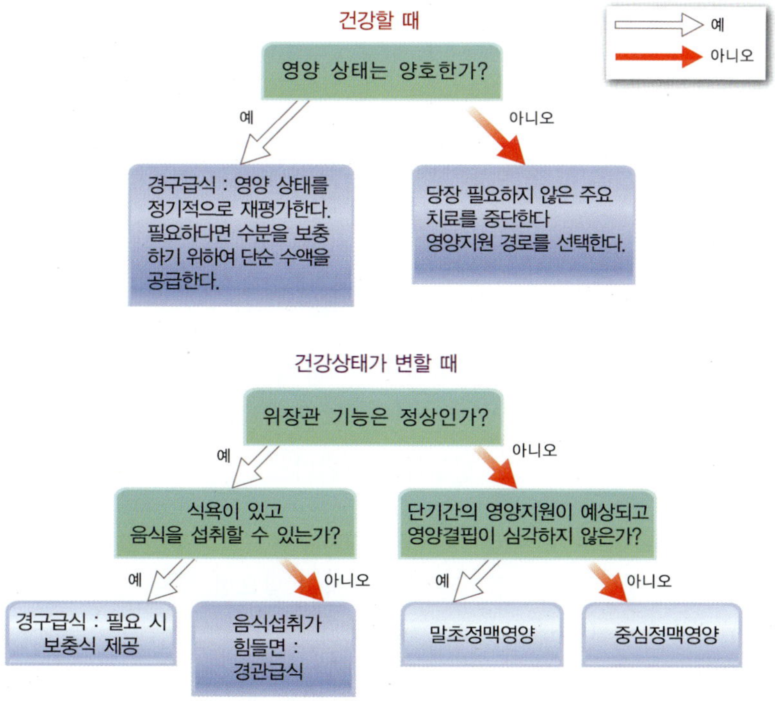

그림 2-1 영양지원경로의 선택

1. 경장영양의 장 · 단점

정맥영양에 대한 경장영양의 장점은 비용효과면에서 경제적이고, 중환자의 감염합병증을 줄여준다. 또 상처회복을 돕고 외과적 수술을 감소시키며, 위장관 기능을 유지할 수 있다는 것이다. 반면에 경장영양은 투여가 어렵고, 투여 과정을 참기가 힘들며, 일부 환자에서는 영양소 요구량을 충족시키기 어렵다. 그러나 신체계측과 표준화된 프로토콜을 잘 활용하여 환자를 선별할 경우에는 경장영양의 단점을 최소화할 수 있다.

2. 경장영양의 공급경로

경장영양을 실시하려면 먼저 몇 가지 사항을 결정해야 한다. 우선 어떠한 위장관 경로를 이용할지를 선택한다. 공급경로는 의사의 진단결과와 예상 영양지원 기간에 의해 결정된다. 공급경로에서 고려해야 할 사항은 관의 시작위치와 신체의 어떤 부위에 관을 위치시킬지 여부이다.

3주 이상의 장기간 경장영양지원이 예상되는 경우에는 경피적 내시경 위조루술, 경피적 내시경 공장조루술, 위조루술, 공장조루술 등과 같이 식도를 통과하지 않고 직접 위장관으로 접근하는 방법을 실시한다(표 2-2).

① **비위장관** nasogastric feeding tube

코에서 위장으로 관을 삽입하는 것으로, 가장 일반적이고 삽입이 용이하며 유지가 쉬운 방법이다. 또한, 가장 가격이 저렴하고 어떤 경우에나 가능하다.

② **구위장관** orogastric feeding tube

구강에서 위장으로 관을 삽입하는 방법이다.

③ **비장관** nasoenteric / nasointestinal feeding tube

코를 통해 소장으로 관을 삽입하는 방법이다. 비위장관 삽입에 비해 실시하기가 어려운 방법이므로 특별한 경우에 실시된다.

④ **위조루술** gastrostomy **및 공장조루술** jejunostomy

위장관 기능이 정상이면서 장기간 경관급식이 필요한 환자 혹은 비강으로의 관 삽입이 어려운 환자에게 적용하는 방법이다.

위로 급식관을 삽입하거나(위조루술), 복막을 통해 공장 jejunum으로 급식관을 삽입하는 방법(공장조루술)은 수술로 시술한다.

⑤ **경피적 내시경 위조루술** PEG, percutaneous endoscopic gastromy

외과적 수술 없이 내시경 endoscope을 이용하여 피부를 통해 급식관을 위치시키는 방법이다.

표 2-2 경관급식 경로의 비교

투여경로		장 점	단 점
코를 통한 경로	비위관	• 수술이나 절개가 필요없다.	• 환자의 위치에 따라 관이 빠지기 쉽다. • 장기간 사용 시 코, 목, 식도에 염증을 일으키기 쉽다.
	비십이지장관	• 관의 삽입과 위치 확인이 쉽다. • 영양액은 펌프 없이 주로 간헐적으로 주입된다.	• 흡인의 위험이 가장 높다.
	비공장관	• 흡인의 위험이 낮다. • 심각한 스트레스 후에 위 급식보다 장급식이 먼저 허용된다. • 폐색, 위 급식이 금지될 때 실시한다.	• 관의 삽입과 위치 확인이 어렵다. • 주입 펌프가 필요하다. • 영양 목표에 도달하는 데 시간이 더 소요된다.
위조루술		• 펌프 없이 간헐적 주입법을 사용할 수 있다. • 공장조루술보다 삽입하기 쉽다.	• 고위험군 환자의 경우, 흡인의 위험이 있다.
공장조루술		• 흡인의 위험이 가장 낮다. • 심각한 스트레스 후에 가장 먼저 실시할 수 있다. • 폐색, 누공 또는 다른 임상증상으로 위 급식이 금지될 때 실시할 수 있다.	• 삽입이 가장 어렵다. • 주입 펌프가 필요하다. • 영양 목표에 도달하는 데 시간이 더 소요된다.

*증세의 특이사항: 각 종류별 경관급식의 장점과 단점은 환자의 상태에 따라 다르게 나타날 수 있다.

3. 경장영양액

맨처음에 사용하던 경장영양액 enteral formula은 일상식품을 갈아서 만든 혼합액화 영양액 blenderized formula이었다. 다시 말해서 우유, 살코기 익힌 것, 이유식 분말, 삶은 달걀, 설탕, 과일 주스, 야채 주스, 식용유 등을 함께 믹서에 넣고 간 후 고운 체에 걸러 만든 유동액이었다.

그러나 세균 오염 가능성이 높고 영양소 함량도 부정확하며 점도도 높아 사용하기 어려운 점 때문에 상업용 경장영양액이 등장하게 되었다. 상업용 경장영양액은 서구에서는 1940년대에 도입되어 다양하게 세분화되어 판매 중이지만 우리나라에는 1993년에 비로소 도입되어 현재 약 20여 종 내외가 시판되고 있다.

경장영양액은 종류에 따라 영양액의 농도, 전해질과 무기질 함량, 삼투압 등이 각각 다르므로 환자의 수응도나 질환상태에 따라 적절한 영양액을 선택하여야 한다(그림 2-2).

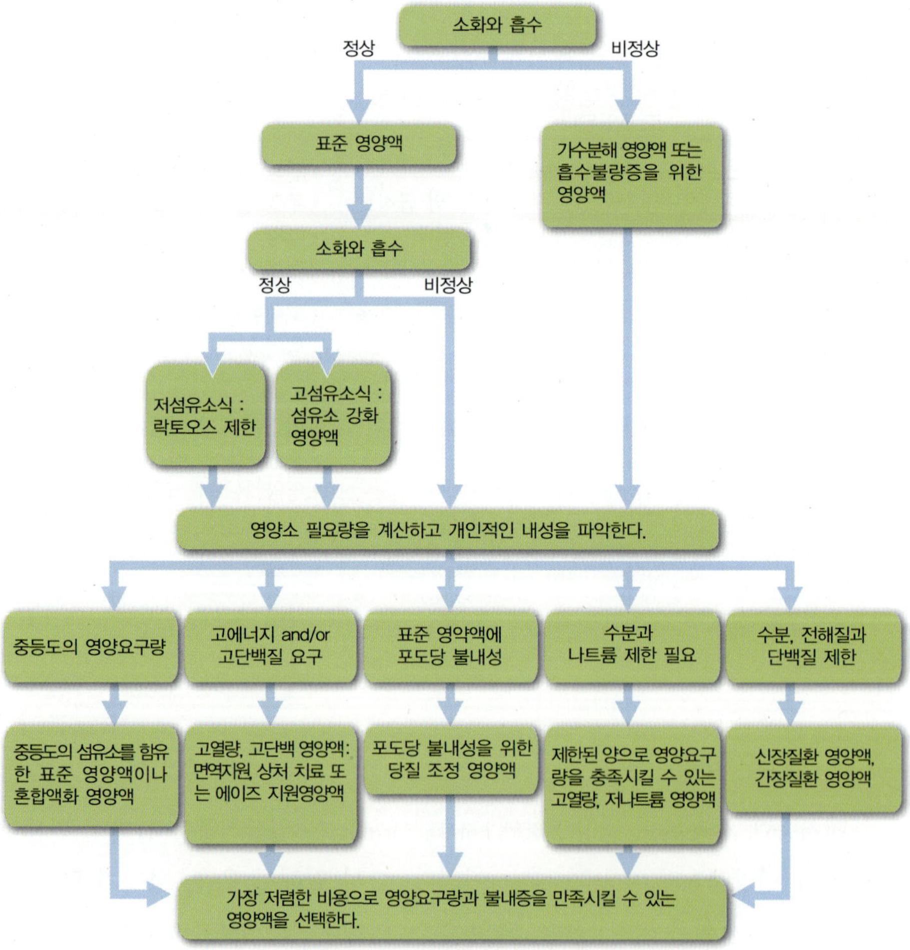

그림 2-2 경장영양액의 선택

즉, 영양액의 삼투압, 신장의 용질부하도, 열량밀도, 잔사량 등을 고려하여야 한다. 그밖에도 관의 위치 및 종류, 비용문제 등을 함께 고려하여야 한다. 상업용 경장영양액은 크게 4가지로 분류한다.

4. 경장영양액의 종류

(1) 표준(일반) 영양액 Standard Formula

대사적 장애를 보이지 않는 환자에게 적용하며, 삼투압은 300 mOsm/kg H_2O로 등장성이며 농도는 1.0 kcal/mL로 구성되어 있다. 일정 열량 이상을 섭취하면 대부분의 필수영양소 요구량을 충족시킬 수 있다.

(2) 가수분해영양액 Hydrolyzed Formula

단백질과 당질의 부분 또는 완전 가수분해물로 구성된 영양액으로 위장관이 정상적 기능을 못하거나 대장의 잔사량을 최소화해야 할 때 사용한다. 단백질은 단쇄 펩타이드나 아미노산을, 당질은 포도당 중합체나 덱스트린류를 사용하며, 지방은 중쇄 중성지방과 소량의 필수지방산으로 구성되어 있어 췌장이나 담낭 등의 소화기관을 자극하지 않고 쉽게 흡수될 수 있다. 그러나 분자량이 적은 영양소로 구성되어 있어 삼투압이 높기 때문에 복부팽만이나 설사 등의 증상이 동반될 수 있어 주의해야 한다.

(3) 특수질환용 영양액 Disease-Specific Formula

특정질환을 치료하기 위해 특정 영양소 필요량을 충족시킬 수 있도록 제조된 영양액이다. 간, 신장, 폐질환 치료를 위해 제조된 제품이 많으나 가격이 비싸고 그 효용성에 대해서는 아직 논란이 되고 있다.

① 간질환용

간성 혼수환자를 위하여 영양액 내에 분지형 아미노산(류신, 이소류신)을 높이고 방향족 아미노산과 메티오닌을 낮춰서 혈청 내 방향족 아미노산에 대한 분지형 아미노산의 비율을 높이도록 하였다.

② 신장질환용

전해질 농도를 낮추고 필수아미노산과 열량을 높여서 만든다.

③ 당뇨질환용

혈당증가를 억제하기 위하여 섬유소 함량을 높여 만든다.

④ 폐질환용

탄산가스의 생성을 최소화하기 위하여 총 열량 공급량 중 탄수화물의 비율은 낮추고 지방의 비율을 높여 만든다.

(4) 특수영양소 보충용 영양액 Modular Formula

한 가지 혹은 두 가지의 다량영양소를 함유하며 다른 영양액을 강화시키기 위해 사용한다.

5. 경장영양액의 주입

경관급식 경로와 영양액을 선정한 후에는 영양액을 주입하는 방법을 결정해야 한다. 경장액을 처음 주입할 때에는 영양액을 희석하지 않고 표준농도(1 kcal/mL)로 공급하는 것이 원칙이다.

(1) 간헐적 주입 Intermittent Feeding

영양액 250~400 mL를 20~40분에 걸쳐 하루 4~6시간마다 중력이나 주입펌프를 이용하여 주입한다. 위장관 급식에 적합하며 일반인의 식이 패턴을 유지할 수 있고 환자의 활동이 자유로운 장점이 있다. 그러나 지속적 주입에 비해 1회 주입량이 많아서 환자가 참아내기 힘들며 흡인의 위험이 높은 편으로 주입속도의 증가에 따라 오심이나 설사와 같은 위장관 부작용이 생길 수 있다.

(2) 볼러스 주입 Bolus Feeding

영양액을 위장으로 빠르게 주입하는 방식으로 250~500 mL를 주사기나 중력을 이용하여 15분 이내에 주입한다. 다른 주입방법에 비해 흡인의 위험이 더 크며 초기 주입 시 복부 불편감, 메스꺼움, 경련 등이 일어날 수 있다.

(3) 지속적 주입 Continuous Feeding

일정한 속도로 8~24시간에 걸쳐 천천히 주입하는 방법으로 소장관을 이용한 경장영양환자에게 주로 시행한다.

한 번에 제공되는 양이 적기 때문에 메스꺼움과 설사 및 흡인의 위험을 최소화할 수 있으나 환자의 활동범위를 제한하고 가격도 비싼편이다.

(4) 경장영양액의 주입속도

간헐적 주입 시에는 처음에 120~150mL/hr로 시작해서 50~100mL씩 매회 증량한다. 지속적 주입 시에는 30~40mL/hr로 시작해서 매 6~8시간마다 30mL씩 증량하도록 한다. 간헐적 · 지속적 주입 모두 증가량과 증가율은 환자의 영양액에 대한 내성 정도에 맞춰 시행해야 하며, 주입속도도 적응할 때까지 천천히 진행한다. 만일 환자가 간헐급식에 적응하지 못한다면 지속적 주입을 고려하여야 한다.

6. 경장영양의 모니터링

경장급식 환자는 면역기능이 많이 저하되어 있어 식중독 등과 같은 감염에 매우 취약하다. 오염 예방을 위해서는 청결한 환경에서 청결한 손과 장비를 이용하여 영양액을 준비 · 주입하여야 한다. 영양액을 개봉한 후에는 8~12시간 동안 사용할 분량만큼만 확보해서 사용하되 남은 영양액은 버리고, 개봉하여 24시간 이내에 사용하지 않은 것도 모두 폐기처리하여야 한다.

경장급식 시에 비강삽입관을 사고로 호흡기계로 넣거나 위분비물이나 영양액을 폐로 흡인할 경우에는 심각한 합병증이 발생할 수 있다. 이를 방지하기 위해서는 급식관으로 빨려 들어온 샘플의 pH를 확인하여 흡인위험을 감소시켜야 하는데, 이는 위액의 산도가 장액이나 호흡기계액의 산도보다 훨씬 낮은 pH를 나타내는 원리를 이용한 방법이다. 또한, 급식 시에는 환자의 상체를 적어도 30~45도 각도로 세워서 급식하고 급식 후 30분 동안 그 자세를 유지하도록 함으로써 흡인을 예방할 수 있다.

경장급식 시에 위 잔여물 gastric residuals 확인은 위장이 적절히 비워지는지를 알아보기 위한 절차로서 주사기를 사용하여 간헐식 주입과 지속적 주입 시에 매 4~6시간마다 시행한다. 만일 위 잔여물이 200mL가 넘으면 검사를 실시해야 하며 500mL가 넘을 때에는 경관급식을 중단하여야 한다.

경장급식 환자의 경우 수분요구도에 주의를 기울여야 한다. 성인은 하루 2L의 수분을 필요로 하지만 신장, 간, 심장병 환자는 수분섭취를 제한해야 한다.

특히 열이 있거나 요배설량이 많고 설사, 구토, 혈액손실 등이 있는 경우에는 더 많은 수분을 공급하여야 한다. 영양액의 수분량은 환자의 수분요구량을 충족시킬 만큼 함유되어 있는 편이나 정확한 양은 제조자의 정보지나 제품 라벨로부터 확인하여야 한다.

경장급식 중 급식관을 세척해 내는 데 사용하는 수분량도 수분섭취량을 산출할 때 포함시켜야 한다. 그 밖에 체중과 체중변화를 최소 주 2~3회 측정하여야 하며, 배변횟수와 양상조사 및 그 밖의 생화학적 검사도 정기적으로 모니터링하여야 한다.

7. 경장영양의 합병증 관리

경장영양환자는 다양한 합병증을 경험할 수 있다. 흡인이나 관의 위치가 잘못 삽입되는 경우 등은 매우 심각한 합병증을 일으키게 되며 위장관이나 기계적·대사적 문제가 있을 수 있다. 합병증은 경장영양 시행과정 중 어디에서나 발생할 수 있으므로 임상영양사가 합병증이 일어나지 않도록 관리를 잘 해야 한다.

(1) 기계적 합병증 Mechanical Complications

급식관 막힘이 가장 대표적이며 주입관이 막히거나 비틀리거나 꼬이는 경우가 보편적이다. 관이 막히는 경우는 가루약물의 동시 투입, 주입관의 부적절한 내경, 점성이 높은 영양액의 주입, 부적절한 관 세척 등에 의해 발생한다. 관 막힘을 방지하기 위해서는 하루에 몇 차례에 걸쳐 최소 25mL 이상의 물을 넣은 주사기로 세척을 하는 것이 필요하다.

(2) 위장관 합병증 Gastrointestinal Complications

① 설 사 diarrhea

설사는 가장 주요한 위장관 합병증으로 1일 3회 이상의 묽은 변 혹은 500 g 이상의 묽은 변이 2일 이상 지속되는 경우를 말한다. 설사는 경장영양에 의해 야기되기도 하지만, 항생제의 사용이나 고삼투압성 약제 및 감염 등과도 연관이 있다.

설사는 약물처방으로 개선될 수 있으며, 대표적인 약물로는 diphenoxlate-atropine(Lomotil©), loperamide(Immodium©) 및 opium, paregoric과 octreotide 등의 deoderized tincture가 있다.

② 흡 인 aspiration

경장영양의 합병증 중 가장 위험한 부작용인 흡인은 경장영양액이나 위액이 폐로 흘러들어갈 때 나타난다. 진정제를 복용한 환자, 기계적 환기를 사용하는 환자, 연하곤란 환자 등에서 가장 위험한데 폐렴이나 사망까지 초래할 수 있다.

흡인을 방지하기 위해서는 경장급식 전후 30분 동안 30~45도 가량 높인 자세를 유지시키는 것이 매우 중요하다. 특히 경장급식 전 위잔여물 gastric residual volume을 조사하였을 때 200 mL 이상, 위조루술 환자는 100 mL 이상이면 경장영양액의 주입을 연기한다. 지속적으로 위 잔여물의 양이 많은 경우에는 주입방법을 변경하거나 위장운동 촉진제를 사용한다.

③ 변 비 constipation

변비의 원인으로는 탈수, 위장운동 저하, 섬유소 및 수분섭취 부족, 활동량 부족 등이 있다. 변비가 발생하는 경우에는 변비완화제를 사용하며, 필요시에 장검사 및 관장enema을 실시한다.

④ 오심과 구토 nausea/vomiting

급식용 관을 삽입한 후 바로 영양액을 주입하거나 주입속도를 빠르게 할 경우, 한 번에 너무 많은 양을 공급하는 경우 등에는 경장영양액의 온도 및 성분 자체가 메스꺼움(오심)이나 구토를 유발할 수 있다. 이를 예방하기 위해서는 급식관 삽입 후에 일정시간 동안 환자를 쉬게 하고 경장영양액의 온도, 주입속도, 주입횟수, 1회 주입량의 조절이 필요하다.

(3) 대사적 합병증

① 탈 수 dehydration

장기간 경장영양을 받을 경우, 탈수가 발생할 수 있다. 어린이나 노인 및 의사소통이 어려운 환자에서 탈수위험이 높다. 따라서 신장의 용질부하 renal solute load가 높은 경장영양액을 투여하거나 농축영양액을 이용할 때는 주의를 해야 한다.

② 재급식증후군 refeeding syndrome

재급식증후군은 기아상태의 환자에게 영양보충을 실시하거나 장기간 경구섭취를 하지 못한 환자 혹은 치료나 검사로 인해 금식한 환자나 식욕저하증 환자에게서 주로 발생한다.

재급식증후군이 발생하는 이유는 다음과 같다. 며칠 동안 지속되는 기아로 인해 간에서 포도당 신생과정이 느려지고 지방산이 에너지를 생성하기 위해 케톤체로써 사용이 되며 기초대사율이 감소하게 된다. 이때 탄수화물을 재급여하면 케톤 대신 포도당을 에너지원으로 사용하기 위해 다량의 인산을 사용하며, 마그네슘이나 칼륨 및 티아민 등의 에너지 발생에 필요한 구성분의 요구량이 증가한다. 따라서 혈청 인의 농도가 감소하게 되는데, 그 결과 용혈 hemolysis 이나 심장 및 호흡기능 손상 등이 발생할 수 있다. 또한 저마그네슘혈증은 발작 tremor, 근육 뒤틀림, 심장부정맥 arrhythmias 및 마비 등을 일으킨다. 저칼륨혈증은 심장이상을 유발한다.

재급식증후군을 방지하기 위해서는 혈청 인, 마그네슘, 칼륨 농도를 모니터링하는 것이 매우 중요하다. 따라서 처음 영양공급을 시작할 때에는 필요량을 한 번에 과량으로 주지 말고 서서히 목표량까지 증량하도록 해야 한다.

2. 정맥영양

정맥영양 PN, parenteral nutrition이란 위장관을 통하는 것이 아니라 정맥 IV, intravenously으로 영양소나 약물을 공급하는 것을 말한다. 위장관이 정상적이지 않거나 경장영양액의 주입이 불가능한 영양불량, 혹은 그 위험이 있는 대상자에게 적용한다.

1. 정맥영양의 대상

정맥영양은 영양소 소화·흡수 불량, 장 절제, 단장증후군, 지속적 구토증, 장폐색, 장관운동손상 및 복부종양, 상해 혹은 감염 등의 임상증상을 갖는 환자에게 실시한다. 그밖에도 심한 췌장염, 위장관 누공, 심한 화상이나 외상, 골수이식, 흡인위험이 있는 경우에도 정맥영양을 실시한다.

정맥영양 실시여부의 결정도 경장영양과 마찬가지로 영양관리과정 nutrition care process에 기초한다. 즉, 정맥영양을 실시하기 전에 대상자의 영양상태를 평가한 결과, 영양상태가 불량하여 경구 및 경장영양섭취가 제대로 실시될 수 없는 경우에 한하여 적용한다. 만일 위장관 기능이 정상이고 영양소의 소화·흡수가 충분한 환자라면 정맥영양 대신 경구섭취나 경장영양을 우선적으로 실시하는 게 원칙이다.

2. 정맥영양의 종류

정맥영양은 말초정맥영양 PPN, peripheral parenteral nutrition과 중심정맥영양 TPN, total parenteral nutrition의 두 가지로 분류한다. 말초정맥영양은 손이나 팔, 다리의 말초정맥을 통해 삼투압이 600~900mOsm/kg 이내인 정맥영양액으로 영양지원을 실시하는 것이다.

말초정맥영양은 영양소 요구량이 높지 않거나 수분제한을 하지 않는 환자에게 적용하되 7~10일 정도의 단기영양지원에 주로 사용한다. 정맥영양 주입부위는 2~3일마다 변경해서 말초정맥염 phlebitis을 예방하도록 한다.

중심정맥영양은 고농도의 영양액을 혈류가 빠르고 혈관이 큰 중심정맥인 상대정맥 superior vena cava 혹은 하대정맥 inferior vena cava을 통하여 지원하는 것이다. 일반적으로 2주 이상의 장기간 정맥영양이 필요하거나 수분 제한이 필요한 경우에 실시한다(그림 2-3).

Guide

척측피정맥 basilic vein 상지의 피하정맥이고 손등에 있는 피하정맥총에서 시작해 전완척측을 상행하고 상완이두근의 내측연을 따라서 달려 상완의 중간 정도에서 근막을 뚫고 심부로 들어가 상완정맥으로 들어간다.

요측피정맥cephalic vein 상지의 피정맥으로, 손등의 피정맥이 모여 앞팔의 외측(즉, 요측)을 따라 올라가고 위팔에서는 상완이두근의 바깥 가장자리를 따라 상행하여 삼각근과 대흉근 사이를 지나 쇄골 밑에서 액와정맥으로 흘러 들어간다. 육안으로 관찰되어 정맥 내 주사나 채혈 시 선택된다.

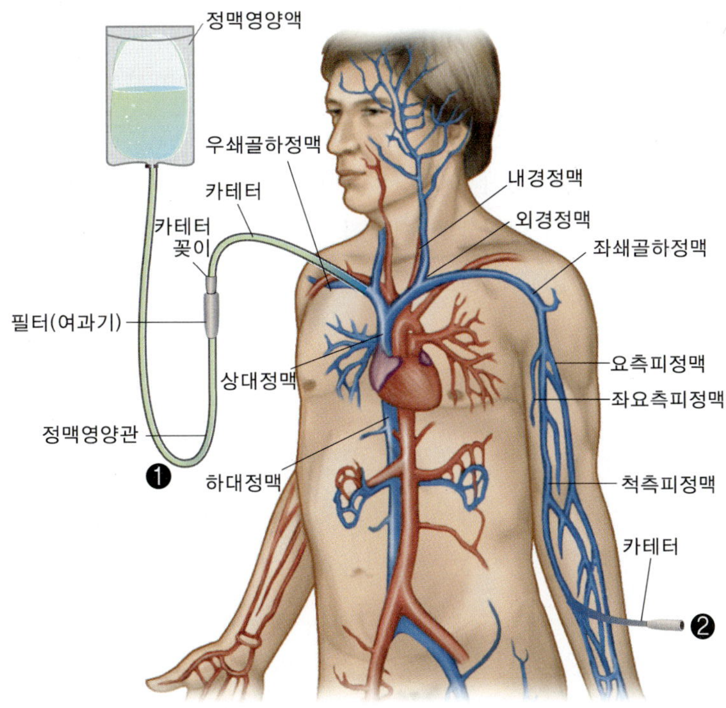

❶ 관례적으로 중심정맥영양 시 카테터는 우쇄골하정맥으로 삽입하여 카테터 끝이 심장 가까이에 있는 상대정맥에 위치하도록 한다. 때로는 좌쇄골하정맥, 내경정맥 또는 외경정맥으로 삽입하여 상대정맥에 위치하도록 한다.

❷ 말초정맥을 통하여 중심정맥으로 연결할 때 카테터는 척측피정맥이나 요측피정맥으로 삽입한 후 심장 쪽으로 유도하여 상대정맥에 위치하도록 한다.

그림 2-3 정맥영양의 경로

3. 정맥영양액

정맥영양액에는 수분, 아미노산, 덱스트로스, 지방유화액, 전해질, 비타민과 미량영양소 등이 포함된다.

① 아미노산

정맥영양의 단백질 급원으로서 표준아미노산 용액은 모든 필수아미노산과 불필수아미노산을 함유한다. 아미노산 함량은 3.5~15% 정도로 아미노산 1g 당 4kcal의 열량을 제공한다. 또한 간부전, 신장부전 및 대사성 스트레스와 같은 질병에 따라 아미노산 조성을 다르게 한 특수아미노산 용액도 있다.

② 탄수화물

포도당은 정맥영양액의 주요 에너지원으로 덱스트로스 모노하이드레이트 dextrose monohydrate 형태로 공급된다. 덱스트로스 모노하이드레이트는 포도당 1분자당 물 1분자와 결합한 상태로 1g당 3.4kcal를 제공한다. 2.5~70% 농도의 덱스트로스 용액이 사용되며 10% 이상의 덱스트로스 용액은 TPN 영양액으로만 사용한다.

③ 지 방

지방유화액은 필수지방산과 다량의 에너지 공급원이다. 유화액은 대두유의 중성지방, 유화제로서 잇꽃유의 인지질과 글리세롤을 함유시켜 제조한다. 지방유화액의 농도는 10, 20, 30%가 있으며, 1g당 1.1 kcal, 2.0kcal, 3.0kcal를 각각 제공한다.

지방유화액은 총 열량의 20~30%를 제공하며, 구성하는 지방산의 종류에 따라 오메가 3 지방산 함유 지방유화액, 단일불포화지방산 함유 지방유화액, 중쇄지방산 함유 지방유화액 등이 시판되고 있다. 지방유화액 중 과량의 리놀레산 linoleic acid을 함유할 경우에는 염증반응이나 면역억제 작용을 일으킬 수 있으므로 주입 시 주의를 기울여야 한다. 또한, 환자의 중성지방 농도가 400mg/dL를 초과하는 경우에는 지방유화액의 공급을 제한해야 한다.

④ 수분과 전해질

수분은 하루에 성인 30~40mL/kg × 체중, 노인 30mL/kg × 체중이 각각 요구된다. 수분공급량은 수분손실이나 수화 hydration 정도에 따라 조정한다.

정맥영양액에 추가되는 전해질에는 나트륨, 칼륨, 염소, 칼슘, 마그네슘과 인이 있다. 정맥영양액 내 전해질 요구량은 영양섭취기준과 다르게 적용되는데, 이는 전해질이 혈액으로 직접 투여되며 경구섭취와는 달리 흡수에 의해 영향을 받지 않기 때문이다.

⑤ 비타민과 무기질

정맥영양액에 첨가되는 비타민과 무기질은 상업용 제제를 일상적으로 첨가하여 사용한다. 첨가되는 비타민은 모든 수용성 비타민과 A, D, E 등이다. 비타민 K는 필요시 별도로 첨가한다. 무기질은 아연, 구리, 크롬, 셀레늄, 망간 등을 첨가하며 철분은 정맥영양액 내 다른 영양소의 안정성에 영향을 미치기 때문에 첨가하지 않는다. 필요시 특별한 형태의 철분을 별도로 주사로 투여한다.

check point

3-in-1(TNA) 영양액과 2-in-1 영양액

덱스트로스, 아미노산 및 지방을 함유한 정맥영양액을 total nutrient admixture TNA이라 한다. 3-in-1 혹은 all-in-one 용액이라고도 한다. 반면에 2-in-1 용액은 지방을 제외한 용액으로 지방유화액은 카테터의 두 번째 포트를 사용하여 공급한다. TNA 용액은 한 개의 주입 펌프만 필요하기 때문에 투여하기가 쉽고 감염의 위험을 낮출 수 있는 장점이 있다.

4. 정맥영양액의 투여

정맥영양의 관리는 복잡하고 다양한 원리를 적용하기 때문에 관리기술이 많이 요구된다. 대부분의 병원에서는 의사, 간호사, 영양사와 약사 등으로 구성된 영양지원팀을 운영하여 이를 관리한다. 간호사는 환자를 직접 담당하는 팀원으로 정맥영양지원 시에 관리와 모니터링에 있어 중추적 역할을 한다.

3. 카테터 삽입과 합병증 관리

카테터의 삽입이 잘못된 경우, 합병증을 야기할 수 있다. 카테터가 부적절한 위치에 삽입되거나 삽입 후 움직임으로 이동된 경우, 공기가 카테터를 통하여 유입되어 혈류를 방해하게 된다.

말초정맥의 카테터는 정맥염을 일으킬 수 있으며, 이 경우에는 다른 위치에 재삽입해야 한다. 카테터팁이 혈액응고로 인해 막히거나 상처조직이 축적될 수도 있다.

카테터는 감염의 주요인으로서 카테터 삽입 시 혹은 삽입장소에서 발생한다. 따라서 합병증의 위험을 감소시키기 위해서는 무엇보다 위생적인 방법으로 카테터를 삽입하고 드레싱을 교체해야 한다. 만일 주입속도가 변화되었다면 카테터가 막혔을 위험이 있으므로 유의해야 한다.

다음은 카테터 관련 문제를 정리한 것이다.

- 색전증
- 카테터팁의 혈액응고
- 카테터 막힘
- 카테터 움직임
- 부적절한 위치
- 감염이나 패혈증
- 말초정맥염
- 조직손상

4. 합병증

정맥영양을 실시할 때 자주 발생하는 합병증에는 고혈당증, 저혈당증, 재급식증후군, 간기능 이상, 담낭질환 및 대사성 골질환 등이 있다. 정맥영양은 단순당을 공급하기 때문에 쉽게 고혈당이나 저혈당이 발생할 수 있다. 고혈당 위험이 있는 내당능 이상자나 심각한 대사성 스트레스 환자에게 덱스트로스 공급량을 제한하거나 인슐린을 공급해 주면 예방할 수 있다. 또한 갑작스러운 정맥영양 중단은 저혈당의 원인이 되므로 중단 몇 시간 전부터 서서히 줄여 나가야 한다.

장기간 금식을 했거나 영양공급이 부족했던 환자에게 갑자기 과다한 영양공급을 실시하면 전해질과 수분불균형 및 고혈당 등의 재급식증후군이 초래되므로 유의해야 한다.

이를 예방하기 위해서는 정맥영양 시작 전에 혈액 중 칼륨, 마그네슘, 인 등의 전해질 농도가 정상수준을 유지하는지를 모니터링하면서 서서히 시작하도록 한다.

지방간은 정맥영양 시에 자주 발생하는데 정맥영양을 중단하면 정상으로 돌아오기 때문에 큰 문제가 되지 않으나 장기간의 정맥영양은 만성 간질환을 유발할 수 있다. 또한 4주 이상의 정맥영양 시에 담즙이 축적되어 담석이 생길 수 있는데, 콜레시스토키닌 cholecystokinin 주사로 예방이 가능하다.

한편, 정맥영양을 장기간 실시하면 칼슘, 인, 마그네슘, 나트륨 대사가 변화하면서 골밀도가 낮아진다.

Chapter 3

약물과 영양

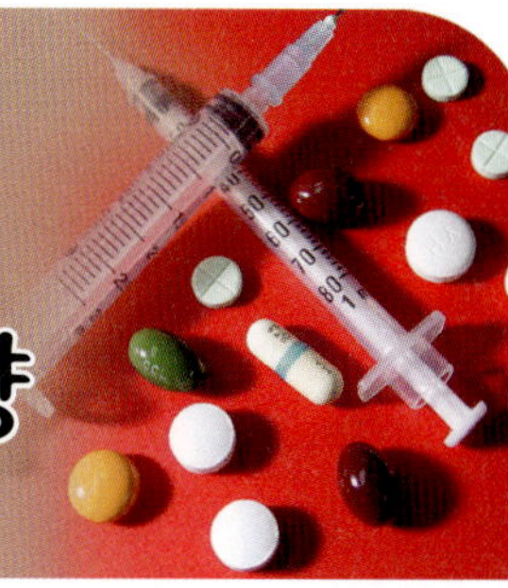

학습목표

- 약물의 작용기전을 파악할 수 있는가?
- 영양소와 약물의 상호작용을 이해할 수 있는가?

인체의 질병을 예방 및 치료하기 위하여 우리는 약물을 사용한다. 그러나 약물도 화학물질의 일종으로 체내에 들어와 대사과정을 변화시키므로 인체에 해로운 영향을 미칠 수 있다. 약물이 인체에 영향을 미치는 방식에는 약물과 약물의 상호작용 drug-drug interaction과 영양소와 약물의 상호작용 diet-drug interaction이 있다. 따라서 임상영양사는 약물과 식품과의 관계에 관심을 가지고 약물이 환자의 영양상태에 미치는 영향에 대해 잘 이해함으로써 건강문제 발생에 대처할 수 있어야 한다.

3-1 약물의 작용기전

약물은 질병을 진단 · 치료 혹은 예방하기 위한 화학물질로서 현재 체내에서 일어나고 있는 대사나 인체 내 세포활동의 속도를 변화시키는 역할을 한다. 약물의 작용에는 특정세포의 활동수준의 강화 enhancement 혹은 저하 depression, 자극irritation, 대체 replacement 및 세포독성 cytotoxic action 등이 있다.

약물은 대다수가 표적물질과 상호작용을 하는데 주로 단백질, 효소, 이온채널 ion channel, 수송체 transporter, 수용체 receptor 등과 작용한다.

약물작용방식을 살펴보면, 우선 약물은 효소매개반응에 있어 효소활성을 자극 혹은 저해하는 방식으로 작용하는데, 효소활성을 자극하기보다는 저해하는 방식이 일반적이다. 세포 내에서 단백질은 세포막과 세포막의 신호전달 signaling 체계에 참여하여 이온조성을 조절하는데, 리간드-개폐 이온통로 ligand gated, G-단백질 결합 G-protein operated, 효소 결합, 세포 내 수용체에 직접 결합하는 방식 등이 있다(그림 3-1, 그림 3-2 참조).

한편, 기질은 일반적으로 세포막을 거쳐 특정 위치로 이동하는데 이때 특정한 수송체와 결합함으로써 이동이 가능하다. 약물은 이들 수송체 시스템과 상호작용을 한다. 예를 들어 furosemide는 Na^+ K^+ Cl cotransport에 작용한다. 비록 약물이 다양한 표적물질과 작용을 하긴 하나, 대부분의 약물은 효소, 이온채널, 수송체나 구조단백질 등에 직접 결합하기보다는 특정한 고분자물질 macromolecule인 수용체와 결합하여 약물효과를 나타낸다. 수용체에 작용하는 약물에는 상승제, 길항제, 부분적 길항제, 역길항제 등의 4가지가 있다.

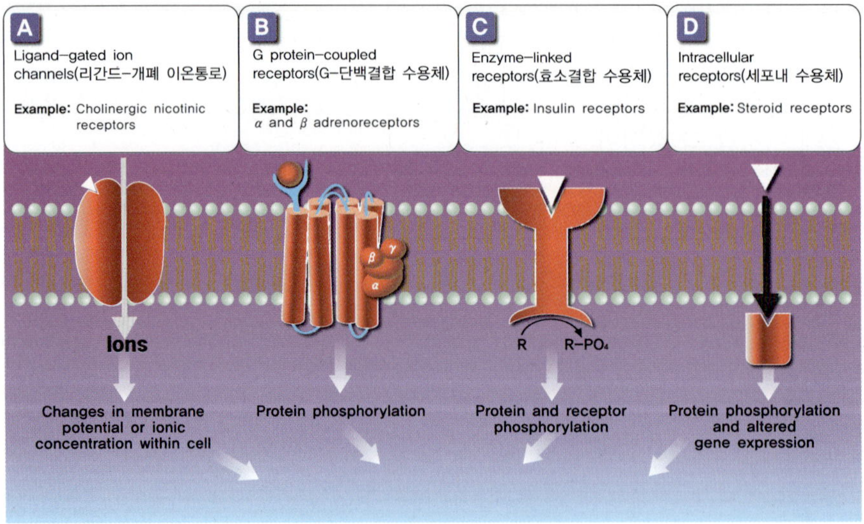

그림 3-1 막관통 상호기전

A. 리간드가 리간드-개폐 통로의 세포 외 도메인에 결합한다.
B. 리간드가 serpentine 수용체의 도메인에 결합하며, 이 수용체는 G-단백에 결합되어 있다.
C. 리간드가 수용체의 세포 외 도메인에 결합하여, kinase 효소를 활성화시킨다.
D. 지용성 리간드가 지용성 세포막을 가로질러 확산되어 세포 내 수용체와 상호작용한다.

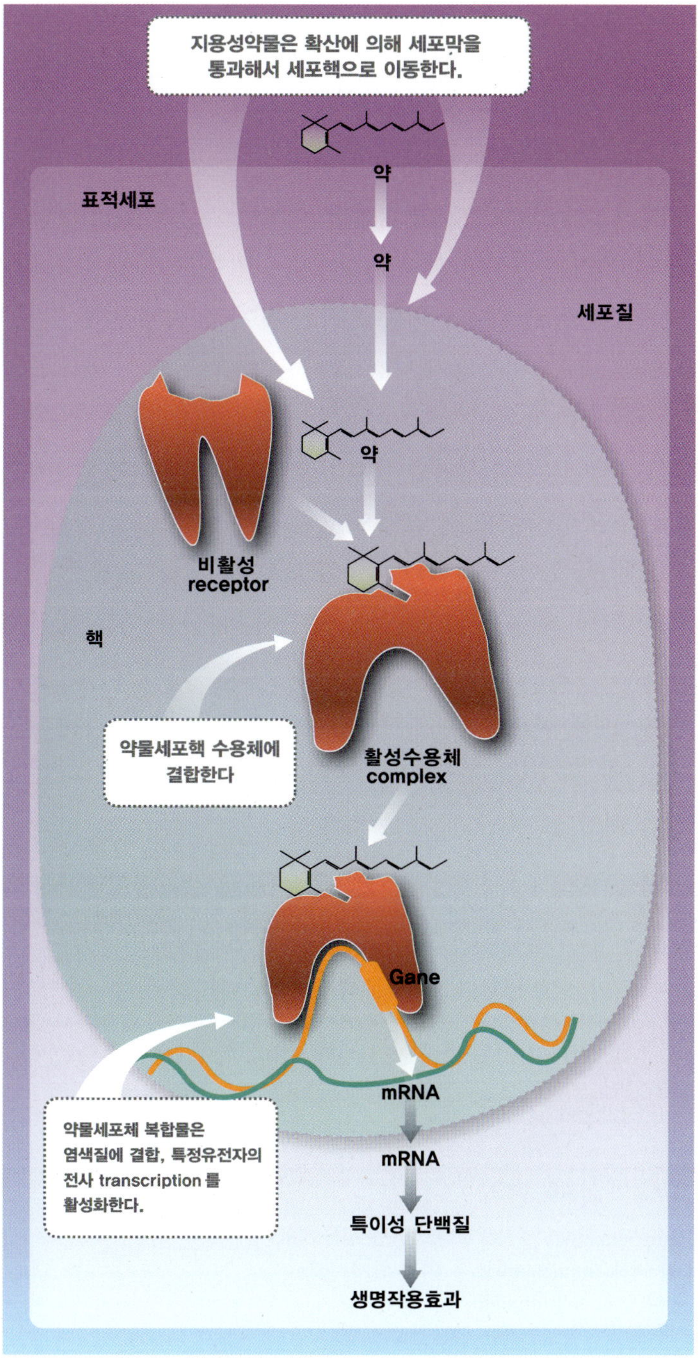

그림 3-2 세포 내 수용체 기전

3-2 영양소와 약물의 상호작용

약물은 질병의 치료를 위해 처방되지만 이로 인해 다양한 부작용이 야기될 수도 있다. 그렇기 때문에 처방을 받아야만 사용이 가능한 처방약물 prescription drug이 있으며, 의사는 환자의 의학적 상태를 평가한 후 약물을 복용하는 것이 더 유리하다고 판단될 경우에만 처방을 하는 것이다. 이에 반해 일반매약 over-the-counter, OTC drug은 의사의 처방전 없이 구매할 수 있는 약물로 두통에 먹는 아스피린이나 소화제 등이 있다.

그러나 OTC 약물을 잘못 사용할 경우, 환자의 상태가 더욱 악화되거나 합병증 및 기타 악영향이 초래될 수 있어 각별한 주의를 요한다. 따라서 의료관리 전문가는 약물과 약물 혹은 식이와 약물과의 상호작용에 대해 잘 알고서 환자 상담에 임해야 하며, 잘못된 약물사용으로 인해 야기되는 심각한 부작용과 치명적인 합병증을 예방할 수 있어야 한다.

약물은 약물-약물 상호작용과 식이-약물 상호작용 등 두 가지 방식으로 인체에 영향을 미칠 수 있다. 일반적으로 식이-약물 상호작용은 다음과 같은 유형으로 영향을 미친다.

- 약물로 인해 식욕이 감소되고, 순차적으로 식사섭취량이 변화할 수 있다.
- 약물복용은 영양소의 흡수, 대사, 배설 등을 변화시킬 수 있다.
- 약물과 식이의 상호작용 자체가 몸에 독성을 나타나게 할 수 있다.

다음 표 3-1에 식이와 약물의 상호작용에 대한 예를 제시해 놓았다.

표 3-1 식이와 약물의 상호작용에 대한 예시

1. 약물이 음식물의 섭취를 변화
• 식욕변화(amphetamines는 식욕 억제, corticosteroids는 식욕 증진) • 미각이나 향 저해(amphetamines은 미각 인지 변화) • 메스꺼움이나 구토 유발(digitallis) • 구강기능 저해(일부 항우울제는 구강건조 유발) • 구강염증(methotrexate는 구강궤양 유발)
2. 약물이 영양소 흡수를 변화
• 소화관의 산도 변화(제산제는 철분이나 엽산 흡수 저해) • 점막세포 손상(암 치료의 화학요법) • 영양소와 결합(담즙산과 결합하는 약물은 지용성 비타민도 결합)

3. 식품이나 영양소가 약물의 흡수 변화
• 위산 분비 자극(항진균제 keroconazole은 식사와 함께 복용 시에 산 분비 증가로 더 잘 흡수) • 위를 비우는 속도 변화(음식물과 함께 복용 시에 약물의 소장 흡수 지연) • 약물과 결합(Ca이 tetracycline과 결합하여 둘 다 흡수 감소) • 소장 내 흡수부위에서 경쟁(식이성 아미노산이 파킨슨씨병 치료제인 levodopa 흡수 저해)
4. 약물과 영양소가 상호작용하여 대사 변화
• 구조적 유사물로 작용(warfarin과 비타민 K) • 유사한 효소계를 이용(phenobarbital은 엽산과 비타민 D, K 대사를 증가시키는 간장효소 유도) • 혈장 단백질 이송에 경쟁(지방산과 약물은 혈장 단백질 알부민에 경쟁)
5. 약물은 영양소 배설을 변화
• 신장에서의 재흡수 변화(일부 이뇨제는 Na, K의 배설을 증가) • 설사와 구토 유발(전해질 손실을 가져옴)
6. 음식물은 약물의 배설을 변화
• 음식물은 약물을 대사시켜 배설되도록 하는 간장효소의 활성을 변화(숯불구이 육류는 warfarin, theophyline, acetaminophen의 대사를 증가)
7. 음식물과 약물에 의한 독성
• 약물의 부작용을 악화(카페인이 자극제의 부작용을 강화) • 약물 작용을 과도하게 증가(grapefruit성분이 약물의 대사를 저해하여 작용과 부작용을 강화)

1. 약물이 식품섭취에 미치는 영향

약물은 메스꺼움(오심)이나 구토, 맛감각 변화, 식욕저하, 입건조증 혹은 위장관에 염증이나 상해를 일으켜서 식품섭취를 감소시킬 수 있다. 복부불편감이나 변비 혹은 설사와 같은 부작용은 식품섭취를 더욱 악화시키는 요인이 된다. 약물로 인한 식품섭취의 감소는 영양소 섭취를 감소시킴으로써 영양소 결핍을 유발할 수 있으므로 문제가 된다.

약물은 대개 섭취 후 며칠이 지나면서 가라앉는 경우가 많지만 이런 이상현상이 장기화된다면 부작용을 없애기 위한 또 다른 약물이 필요할 수 있다. 메스꺼움을 없애기 위해 항구토제 antiemetics를 사용하면 이들 증상을 완화시킬 수 있다.

반면에 항정신성 약물, 항우울제, 부신피질호르몬(예: prednisone)과 같은 약물은 체중을 증가시킨다. 이는 만복감을 느끼지 못함으로써 생기는 결과이다.

암이나 AIDS 같은 소모성 질환을 예방하기 위해서는 식욕항진제를 처방하기도 한다. 식욕항진제에는 megasterol acetate, progesterone analog, 혹은 dronabinol 등이 있다.

2. 약물이 영양소 흡수에 미치는 영향

영양소의 흡수불량을 일으키는 약물은 장 점막에 영향을 미친다. 특히, 항암제나 antiretroviral drugs 등은 인체에 치명적인 문제가 된다. 그밖에도 비스테로이드성 항염증제제 NSAIDs와 일부 항생제도 유사한 효과가 있다.

영양소의 흡수불량을 일으키는 방식은 영양소와 약물이 위장관에서 서로 결합하여 영양소의 흡수를 방해하거나 위산분비를 적게 함으로써 일부 영양소의 흡수를 저해시키는 것이다. 비타민 B_{12}나 엽산 및 철분 등이 이에 해당한다.

제산제의 경우에는 위산을 중화시켜서 이들 영양소 흡수를 방해하며, 항궤양제인 proton pump inhibitors와 H_2 blockers는 위산분비를 방해함으로써 영양소 흡수를 저해한다. 그 밖에 일부 약물은 장 대사를 방해하거나 장 점막으로의 영양소의 운송을 방해하는 형식으로 영양소 흡수에 영향을 준다.

3. 약물이 영양소 대사에 미치는 영향

약물과 영양소는 소장과 간의 유사한 효소체계에 작용하기 때문에 영양소 대사에 필요한 효소활성을 강화 혹은 저해시킬 수 있다. 예를 들어, 항경련제인 phenobarbital과 phenytoin은 엽산, 비타민 D, K를 대사하는 간장 효소수준을 증가시킨다. 약물 methotrexate는 암과 염증치료제인데, 이 약물은 엽산과 그 구조가 유사하여 엽산이 활성형으로 전환되는 과정에서 서로 경쟁을 한다. 그러므로 methotrexate를 복용할 경우에는 엽산의 전구체 형태인 leucovorin으로 섭취하면 이와 같은 부작용을 예방할 수 있다.

항염증 및 면역억제제인 코르티코스테로이드는 코티솔 호르몬과 유사하게 작용하여 장기간 사용 시에 체중증가, 근육소모, 골손실 및 고혈당증을 유발하고 결국에는 골다공증과 당뇨병 등이 발생될 수 있다.

4. 약물이 영양소 배설에 미치는 영향

약물은 신장에서의 무기질 재흡수에 영향을 미쳐 요중 무기질 배설을 증가 혹은 감소시킨다. 이뇨제 중에는 칼슘, 칼륨과 마그네슘의 배설을 촉진시키는 것이 있으며, 또 다른 이뇨제는 무기질을 배설시키기보다는 보유시키는 것도 있다. 만일 신장의 기능이 손상되었거나, 유사한 작용을 하는 여러 약물을 복용한다거나, 혹은 장기간 약물을 복용할 경우 등에는 특히 무기질 섭취에 신경을 써야 한다.

영양소를 배설시키는 대표적 약물은 결핵치료제인 isoniazid로서 비타민 B_6와 구조가 유사하여 비타민 B_6의 배설을 촉진시킨다. 따라서 결핵제제를 장기간 복용할 경우에는 결핍증 예방을 위해 비타민 B_6 보충제가 필요하다.

5. 영양소가 약물의 흡수에 미치는 영향

대부분의 약물은 소장 상부에서 흡수된다. 약물의 흡수율은 위장이 비워지는 속도 emptying rate, 산도, 영양소와 약물의 상호작용, 약물의 조성 등에 의해서 영향을 받는다. 공복상태일 때 약물의 흡수가 더 빠르며, 음식물과 함께 약물을 섭취하면 흡수가 느려진다. 그러나 흡수되는 약물의 양이 줄어드는 것은 아니므로 위에 대한 자극을 줄이려면 음식물과 함께 약물을 섭취하는 것이 좋다.

일부 약물은 산성에서 더욱 잘 흡수되는 것이 있다. 그러므로 만일 제산제를 먹는다면 다른 약물의 흡수를 낮출 수 있다. 일부 영양소나 식품성분은 약물과 결합하여 약물의 흡수를 방해하기도 한다. 식이섬유질은 삼환계 항우울제 tricyclic antidepressants의 흡수를 방해하고 피틴산은 심장약의 일종인 디곡신 digoxin과 결합하여 약효를 떨어뜨린다. 이외에도 칼슘은 항생제와 결합하여 칼슘과 약물 모두의 흡수를 감소시킨다.

6. 영양소가 약물의 대사에 미치는 영향

식품 중 어떤 성분은 약물을 대사시키는 효소활성을 변화시키거나 특정한 방식으로 약물과 길항작용을 한다. 특히, 자몽 주스와 자몽에 함유되어 있는 화합물은 여러 가지 약물을 대사시키는 효소를 불활성 혹은 저해시키는 것으로 알려져 있다. 효소활성이 감소되면 약물의 혈중 농도가 증가되어 강한 생리적 효과가 나타난다. 자몽 주스의 영향은 섭취 후 상당기간 지속되는 것으로 알려져 있다.

항응혈제인 와파린 wafarin은 비타민 K와 그 구조가 유사하여 비타민 K 활성 효소의 작용을 방해해 혈액응고인자의 합성을 저해한다. 따라서 식이 중의 비타민 K 농도에 따라 와파린 처방량이 결정되는데, 만일 비타민 K 섭취량이 증가하면 와파린의 효과가 줄어들므로 가급적 비타민 K 섭취량을 일정하게 유지하도록 노력해야 한다.

한편, 약용식물 중에서 성 요한초 St John's wort, 마늘, 인삼 등은 와파린의 활성을 강화시키는 효과가 있으므로 와파린 복용 중에는 이들 식물의 섭취를 피하는 것이 좋다.

7. 영양소가 약물의 배설에 미치는 영향

약물의 부적절한 배설은 인체 내에서 독성을 일으키며, 반면에 과도하게 배설되면 치료 효과가 줄어서 문제가 된다. 약물의 배설에 영향을 주는 성분으로는 나트륨 Na, sodium이 있는데 나트륨은 우울증 환자의 기분이 급격히 변화하는 것을 예방하는 리튬 lithium이라는 약물의 배설에 관여한다. 예를 들어 체액이 감소하거나 탈수상태가 되면 Na 재흡수는 증가되고, 이때 리튬의 보유도 같이 증가된다. 이와는 반대로 Na 섭취가 많은 사람은 Na와 리튬의 배설이 증가한다. 따라서 리튬의 보유량을 일정하게 유지하기 위해서는 Na 섭취량 역시 일정하게 유지되도록 해야 한다.

Chapter 4

소화기계 질환

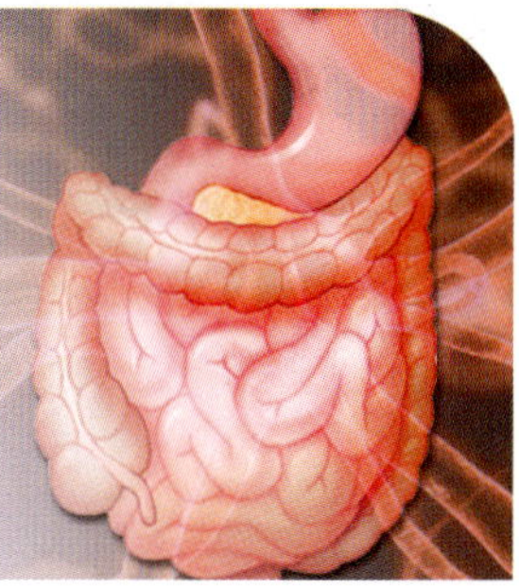

학습목표

- 소화기계의 구조와 기능을 이해한다.
- 소화기계 질환의 증상과 진단방법을 파악한다.
- 소화기계 질환을 종류별로 설명한다.
- 소화기계 질환의 임상치료방법을 설명한다.

소화기계는 섭취한 식품을 소화시켜 분해된 영양소를 흡수하여 우리 몸에 영양을 공급해 주는 기관으로서 소화기계의 장애는 영양불량과 직결되어 건강문제를 일으킨다. 일반적으로 소화기 질환에서는 질환 부위의 자극을 최소화 하면서도 소화와 흡수가 잘 되는 음식을 공급해야 빠른 회복을 기대할 수 있다.

또한 소화기 이외의 기관에 질환이 있는 경우에도 소화기 기능이 약해지므로 환자에게는 소화와 흡수가 용이한 식사처방이 필요하다. 소화기계는 구강, 식도, 위, 소장, 대장 그리고 항문까지의 주 소화기와 췌장, 간, 담낭으로 구성된 소화기 부속기관으로 나누어져 있다.

4-1 소화기계의 구조와 기능

음식을 섭취하고 소화하여 영양소를 흡수하는 기관계로 소화관과 소화선으로 구성되어 있다. 소화관은 상부 소화관, 하부 소화관 그리고 소화기 부속기관으로 나뉘어진다. 소화기관은 약 9 m의 긴 관으로 상부 소화관은 구강 mouth, 식도 esophagus, 위장 stomach을 말하며, 하부소화관은 소장intestine, 대장large intestine, 항문anus으로 이루어졌다.

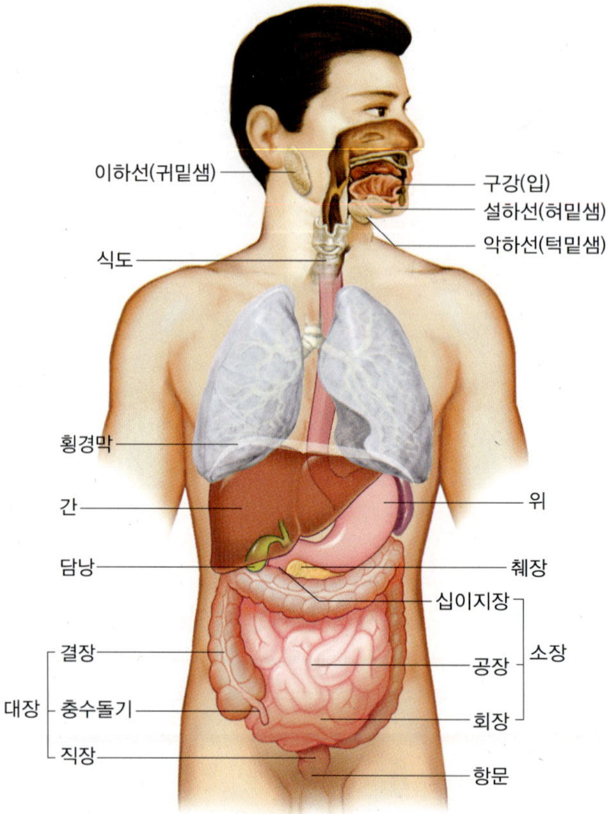

그림 4-1 소화기계 구조

췌장 pancreas, 간 liver, 담낭 gallbladder은 소화기 부속기관이면서 소화효소와 소화액을 만드는 소화선이 된다. 소화선에는 타액을 분비하는 침샘 salivary gland이 포함된다.

1. 구강과 식도

구강의 중요한 기능 중 하나는 저작에 의한 음식물의 기계적 소화를 담당하는 것이다. 구강 내 타액선(이하선-귀밑샘, 설하선-혀밑샘, 악하선-턱밑샘)은 소화를 돕기 위한 장액성과 점액성의 타액을 하루 1,000~1,500 ml 정도 분비한다. 타액 속의 아밀로오스 분해효소 amylase는 전분이나 글리코겐을 맥아당이나 덱스트린으로 분해시키며 라이소자임은 살균작용으로 외부에서 들어온 해로운 물질로부터 구강이나 식도 점막 등을 보호한다.

타액 상태는 부교감신경의 활성이 증가되면 타액의 분비량이 증가하며, 교감신경의 활성이 증가되면 타액의 점성이 증가된다. 구강에서의 음식물은 연하작용에 의하여 인두 pharynx로 넘어가서 연동운동에 의하여 식도 esophagus를 통과하여 위 stomach로 들어간다.

식도의 길이는 약 25cm 정도이며 점막층은 부드럽고 색깔이 옅으며 영양소의 흡수는 거의 일어나지 않는다. 식도의 기능은 구강 내에서 타액과 섞인 음식물을 연동운동으로 위까지 이동시키는데 있다. 식도의 상부에 있는 상부식도괄약근은 음식물을 삼킬때를 제외하고는 항상 닫혀 있어서 공기가 위로 들어 가는 것을 방지하고, 하부에 있는 하부식도괄약근은 위의 내용물이 식도로 역류하는 것을 방지한다.

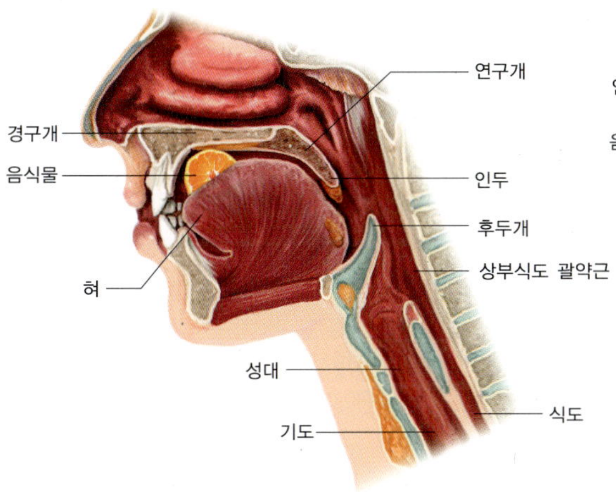

그림 4-2 구강의 연하작용

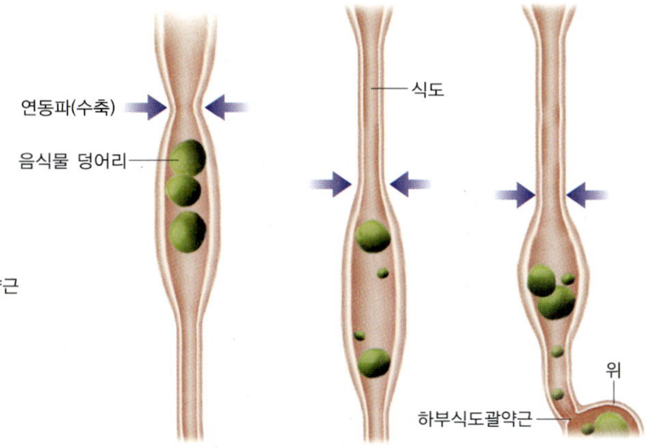

그림 4-3 식도의 연동운동

2. 위

위는 섭취된 음식물을 저장하고 위액과 소화효소액의 분비하여 유미즙 형태로 만든 음식물을 연동운동을 통하여 십이지장으로 보낸다. 위의 용량은 공복시 50ml 정도였다가 1,600mL까지 늘어날 수 있다. 위는 J자 모양의 근육성 주머니로 크게 위저부, 위체부와 위문부로 구분한다.

그리고 식도와 연결된 부분은 분문부, 십이지장과 연결된 부분을 유문부라고 한다. 이 두 부분의 괄약근은 위내용물이 식도로 역류하거나 십이지장 내로 자유로이 이동하지 못하도록 조절한다.

위는 효소, 호르몬, 점액과 같은 소화에 필요한 분비물을 생성하는 점막층, 혈관과 림프관 및 점막하 신경총이 분포되어 있는 점막하조직, 근육층, 장막층으로 이루어져 있다.

위 내에 음식물이 들어오면 위저부의 벽세포에서는 pH 2 정도의 강산성 위산과 비타민 B_{12}의 흡수를 도와주는 내적인자 intrinsic factor, 주세포에서는 펩시노겐 pepsinogen, 점액세포에서는 점액을 분비시켜 음식물을 유미즙 형태로 만들고 G 세포에서 분비된 가스트린 gastrin 등에 의한 연동운동을 통해 유문괄약근을 열어서 십이지장으로 조금씩 보내게 된다.

위산은 세균의 살균작용과 단백질 변성 및 펩시노겐을 펩신 pepsin으로 활성화시켜 단백질을 펩톤 peptone으로 소화시킨다. 뿐만 아니라 위산은 철분과 칼슘같은 무기질의 흡수를 도와준다.

위의 운동과 위액의 분비는 주로 위벽에서 분비되는 가스트린, 히스타민 histamine, 그리고 미주신경의 아세틸콜린 acethylcholine에 의해서도 촉진된다. 그 반면에 위의 운동과 위액의 분비 억제는 주로 소장에서 분비되는 세크레틴, 콜레시스토키닌 Cholecystolcinin; CCK, 위억제단백질 gastric inhibitory proein; GIP에 의하며, 가스트린 억제 펩티드나 포도당 의존성 인슐린 펩티드 등에 의해서 억제된다.

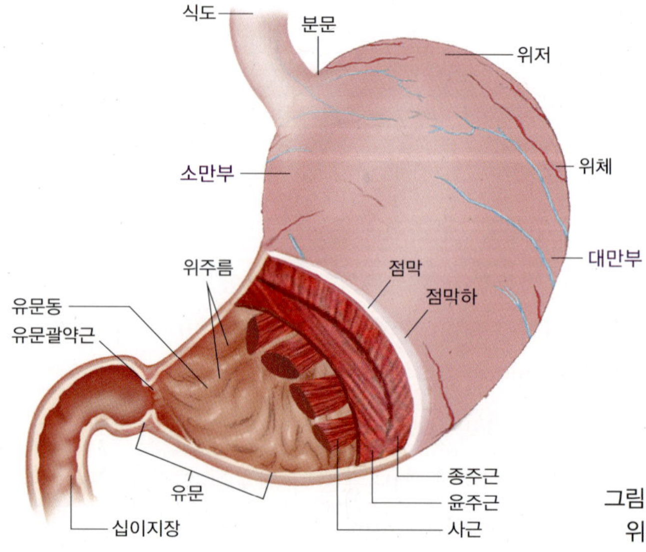

그림 4-4
위의 구조

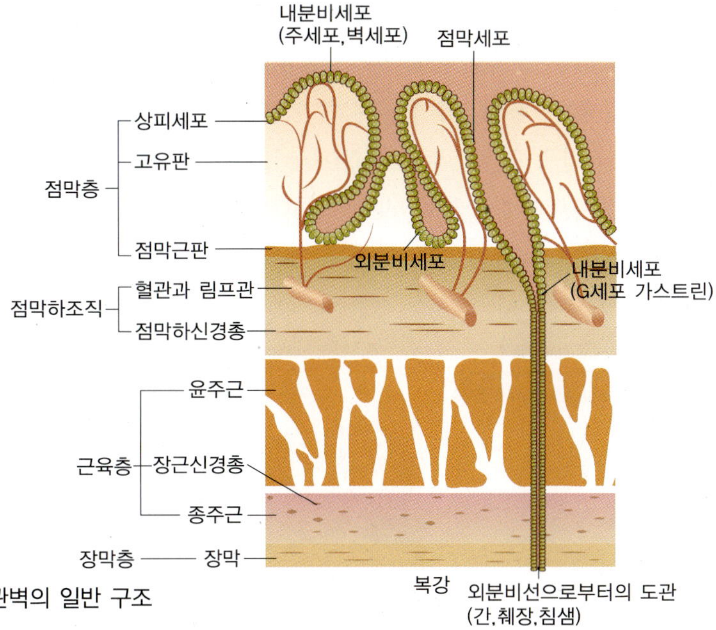

그림 4-5 소화관벽의 일반 구조

3. 소 장

소장 small intestine은 전체 길이가 6~7 m로 처음 20~30 cm 정도는 십이지장 duodeum, 그 다음 $\frac{2}{5}$(2.5 m)가 공장 Jejumum(2.5 m), 나머지 $\frac{3}{5}$(3.5 m)이 회장 ileum으로 이루어져 있다. 소장 점막은 주름으로 이루어져 있고 여기에 융모 villi와 융모의 점막세포에 미세융모 microvilli가 덮여져 있어서 영양소 흡수 표면적이 넓어지게 된다. 소장의 기능은 연동운동과 분절운동으로 각종 영양소를 소화시키고 흡수시킨다.

십이지장 내로 위 내의 산성 유미즙이 넘어오면 세크레틴과 콜레시스토키닌 호르몬이 분비된다. 십이지장에서 분비된 세크레틴은 췌장을 자극하여 중탄산염 $NaHCO_3^-$의 분비를 촉진하여 십이지장 내의 음식물을 중화시킨다. 또한 콜레시스토키닌은 췌장의 소화효소(아밀라아제 amylase, 트립신노겐 trypsinogen, 키모트립시노겐 chymotrypsinogen, 프로엘라스타아제 proelastase, 카르복시펩티다아제 Carboxypeptidase, 리파아제 lipase)와 담낭의 담즙분비를 촉진한다.

췌장의 효소는 십이지장에서 활성화 되어 단백질과 당질은 아미노산과 단당류로, 지방은 지방산과 모노글리세롤로 가수분해 시킨다.

소화된 각종 영양소는 단순확산이나 촉진확산 등의 수동기전이나 능동기전에 의하여 소장 전체에서 흡수되나 영양소마다 흡수되는 부위는 조금씩 다르다.

철분, 칼슘, 수용성 비타민, 지방, 아미노산과 단당류는 십이지장과 공장, 비타민 B_{12}나 담즙산염은 주로 회장에서 흡수된 후 혈관과 림프관을 통하여 영양소가 각 조직으로 운반된다. 또한 대장도 전해질, 물, 일부 비타민 B군, 그리고 비타민 K를 흡수한다.

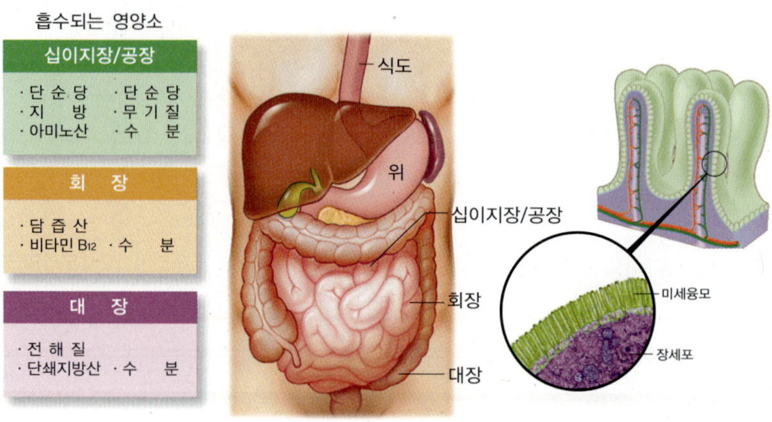

그림 4-6 영양소의 흡수

4. 대장 및 항문

대장 large intestine은 전체 길이가 1.6~2.0m, 직경이 5~7cm로 소장보다 2배 정도 굵으며 회장 끝에서 시작하여 항문까지 이르는 장기이다. 대장 중 가장 두터운 부분인 맹장 cecum은 대장의 시작 부분으로 길이는 5cm이며, 충수돌기라고 하는 얇은 주머니가 달렸다. 그 다음이 약 140cm의 결장으로 상행결장 ascending colon, 횡행결장 transverse colon, 하행결장 decending colon, S상 결장 sigmoid colon으로 나누어지며, 그 다음은 15~20cm의 직장 rectum은 , 마지막으로 항문관으로 구성되어 있다.

대장에서는 소화과정은 일어나지 않고 수분, 전해질, 짧은사슬의 지방산 및 질소화합물, 일부 비타민 등을 흡수하고 다량의 점액을 분비한다. 대장의 주요 기능은 회장 내용물에 존재하는 수분을 하루 1~2L 정도 흡수하여 액상의 회장 내용물을 반고형성 변으로 전환시켜서 변을 만들고 저장하는 역할을 한다.

표 4-1 주 소화기관 외분비선에서 분비되는 소화액

분비 기관	분비선	분비액	작 용	자극분비 조절
위	벽세포	위산	• 살균작용 • 단백질의 변성 • 펩시노겐활성화 • 철 또는 칼슘의 흡수	촉진 : 가스트린, 히스타민 억제 : 소마토스타틴, 세크레틴, 콜레시스토키닌, GIP
		내적인자	• 비타민 B_{12} 흡수	
	주세포	펩신	• 단백질 → 펩톤	촉진 : 가스트린, 부교감신경 억제 : 세크레틴, 콜레시스토키닌, GIP
	점액세포	점액	• 위점막보호 • 윤활작용	
소장	상피세포	중탄산염	• 위산의 중화	
	소장벽	점액	• 장벽보호, 윤활작용	
		말타아제	• 맥아당 → 포도당 + 포도당	
		수크라아제	• 서당 → 포도당 + 과당	
		락타아제	• 유당 → 포도당 + 갈락토오스	
		아미노펩티다아제	• 작은 펩티드의 아미노 말단 분해 → 더 작은 펩티드, 아미노산	
		디펩티다아제	• 디펩티드 → 아미노산	
		엔테로키나아제	• 트립시노겐 → 트립신	
췌장	외분비세포	중탄산염	• 위산의 중화	촉진 : 세크레틴
		아밀라아제	• 전분, 글리코겐 → 맥아당, 덱스트린	촉진 : 콜레시스토키닌
		리파아제	• 중성지질 → 지방산 + 모노글리세롤	
		포스포리파아제	• 인지질 → 리소인지질 + 유리지방산	
		트립신 키모트립신	• 펩톤 → 내부의 펩티드 결합 분해 → 작은 펩티드	
		카르복실펩티다아제	• 작은 펩티드의 카르복실 말단 분해 → 더 작은 펩티드, 아미노산	
간	담낭	담즙	• 지방의 유화	촉진 : 콜레시스토키닌

check point

음식의 소화과정

음식 → 구강 → 식도 → 위(용량 1L, 2~3시간 정도 체류) → 소장(십이지장, 공장, 회장, 3~10시간 정도 체류) → 대장(결장, 직장, 72시간 정도 체류) → 항문(배설)

4-2 상부소화기계 질환

1. 구강 및 식도 질환

1. 구강건조증 xerostomia

구강건조증은 타액의 감소로 구강 내 감염과 궤양, 구취가 일어나고 치아와 잇몸 등이 손상되어 음식물을 씹기 힘들거나 연하곤란이 나타나 음식 섭취량이 감소되어 영양문제가 발생한다.

(1) 원 인

구강건조증의 원인은 두 가지로 나뉘는데 첫째로 타액선 종양, 감염, 방사선 조사, 50대 전후 여성에게서 많이 나타나는 자가면역질환인 쉐그렌 증후군 Sjogren's syndrome 등으로 인하여 타액선에 병적인 소견을 보이는 원발성 구강건조증이 있다. 다른 하나는 타액선의 병적 소견을 보이지 않으면서 항우울제, 항히스타민제, 고혈압제, 식욕억제제 등 약물 사용으로 인한 부작용, 비타민 결핍증, 빈혈, 부적절한 당뇨 관리 등으로 인해 나타나는 속발성 구강건조증이 있다.

(2) 증상 및 진단

증상은 구강점막의 염증과 통증, 자정작용의 부족으로 충치, 그리고 구강점막의 감염 및 치주염이 발생되기 쉽다. 안정된 상태에서의 타액분비량이 1분당 0.1 ml 이하이면 구강건조증으로 진단할 수 있다. 혈액학적 검사로는 혈액수측정, 간기능 검사, 신장기능 검사, 항쉐그렌항체검사, 혈당측정, 그리고 뇨검사, 타액선의 핵의학적 검사, 조직 검사 등이 있다.

(3) 임상치료

약물치료는 의사의 지시 하에 타액자극에 도움이 되는 니코틴산정과 필로카르핀 pilocarpine 복용을 고려한다. 식염수로 입을 자주 헹구는 등 구강위생 관리를 통하여 구강 내 염증과 다른 질환이 유발되는 것을 예방한다. 부교감신경

자극제는 모든 신경계 기능을 자극하여 동공, 기관지, 소화계, 심장계, 생식선계의 변화를 유발하며 눈물 분비 증가, 소화액 분비 증가, 이뇨작용 촉진, 타액선 자극 효과를 나타내므로 구강건조증을 치료하는데 효과적이다.

영양치료는 구강건조 예방을 위해서 수분섭취의 증가, 무설탕 음료, 얼음 등을 조금씩 자주 섭취하고 침샘의 자극을 위하여 레몬음료, 무설탕 캔디나 껌을 복용한다. 죽, 스프, 고기국물, 퓌레 등 수분이 많은 유동식이나 퓌레식을 공급한다.

2. 연하곤란 dysphagia

연하곤란은 음식물이 구강 내에서 인두를 통해 식도를 통과하여 위 속으로 이동되는 연하과정에 문제가 생기는 경우를 말한다. 연하과정은 여러 생리적 조건과 신경과 근육에 의해 조절되며 연하중추는 뇌의 연수에 있다. 구강 내에서 저작된 음식물이 인두로부터 위까지 넘어가는 시간은 약 4~5초가 걸린다.

(1) 원 인

연하곤란은 어떤 과정에서 문제가 발생했느냐에 따라 구인두성 연하곤란과 식도성 연하곤란으로 나누어진다. 구인두성 연하곤란 oropharyngeal dyaphagia은 구강과 인두에서 식도 쪽으로의 음식물 이동장애와 관련되며, 신경과 근육계가 손상된 노인이나 중증 근무력증, 파킨슨병, 그리고 중풍환자에게서 흔히 발생한다. 식도성 연하곤란 esophageal dysphagia은 식도에서 위 쪽으로 음식물이 들어가는 데서 나타나는 장애와 관련되며, 식도경련이나 폐색, 협착, 그리고 종양 등으로 흔히 발생한다.

(2) 증상 및 진단

증상은 원인에 따라 증상이 다소 다른데 인두성 연하곤란의 주 증상은 액체나 고형식 음식물을 삼키기 어렵고 사래가 걸리거나 흡인 aspiration에 의하여 음식물이 폐로 들어가 폐렴이 발생할 수 있으며, 삼키는 도중이나 삼킨 후에 흡인으로 인하여 기침이 나거나 코로 역류하는 현상이 나타난다. 연하곤란으로 물이나 수분이 많은 음식물의 섭취가 어려운 환자는 탈수증을 유발할 수 있으며, 음식물의 섭취량이 감소될 경우 영양실조나 체중감소가 나타난다. 그 밖에 호흡장애, 쉰 목소리 또는 언어장애 등이 나타난다.

식도성 연하곤란은 구강에서 식도 쪽으로 음식물을 연하시킨 후에도 식도벽에 음식물이 걸리는 듯한 느낌과 가슴이 타들어가는 듯한 통증이 나타난다. 또한 흡인에 의해 기도폐색이나 질식, 폐렴 등의 호흡기 감염이 일어날 수 있다. X-ray 검사, 투시조영법 videofluoroscopy 또는 내시경 endoscopy으로 검사한다.

(3) 임상치료

대부분의 경우 약물치료로 근이완제와 제산제 등이 사용되며, 식도부위에서 협착이 있을 경우 위장관 확장수술치료를 하게 된다.

영양치료는 환자의 삼키는 능력에 맞게 식품의 질감과 농도를 조절하여 공급한다. 물, 음료, 우유와 같은 묽은 용액보다는 좀 더 점성이 있는 우유푸딩이나 사과소스 형태의 액체가 삼키기에 용이하다. 전분농후제나 젤라틴 등을 사용하면 음료나 국물 등의 농도를 조절할 수 있다.

일반적으로 삶아서 갈거나 다지거나 으깨는 퓌레식이나 부드럽게 조리한 연식을 사용할 경우 영양관리에 도움이 된다. 2002년 미국에서는 퓌레식 dysphagia pureed, 기계적 변형식 dysphagia mechanically altered, 향상된 연하곤란식dysphagia advanced의 3단계의 연하곤란식이 개발되었다.

표 4-2 연하곤란식 단계

1 단계	2단계	3 단계
퓌레식	기계적인 변형식	향상된 연하곤란식
• 씹어야 하는 음식이나 묽은 음식은 제한함 • 음식은 퓌레형태 또는 잘 으깨서 균질하고 응집성이 있어야 함	• 씹기 쉬운 음식은 소량섭취가 가능하나 맑은 액체는 섭취할 수 없는 환자 • 음식은 수분이 많되 응집성이 있고 부드러워야 하며 쉽게 덩어리 질 수 있어야 함	• 씹고 삼키는 단계의 손상이 경미한 환자 • 음식은 삼킬 때 수분이 많고 한입 크기여야 함
• 구강기능이나 씹는 능력이 빈약한 중등도에서 중증(severe)의 연하곤란 환자용임	• 약간의 씹는 능력이 있는 경증에서 중등도의 연하곤란 환자용임	• 상당히 씹는 능력이 있는 경증의 연하곤란 환자용임
• 감자 으깬 것, 애플소스, 달걀찜, 푸딩이 적당	• 호상요구르트, 바나나, 스크램블드 에그, 완숙과일이나 통조림과일 으깬 것 이 적당 • 물, 질감이 거친 음식, 생과일, 생채소 제한	• 채소수프, 마요네즈로 버무린 샌드위치, 잘 익은 멜론이 적당, 단단한 채소, 과일 견과류는 제한

3. 역류성 식도염 gastroesophageal reflux disease

역류성 식도염은 위 내용물이나 위산이 식도 쪽으로 역류되어 불쾌감, 복통, 가슴앓이나 식도점막에 염증이 생겨서 식도경련과 조직손상이 나타난다.

(1) 원 인

역류성 식도염은 하부식도괄약근의 기능부전으로 나타나며 위 내용물이나 위산이 식도로 역류되는 현상이 장기간 지속될 경우 유발된다. 또한 알코올, 박하, 탄산음료, 카페인 음료, 초콜릿, 마늘, 양파, 고지방 음식 등의 식품과 비스테로이드성 소염제, 항콜린성 제제, 항히스타민제, 프로게스트론, 테오필린, 항우울제 등의 약물이 하부식도괄약근의 압력을 약화시켜 역류성 식도염을 유발한다.

(2) 증상 및 진단

가장 흔한 증상으로는 위산에 의해 식도가 화끈거려 가슴 중앙 부위에 타는 듯한 가슴앓이 heartburn, 속쓰림, 신트림, 목에 이물질이 걸린 듯한 느낌, 마른기침, 소화불량 등이다. 역류성 식도염이 지속될 경우 식도 궤양이나 식도 말단부위의 세포가 위나 소장세포와 비슷하게 변형되는 바렛식도 Barretti's esophagus가 나타나며, 이것이 진행될 경우 식도암의 발병률을 증가킨다. 또한 염증의 진행으로 협착이 일어나면 연하곤란을 일으키며, 위 내용물이 폐쪽으로 넘어가면 폐질환이 발생할 수 있다.

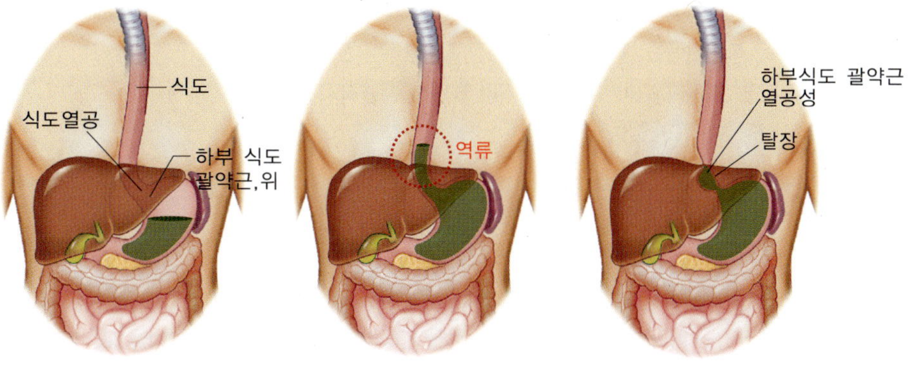

그림 4-7 상부위장관(좌), 역류성 식도염(중), 열공성 탈장(우)

진단법으로는 내시경 검사를 통하여 점막 표면의 충혈, 부종 또는 염증을 관찰하며, 내시경 검사에서 진단이 이루어지지 않는 경우 식도 하부에 산도 여부를 측정하는 작은 기계를 삽입하여 24시간 동안 식도 내의 산도를 검사하여 위산 역류 여부를 진단한다.

(3) 임상치료

약물치료는 위산 분비를 감소시키고 중화시키는 프로톤 펌프 억제제(H_2) proton pump inhibitors, H_2 수용체 길항제 H_2 receptor antagonists와 제산제, 위점막 보호제, 그리고 위분문괄약근 강화제 등을 사용한다. 위 내용물 배출이 늦어지는 환자는 위장운동 촉진제를 복용한다. 수술치료로는 식도협착이 심한 경우는 내시경을 통한 레이져 치료, 식도 확장술 또는 식도 스텐트 삽입술을 실시한다.

영양치료는 식도 자극과 위산 분비를 억제시키고 역류를 감소시키며 손상된 식도 점막조직을 재생하고 하부식도괄약근을 강화시키는 것이다.

따라서 식도 점막 자극억제를 위하여 감귤류와 과일 주스, 토마토나 강한 향신료 등을 제한하고, 위산의 분비를 촉진시킬수 있는 지방, 알코올, 카페인, 커피, 차, 초코릿, 박하도 제한하며 단백질을 충분히 섭취한다. 또한 식도와 인접

check point

역류성 식도염 환자의 생활요법 지침서

① 행동요법

- 하부식도 괄약근을 이완시키는 흡연과 알코올 섭취는 피한다.
- 식사 후 2시간까지 상체를 높게 하여 위 내용물이 역류되는 것을 방지한다.
- 위압을 증가시키는 꽉 쪼이는 옷이나 허리띠의 착용을 피한다.
- 비만은 복부압력을 증가시키므로 정상체중을 유지한다.
- 공기흡입 억제를 위하여 껌을 씹거나 빨대를 사용하지 않는다.
- 식사 후 엎드리는 행동을 피한다.

② 식이요법

- 잠자리에 들기 3~4시간 전에 음식 섭취를 피한다
- 위산의 분비를 증가시키는 고지방식이는 피한다.
- 가스발생 식품인 마늘, 양파, 계피, 박하, 탄산음료 섭취를 제한한다.
- 위분문괄약근 약화와 위산분비 억제를 위해 카페인 함유식품, 초콜릿, 박하를 제한한다.
- 식도 점막의 자극을 완화하기 위하여 산성식품과 향신료가 많이 든 식품을 제한한다.

부가 열공사이에 끼게되어 위의 상부가 횡경막 위로 빠져나와 열공성 탈장 hiatal hernia 가, 위 내용물의 역류를 막기 위한 생활요법을 실천한다.

4. 그밖의 식도 질환

음식을 삼킬 때 하부식도괄약근의 불완전한 이완과 연동운동의 장애로 음식물이 식도를 통과하지 못하는 퇴행성 신경질환인 식도확장증 achalasia과 식도 내강의 일부가 돌출하여 작은 주머니가 생기는 질병인 식도 게실 esophageal diverticulosis이 있다. 게실의 벽은 얇아 터지기 쉬우므로 부드러운 음식을 주고, 특히 생선가시나 거칠고 딱딱한 음식을 삼가야 한다. 또한 식도와 위의 인접부가 열공사이에 끼게 되어 위의 상부가 횡경막 위로 빠져나와 열공성 탈장 hiatal hernia가 간경변증이 심해지면 식도정맥이 팽창하여 식도정맥류 esophageal diverticulosis가 생긴다.

2. 위장질환

1. 위 염 gastritis

위 점막의 염증성 질환으로서 질환의 기간에 따라 급성위염과 만성위염으로 나누어진다. 만성위염 중 위산의 분비가 많고 위 점막세포에 염증이 일어나는 위염을 미란성 또는 표층성 위염 erosive gastritis, 위산의 분비가 적고 위 조직의 위축에 의해 일어나는 위염을 위축성 위염 atrophic gastritis이라 한다. 위축성 위염은 60세 이상의 노인에게서 흔하게 나타난다.

(1) 원 인

급성위염은 *Helicobactor pylori*(*H. pylori*) 감염이나 아스피린과 같은 비스테로이드성 소염제, 스테로이드와 같은 약물, 과량의 알코올, 흡연, 독성물의 섭취, 식중독, 방사선 치료, 그리고 심한 스트레스 등에 의해 나타난다. 만성위염은 급성위염으로부터 연결되거나 무분별한 잘못된 식사, 스트레스에 의한 자율신경계 이상 등으로 발생된다.

(2) 증상 및 진단

가장 일반적인 증상으로는 혀에 백태가 생기거나 위 팽만감과 위 압박감, 상복부통증, 식욕부진, 소화불량, 메스꺼움, 구토, 잦은 트림이다. 심해지면 위점막의 충혈과 비후, 그리고 출혈로 인하여 혈변과 토혈이 나타나며 점차 위점막이 위축 · 퇴화되어 만성적인 소화장애로 연결된다. 위염의 만성화로 인한 위벽세포의 위축은 감산증 hypochlorhydria과 무산증 achlorhydria을 일으키며 내적인자 intrisic factor의 분비가 줄어든다. 그 결과 단백질의 소화 장애와 칼슘과 철분의 흡수저하가 나타나며 비타민 B_{12}의 흡수저하로 악성빈혈이 발생할 수 있다.

진단은 내시경 endoscopy 검사로 점막의 충혈, 부종, 염증, 궤양, 출혈, 표면의 결절성 변화, 미란, 점막하 혈관의 투영도 등의 상태를 조사하며, 위 내시경 검사로 대개 만성적인 변화인지 급성적인 변화인지를 감별할 수 있다. 그러나 만성적인 변화가 심해져 위종양의 감별이나 특정한 양상의 위염이 아닌 경우에는 반드시 조직검사가 병행되어야 한다. 위내시경 검사 과정은 고통스럽다는 단점이 있어 수면내시경이나 코를 통해 얇은 내시경을 삽입하는 비강 내시경을 시행하기도 한다.

(3) 임상치료

약물치료는 급성위염의 경우 원인이 되는 요인을 제거하고 위산이 문제가 될 경우 제산제, 항생제 또는 항궤양제 약물을 처방한다. 그러나 치료하지 않으면 출혈, 폐색, 위천공 또는 위암을 일으킬 수 있다. 만성위염은 뚜렷한 자각 증상이 없는 경우 약물치료보다는 영양치료에 주력한다.

표 4-3 위염유발 인자

감 염	내재적 원인
진균류 박테리아성 : *Helicobacter pylori*, *Actinomyces israelii*	자가면역 질환
진균류 : *Candida albicans*	담즙역류
기생충 : *nematode infection, Crytosporidiosis*	스트레스
바이러스 : *Cytomegalovirus*	전신감염, 패혈증
화학물질	그 밖의 요인
알코올	식염과다섭취
코카인	식품 알레르기
약물(아스피린과 기타 NSAIDS)	이물질
침식성물질의 소화불량	방사선 조사

영양치료는 환자가 장기간 음식 섭취가 불가능할 때에는 정맥영양을 실시하며, 상태가 호전되는 정도에 따라 맑은 유동식부터 시작하여 무자극 연질식사를 거쳐 일반식으로 제공한다. 만약 위산과다로 위에 통증과 거북함이 있으면 위점막을 자극하는 향신료, 식초, 신 과일이나 주스류, 커피나 차, 알코올 음료 등 자극성 있는 식품의 섭취를 피하고 역류성 식도염이나 소화성 궤양의 식사관리에 준하는 것이 바람직하다. 그러나 위산감소성 위염이 있다면 위액 분비 촉진을 통해 식욕을 항진시키며 보충제를 통하여 철분, 칼슘, 비타민 B_{12}을 충분히 공급시킨다.

2. 소화성 궤양 peptic ulcer

소화기 점막하층 뿐만 아니라 근육조직까지 손상되는 현상을 궤양이라 한다. 궤양이 잘 일어나는 부위 중에서 위체부에 근접한 소만 쪽에서 나타나는 경우 위궤양 gastric ulcer이라 하며, 위와 인접한 십이지장 상부에서 나타나는 경우 십이지장 궤양 duodenal ulcer이라 한다. 위궤양과 십이지장 궤양을 합쳐서 소화성 궤양이라 한다

(1) 원 인

소화성 궤양은 유전적인 요인과 환경적인 요인인 박테리아 감염, 항염제의 과다 사용, 정신적 스트레스, 불규칙한 식사, 과도한 음주와 흡연 등에 의해서 공격인자와 방어인자 간의 균형이 깨어질 때 발병한다.

특히 정신적 스트레스는 점막의 방어인자를 감소시키며 공격인자를 증강시킨다. 공격인자는 위산, 펩신, 가스트린, 히스타민 그리고 담즙산 등이며 방어인자로는 점막의 국소혈류량이나 점액의 분비, 프로스타글라딘 등이 있다. 공격인자에 대한 정상적인 방어와 재생조절에 문제가 생기면 점막의 저항성이 약해지고, 점막에 반복되는 자극은 출혈과 침식을 일으켜서 소화성 궤양을 일으키게 된다.

(2) 증상 및 진단

환자에 따라서 무증상에서부터 심한 통증까지 증상의 정도는 다양하다. 위염처럼 토기나 소화장애에 따른 불쾌감, 식욕부진, 복부통증 등이 주요 증상이다.

식욕부진, 체중감소, 토기나 구토, 가슴앓이 등의 증상은 십이지장 궤양 환자보다 위궤양 환자에서 더 많이 나타난다.

소화성 궤양은 위 부위에서 에이는 듯한 혹은 타는 것처럼 아픈 통증이 있으며, 이러한 통증은 공복 시에 나타나면 음식의 섭취로 다소 완화할 수 있다. 그러나 십이지장 궤양에서는 식후 몇 시간이 지나거나 공복상태 그리고 야간에 심한 통증을 일으키게 된다.

합병증으로는 토혈과 혈변을 볼 수 있으며 심한 경우 유문협착, 폐색이나 천공이 일어날 수 있으며 천공은 십이지장 궤양에서 위궤양보다 흔하게 나타난다. 진단방법으로는 X-ray와 내시경 검사가 가장 보편적이다.

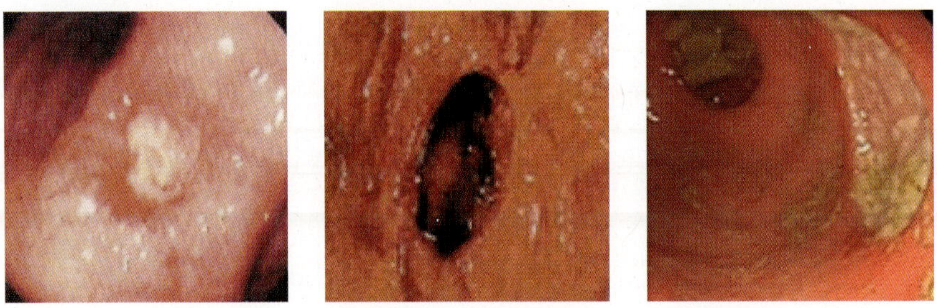

그림 4-8 표재성 위염(좌), 위궤양(중), 십이지장 궤양(우)

표 4-4 위궤양과 십이지장 궤양의 차이점

위궤양	십이지장 궤양
소만부에서 많이 발생하며 위의 모든 부위에서 발생	유문 바로 아래, 십이지장이 시작되는 몇 cm 이내에 주로 발생
만성위염, 나이가 들면서 산과 펩신 분비세포의 위축 등과 연결됨	중탄산염의 분비 감소가 특징
위 운동성 저하, 위 울체, 십이지장 내용물 역류로 흔히 발생함	위배출구 폐색이 자주 일어남
출혈이 십이지장 궤양보다 더 자주 발생함	*H. pylori*에 의해 장상피화생 gastric metaplasia 이 발생할 수 있음
위점막 방어 기능 이상 - 점막의 프로스타글란딘의 생성 감소로 혈류량 감소 - 막의 점액분비 감소	십이지장 점막에 대한 공격력 증가 - 위산분비량의 증가

(3) 임상치료

약물치료는 소화성 궤양의 주원인이 *H. pylori* 감염인 경우 항생제를 처방한다. 감염과 상관이 없는 소화성 궤양에는 위산분비 저하를 위하여 히스타민 H_2-수용체 길항제나 항펩신제로 항콜린성 약물을 처방하고, 위산을 중화하여 통증과 점막 손상을 완화하는 제산제와 점막보호제인 비스무트 bismuth제제나 수크랄페이트 sucralfate를 처방한다. 수술치료은 환자 상태의 심각한 정도에 따라 내시경, 복강경 또는 개복수술을 통하여 위절제술이나 미주신경 절제술을 실시한다.

영양치료는 양질의 식사제공을 통하여 소화성 궤양의 증상 완화와 빠른 상처 회복에 있다. 그러므로 소화기 점막을 자극하여 위산의 분비를 촉진시키는 향신료, 알코올이나 커피, 홍차, 코코아, 콜라와 같이 카페인 함유 식품과 음료는 피하고 부드럽고 소화되기 쉬운 음식을 소량씩 자주 섭취한다. 특히 야간의 위산 분비를 막기 위하여 취침 2시간 전부터 음식의 섭취는 제한한다.

손상된 소화기 점막의 신속한 재생을 위해서는 단백질, 철분, 비타민 C 충분히 섭취한다.

표 4-5 소화성 궤양 치료에 이용하는 약물

약물 구분	작 용	약물의 종류
항생제	• *Helicobacter pylori* 근절 • 위산 또는 펩신에 대한 점막 저항성을 증가시킴 • 부작용 : 철과 칼슘의 흡수 방해 설사, 메스꺼움과 구토 입맛 변화	Metronidazole, Tetracyclin, Clarithromycin
제산제	• 위산의 중화 • 부작용 : 설사, 변비, 장기능장애, 철, 엽산, 비타민 B_{12}의 흡수 감소	Mylanta, Gaviscon, Tums
H_2-수용체 길항제	• 위액 분비 억제 • 부작용 : 비타민 B_{12} 흡수방해	Cimetidine, Rantidine, Famotidine
프로톤-펌프억제제	• 위산 분비 감소 • 부작용 : 철, 엽산, 비타민 B_{12}의 흡수 감소 변비, 메스꺼움, 구토	Omeprazole, Lansoprazole
점막보호제	• 병소 부위의 점막을 보호하고 위산 및 펩신으로부터 점막의 저항 능력을 증가 • 부작용 : 변비, 설사	Sucralfate, Misoprostol (prostaglandin), Bismuth, Subsalicyte

그러나 단백질은 위산의 중화와 조직의 재생에 중요한 영양소 이지만 단백질의 소화를 위하여 가스트린, 위산, 펩신 분비를 촉진시키므로 단백질의 올바른 섭취가 중요하다.

3. 위하수 gastroptosis

정상적인 위의 아래끝은 배꼽부위 또는 이보다 2~3cm 아래에 있는데, 위하수는 위 근육의 무력화로 위가 배꼽 아래까지 내려오면서 위의 기능이 저하된 상태를 말한다.

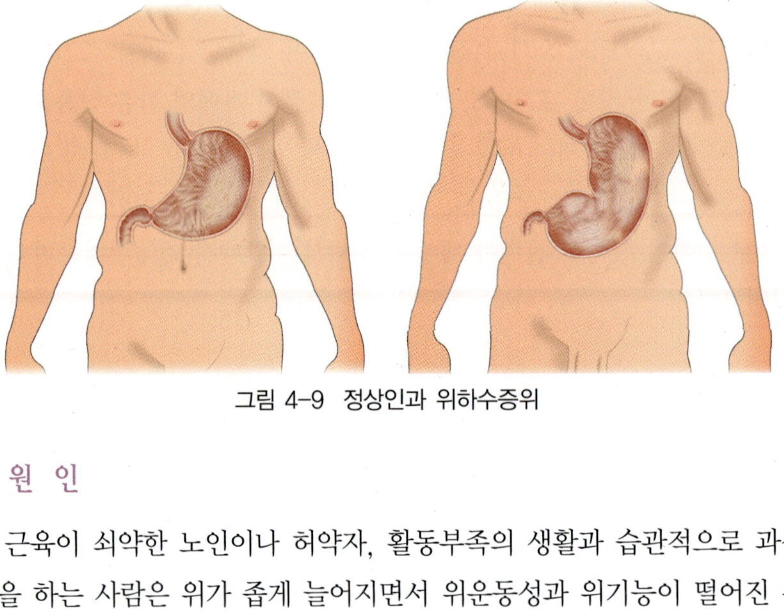

그림 4-9 정상인과 위하수증위

(1) 원 인

위 근육이 쇠약한 노인이나 허약자, 활동부족의 생활과 습관적으로 과식과 폭음을 하는 사람은 위가 좁게 늘어지면서 위운동성과 위기능이 떨어진 위하수가 발생한다.

(2) 증상 및 진단

위가 늘어지는 구조적 변화로 인하여 위의 운동과 소화능력이 떨어져서 위 내용물을 장으로 내보내는 힘이 약해지므로 음식 섭취량이 많아지면 소화불량, 거북함, 토기, 식욕부진 등을 일으킨다. 위의 팽만감과 압박감이 식후에 주로 일어나며, 식욕부진과 변비 등도 생긴다. 위염이 동반되면 가슴이 따갑고 쓰리거나 트림과 함께 통증도 증가한다.

그 밖에 혈액순환도 좋지 못하기 때문에 손발이 차갑고 얼굴이 창백하고 숙면을 하지 못하며 두통, 어지러움, 불면 등이 나타난다. 진단으로는 X-ray 검사를 통하여 위의 모양, 운동성, 위 배출력 등을 관찰한다. 위 배출력 지연은 여러 인자에 의하여 유발된다.

(3) 임상치료

약물치료는 건위제, 소화제, 진정제 등을 복용한다. 매우 심한 위하수에 대해서는 수술치료를 하는 경우도 있다. 영양치료는 식사는 조금씩 여러 번으로 나누어 단백질, 탄수화물, 비타민 등을 골고루 섭취하고 위에 장시간 머물지 않는 음식을 선택한다. 특히 부드럽게 조리한 어육류나 두부 등으로 충분한 단백질을 공급하여 위의 근육을 강하시키며 곡류나 채소류도 부드럽게 조리한다.

또한 소량씩 자주 섭취하고 수분이 많은 음식은 위에 부담감을 줄 수 있으므로 삼가하며 주스나 음료, 우유 등 액체 식품은 식사 때 마시지 말고 간식으로 먹는다. 식사는 천천히 꼭꼭 씹어 먹으며 식후에는 안정하는 것이 좋다.

표 4-6 위배출력 지연

일시적인 위배출 지연	만성 위배출지연	약물에 의한 위배출 지연
• 급성 바이러스성 위장염 또는 기타 감염 • 당뇨병 [고혈당증, 당뇨병성 케톤증] • 저칼륨혈증과 기타 전해질 불균형 • 회장수술 후	• 당뇨병으로 인한 자율신경의 이상 • 위장질환 {위산과다성, 무산증, 위축성 위염, 위절제 수술 후} • 영양결핍 또는 신경성식욕부진 • 근위축증 • 중추와 말초신경장애	• Anticholinergics • Tricyclic antidepressants • Levodopa • Opiates(morphine) • β-adrenergic agonists • Nicotine • Alcohol

4-3 하부 소화기계 질환

1. 설 사

설사는 질병으로 인한 하나의 증상으로 나타나는 경우가 많으므로 그 원인을 파악하여 치료하는 것이 중요하며 가장 유의할 점은 수분과 전해질의 보충이다. 또한 설사는 묽은 변을 자주 배변하므로 영양소의 흡수장애를 일으킨다.

(1) 원 인

설사는 염증성 장질환, 곰팡이, 박테리아, 바이러스 등의 감염, 약물, 부적절한 식품의 섭취, 장 점막의 기능부전이나 손상 혹은 절제, 소화기계 수술, 영양실조 등이 원인이다. 한 달 이상 지속되는 만성설사는 소화기계의 운동성 변화, 염증성 장질환, 감염, 내분비장애나 흡수불량, 방사선 조사 등 여러 원인에 의해 일어난다.

그 밖에 관급식의 부작용이나 상당 기간 음식을 먹지 않았다가 음식을 먹기 시작할 때도 설사가 일어난다.

check point

설사의 종류

① **삼투성 설사** : 흡수되지 못한 삼투성 물질로 인하여 혈액의 수분이 장으로 이동하게 되어 발생되는 설사. 유당불내증, 당류의 과잉섭취, 마그네슘이나 인을 함유한 제산제 사용, 초기덤핑 증후군 등이 원인

② **분비성 설사** : 여러 가지 원인에 의하여 소장상피세포에서 수분과 전해질이 과도하게 분비되어 발생되는 설사. 박테리아 독소, 바이러스, 담즙산, 소장 호르몬의 증가 등이 원인

③ **삼출성 설사** : 점막의 구조적 손상으로 점액, 장액, 혈액, 혈장단백질 등이 장관 내로 유출되어 전해질과 수분의 축적이 일어나 발생되는 설사. 염증성 장질환과 병원균 감염에 의한 점막 손상이 주원인이며 프로스타글란딘과 사이토카인의 유출이 원인

④ **약물성 설사** : 항생물질에 의해 장내 박테리아의 수가 줄어들면서 대장에 삼투성 물질, 전해질과 수분이 축적되어 발생되는 설사. 항생제가 원인

(2) 증상 및 진단

설사는 하루에 4회 이상 또는 하루 250g 이상의 액체성 묽은변을 보는 경우를 말한다. 대부분 며칠 이내의 가벼운 설사는 큰 문제없이 회복되지만 심한 설사나 성인의 경우 2~3주 지속되는 만성설사는 탈수와 전해질 불균형을 초래한다. 만성적으로 설사가 일어나면 영양흡수장애로 영양불량과 체중손실이 일어나므로 장기적인 관리가 필요하다. 또한 설사가 아주 심한 경우에는 열, 경련, 소화불량, 영양소 결핍, 출혈증상도 동반되므로 적절한 치료가 필요하다.

(3) 임상치료

약물치료는 감염치료가 필요한 경우에는 항생제를 사용한다. 영양치료는 전해질과 수분공급을 위하여 전해질 용액, 수프나 국물, 야채주스, 기타 등장액 등을 공급하며, 저잔사, 저지방, 락토오스가 없는 식사를 공급한다.

지방식품, 가스 유발식품, 카페인, 알코올 등은 복부의 불쾌감이나 장운동과 장액의 분비를 촉진시켜 장에서 영양소의 재흡수를 막고 오히려 설사를 악화시키므로 제한한다. 또한 유익한 장내 미생물 세균총의 형성을 위한 프로바이오틱스 probiotics과 락토바실러스 lactobacilus나 비피더스 bifidus균 등의 성장을 촉진하여 장내 환경과 건강개선에 유익한 작용을 하는 프리바이오틱스 prebiotics인 섬유소와 올리고당의 섭취도 도움이 된다.

Check point

설사의 치료식

① **저잔사식** : 다량의 식이섬유, 저항전분, 락토오스, 과당, 당알코올을 제한한 식사
② **가스유발식품** : 고사리, 양배추, 양파, 브로콜리, 부추, 옥수수, 콩류, 배, 사과, 감자, 고구마, 마른 버섯류, 유제품 등
③ **프로바이오틱** : 장내 미생물 균총
④ **프리바이오틱** : 펙틴, 이눌린, 귀리, 치커리 등

2. 변 비

변비는 배변의 어려움과 장운동의 저하로 나타난다. 음식물의 소화기계 내 정상적인 통과시간은 대략 18~72 시간이므로 정상적인 배변은 3일에 1회에서 하루 3회로 본다. 정상적인 성인은 대부분 하루 1회로 배변의 양은 약 100~200g 정도이며, 성인에 비해서 나이가 어릴수록 배변의 횟수가 많아서 유아는 하루 평균 2~3번, 3세 정도까지는 하루 평균 1.5번 정도 배변한다. 변비는 여성, 특히 성인 여성 중에서 임신부의 발병률이 높으며, 나이가 들면서 증가하는 경향을 보인다.

(1) 원 인

변비는 적은 식사량, 저식이섬유소식, 운동부족, 정신적 스트레스 증가, 수분 섭취 부족, 약물의 섭취와 질병 이 외에도 배변욕구를 참을 경우에 나타난다. 변비를 일으키는 질병으로는 당뇨병, 갑상선 기능저하증, 요독증 등 대사성 질환과 이분척추병, 파킨슨병 등 신경계 질환, 그리고 암이나 소화기계 질환이 있다. 약물로는 아편계 진통제, 항히스타민제, 칼슘길항제, 알루미늄이 포함된 제산제, 그리고 식품첨가물로 철분과 칼슘의 과잉섭취시 변비가 유발된다.

(2) 증상 및 진단

증상은 배변 시 과도한 힘을 주거나 딱딱한 변을 보거나 변을 보고 난 후에도 불완전한 배변감이 있다. 복부에는 팽만감과 위화감을 느낄 정도이며 두통, 현기증, 구토, 불면증을 비롯하여 정신적인 불안이나 사고력의 감퇴가 일어나는 경우도 있다. 진단은 일반적으로 배변횟수가 일주일에 3번 이하인 경우, 배변 시 과도한 힘을 주거나 과도하게 변이 딱딱하게 굳은 경우를 변비라 한다.

(3) 임상치료

식사와 운동요법으로 증상이 개선되지 않으면 약물치료로 polyetylene glycol, tegaserod, psylium seed, lactulose, 그리고 magnesium hydroxide나 sodium sulfate 같은 삼투성 하제나 senna, caster oil 등 장 자극성 하제를 사용하기도 한다. 그러나 식사와 하제로도 변비가 개선되지 않는 환자는 대장 운동을 자극하는 약을 처방하지만 장기간의 약물사용은 금해야 한다.

영양치료는 과일, 채소류와 전곡류 등에 함유된 식이섬유가 수분흡수와 장운동을 촉진시켜 장통과 시간을 단축시키므로 충분한 수분과 함께 고섬유질 식사를 권한다. 식이섬유 섭취량에 비하여 수분이 부족할 경우 위석 phytobezoars이 생겨 혈관과 장 폐색을 일으키거나 오히려 변을 단단하게 만들 수 있으므로 적어도 하루 1.5L~2.0L의 수분을 섭취한다.

성인의 식이섬유 충분섭취량인 여자 25g, 남자 30g 정도 공급하며 2세 이상의 소아는 연령에 5g을 더한 양의 심이섬유 섭취를 권장한다. 서양자두인 푸룬은 변비에 도움을 주므로 말린 자두나 주스 등으로 섭취하는 것이 좋다.

3. 과민성 대장증후군 irritable bowel syndrome

경련성 변비로 불리는 과민성 대장증후군은 장운동이 비정상적으로 항진되어 변비와 설사증세의 반복과 복통이나 불편감을 일으키는 현대인의 흔한 장질환 중 하나이다. 전형적인 증상은 청소년기부터 40세 정도에서 시작하고, 남성보다는 여성에게서 2배 정도 더 높게 발생한다.

(1) 원 인

식품, 약물, 스트레스 등이 관련된 것으로 알려져 있으나 명확한 원인은 밝혀져 있지 않다. 정신적 스트레스가 가장 큰 원인이라고 보고 있다.

(2) 증상 및 진단

환자들은 특별한 신체적 이상증상 없이 만성적이고 재발하는 양상을 보인다. 가장 흔한 증상으로 복통과 배의 불편함, 설사, 변비, 헛배부름, 복부팽만 등이 있다. 환자에 따라 경미한 증상을 보이는 경우도 있지만 심한 경우에는 배변장애로 피로, 초조, 두통, 집중력 장애 등을 나타내어 사회적 활동에 영향을 미칠 수도 있다.

(3) 임상치료

약물치료는 규칙적으로 배변을 도와주는 약제를 사용하며 증세에 따라 지사제, 항콜린성제제, 항우울제, 대변 증량제 그리고 하제 등을 이용한다. 영양치료는 특정한 음식을 섭취한 후에 증상이 악화될 수 있기 때문에 증상을 유발하는 음식을 피하는 것이 도움이 된다. 특히 카페인, 알코올, 지방이 많이 함유된 음식은 증상을 악화시킬 수 있다.

섬유질이 많은 열무, 무, 배추와 같은 채소나 깨끗이 씻은 뒤 껍질째 먹는 과일이 과민성 대장증후군의 증상을 없애는 데 가장 좋으나 섬유질에 의하여 생성된 장내가스로 인한 불편함을 최소화하면서 점차적으로 조절하여야 한다.

4. 비열대성 스프루 celiac disease

밀 단백질에 대한 과민증으로 밀 글루텐에 있는 글리아딘이나 보리나 호밀에 있는 단백질에 대한 비정상적인 면역반응으로 영양소 흡수불량증을 일으킨다.

비열대성 스프루는 글루텐과민성 장질환, 글루텐 알레르기, 또는 어린이에게 잘 나타나 소아지방변증이라고도 한다.

(1) 원 인

밀 글루텐에 대한 비정상적인 면역반응으로 인한 장점막의 심한 파괴로 소장의 융모가 짧아지거나 없어져 소장점막이 자갈모양으로 울퉁불퉁하게 평평해져서 흡수 표면의 감소와 소화효소의 저하로 영양소 흡수불량증이 나타난다. 손상은 십이지장으로 제한될 수 있지만 소장전체에 나타날 수도 있다.

(2) 증상 및 진단

설사, 지방변증, 헛배부름 등의 전형적인 증상과 모든 영양소의 흡수불량 결과 빈혈, 영양실조가 생기며 어린이의 경우 심한 체중부족으로 성장이 저해된다. 어른의 경우 철분결핍성 빈혈, 골질환, 불임 등이 나타나며 심해지면 암으로 연결된다. 글루텐 과민성인 경우에는 소화기 증상 없이 피부에 심한 발진이 나타나는데 이런 경우를 포진성 피부염이라 한다.

(3) 임상치료

치료를 위해서는 글루텐 함유식품을 중단하는 것이 우선적이다. 빈혈증세가 심한 경우 철분, 엽산 함유 제제나 칼슘과 종합비타민 제제 등의 영양제를 복용하고 심한 경우에는 염증반응을 완화시키기 위한 약물을 사용한다.

영양치료는 평생 동안 글루텐 제한식 gluten-free diet을 원칙으로 한다. 밀의 대체식품으로는 쌀, 옥수수, 감자, 대두, 기장, 메밀 등을 사용한다. 글루텐 함유 식품으로는 맥주, 캐러멜 색소, 샐러드드레싱, 밀가루가 함유된 시판용 장류, 전이나 부침류 등이 있다.

5. 염증성 대장염 inflammatory bowel disease

염증성 질환의 정확한 원인은 아직 밝혀지지 않았지만 유전적 요인과 환경적 요인 모두 발병에 영향을 주는 것으로 보고 있다. 최근에는 서구화 되어가는 생활습관의 영향으로 우리나라와 일본 등의 동양에서도 염증성 장질환의 발병빈도가 급격하게 증가하고 있는 추세이다. 대표적인 염증성 대장 질환으로는 크론병 Crohn's disease과 궤양성 대장염 ulcerative colitis이며, 차이점은 표 4-7과 같다.

표 4-7 궤양성 대장염과 크론병의 비교

	궤양성 대장염	크론병
염증부위	직장에서 시작하여 결장으로 한정됨	약 40%가 회장과 대장, 30%는 소장만, 20%는 결장
역학	• 연령 : 20~40세에 가장 많이 발병 • 크론병보다 발생빈도는 높으나 사망률은 낮음	주로 15~25세 가장 많이 발병
염증의 형태	• 직장에서 시작된 염증은 연속적으로 관찰됨 • 염증이 심하지 않음	• 침범된 병변 사이에 정상 조직이 관찰됨 • 염증이 심함
손상정도	• 점막층과 점막하층이 손상되어 확산 성궤양 • 장벽이 얇아짐 • 협착이 잘 일어나지 않음 • 깊은 궤양	• 내장 조직 깊숙이 침투하며 균열로 장관조직을 자갈모양 형태로 만듦 • 장벽이 두꺼워짐 • 협착이 흔히 발생 • 깊지 않은 궤양
합병증	• 대장암 발생 • 담석 • 결절성 홍반 • 이동성 다발관절염 • 누공	• 소장암과 대장암 크게 발생 • 경화성 담도염 • 괴저성 농피증

1. 궤양성 대장염

주로 직장에서 시작하여 대장으로 진행되며 염증이 장 전체에 연속적으로 확산되고 조직의 침식과 궤양이 장의 상층 조직이 점막층과 점막하층에서 일어난다. 병변부위가 끝이 나면 바로 정상조직이 관찰된다.

(1) 원 인

아직 정확한 원인은 밝혀진 것이 없지만, 서구식 식생활, 흡연, 감염성 물질, 장내 세균층 그리고 스트레스 등 환경적 요인이나 유전적 요인과 함께 장내에 정상적으로 존재하는 세균에 대한 우리 몸의 과도한 면역반응 등이 중요한 발병 요인으로 여겨지고 있다.

(2) 증상과 진단

흔한 증상으로는 설사를 자주 하고 변에 혈액이나 점액이 섞여 나오기도 한다. 병세가 약할 때는 체중손실, 발열감, 허약감 등의 증상이 나타나지만 질병이 심해지면 심한 복통, 출혈에 의한 빈혈, 탈수와 전해질 불균형, 열, 식욕감퇴, 체중감소, 피로감 등이 수반된다. 대장 증상 외에도 관절염, 피부 변화, 간질환, 열, 체중감소 등이 나타날 수 있다. 20년 이상 된 궤양성 대장염의 경우에는 50% 정도가 대장암으로 진행되므로 지속적인 대장 내시경검사와 수술적 치료가 필요하다.

진단은 여러 가지 검사를 병행한다. 병력을 듣고 진찰을 한 후 몇 가지 혈액검사와 함께 대장 X-ray 촬영, 대장 내시경 및 조영술 검사로 장의 내부를 관찰한다. 이때 직장에서 시작하여 연속성 있게 나타나는 점막의 부종, 삼출, 혈관소실, 과립상, 미란과 궤양 등을 내시경 검사상으로 진단할 수 있다.

(3) 임상치료

임상치료의 목적은 병증을 경감시키고 영양상태를 증진시키는 것이다. 약물치료는 항염증제제(설파살라진, 메살라민, 부신피질 호르몬제), 면역억제제, 지사제, 항생제, 염증성 사이토카인의 불활성제를 쓴다. 항염증제인 설파살라진과 메살라민은 구역질, 속쓰림, 두통, 어지러움, 빈혈 및 피부 발진 등의 부작용을 일으킬 수 있으며, 간혹 이들 약물로 인해 폐렴, 간염, 췌장염 등이 유발되기도 한다. 또한 소화기 세균총과 장의 면역반응을 증진시킬 수 있는 프리바이오틱스나 프로바이오틱스 제제를 사용할 수 있다. 궤양성 대장염의 60%는 수술적 치료가 필요하며 전결장절제술증, total colectomy 가장 많이 시행된다. 수술대상자는 천공, 폐색, 농양 등 급성합병증이 있는 경우이다.

영양치료는 병이 심한 경우에는 수분과 전해질의 균형을 맞추어 주고 식사조절은 출혈과 설사 상태에 맞추어서 실시한다. 따라서 염증성 삼출물 배설 정도에 따른 적당한 단백질, 에너지, 수분과 전해질을 공급하고, 저섬유식이의 공급으로 배변량을 줄여준다.

콩, 야채, 절인 채소, 오렌지, 레몬, 과일 주스, 시거나 맵고 짠 음식, 기름진 음식, 마가린, 설탕, 카페인이 함유된 음료, 우유 등은 증상을 악화시키므로 증상에 맞추어서 섭취를 조절해야 한다.

2. 크론병

크론병은 만성적인 진행성 염증성 질환으로 소화기관 어느 곳에서나 일어날 수 있으나 주로 회장과 결장에서 발생하며 정상부위와 병변부위가 섞여 있다. 따라서 병이 침범된 병변 사이에 정상적인 조직이 관찰된다.

(1) 원 인

크론병의 원인은 아직 정확히 알려져 있지 않지만 소화관 내에 정상적으로 존재하는 세균에 대한 우리 몸의 과도한 면역반응에 기인한 것으로 보고 있다. 또한 흡연이 크론병의 발생을 촉진하며, 흡연자의 경우 수술을 받은 후에도 재발률이 높고 증상이 더욱 악화된다.

(2) 증상 및 진단

설사, 복통, 식욕 감퇴, 미열 등이 흔한 증상이며, 관절염, 포도막염, 피부 증상, 섬유화 등이 일어나 담관벽이 두꺼워지면서 담관이 좁아지거나 협착이 생기는 경화성 담관염, 신장 결석 등의 증상도 비교적 자주 나타난다. 병이 진행될 경우 장세포 깊은 곳까지 염증이 생겨 궤양, 균열, 누공이 생겨 장의 조직이나 세포 사이에 액체나 분비물이 서로 엉겨지고 상처난 조직의 장벽이 두껍고 단단하게 되면서 장협착이나 폐색이 일어난다.

대부분 영양소의 흡수불량과 손상된 점막조직에서 단백질의 손실은 높아지고 식욕부진으로 전반적인 영양불량 상태가 된다. 특히 회장에 염증이 생길 경우 비타민 B_{12}의 흡수장애에 따른 빈혈과 담즙 재흡수 문제에 따른 지질과 지용성 비타민과 칼슘, 마그네슘, 아연의 흡수장애가 초래된다.

진단방법은 여러 검사를 병행하며 혈액검사와 더불어 대장 X-ray 촬영 및 대장 내시경검사로 장의 내부를 관찰한다. 내시경 검사상 장을 따라 길게 분포해 있는 종주형 궤양과 자갈밭처럼 보이는 조약돌 점막 형태가 관찰되고, 이외에 모양이 일정하지 않은 아프타궤양 aphthous ulcer 등이 나타난다.

크론병은 흔히 소장을 침범하므로 소장의 X-ray 촬영검사도 필요하며 초음파 검사나 컴퓨터단층 CT 검사는 농양을 진단하는 데 도움이 된다.

(3) 임상치료

약물치료는 항염증제(설파살라진, 메살라민), 부신피질호르몬제 등이 가장 보편적으로 사용되며, 환자의 상태에 따라 면역억제제, 항생제, 기타 여러 가지 약제들이 사용되고 있다. 약물치료가 실패한 환자들의 60~70%가 절제술을 받지만 1~3년 내에 재발이 되며 수술부위가 넓을 경우에는 단장증후군이 유발될 수도 있다. 크론병 환자의 회장조수술이 가장 많이 시행된다.

영양치료는 크론병이 악화될 때 저잔사식, 저지방식을 소량씩 자주 공급하는 것이 배변량과 흡수불량을 줄일 수 있다. 식이보충은 관급식을 통하여 이루어질 수 있으며 크론병이 어느 정도 회복되면 적극적인 영양공급을 하여야 한다. 영양불량 상태이거나 영양요구량이 높을 때 고칼로리, 고단백질식을 처방하며, 특히 철, 마그네슘, 아연, 칼슘, 비타민 D, 비타민 B_{12}, 엽산의 결핍이 우려되므로 비타민과 미네랄 보충제 공급을 통하여 영양소를 보충한다. 합병증이 없고 회복단계에서는 특별히 식사제한을 하지 않는다.

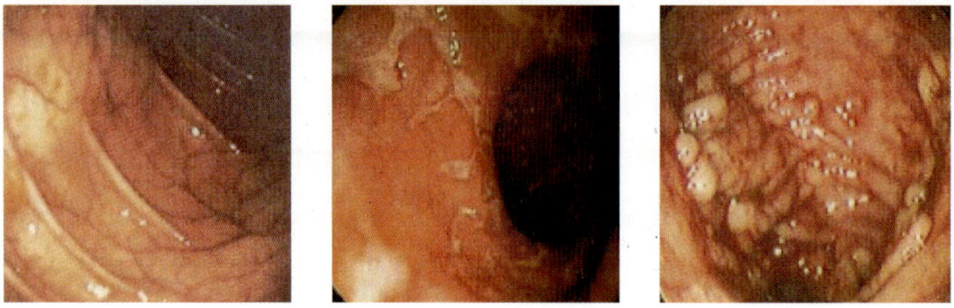

그림 4-10 정상적인 결장(좌), 궤양성 대장염(중), 크론병 염증 조직(우)

6. 게실염

대장 점막에 비정상적으로 생긴 작은 주머니를 게실이라 하는데 게실이 많아지게 되면 게실증, 게실에 염증이 유발되면 게실염이 된다. 50세 이상의 연령층 중 30~40%가 게실증을 가지고 있으며 연령이 높아질수록 발병률이 증가한다.

(1) 원 인

원인은 확실치 않으나 저섬유식으로 일어나는 상습적인 변비가 대장의 압력을 높이고 이것이 게실증을 일으키는 주요 원인으로 알려져 있다. 이외에도 음주, 카페인, 흡연, 스테로이드, 비만, 활동부족 등이 게실증을 일으킬 수 있다.

(2) 증상과 진단

게실을 가진 사람의 80%는 증세가 없으나 게실염으로 진전되면 다양한 증상이 나타난다. 주요 증상으로는 심한 복통과 설사, 구토, 통증, 오한, 발열, 배변 습관의 변화 등이다. 합병증으로는 딱딱해진 변이 점막을 자극하여 염증과 미세천공을 일으켜 출혈과 복막염에 따른 대장벽의 비후로 인한 대장폐쇄증 등이 나타난다.

(3) 임상치료

약물치료는 게실염 환자들의 감염을 치료하기 위해서 항생제나 대변 연화제를 사용하여 대장 내 압력을 낮춤으로써 합병증의 진행과 발생을 최소화한다. 대장 절제 수술치료는 수술이 재발한 경우와 합병증이 나타날 경우나 약물치료로 효과가 없는 경우에만 시행한다.

영양치료는 게실염 증상이 심한 경우 출현, 설사 등의 증상을 호전시키기 위하여 금식으로 장이 쉴 수 있도록 한다. 상태가 다소 호전되면 규칙적인 식생활과 밀가루나 인스턴트 음식 및 차고 기름진 음식을 피하고 고섬유소 식이를 권장하므로 야채나 과일, 미역, 김, 다시마, 고구마, 감자, 토란 등을 충분히 섭취한다. 그러나 염증으로 인한 통증이 있는 경우 섬유소의 섭취가 게실염을 악화시킬 수 있으므로 저섬유소식을 하고 상태가 호전이 되면 점차 섬유소의 공급을 늘린다.

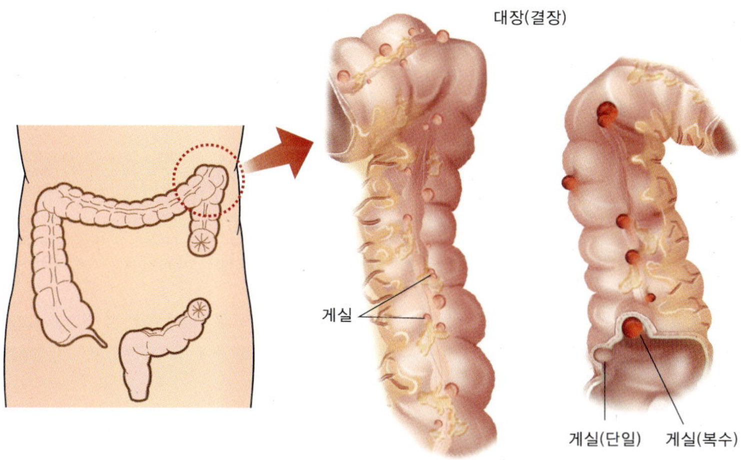

그림 4-11 게실과 게실염

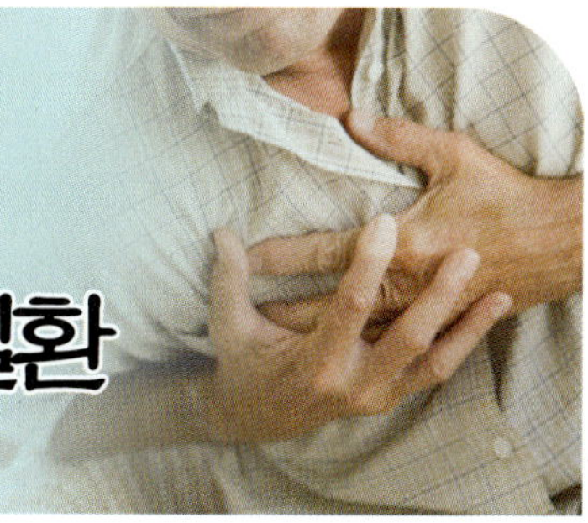

Chapter 5
간, 담낭 및 췌장질환

학습목표

- 소화기 부속기관들의 구조와 기능을 이해한다.
- 간, 담낭, 췌장질환의 증상과 진단방법을 이해하고 적절한 치료법을 파악할 수 있다.
- 간, 담낭, 췌장 질환을 종류별로 이해하고 임상치료 방법을 설명한다.

간, 담낭 및 췌장은 소화기 부속기관으로 간은 소화기로부터 흡수된 영양소 대사, 저장, 분비에 관한 역할을 담당한다. 췌장은 탄수화물, 단백질, 지방의 소화에 필요한 소화효소액과 중탄산염을, 담낭은 간에서 생성시켜 저장 후 농축시킨 담즙을 십이지장으로 보내어 영양소의 소화와 흡수를 돕는다.

5-1 간질환

1. 간의 구조와 기능

1. 구 조

우리 몸에서 가장 큰 장기인 간의 무게는 성인남자의 경우 약 1~1.5kg, 성인여자의 경우 약 0.9~1.3kg으로 복강의 횡격막 바로 아래의 오른쪽 상복부에 위치하고 있다. 간은 우엽과 좌엽으로 구성되어 있으며 그 중 우엽이 전체의 3/4을 차지하고 있다. 간의 구조적 및 기능적 단위인 간소엽은 직경이 0.7~2mm, 길이가 1.5~2mm의 5각형 모양으로 간조직의 구획을 만든다.

간소엽의 중앙에는 중심정맥이 있고 주위에 간문맥 portal vein, 간동맥 hepatic artery, 간관 hepatic duct이 있다. 간은 간동맥과 간문맥으로부터 혈액을 공급받아 분당 1,500 mL의 혈액을 순환시키며, 간정맥이 되어 간에서 나와 하대정맥에 합류되어 체순환계와 연결된다.

간문맥은 위, 장, 췌장, 비장 등 여러 기관으로부터 흡수된 영양소를 간으로 운반하는 기능을 한다. 간 소엽에 있는 모세혈관 형태인 동양혈관 sinusoid은 체내에서 필요로 하는 영양소를 온몸으로 공급하고 대사작용 결과로 생성된 노폐물을 대정맥으로 보내는 역할을 한다.

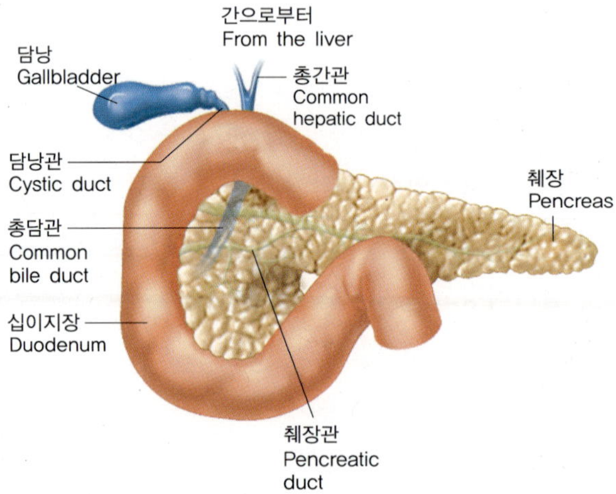

그림 5-1 간, 담낭, 췌장의 구조

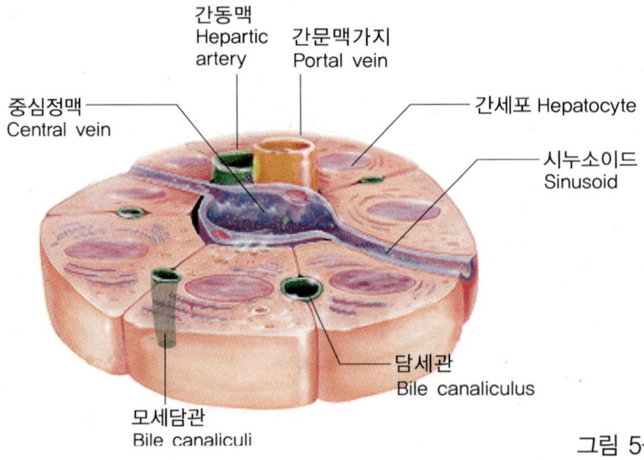

그림 5-2
간 소엽의 구조

2. 기 능

간은 간문맥을 통해 들어온 영양소 대사작용과 혈액응고 단백질, 이동단백질 및 면역단백질의 합성에 관여하며 담즙을 만들어 담낭으로 분비하여 지질의 소화와 흡수 작용을 한다. 이 외에도 간은 섭취한 약물, 알코올, 외부물질이나 호르몬과 체내에서 생성된 폐기물의 해독작용과 면역작용에도 관여하므로 다른 어떤 기관보다 중요한 대사기관이다.

(1) 영양소 대사

소화흡수된 대부분의 영양소는 문맥을 통해 간으로 이동되어 체내 여러 조직에서 필요로 하는 물질을 합성 또는 저장하는 대사작용을 한다. 영양소 대사작용은 표 5-1과 같다.

표 5-1 간의 영양소 대사

영양소	기 능	간 손상시
탄수화물	• 과당과 갈락토오스로부터 포도당생성 • 글리코겐의 합성과 저장(glycogenesis) • 글리코겐 분해로 포도당 방출(glycogenolysis) • 에너지 필요시 포도당 분해(glycolysis & TCA cycle) • 아미노산이나 글리세롤로부터 포도당 신생 반응(gluconeogenesis)	혈당조절과 에너지 대사 장애
지방	• 중성지질, 인지질, 콜레스테롤의 합성과 분해 • 지방산 에스테르 및 산화 • 콜레스테롤로부터 담즙 생성 • 케톤체 생성 • 지단백질 생성	담즙의 생성 및 배출 장애
단백질	• 비필수아미노산의 합성(transamination) • 아미노기전이(transamination)와 제거(deamination) • 암모니아로부터 요소를 합성 • 혈장단백질(알부민, 글로불린, 트랜스페린, 셀룰로플라즈민, 지단백질), 혈액응고인자(피브리노겐, 프로트롬빈 등), 면역 단백질 합성 • 트랜스페린(transferrin), 레티놀 결합단백질(retinol-binding protein), 지단백질(lipoprotein) 등의 영양소 운반단백질도 합성 • 기타 인체에 필요한 질소 함유 물질(DNA나 RNA 등) 생성	부종과 지혈, 요소대사, 면역 및 특정 영양소 이동 장애
비타민과 무기질	• 비타민의 저장, 운반, 활성화 : 지용성 비타민, 비타민 B_{12}, 비타민 C 저장/ 엽산, 비타민 D 활성화/ 카로틴의 비타민 A로의 전환 • 무기질의 저장, 운반 : 페리틴(철), 셀룰로플라즈민(아연, 구리), 마그네슘, 망간 등 저장	비타민과 무기질의 결핍증상

(2) 담즙 합성

간은 담즙을 생성하여 모세담관을 통해 담관으로 배출시킨 후 담낭으로 보낸다. 담관을 통해서 담즙과 함께 배설되는 물질은 표 5-2와 같다. 담즙은 담즙산염이나 콜레스테롤, 지방산, 레시틴, 빌리루빈 bilirubin, 칼슘, 나트륨, 염소, 그 밖의 무기질과 같은 여러 가지 물질로 구성된 수용성 복합용액이다.

빌리루빈은 적혈구의 파괴로 생성된 헴의 유도체로 비장, 간, 골수에서 생성된다. 유리형 빌리루빈 free bilirubin은 물에 잘 녹지 않고 대부분은 알부민과 결합된 형태로 운반되며, 단백질과 결합된 빌리루빈은 신장에서 소변이나 간에서 담즙형태로 직접 배설될 수 없다. 간은 혈액의 유리형 빌리루빈을 취하여 글루쿠론산 glucuronic acid과 결합시켜 포합형 빌리루빈 conjugated bilirubin을 만들어 담즙으로 분비시키고 장으로 들어가 세균에 의해 우로빌리노겐 urobilinogen이 된다. 이 중 약 30~50%는 장에 흡수되어 장간순환 경로로 간문맥으로 들어가며, 나머지는 대변과 소변을 통하여 배설된다.

(3) 해독작용

간은 체내에서 생성된 유독물질, 외부에서 유입된 약물, 음식이나 박테리아로부터 생성된 대사산물이나 독소 그리고 식품첨가물과 같은 여러 화합물에 포함된 독성물질을 해독시키거나 수용성 물질로 만들어 신체를 보호한다. 예를 들면 간은 암모니아를 요소, 독성 포르피린 porpyrin을 빌리루빈, 독성 퓨린 purine을 요산으로, 그리고 알도스테론 aldosterone, 에스트로겐 estrogen, 프로게스테론 progesterone과 같은 스테로이드계 호르몬을 글루쿠론산 glucuronic acid이나 강한 황산염 sulfate과 결합시켜 독성물질을 제거한 후 체외로 배설되도록 한다.

표 5-2 담즙으로 배설되는 물질

	물 질	특 징
내인성	담즙산염, 우로빌리노겐, 콜레스테롤	대부분이 재흡수되어 장간순환을 함
	레시틴	소량이 재흡수되어 장간순환을 함
	빌리루빈	장간순환을 하지 않음
외인성 (약물)	임피실린, 스트렙토마이신, 테트라사이클린	대부분이 재흡수되어 장간순환을 함
	설폰아미드, 페니실린	소량이 재흡수되어 장간순환을 함

(4) 여과 및 면역작용

간의 시누소이드에는 쿠퍼 세포 Kupffer cell라는 특수세포가 있어 식균작용에 의해 혈액 속의 이물질을 제거하고 면역글로불린이나 면역체 형성 등에 관여한다.

2. 간 질환의 진단

간 질환의 진단은 간에서 대사되어 혈청 내로 이동되는 성분의 농도와 간에서 분비되는 효소 활성 등을 측정함으로서 간 기능을 검사하는 방법이다. 간 기능 검사에 주로 측정되는 항목은 AST SGOT, glutamic-oxaloacetic transaminase와 ALT SGPT, glutamic-pyruvic transaminase의 활성도, 혈청 총 빌리루빈total bilirubin 또는 간접형 빌리루빈indirect bilirubin 농도, 그리고 혈청 단백질인 알부민과 글로블린의 함량을 측정한다.

3. 간질환

1. 간 염 hepatitis

간염은 A, B, C, D, E형 바이러스 감염에 의해 간에 염증이 생겨 일어난 조직 손상으로 간질환 중 가장 흔한 질환이다. 간염은 치유기간에 따라 급성과 만성으로 나누며, 급성간염 환자는 대부분 3개월 이내에 회복되나 10~20% 정도는 만성으로 진행된다. 만성간염은 6개월 이상 계속되는 경우를 말한다. 간염의 치료는 안정과 약물치료 및 영양상태 개선을 위한 식사관리가 중요하다.

(1) 원 인

급성간염은 바이러스, 약물, 알코올 등에 의해 간에 염증이 생긴 상태로 바이러스 감염으로 인해 발병한다. 원인이 되는 바이러스에 따라 A형, B형, C형, D형, E형 간염으로 구분된다. 가장 흔한 경우가 A, B, C형 간염 바이러스 감염에 의한 손상이다.

표 5-3 주요 간기능 검사항목의 판정기준치와 임상적 의미

검사 항목	정상치	임상적 의미
AST (SGOT)	30~40 U/L이하	• 간세포 손상 시 증가되나 심장과 근육 손상 시에도 증가되므로 비특이적임
ALT (SGOT)	7~40 U/L이하	• 간세포 손상 시 혈청에 300 이상으로 증가됨 • 감염성 간염에 의한 간 손상에 민감한 지표로 AST 보다 특이적임
ALP (alkaline phosphatase)	30~95 U/L	• 간질환, 간암, 담도폐쇄 등에서 활성이 증가하나 뼈 질환, 임신, 성장 시에도 증가될 수 있어 특이성은 떨어짐
총 빌리루빈	0.2~0.9 mg/dL	• 빌리루빈의 과잉생산이나 간에서의 담즙생성 및 배설장애에 빌리루빈 의해 증가됨
요 빌리루빈	0	• 혈청 빌리루빈보다 더 예민한 방법으로 검출 시 황달이 간질환에 의한 것임을 나타냄
알부민	3.5~4.5 g/dL	• 간에서 합성되는 단백질로 혈장삼투압 유지에 중요 • 간, 갑상선, 글루코코르티코이드호르몬 기능부전 시합성저하 • 장질환, 신증후군, 화상, 소화관출혈, 박리성피부염에서 손실증가
글로불린	3.5~4.5 g/dL	• 감염 시 증가되는 경우가 많음 • 만성간질환에서 증가되어 진단목적으로 제한이 있음
프로트롬빈 시간	9~11 초	• 대부분의 혈액응고인자가 간에서 합성됨 • 간질환과 비타민 K 결핍으로 인한 응고인자 합성감소는 프로트롬빈 시간을 증가시키고 출혈위험이 커짐
암모니아	10~60 μg/dL	• 간에서 암모니아가 요소로 전환됨. 간경화나 간질환에서 증가됨
혈중 요소 질소 (BUN)	60~20 mg/dL	• 간세포 손상시 증가됨.

자료 : Nelmsm et al. Nutrition therapy and Pathophysiology. 2010; Mahan LK et al. Krause's Food & Nutrition therapy

만성간염은 B형 간염, C형 간염, 자가성 면역성 간염이 주요 원인이나 대사이상, 약물이나 독소 등에 의해서도 발병한다. 우리나라 성인의 60%는 B형 간염으로 발병률이 가장 높은 것으로 나타났다.

① A와 E형 간염

오염된 식수, 음식이나 하수 및 환자의 분변을 통해서 감염되며, 적절히 치료하면 95% 이상이 3개월 이내에 완전 회복되고 만성화 되는 경우는 드물다. 최근 예방백신의 지속적인 접종으로 A형 간염환자의 발병률이 낮아지고 있다.

② B형 간염

수혈에 의한 혈액 감염으로 산모에서 태아로 수직 감염, 의료기구의 불충분한 소독, 타액, 정액 등 체액 감염이 있다. 우리나라에서 만성 간질환을 일으키는 가장 큰 원인은 B형 간염 바이러스이다. 환자의 90% 정도는 회복이 되나 10% 정도는 만성화되어 만성감염, 간경변증, 간암으로까지 진행될 수 있다. 따라서 B형 간염환자는 질병의 진행과 간 손상 정도를 정기적으로 주의 깊게 모니터링 해야 한다.

③ C형 간염

감염경로는 B형과 거의 같으나 환자의 15~45% 정도만이 회복되는 간염으로 만성화율이 가장 높다. A형, B형 간염과는 달리 예방백신이 아직 없다.

④ D형 간염

D형 바이러스는 증식에 B형 간염 바이러스를 필요로 하므로 이미 B형 바이러스에 감염된 사람에서 나타난다. 발병률은 낮으나 만성화 될 확률은 높다.

(2) 증상 및 진단

급성 간염 상태에서는 피로감과 황달이 심해지고 오심, 구토, 식욕부진, 짙은 색의 요와 황달, 미열 등으로 인해 식사섭취 상태가 불량하여 체중감소 및 영양불량 상태를 초래할 수 있다. 만성 간염의 임상 증세는 병증이 가벼울 때는 보통 구역질, 피로, 불면, 집중력 부족, 복부 팽만감, 약한 상복부 통증 등이 나타난다. 병증이 심해지면 간경변증에서 나타나는 증상이 초래된다.

(3) 임상치료

약물치료로 B형 간염과 C형 간염은 바이러스 복제를 막는 lamivudine과 ribavirin 함유 약제나 바이러스 증식을 막고 면역반응을 증가시켜 주는 인터페론 interferon 등의 항바이러스제를 사용한다. 비바이러스성 간염은 항염증제와 면역억제제로 치료한다.

영양치료는 간 손상을 막기 위해 알코올은 절대 금물이다. 급성간염의 안정과 고영양식으로 간질환의 진행을 막고 손상된 간세포의 재생 촉진과 간 기능 회복을 목표로 한다. 고열량, 고단백질, 고비타민식의 고영양식을 권장하나 급성 간염초기 식욕부진, 구토, 메스꺼움 증상으로 식사가 불충분할 경우 정맥주사나 경장영양을 실시할 수 있다.

만성 간염은 B형 간염 바이러스의 경우 항바이러스제를 처방하나 영양치료와 안정이 주요 치료법이다. 영양치료는 환자의 증상과 영양상태에 따라 다르며 영양부족이나 간질환으로 체중이 감소한 환자는 고열량과 고단백질 식사가 필요하다. 그러나 간성혼수가 있는 경우에는 저단백식사를 한다. 식욕부진이 있는 환자는 소량씩 자주 섭취하며 부종, 복수, 고혈압이나 수분저류가 있는 사람은 1일 소금 섭취량 5g 이하의 저염식을 한다.

2. 지방간 fatty liver, hepatic steatosis

간의 지방대사 손상으로 유발되는 지방간은 흔히 나타나는 임상적 증상이다. 간의 중성지방은 초저밀도 지단백인 VLDL very low density lipoprotein의 형태로 혈액을 통하여 간 이외의 조직으로 운반된다. 그러나 원인은 정확히 밝혀지지 않았지만 간의 중성지방 합성과 혈액으로 방출되는 VLDL과의 불균형으로 간의 정상적인 중성지방함량인 5% 이상을 초과하여 세포 내에 축적될 경우 지방간이 유발된다. 심한 경우 중성지방이 50%까지 증가한다.

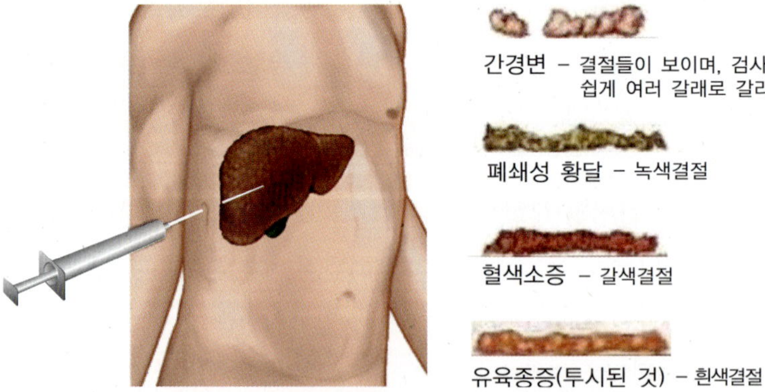

그림 5-3 간조직 검사와 검사물의 육안적 진단

참고자료 : The CIBA collection of medical illustrations Vol 3. Digestive system. Liver, biliary tract and pancreas.

(1) 원 인

지방간은 심한 음주, 대사증후군, 비만, 당뇨, 고지혈증, 콰시오커, 마라스무스, 폐결핵 환자에게서 흔하며 약물이나 중금속 등에 노출된 경우, 그리고 위장간 우회수술을 받거나 장기간 정맥영양을 공급한 경우 등을 들 수 있다. 특히 만성 알코올 중독의 경우 발생빈도가 90%정도로 높다. 또한 콜린, 메티오닌, 비타민 E, 셀레늄 등의 항지방간성 인자와 영양부족에 의해서도 발생한다.

(2) 증상 및 진단

대부분의 경우 지방간은 간 비대, 간 염증, 허약감, 피로감, 메스꺼움과 같은 증상을 보인다. 지방간이 심해지거나 방치하면 간경변으로 진행될 수 있다. 진단은 혈액 내 ALT와 AST 효소 활성도 상승이나 중성지방, 콜레스테롤, 그리고 포도당 증가 등을 통해 알 수 있다. 이 외의 진단법으로는 초음파, 자기공명영상촬영 MRI 및 전산화단층촬영 CT Computed Tomography 검사 등이 있으며, 확실한 진단이나 감별 진단이 필요한 경우에는 간 조직 검사를 시행한다.

check point

알코올 대사과정과 인체에 미치는 영향

섭취된 알코올은 위와 소장의 상부에서 쉽게 흡수되며, 흡수속도는 함유된 알코올 농도, 공복정도, 섭취한 식품의 종류와 양 등에 의하여 영향을 받는다. 섭취된 알코올은 거의 대부분 흡수되지만, 대사되지 않은 일부는 호흡과 피부, 그리고 소변을 통해서 배설된다.

섭취된 알코올은 일부 위의 ADH alcohol dehydrogenase에 의해서 대사되며, 섭취된 알코올 대사량은 남자의 경우 약 20~30%, 여자의 경우에는 10% 정도이다. 알코올의 대사는 대부분이 간 조직의 ADH에 의해 아세트알데하이드 acetaldehyde로 산화되며, 이 물질은 알코올에 의한 간 손상을 유발하는 주요인자로서 두통이나 필름끊김 현상을 유도하거나 세포막에 손상을 주어 세포의 괴사를 유도한다. 아세트알데하이드는 ALDH acetaldehyde dehydrogenase에 의해 아세트산으로 전환되며, 이 과정 중에 NAD가 보조인자로 이용되면서 과량의 NADH가 생성된다. 그 결과 NADH는 미토콘드리아로 들어가 NADH/NAD비율이 증가되어 TCA tricarboxylic acid cycle 회로가 억제되어 지방산의 산화는 감소되는 반면에 콜레스테롤, 중성지방과 지방산 합성은 증가된다.

또한 만성적으로 알코올을 섭취하거나 체내 알코올 농도가 높을 때 MEOS microsomal ethanol oxidizing system에 의한 알코올 산화 촉진으로 NADPH가 소모되어 에너지 생성보다는 소모가 증가된다. MEOS에 의해 처리되는 알코올 대사량은 섭취된 알코올의 10~20% 정도인 것으로 알려지고 있다.

(3) 임상치료

약물치료는 일반적이지는 않지만 약물보조요법으로 메타독신 metadoxine, 베타인 글루쿠론산 betaine glucuronate, 메티오닌 methionine, 콜린 choline, 리포트로픽 lipotropic이 사용된다. 그러나 이들 효과가 의학적으로 확실히 증명된 것은 아니다. 지방간의 기본치료는 약물치료보다는 잘못된 식생활과 생활습관의 교정이다. 만약 지방간이 알코올과 약물남용이 원인이 된다면 이들 섭취를 중단하고, 비만과 당뇨가 원인이라면 체중조절과 운동, 약물 등으로 치료한다. 고지혈증인 경우에는 혈중 지질을 낮추면 지방간이 개선된다.

3. 알코올성 간질환 alcoholic liver disease

알코올의 섭취가 만성적으로 일어날 경우 알코올 대사에 가장 중요한 장기인 간조직에 장애가 일어나 알코올성 지방간, 알코올성 간염, 알코올성 간경변과 간암으로 진행된다.

만성 알코올 중독의 80% 이상에서 알코올성 지방간이 관찰되고, 알코올성 간질환의 약 10~15%가 알코올성 간경변으로 진행된다. 또한 알코올성 간경변 환자 중 5~10% 정도가 간암으로 이환된다.

(1) 원 인

알코올성 간질환은 알코올의 직접적인 독성작용과 알코올 대사산물인 아세트알데하이드에 기인된다. 또한 과량의 알코올 섭취는 영양소 섭취를 감소시켜 비타민과 무기질의 영양불량과 영양소의 분해 및 활성장애를 일으켜 영양소 요구량의 변화를 유발할 수 있다. 이때 영양소 요구량의 충족되지 못한다면 위장, 췌장, 뇌, 신경, 조혈기관 및 면역계 등에 치명적인 영향을 줄 수 있다.

(2) 증상 및 진단

만성적인 알코올 섭취의 초기증상은 불안, 구토, 식욕부진, 무력감, 간 비대 등을 보이며 증상이 심해질수록 간문맥의 고혈압, 체액의 보유, 출혈, 정맥류 등이 나타난다. 증상이 가벼운 알코올성 지방간은 만성 알코올 섭취자의 90%로 대부분 증상이 없으나 경미한 간비대의 경우 오른쪽 상복부의 압통을 호소한다.

알코올성 간염은 만성 알코올 중독의 30% 정도로 발생하며 피로, 식욕감퇴, 구토, 무력감, 체중감소, 발열, 간 비대, 복통과 압통 등의 증상을 보이고, 심할 경우 빈혈, 황달, 등의 증상이 동반된다. 알코올성 간경변은 부적절한 식사섭취, 영양도 흡수불량과 간 내 저장능력 감소, 대사 이상, 체성분 과다 배설 등의 복합적인 원인에 의해 영양불량이 초래되며 복수, 식도정맥류 출혈, 간성혼수 등의 문맥압 항진으로 인한 증상들이 나타난다.

진단은 알코올성 간염은 AST와 ALT 수치가 2~7배 증가하므로 이들 효소의 활성도를 측정한다. 특히 AST/ALT 비율이 2.0보다 낮은 경우는 비알코올성 지방간이나 만성 바이러스성 감염으로 진단하는 반면에 2.0보다 높은 경우는 알코올성 간질환으로 진단한다. 그리고 알코올은 골수에도 영향을 미치므로 빈혈이나 혈소판 감소 정도를 측정하며 혈청 크레아티닌과 요산이 증가한다면 간 · 신장증후군 hepatorenal syndrome의 시작이나 사망예후 지표로 진단할 수도 있다.

(3) 임상치료

치료는 금주가 필수적이다. 영양치료는 간세포 재생을 위해 체중 kg당 1.5 g 정도의 충분한 단백질을 섭취시킨다. 간성 혼수가 있으면 단백질 섭취를 제한한다. 정상체중을 유지시키고 동물성 지방의 섭취는 가급적 제한하며 항산화 비타민과 무기질을 충분히 섭취시킨다.

4. 간경변증 liver cirrhosis

간경변증은 간질환의 말기증상으로 나타나는 만성적 염증질환으로 정상적인 간 조직에 재생결절이 생성되고 섬유화가 되면서 간기능이 손상되어 간부전으로 나타난다.

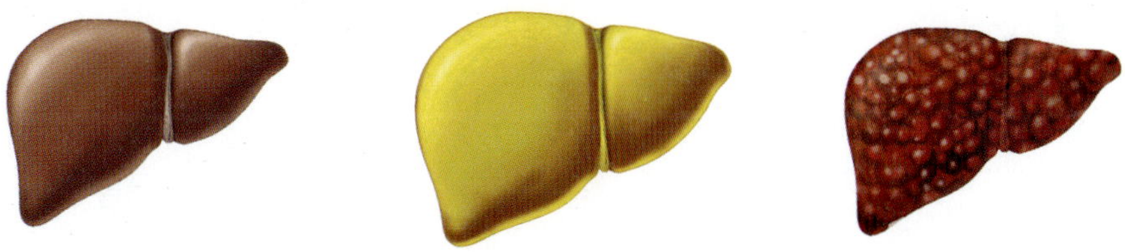

그림 5-4 정상간(좌), 지방관(중), 간경변증의 간(우)

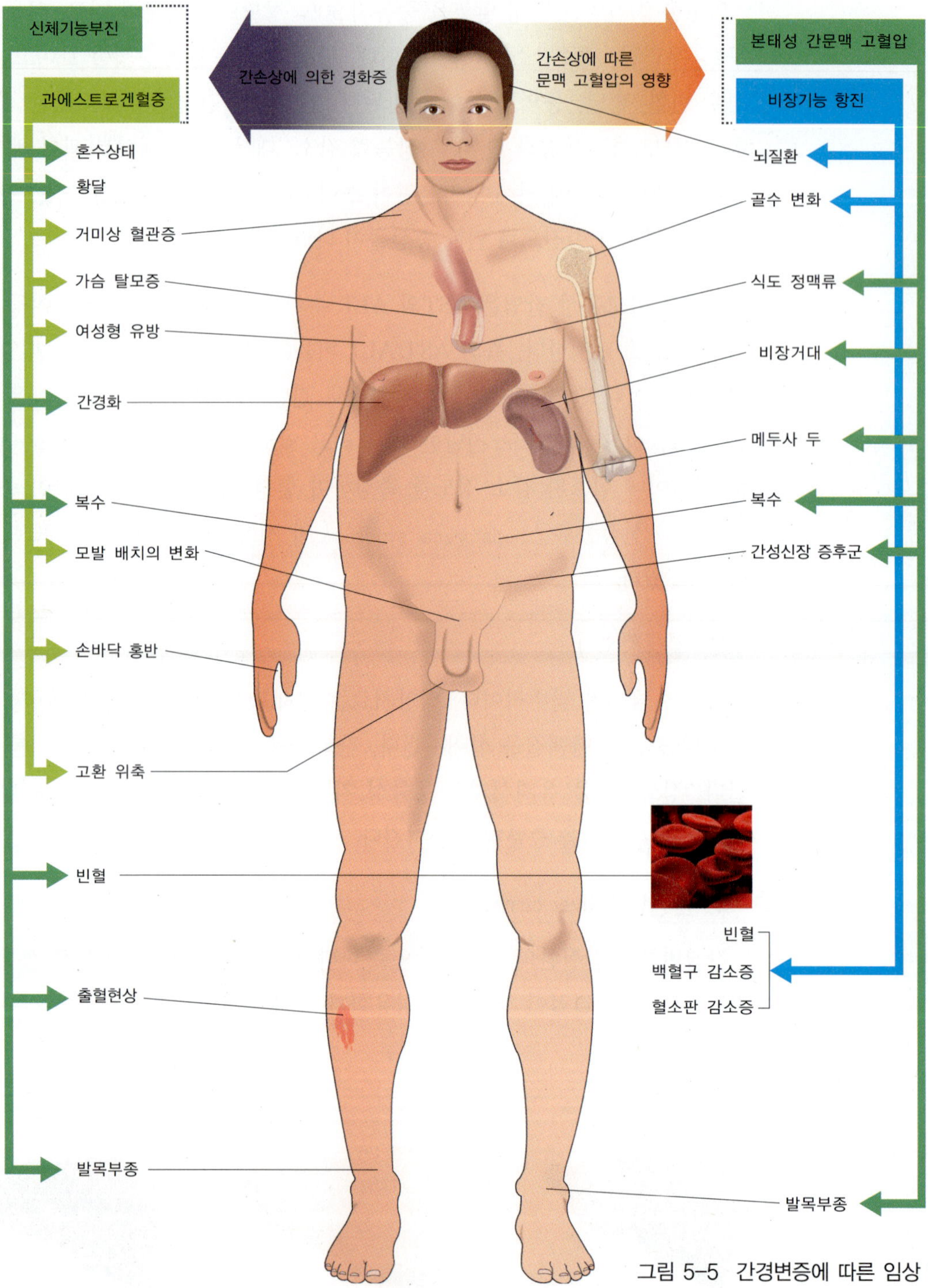

그림 5-5 간경변증에 따른 임상 양상

참고자료 : The CIBA collection of medical illustrations Vol 3. Digestive system. Liver, biliary tract and pancreas.

(1) 원 인

가장 주된 원인은 만성적인 알코올과 중독 B와 C형 바이러스 간염이며 그 밖에도 약물 독성, 선천적인 대사 이상, 담낭 수술 후 합병증이나 담관 손상 등으로 인한 담관폐색, 자가면역성 간염이나 만성간염, 지방간, 그리고 유전적인 질환으로 갈락토오스 혈증 galactosemia, 글리코겐 저장병 glycogen storage, 혈색소증hemachromatosis 및 윌슨병 willson's disease에서 발생한다.

(2) 증상 및 진단

초기에는 증상이 없는 경우가 많으며 주된 증상은 피로감, 소화불량, 오심, 구토, 식욕부진, 양다리의 부종, 황달, 체중감소, 피부에 붉은 반점으로 나타나는 거미혈관종과 피하정맥 확장 등이 나타난다. 그러나 간 기능이 저하되면 빈혈, 혈액응고 지연, 간염에 대한 민감성 증가 등을 보인다. 합병증으로는 황달, 문맥고혈압 portal hypertension으로 인한 비장 비대로 왼쪽 옆구리에서 비장이 만져지며, 식도정맥류의 발생으로 토혈이나 혈변과 흑변을 볼 수 있다. 또한 복수, 원발성 세균성 복막염, 간-신증후군 hepato-renal syndrome, 간성혼수, 폐기능 저하와 간암 등이 발생하며 심하면 사망하게 된다.

그 밖에 간경변증 환자는 영양상태와는 상관없이 수분과잉, 단백질 합성 저하 및 면역기능의 저하로 영양상태의 지표가 되는 혈청 알부민 및 트랜스페린, 총 임파구수 등이 변화되는 경우가 많다. 간 기능이 극도로 저하된 경우에는 혈액 내 암모니아 등의 노폐물 축적과 혈중 아미노산의 조성변화 등으로 인해 의식 및 행동 이상을 초래하는 간성뇌증이 발생한다.

진단은 ALT와 AST 활성도, 담즙 생성기능이나 담관배출 장애에 의한 빌리루빈 수치, 단백질 합성장애에 의한 알부민 수치, 혈액응고 시간, 그리고 요소질소 BUN blood urea nitogen 농도를 측정한다.

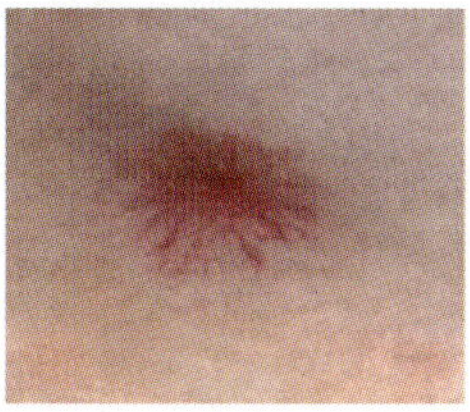

거미 혈관종

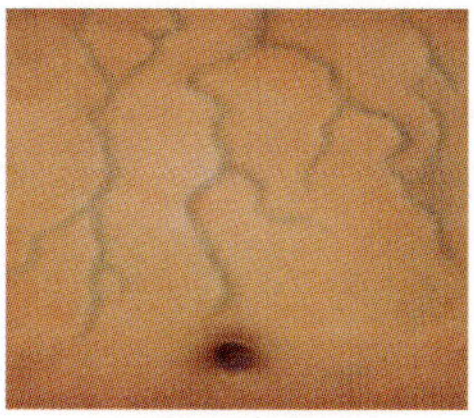

피하정맥 확장

그림 5-6 거미 혈관종과 피하정맥 확장

참고자료 : http://health.naver.com

또한 복부 초음파와 복부 CT와 간 조직검사를 시행하며 상부위장관 내시경 검사를 통해 식도정맥류를 검사하고 간암으로의 진행여부를 파악하기 위해 간 암혈액표지자 α-fetoprotein 검사를 실시한다.

(3) 임상치료

통계청 자료에 의하면, 말기 간질환자의 5년 생존율은 합병증인 식도 정맥류 골절, 복수, 간성뇌증의 경우 각각 21%, 32%, 40%로 예후가 좋지 않은 것으로 나타났다. 따라서 간 경변증의 임상치료는 질병의 진행을 막아 합병증을 막는 것이 주목적이다.

약물치료는 복수가 발생할 경우 이뇨제를 사용하거나 반복적으로 복수를 뽑아 주며, 이 과정 중에 세균 감염이 생길 경우 항생제를 투여한다. 또한 정맥류 출혈이 있을 경우 내시경 및 약물치료를 통하여 출혈을 멈추게 한다. 심한 간경변의 경우에는 간이식 수술치료를 할 수 있지만 적합한 간 제공자가 필요하고, 수술에 따른 위험과 비용이 크다.

임상치료에 있어서 가장 기본적인 영양치료는 간 기능의 손상정도와 증상 및 합병증에 따라 식이처방이 달라진다. 일반적으로 간경변증 환자의 기초대사량은 일정치 않다. 환자 중 20%는 기초대사량의 증가를 보이는 반면, 30%는 대사율의 저하를 나타내며 복수가 있는 경우에는 기초대사량이 10% 정도 증가된다. 양질의 단백질은 체중 kg 당 1~1.5 g 정도 섭취하게 하며, 간 기능이 저하되어 있는 경우에는 저단백 식이를 통해 간성뇌증이 발생에 주의한다. 또한 간경변 환자의 간기능이 80% 이하로 떨어질 경우에는 고 인슐린 혈증으로 인한 저혈당이 발생한다.

전체 말기 간질환 환자의 40%~50%는 인슐린저항성 증가로 고혈당이 있을 수 있으므로 혈당조절은 위한 식이 조절이 필요하다.

간경변증 환자들은 비타민 A, 비타민 E, 비타민 K 및 B군 B_1, B_2, nicotinic acid, B_{12}, pyridoxine, 아연 등이 결핍되기 쉬우므로 이들 영양소의 결핍으로 인한 빈혈, 신경병증, 운동실조증 ataxia, 야맹증, 혈액응고 장애에 의한 출혈 등 합병증이 발생될 수 있다. 복수가 있는 경우 나트륨과 수분섭취를, 이뇨제를 사용할 때는 혈중 칼륨치를 주의한다. 식도정맥류가 있을 경우에는 섬유소가 많은 음식을 제한한다.

5. 간성뇌증 hepatic encephalopathy

간성뇌증은 간성혼수 hepatic coma라고도 하며 간 기능이 심하게 손상되었을 때 발생되는 중추신경계의 기능장애를 말한다. 간성뇌증은 증상이 완화된다 할지라도 1년 이내의 생존율이 40% 정도이다.

(1) 원 인

간성뇌증의 정확한 원인은 알려져 있지 않으나 단백질 생성물인 암모니아가 문맥순환의 장애로 간으로 들어가지 못하거나 유독성의 암모니아가 간에서 무독성인 요소로의 전환장애로 혈중농도가 높아진다.

이 외에도 유황화합물, 단쇄지방산, 신경전달물질인 GABA γ-Amino Butyric Acid 등이 뇌 조직에 축적되어 신경전달물질의 활성을 변화시킨다. 고암모니아혈증은 간성뇌증에서만 특이하게 나타나는 현상이 아니라 소화기 출혈이나 장내 박테리아에 의한 암모니아 생성 증가, 출혈, 고단백식, 변비, 신장기능 저하 등에 의해 나타나기도 한다.

또 다른 원인으로는 간에서 아미노산 대사의 변화로 방향족아미노산 AAA aromatic amino acids, phenylalanine, tyrosine, tryptophan의 비율이 분지아미노산 BCAA branched-chain amino acids, leucine, isoleucine, valine에 비해 증가함에 따른 신경전달물질의 기능 변화로 간성뇌증을 일으킨다.

(2) 증상 및 진단

간성뇌증의 초기증상으로는 집중력 부족과 불안감 증가로부터 시작해서 어눌한 말이나 불편한 동작과 같은 행동장애와 기억력 부족, 수면장애와 같은 신경상태 변화로 진전되며 더 나아가 혼수 또는 사망하게 된다.

표 5-4 간성뇌증의 단계별 증상

초기 단계	중기 단계	말기 단계
집중력 부족	어눌한 말	방향감각 상실
불안감, 우울증	불편한 동작	근육 강직
떨림 증상	기억력 부족	비정상적인 반사
판단력 손실	졸림 현상	건망증, 정신착란
협응 능력 부족	수면장애	혼수

또한 간성뇌증 환자는 방향족 아미노산의 농도가 증가하는 반면 분지아미노산의 감소로 BCAA/AAA의 비가 낮아진다. 이 비율은 정상인에서는 3.5~4.0, 간경변 환자는 2.5 이하, 간성 뇌중환자는 1 이하로 떨어진다. 간성뇌증의 단계별 증상은 표 5-4와 같다.

(3) 임상치료

간성뇌증의 임상치료는 체내의 암모니아를 제거하고 그 원인을 찾아 교정하는 방식으로 이루어진다. 암모니아 생성억제와 제거를 위한 약물치료는 이당류인 락튜로스 lactulose나 네오마이신 neomycin과 같은 항생제 사용 또는 관장을 통해 이루어진다. 간성뇌증의 치료가 4주 이상 지속되고 상태가 호전되지 않으면 만성 간성뇌증이 된다. 만성 간성뇌증 상태에서 회복되지 않을 경우 수술요법으로 간이식을 할 수 있다.

영양치료는 간성뇌증의 발생에 가장 중요한 물질이 암모니아이므로 증상의 정도에 따른 단백질 섭취량 조절로 간성뇌증의 예방 및 완화시키는 것이 가장 중요하다. 특히 장기간 단백질 섭취가 제한되면 근육의 이화작용이 촉진되고 분지형 아미노산을 주에너지원으로 사용되므로 혈중 농도가 낮아진다. 따라서 방향족 아미노산 함량이 높은 육류보다는 분지형 아미노산 함량이 상대적으로 높은 우유와 식물성 단백질 섭취가 바람직하다.

환자가 혼수가 있는 경우에는 경장영양이나 정맥주사를 고려하고 영양지원 시에는 분지아미노산이 많은 용액을 선택한다. 복수와 부종이 동반된 경우에는 나트륨과 수분을 제한하고 이뇨제를 사용할 때는 혈중 칼륨농도에 주의한다.

5-2 담도계 질환

1. 담도계의 구조와 기능

담도계는 담낭과 담관으로 이루어져 있으며 40~70 mL정도의 담낭은 간 아래쪽에 위치하고 있는 간의 부속기관으로서 간에서 생성된 담즙을 5~10배 정도 농축 및 저장하는 기능을 한다. 저장된 담즙은 담관을 통해 십이지장으로 배출된다. 십이지장 내 지방성분이 도달하면 소장 점막에서 콜레시스토키닌 CCK cholesistokinin에 의한 담당 수축과 오디 괄약근 oddi sphincter의 이완으로 담낭에 저장된 담즙이 십이지장 쪽으로 배출되어 지방의 소화와 흡수를 도와준다. 이 때 분비되는 담즙의 양과 속도는 섭취된 지방의 양에 따라 달라지며 간 질환이 심해지면 담즙산염의 합성이나 배설에 장애가 생겨 지방변증이 초래된다.

담즙은 약알칼리성이면서 녹갈색의 점조성 액체로 90% 이상의 수분과 콜레스테롤로부터 합성된 담즙산염, 담즙색소인 빌리루빈, 콜레스테롤을 주성분으로 하고 무기염, 지방산, 인지질, 점액 등을 미량 함유하고 있다. 담즙산은 십이지장에서 지방의 소화와 흡수를 돕고, 회장에서 대부분 재흡수되어 간으로 돌아가는 장-간 순환enterohepatic circulation을 한다.

그 밖에도 지용성 비타민의 흡수 촉진, 소장운동 촉진, 소장 내에서의 비정상적인 세균번식 억제, 콜레스테롤 배출작용, 구리와 망간과 같은 중금속, 담즙색소나 노폐물 및 그 밖에 생체이물질의 배설작용 등의 역할을 담당한다.

표 5-5 담낭 내의 담즙 성분

성 분	함 량(%)	성 분	함 량(%)
수분	92	지방산	0.3~1.2
담즙산염	6.0	레시틴	0.3
빌리루빈	0.3	HCO_4^-	10(mEq/L)
콜레스테롤	0.3~0.9		

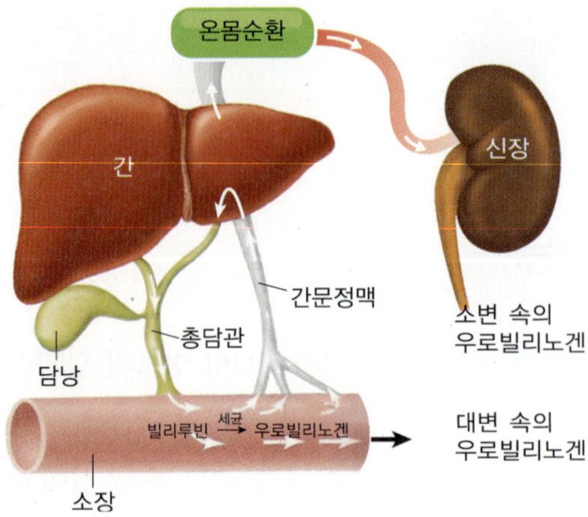

그림 5-7 담즙의 장간순환

2. 담도계 질환

1. 담석증 cholelithiasis

담석증은 담즙 내 구성성분의 농도가 높거나 지나치게 농축 및 침전되어 간, 담낭, 혹은 담관에 결석이 형성된 것을 말한다.

(1) 원 인

담석 gallstones은 콜레스테롤의 농도 증가나 담낭의 운동 저하가 주원인이다. 또한 담석은 극심한 다이어트, 위 우회술 gastric bypass surgery, 장기간의 중심정맥영양, 담낭의 염증으로도 나타날 수 있다. 최근에는 당뇨 diabetes, 여성 female, 비만 fatness, 임신 fertility, 40대에 주로 발생하며, 식생활의 서구화로 지방의 섭취량이 증가하면서 콜레스테롤계 담석이 증가하고 있다.

담석의 종류로는 단면에 반짝이는 콜레스테롤 크리스탈이 방사선상으로 퍼져 있는 모양의 콜레스테롤 담석, 진한 단층의 존재로 갈색이면서 작고 불규칙한 모양을 가진 빌리루빈 담석, 그리고 다양한 크기로 표면은 갈색, 가장자리는 검은색으로 석회화를 동반한 혼합담석이 있다. 콜레스테롤 담석은 주로 담낭 내에서, 빌리루빈 담석은 주로 담도계에 발생한다. 순수한 콜레스테롤 혹은 빌리루빈 결석은 드물며, 대부분이 혼합결석이다. 콜레스테롤 담석은 콜레스테롤의 성분 증가로 나타나며 심장질환에 사용하는 약제인 clofibrate 복용이나 고인슐린혈증, 인슐린저항성, 당뇨병과도 관련성이 높다. 빌리루빈 담석은 용혈성 빈혈 등으로 인해 빌리루빈의 형성이 증가하는 경우에 주로 발생한다.

콜레스테롤 담석 빌리루빈 담석 칼슘 석회화를 동반한 혼합 담석

그림 5-8 담석의 종류

참고자료 : The CIBA collection of medical illustrations Vol 3. Digestive system. Liver, biliary tract and pancreas

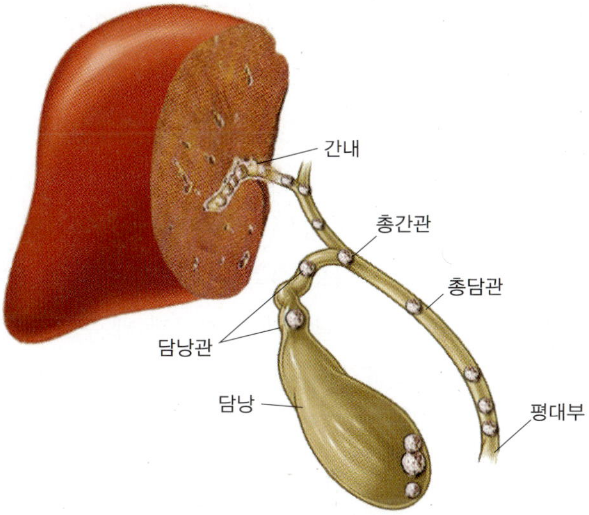

그림 5-9 간, 담낭, 담관의 담석

참고자료 : The CIBA collection of medical illustrations Vol 3. Digestive system. Liver, biliary tract and pancreas.

(2) 증상 및 진단

담석증은 담낭 내에 있을 때 자각증상이 전혀없는 경우가 대부분이나 담관에 있을 때는 상복부에 심한 통증과 토기, 구토, 복부팽만 등을 나타내며 발작을 일으킬 수 있다. 통증은 식사 후나 기름기 있는 음식을 먹은 후 일어나며 통증은 몇 분에서 몇 시간 동안 지속된다.

합병증으로는 담관 결석 choledogholithiasis의 65%정도는 황달을 보이며, 담석이 담도를 막으면 담낭의 팽창과 염증으로 담낭염, 담낭의 천공, 복막염, 누관, 급성 췌장염을 일으킬 수 있다. 진단은 X-ray 검사법, 담도조영법, 초음파 진단법으로 담석의 존재를 확인한다.

(3) 임상치료

약물치료는 담즙배출 촉진제를 이용하거나 담즙제제인 우루소데옥시콜릭산 ursodeoxycholic acid, ursodiol와 같은 담석 용해제를 이용한다. 우루소데옥시콜릭산은 6~12개월 동안 복용하여야 하고, 직경이 5mm 보다 작은 담석에 적합하지만 용해 후 재발률이 높은 편이다. 감염증이 동반된 경우 진통제와 항생제를 사용하고 구역과 구토가 있는 경우 진통제를 복용한다.

초음파나 레이저를 이용하여 담석을 파괴하는 충격파 쇄석술은 장으로 배설하거나 담즙산을 용해한다. 쇄석술의 성공률은 직경이 20mm 보다 작은 고립된 담석을 가진 환자에게서 높고, 재발률은 45% 이상이다.

수술치료로는 담석이 너무 크거나, 많거나, 지나치게 석회화 되었을 때는 개복술 laparotomy이나 복강경 laparoscopic procedure을 이용한 절제술을 실시한다. 영양치료는 급성 발작이 일어날 경우 급식처방을 통하여 담낭과 장을 휴식시킨다. 상태가 다소 호전되면 담낭의 수축을 줄이기 위하여 저지방식이를 기본으로 하지만 지나친 지방제한은 담도계의 자극과 배출을 적절히 유지할 수 없으므로 바람직하지 않다. 또한 복부팽만과 복통을 유발하는 가스를 형성하는 고사리, 양배추, 양파, 브로콜리, 부추, 순무, 옥수수, 마른 땅콩, 맥주, 배, 사과, 감자, 고구마 등의 식품을 제한한다.

2. 담낭염 cholecystitis

담낭염은 담낭 또는 담관에 염증이 생긴 경우이며 급성과 만성 담낭염이 있다. 담낭염이 심해져서 만성염증이 되면 담낭벽이 두꺼워지고 섬유질화 되어 담즙을 농축하고 저장하는 기능이 상실된다. 담경화와 담낭암으로 진행이 되기도 하며 간이나 췌장에까지 영향을 미치게 된다.

(1) 원 인

담낭염의 90% 이상은 담석에 의해 담낭관 입구가 폐쇄되면 담낭벽에 염증이 시작되고 담즙이 정체되며, 이차적으로 세균감염에 의해 염증이 나타난다. 그밖에 외상, 선천성 담낭이나 담관의 기형, 당뇨병, 감염, 허혈 등과도 관계가 있다. 담관염은 총담관의 폐쇄와 감염으로 인하여 염증을 보인다. 급성 담낭염의 약 5~10%는 수술시 담석이 발견되지 않고, 이들의 약 50%는 염증의 원인이 분명하지 않다. 만성 담낭염은 담낭벽의 섬유화와 비후화 현상으로 담당의 기능이 소실되며 남자에 비해 여자, 40세 이상, 담석의 존재, 급성 담낭염이 반복될 때 발병률이 높다. 담낭염은 다른 중증질환을 동반하고 있는 경우가 흔하므로 담석증에 비해 진단과 치료가 어렵다.

(2) 증상 및 진단

증상은 미열이나 고열과 함께 상복부 통증, 메스꺼움, 구토 등이 나타나며 간혹 고열, 오한 및 황달이 동반되기도 한다. 또한 환자의 25% 정도는 비대해진 담낭이 만져진다. 급성 담낭염의 진단은 특히 오른쪽 위쪽 복부의 압통과 발열, 백혈구 증가의 세 가지 징후로 판단할 수 있고, 혈액검사 시 백혈구증가증, 과빌리루빈혈증, 혈청 AST와 ALT, 아밀라아제 amylase 수치의 상승으로 판단하기도 한다. 심한 과빌리루빈혈증과 아밀라아제 혈증이 있으면 담관 담석과 담석성 췌장염을 의심할 수 있으며, 복부 초음파 검사 등을 통해 확진할 수 있다.

(3) 임상치료

급성 담낭염은 재발률이 높다. 통증이 심할 때는 금식, 항생제나 진통제 투여, 수액 보충 등을 실시하며 가장 중요한 치료는 담낭절제술이다. 영양치료는 급성기에는 절식을 하다가 증상이 회복되는 단계에 따라 이양식을 하는데 지방의 흡수불량을 완화시키기 위해 저지방식을 원칙으로 하되 지용성 비타민의 결핍에 주의한다. 열량원으로 양질의 단백질과 탄수화물을 주로 공급하고 자극성 음식, 섬유질이 많은 음식, 그리고 가스 발생 음식들은 피하는 것이 좋다.

5-3 췌장 질환

1. 췌장의 구조와 기능

췌장 pancreas은 복강 내 가장 깊숙한 곳에 위치하고 있으며 위의 뒤쪽 좌우에 걸쳐져 있다. 췌장은 다수의 소엽으로 이루어져 있으며 각 소엽에 형성된 도관은 췌장의 중심을 통하는 췌관에 합쳐지게 된다.

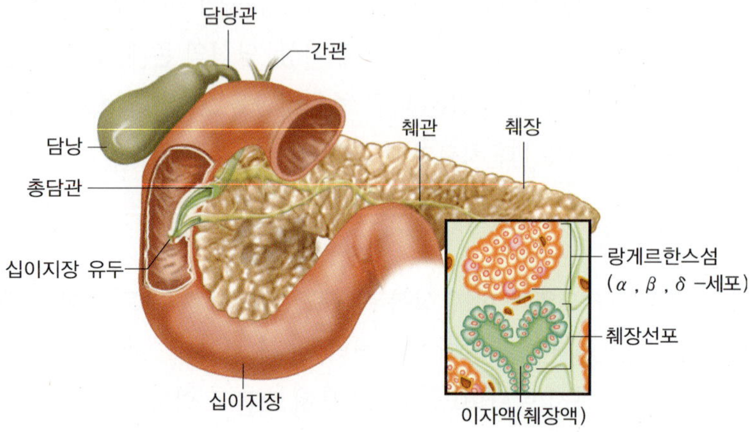

그림 5-10 췌장의 구조

췌장은 외분비와 내분비 조직으로 이루어져 있다. 외분비 조직에는 각종 소화효소를 분비하는 선세포와 물과 중탄산염 HCO_3 bicarbonates 등을 분비하는 췌관 상피세포로 구성되어 있다. 췌장의 외분비선에서 십이지장으로 분비되는 췌액은 중탄산염이 함유된 알칼리액으로서 십이지장 점막에서 분비되는 세크레틴 secretin과 콜레시스토키닌 cholecystokinin에 의해 조절된다.

내분비 조직은 글루카곤 glucagon을 분비하는 알파세포(α-세포), 인슐린을 분비하는 베타세포(β-세포), 소마토스타틴 somatostatin을 분비하는 델타세포(δ-세포) 등으로 이루어져 있는 랑게르한스섬으로 구성되어 있다.

췌장의 내분비선에서 분비되는 인슐린은 간에서의 글리코겐 합성 glycogenesis, 지방합성 lipogenesis 촉진, 지방 및 단백질의 분해 억제, 근육으로의 아미노산 수송을 촉진함으로써 혈당 저하작용을 한다. 글루카곤은 간의 글리코겐 분해 glycogenolysis, 포도당신생합성 gluconeogenesis 등을 통해 혈당 상승작용을 한다. 소마토스타틴은 인슐린과 글루카곤의 상반된 혈당 조절 작용을 견제하는 역할을 통해 혈당조절에 도움을 준다.

2. 췌장 질환

1. 급성 췌장염 acute pancreatitis

췌장 내 염증으로 인하여 십이지장으로 췌액의 분비에 장애가 생겨 췌장조직 자체가 자가소화 되어 소화불량과 흡수장애를 유발하는 질환으로 트립신이 췌장 내에서 활성화되어 췌장조직이 파괴된다.

(1) 원 인

대부분 담석증, 담낭과 담관염, 알코올 남용으로 발생하지만 고지방식이, 특정 약물남용 azathioprine, estrogen, sulfonamide, tefracycline, 교통사고 등에 의한 복부의 심한 외상 등에 의해 발병할 수도 있다. 급성췌장염은 단기간 지속되지만 치료시기를 놓치는 경우 영구적 손상을 초래할 수 있다.

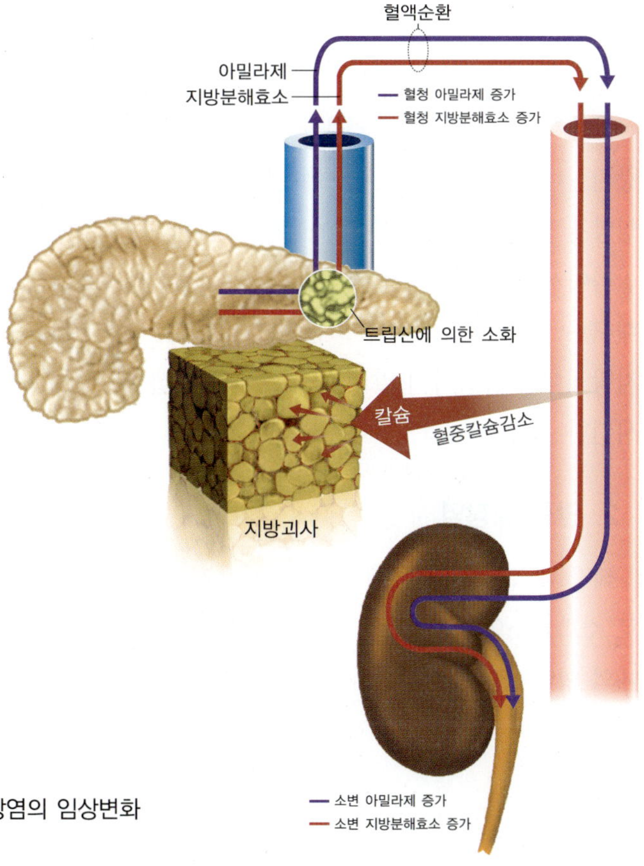

그림 5-11 급성췌장염의 임상변화

참고자료 : The CIBA collection of medical illustrations Vol 3. Digestive system. Liver, biliary tract and pancreas.

(2) 증상 및 진단

췌장염은 췌장조직의 자가소화, 부종, 출혈과 지방괴사 등의 특징을 보이며, 증상으로는 상복부의 심한 통증, 발열, 설사, 복부팽창, 구토, 식욕부진 및 장폐쇄와 당뇨증세가 나타나기도 한다. 또한 백혈구 증가, 혈청 아밀라아제 상승, 혈중 요소 질소의 증가를 보일 수도 있으며, 저알부민혈증에 의해 저류된 수분과 장에서 지방괴사에 의해 생성된 지방산과 칼슘의 비누화 반응으로 혈중 칼슘농도가 감소하기도 한다. 대부분의 환자들은 다른 합병증 없이 상태가 완화된다. 그러나 심각한 경우에는 신부전증과 패혈증 등 합병증 발생이나 만성췌장염으로 진전된다.

진단으로는 혈액 중 췌장 소화효소의 농도 증가 관찰로 이루어지며 가장 널리 이용되는 것은 아밀라아제 amylase와 리파아제 lipase이다. 최근 소변의 트립시노겐 trypsinogen-2 검사법이 민감도와 특이도가 높은 것으로 보고되어 간편한 검사법으로 주목받고 있다.

(3) 임상치료

영양치료는 췌장의 자극을 최소화하면서 전신성 염증반응 완화와 패혈증을 방지한다. 통증이 심한 경우에는 수분을 포함한 모든 음식의 섭취를 제한하며 영양결핍에 의한 부작용을 예방하기 위해 조기 경장 영양지원이 필요하다. 아밀라아제와 리피아제가 정상수준으로 낮아지고 24시간 동안 통증이 사라졌을 때 경구 고형식의 섭취를 조금씩 늘려간다. 췌장 자극을 최소화하기 위하여 저지방식이를 공급하며 알코올과 카페인의 섭취를 제한하고 섬유소 섭취를 감소시킨다.

2. 만성 췌장염

췌장 내 염증으로 췌장 조직의 섬유질 증가와 석회화로 인한 영구적 손상으로 소화효소와 인슐린 등 내분비의 분비기능이 상실되게 된다. 그 결과 소화장애와 영양결핍증이 생긴다.

(1) 원 인

급성 췌장염에서 이행되는 경우와 처음부터 만성형으로 진행한 경우가 있다.

주요 원인으로는 성인의 경우 상습적인 알코올의 과음이며, 어린이의 경우에는 낭성 섬유증 cystic fibrosis이다. 낭성 섬유증은 유전질환으로 췌장선 등 외분비선에서 염소이온 이동장애로 외분비선이 막혀 췌장조직이 손상된다. 이외에도 담낭염, 담석증, 십이지장염, 간염, 당뇨병 등에 의해 발병된다.

(2) 증상 및 진단

증상은 급성 췌장염과 유사하며 복통, 허리 통증, 식욕부진, 구토, 설사 등을 들 수 있다. 소화효소 부족으로 인한 지방변증과 지용성 비타민과 비타민 B_{12} 흡수불량 등에 따른 영양결핍과 인슐린 분비 이상으로 당뇨가 유발될 수 있다. 만성췌장염 환자의 경우 혈당이 상승되는 경우가 있다.

진단은 복부 CT 검사로 췌장과 주변 장기의 상태, 췌장 괴사 및 췌장과 후복막의 병리적 변화의 유무를 판단할 수 있다. 조영제를 사용하여 췌장의 미세순환을 관찰하여 췌장 괴사와 조직의 변화를 파악한다. 복부초음파는 췌장 주변의 액체 저류나 낭종의 존재 유무 등을 진단하는 데 유용하다.

(3) 임상 치료

약물치료는 췌장소화효소의 분비가 어려우므로 적절한 소화제를 사용한다. 소화제는 위산에서 녹지 않고 pH 5.5 이상에서 녹는 장용제제를 복용하거나 산 분비억제제를 섭취한다. 또한 췌장에서 중탄산염의 분비가 부족하므로 제산제, H_2 수용체 길항제 H_2-receptorantagonist, 프로톤 펌프 억제제 proton pump inhibitor 등으로 위산을 중화시켜야 하며, 당뇨병이 발병하면 인슐린주사와 당뇨병 영양관리를 실시한다.

영양치료는 식사 시 나타나는 통증을 최소화하기 위해서 저지방식이와 소화가 잘 되는 식품을 선택하여 부드러운 음식을 제공한다. 지방변으로 인하여 필수지방산, 지용성 비타민, 비타민 B_{12} 등의 결핍이 일어나므로 저지방식이를 하면서 MCT 기름을 사용하여 에너지원으로 지방을 공급한다. 특히 수용성 형태의 지용성 비타민제와 비타민 B_{12}를 정맥 공급하는 것도 필요하다.

Chapter 6

당뇨병

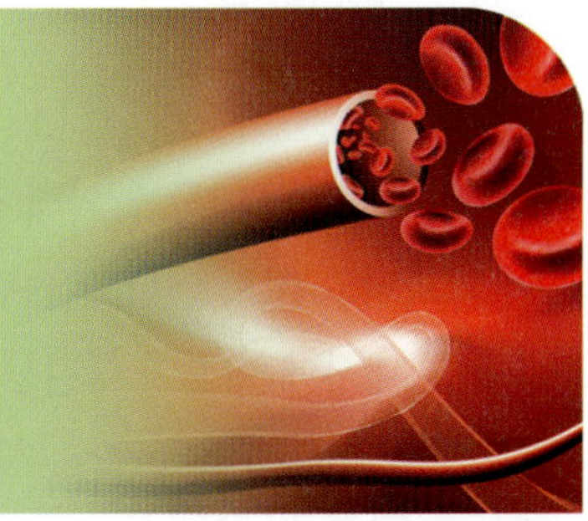

학습 목표

- 당뇨병의 정의를 알고 성질에 따라 분류할 수 있는가?
- 당뇨병의 증상과 합병증에는 어떤 것들이 있는가?
- 당뇨병의 치료법을 이해할 수 있는가?

당뇨병 Diabetes Millitus은 인구의 노령화, 영양불균형, 운동 감소 및 비만인구의 지속적인 증가에 따라 선진국이나 개발도상국가에서 발병률이 점점 증가하고 있다. 특히 우리나라 사람들은 서구인에 비해 β-세포의 분비능력 저하와 비만에 의한 경우가 많은 것이 특징으로 우리나라에서 고혈압, 순환기 질환과 더불어 대표적인 성인질환이다.

2005년부터 한국인 당뇨병 역학조사를 벌인 결과, 현재 국내 당뇨환자 수는 전체 인구의 약 10%인 500만 명을 넘어서고 있다. 당뇨병과 연관된 심혈관 합병증으로 인한 사망자까지 포함하면 10만 명당 80명이 당뇨병으로 사망한다. WHO 통계에 의하면 2030년에는 전 세계 당뇨병환자가 3.7억 명까지 늘어날 것으로 예측되고 있다.

6-1 당뇨병의 정의

당뇨병은 사람의 몸에 물이 머무르지 않고 빠져나간다는 의미의 Diabetes와 달다는 의미에서 유래한 Mellitus가 붙여진 이름이다. 즉, 당뇨병이란 체내에서 포도당을 정상적으로 이용할 수 없게 되어 혈당량이 증가하고 소변으로 당이 배설되는 증세를 일컫는다.

이는 혈관 내 노폐물에 의해 산소공급과 영양공급이 방해되어 췌장조직의 기능이 약화되고 이로 인한 인슐린결핍 · 부족이나, 인슐린에 대한 감수성 약화로 탄수화물 대사에 이상이 생기는 질환이다.

1. 혈당조절작용

췌장에는 호르몬을 분비하는 세포가 있어서 포도당 항상성 유지에 중요한 역할을 한다. 랑게르한스 Langerhans섬이라 부르는 세포들은 인슐린을 합성하는 β-세포와 글루카곤을 합성하는 α-세포로 구성되어 있다(그림 6-1).

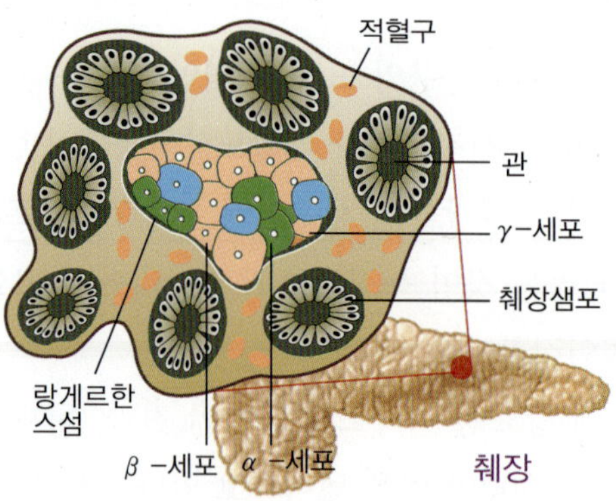

그림 6-1 혈당조절작용에 관여하는 췌장호르몬

인슐린과 글루카곤은 혈당을 조절하고 열량을 저장하는 데 중요한 기능을 한다. 혈당이 높아지면 췌장의 β-세포에서 인슐린이 분비된다.

그 결과 포도당이 여러 세포로 이동됨으로써 인슐린은 포도당의 흡수를 증가시키며, 간에서 포도당의 저장형태인 글리코겐으로의 변환을 촉진한다. 또한 인슐린은 아미노산의 흡수 및 단백질로의 변환을 증가시킨다.

지방조직에서 포도당은 유리지방산으로 변화되어 중성지방 triglyceride으로 저장되는데, 반대로 혈당이 낮아지면 호르몬 균형은 글루카곤을 분비하는 방향으로 기울어진다. 즉, 글루카곤이 간을 자극하여 저장된 글리코겐을 분해시켜서 포도당 유용성을 증대시킨다. 혈액 내 두 호르몬의 상대적인 농도균형에 의해 열량저장과 이용의 향방이 정해진다.

2. 인슐린 결핍에 의한 고혈당(당뇨병)의 체내 에너지 대사

췌장이 인슐린을 생산해내지 못하거나 인슐린이 부족하여 혈중 포도당을 적절히 조절하지 못하는 경우, 혹은 인슐린이 부족하지는 않지만 제 기능을 못하는 경우 포도당이 세포 속으로 들어가 에너지원으로 사용되지 못한다. 따라서 혈액 내에는 포도당의 양이 많지만 필요한 조직에는 공급되지 못하게 되므로 간에서는 혈당이 높다는 것을 인식하지 못하고 아미노산과 지방산을 이용하여 역으로 포도당을 새로 합성시켜 혈액 속으로 방출하여 혈당을 더욱 상승시키게 된다.

즉, 단백질은 아미노산으로 분해되어 당원신생을 위한 기질을 공급하게 되고 간에 저장된 글리코겐은 분해되어 포도당을 공급하게 되며, 유리지방산이 동원되어 케톤으로 대사된다. 이런 모든 과정 때문에 케톤산증, 근육손실, 계속적인 혈당상승이 일어나게 된다. 또한 과다한 포도당이 소변으로 빠져 배출된다.

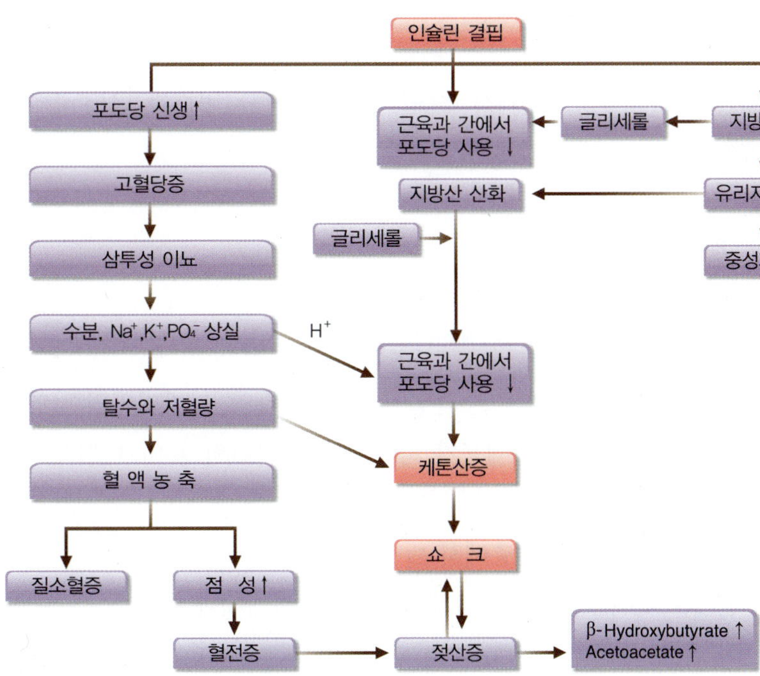

그림 6-2 인슐린 결핍에 의한 생리변화

	탄수화물	단백질	지 방
간세포	당원분해 ↑ 당질신생 ↑	이화작용 ↑	케톤합성 ↑
근육세포	당원분해 포도당 흡수 ↓	이화작용 ↑ 아미노산 유리 ↑ 아미노산 흡수 ↓	
지방세포	포도당 흡수 ↓		지방분해 ↑ 지방합성 ↓

그림 6-3 인슐린 결핍 시 대사

6-2 당뇨의 분류 및 원인

당뇨병의 분류는 1차성과 2차성, 그리고 임신성 당뇨병으로 나눌 수 있고, 1차성은 제1형 당뇨병과 제2형 당뇨병으로 나뉜다.

1. 당뇨병의 분류 및 원인

1. 제1형 당뇨병 Type 1 Diabetes Mellitus, IDDM, 소아당뇨병, 인슐린 의존성

유전적 인자, 인슐린 억제 호르몬 과잉, 바이러스 감염, 자가면역의 감염으로 인슐린을 분비하는 췌장의 β-세포가 파괴되어 인슐린의 분비가 절대적으로 부족하여 발생한다.

제1형 당뇨병은 다양한 연령층에서 발생하는데 아동과 청년층에서 특히 많이 발생한다. 30~40대 전에 진단되지만, 어느 연령대에나 발생할 수 있으며, 마른체격에서 주로 나타나고, 증상이 갑자기 나타나는 특징이 있다. 전체 당뇨 환자의 약 10%에 해당하는 제1형 당뇨병은 짧은 기간에 증세가 나타나므로 조속한 진단과 인슐린 치료가 필요하다.

2. 제2형 당뇨병 Type 2 Diabetes Mellitus, NIDDM(성인당뇨, 인슐린 비의존형)

인슐린 저항성과 함께 상대적인 인슐린 분비장애가 주된 기전이 되어 발생하며, 일반적으로 40세 이후에 발생하고 환자가 비만인 경우가 많다. 전체 당뇨 환자의 약 90%가 제2형 당뇨병에 속한다. 질환이 서서히 진행되므로 증세가 나타났을 때는 이미 심각한 만성합병증으로 발전한 경우가 많다. 대다수의 환자에서 근육과 지방조직, 간에서 인슐린 저항성을 특징적으로 보인다.

미국에서는 당뇨병을 유발하는 중요한 요인으로 유전성 요인과 연령(45세 이상), 그리고 비만증 등을 꼽는다. 제2형 당뇨를 갖고 있거나 걸릴 위험이 있는 사람들의 임상적 생화학적인 특징을 조사한 결과 중심성 비만, 이상지방혈증(중성지방증가, 고밀도 콜레스테롤 저하), 공복혈당증가, 고혈압 등을 특징으로 하는 대사증후군 metabolic syndrome을 발견하였으며, 일련의 대사이상의 원인은 인슐린 저항성이 중심에 있을 것으로 생각되고 있다. 치료는 경구용 혈당강하제를 사용하며, 필요에 따라 인슐린 치료를 사용할 수도 있다.

check point

인슐린 저항성

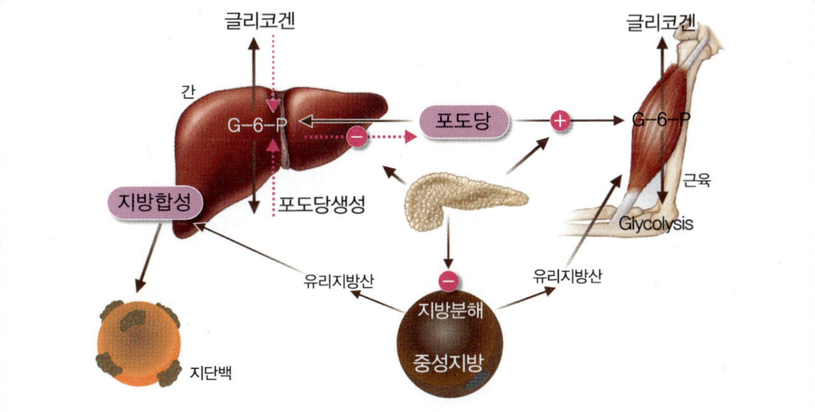

인슐린 작용이 정상보다 저하된 대사 상태인 인슐린 작용 결합 상태를 인슐린 저항성 insulin resistance으로 정의할 수 있다. 이는 대사성 질병의 발병과 많은 관련이 있다고 보고되고 있다. 제 2형 당뇨병 및 대사증후군의 주범이기도 하고 또한 고혈압을 발생시킨다.

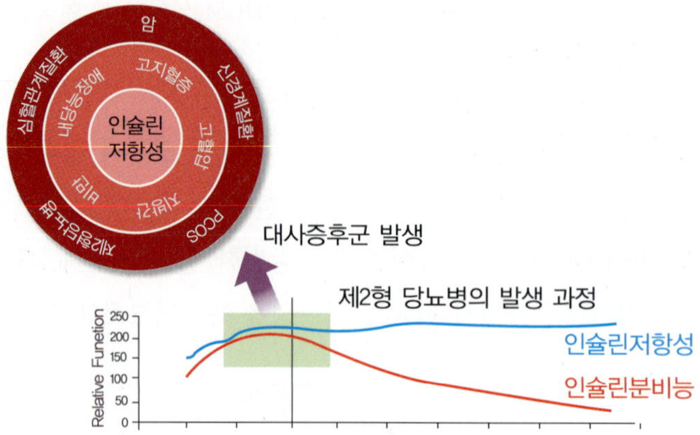

그림 6-4
인슐린 저항성과 제2형 당뇨병 및
대사증후군과의 관계

check point

당뇨병 유발인자

일상생활에서 당뇨병을 유발할 수 있는 요인을 당뇨병 유발인자라고 한다.

① 고칼로리 식품과 과식

과식과 고칼로리 식품은 비만을 야기하며, 에너지 대사를 위해 더 많은 인슐린을 요구하기 때문에 당뇨병 발생의 위험도를 증가시킨다.

② 운동부족

비만한 사람이 운동을 하게 되면 체중 및 비만이 교정되고 체내 인슐린의 작용이 더 효과적으로 이루어져 인슐린 민감도가 향상된다. 인슐린이 몸에서 잘 작동하게 되면 하루에 적은 양의 인슐린만 분비하여도 에너지 대사가 원활하여 췌장 β-세포가 하는 일이 적어지고 혹사당하여 평생 인슐린이 모자라는 사태가 오지 않는다.

③ 비만과 복부비만 및 내장비만

비만 및 복부에 지방이 늘게 되면 당뇨병이 생길 수 있는 위험도가 커진다. 내장지방은 인슐린의 작용을 방해한다. 즉, 인슐린 저항성이 생기게 되는 것이다. 따라서 β-세포가 더 많은 일을 해야 하고 인슐린이 고갈될 수 있는 위험도가 증가한다.

④ 약물의 남용

일부 약들은 그 특성상 에너지 대사에 영향을 주고 인슐린 저항성을 증가시키거나 직접 인슐린 작용을 방해하기도 한다. 대표적으로 신경통, 관절염, 천식, 알레르기 질환에 쓰이는 스테로이드 약제가 있다. 스테로이드 약제를 장기간 사용 시 혈당을 증가시키기도 하고 당뇨병까지 유발할 수도 있다.

⑤ 스트레스

장기간의 지속적인 스트레스는 당뇨병에도 영향을 미칠 수 있다. 스트레스가 생기면 인체는 스트레스에 대항하는 호르몬들을 방출하여 신체의 저항력을 증가시키게 된다. 아드레날린, 스테로이드 호르몬, 성장호르몬 등이 그 역할을 담당하는데 이들은 인체의 저항력을 높이는 대신에 혈당을 올리는 부가적인 작용을 한다. 따라서 인슐린의 작용이 방해되므로 인슐린은 더 많이 분비되어야 한다. 당뇨병환자가 스트레스를 받으면 스트레스 호르몬이 상승하여 혈당이 2배 이상 증가하기도 한다.

표 6-1 당뇨병의 위험인자

제1형 당뇨병의 위험인자	제2형 당뇨병의 위험인자
• 제1형 당뇨병의 가족력 • 또 다른 자가 면역 질환이 있는 경우 • 나이 많은 엄마에게서 태어난 경우 • 자간전증이 있었던 엄마에게서 태어난 경우 • 북유럽계나 지중해 연안인종 • 환경적 요인	• 연령 ≥ 45세 • 과체중(비만도 ≥ 25 kg/m^2) • 당뇨병의 가족력 • 습관적인 육체적 저활동성 • 종족/민족(아프리카-아메리카인, 라틴 아메리카인, 미국 원주민, 아시아, 아메리카인 등) • 서구인들에 비해 췌장의 β-세포수가 적은 동양권과 개발도상국 • 이전에 공복혈당장애 혹은 내당능장애를 진단받은 경우 • 임신성 당뇨병의 병력이 있거나 아기의 체중이 4 kg이 초과된 경우 • 고혈압 (≥ 140/90 mmHg) • HDL 콜레스테롤 ≥ 5 mg/dL, 혹은 중성지방 ≥ 250 mg/dL • 다낭성 난소 증후군 • 혈관 질환의 병력이 있는 경우

3. 임신성 당뇨병

임신성 당뇨란 임신 동안에 처음으로 발견한 혈당장애이다. 임신을 하면 신체가 필요로 하는 인슐린의 양이 증가되어 임산부 중 1~3%에서 당뇨병이 발생한다. 임신성 당뇨병이 유발되면 출산 후 60~70% 정도는 정상 혈당을 회복하지만 그 중 30~40%는 5~10년 내에 당뇨병이 재발한다.

4. 2차성 당뇨병

췌장질환, 내분비질환, 특정약물, 화학물질, 인슐린 혹은 인슐린 수용체 이상, 유전적 증후군에 의해 2차적으로 당뇨병이 유발되는 경우가 있다. 우리나라의 당뇨병 치료 내용을 분석해보면, 비만증보다는 고혈압성 질환과 관계된 당뇨병의 발생이 더 심각한 것으로 나타났다.

표 6-2 당뇨병의 분류

1차성	2차성
1. 인슐린 의존성 당뇨병 IDDM, Type 1 2. 인슐린 비의존성 당뇨병 NIDDM, Type 2 • 비비만형 • 비만형 • 유전적 결함에 의한 인슐린 비의존성 당뇨병 Maturity-onset diabetes of the young, MODY	1. 췌장질환 : 알코올성 만성 췌장염 2. 호르몬 이상 : 내분비질환 3. 약물 또는 화학물질에 의해 유발된 당뇨병 4. 인슐린 수용체 이상과 관련된 당뇨병 5. 특정 유전 질환과 관련된 당뇨병 6. 기타

6-3 당뇨병 전 단계

공복혈당장애 IFG, Impaired Fasting Glucose와 내당능장애 IGT, Impaired Glucose Tolerance는 당뇨병의 중간단계로서 향후 당뇨병이 발생할 위험이 큰 고위험군으로 분류한다. 임상적으로 질병은 아니지만 내당능장애로 진단받으면 5년 안에 25%, 10년 안에 60%가 당뇨병으로 악화된다.

1. 공복혈당장애와 내당능장애

공복 시 혈당수치가 100~126mg/dL 미만이면 공복혈당장애, 식후 2시간 혈당수치가 140~200mg/dL 미만이면 내당능장애라고 한다.

내당능장애는 인슐린 저항성 증후군과 밀접하게 관련되어 있을 뿐 아니라 관상동맥질환 또는 죽상경화증 발생률이 정상보다 2~3배 증가한다. 일 년에 내당능장애의 2~5%가 당뇨병으로 진행할만큼 제2형 당뇨병의 위험요인으로 간주되고 있다.

공복혈당장애 또는 내당능장애를 진단받은 경우, 당뇨병으로 진행하지 않도록 식사습관의 개선, 운동, 체중조절과 함께 정기적으로 혈당검사를 하는 것이 필요하다.

6-4 당뇨병의 대사 및 증상

포도당이 세포 내로 들어오기 위해서는 인슐린이 필요한데 인슐린이 부족하거나 인슐린 저항성 등으로 제 기능을 하지 못하면 포도당이 세포 내로 들어가지 못하고 혈액에 남게 된다. 혈당농도가 약 200 mg/dL가 넘으면 신장역치를 초과하여 소변으로 포도당이 배설된다. 소변으로 당이 빠져나오면 수분이 혈액으로 이동되어 소변의 배설이 증가된다.

또한 인슐린의 부족으로 세포 내에 영양적인 고갈이 일어나 결과적으로 식욕이 증가하여 polyphagia 섭취량은 늘어나지만 세포가 제대로 당을 이용하지 못해 체중은 오히려 감소한다. 고혈당과 고삼투압 농도로 인해 혈액 내 점성이 올라가고 혈류는 줄어들며, 눈조직도 손상을 받는다. 피로감, 탈수증 등의 증상도 나타난다. 따라서 다뇨 polyuria, 탈수, 갈증 polydipsia 등 당뇨병의 전형적인 증상이 생길 수 있다.

그 밖에 체중감소, 피로감이 있으며 당뇨병이 악화되면 케톤증 증상이 나타나고 나중에는 의식장애, 혼수상태에 빠지게 된다. 이러한 증상은 제1형 당뇨병 환자에게 일어나는 가장 위험한 현상으로 제2형 당뇨병 환자에게서도 드물게 발생한다. 제2형 당뇨의 경우 무증상이 가장 많으며, 다음, 다뇨, 야뇨, 시력장애, 피곤, 체중감소, 감염 등의 증세가 나타난다.

check point

고혈당의 증세

- 피로감과 전신 소양감
- 공복감과 체중감소
- 근 무력 mucle weekness
- 자주 반복되는 종기
- 다음, 다뇨, 다식
- 탈수, 갈증
- 상처치유장애
- 피부감염 및 질염

그림 6-5 당뇨의 대표적 증상

6-5 당뇨병의 진단

당뇨병은 상시 혈당이 200mg/dL 이상일 때, 혹은 공복 시 혈당이 126mg/dL (미국당뇨병 협회, 2003년) 이상일 때 진단을 내리게 된다. 당뇨병의 진단은 혈액이나 요중 포도당의 양을 측정하는 것이 가장 흔한 방법이며, 소변케톤검사, 당화혈색소검사, 혈액 속의 인슐린 및 C-펩타이드 농도 측정 등이 있다

1. 공복혈당검사와 식후 2시간 혈당검사

당뇨병을 정확히 진단하기 위해 혈당치를 측정하는 검사이다. 공복 시 혈당으로 보통 식사 후 10~16시간 후에 채혈한 혈액을 분석해서 140mg/dL 이상이면 당뇨병으로 진단한다. 정상인의 경우 공복 시 혈당이 75~100mg/dL이다. 그러나 공복혈당이 126mg/dL 이상이고 당뇨병이 강하게 의심되는 경우 경구 포도당 부하검사를 통해 확진한다.

식후 2시간 혈당검사 2PPBS, 2 hours postprandial blood sugar는 신체가 어떻게 당을 이용하고 배설하는지를 나타내준다. 정상인의 혈당은 식후 30분~1시간 정도에 최고농도를 나타낸다. 식후 1시간이 지나면 혈당농도는 100~140 mg/dL 정도를 유지한다. 식후 2시간의 혈당농도는 일반적으로 80~120 mg/dL 정도이며, 140 mg/dL 이하이면 정상으로 간주한다.

표 6-3 공복혈당 및 식후 2시간 혈당측정 후 진단

진단	공복혈당 (FPG)mg/dL	식후 2시간 혈당 (2PPBS)mg/dL
정상인	$<$ 100(and)	$<$ 140
당뇨병	$\geq$ 126(or)	$\geq$ 200
공복혈당장애	110~125	–
내당능장애	–	140~199

2. 경구 당부하검사 OGTT, oral glucose tolerance test

당뇨병을 확진하는 검사법이다. 전날 저녁식사를 충분히 하고 심리적으로 안정된 상태로 8시간 공복상태에서 75 g의 포도당을 물 300 mL에 넣고 이를 마시기 전, 마신 후 30분, 60분, 90분, 120분에 채혈한 후 혈장을 분리하여 포도당 농도를 측정하여 진단한다.

정상적인 경우에는 포도당 수치가 증가했다가 빠르게 내려가지만 당뇨병 환자의 경우는 혈당치가 계속 상승하고 저하되지 않는 것이 특징이다. 식후 2시간 혈당치가 200 mg/dL이면 당뇨병으로 진단한다. (투여용량은 비임부의 경우 75 g, 임산부는 100 g이다 : WHO권장량)

3. 당화혈색소 측정 HbA1C, Glycosylated Hb

적혈구 안에는 혈색소 hemoglobin가 있다. 이 혈색소에 당이 달라붙어 있는 혈색소를 당화혈색소 HbA1C라고 한다. 당화혈색소의 수치는 적혈구 안에 들어 있는 혈색소 중 정상적인 혈색소와 당이 결합되어 있는 혈색소의 비율을 나타내는 것이다. 당화혈색소는 혈당이 높아지면 헤모글로빈에 포도당이 비효소적으로 결합하여 당화헤모글로빈이 증가한다. 정상인 경우 6~7.5%이나, 당뇨병의 경우 11% 이상으로 증가한다.

당화혈색소는 혈당처럼 쉽게 변화되지 않아 장기간에 걸친 혈당변화를 알 수 있다. 혈당이 정상적으로 된 후에도 5~6주 정도 지나야 당화혈색소 농도가 정상이 된다. 국제 전문가위원회의에서 공복혈당장애와 내당능장애의 기준으로 A1C 6~6.5%인 사람들은 당뇨병 고위험군으로 향후 당뇨병으로 진행될 가능성이 높은 당뇨병 전 단계로 권고하고 있다.

4. C-펩티드 측정

C-펩티드는 인슐린이 프로인슐린으로 나누어질 때 인슐린과 같은 비율(1:1)로 췌장에서 분비되는 것으로 C-펩티드는 간에서 대사를 거치지 않고 반감기가 길며 인슐린 항체의 영향을 받지 않는다. 당 섭취 후의 C-펩티드를 연속적으로 측정하면 인슐린의 분비시각과 양을 예측할 수 있다. C-펩티드의 정상치는 공복 시 1~2 mg/mL, 당부하 검사 2시간 후에는 4~6 mg/mL이다.

5. 요당검사

현재 Clinitest, ChemstipUG, UGK, Diastix, Test tape 등이 요당검사법에 사용되고 있으나 측정치가 부정확하다는 주장이 많아 최근에는 혈당검사법이 선호된다. 따라서 요당 검사를 하여 결과가 양성으로 나오면 혈당검사를 하여 좀 더 철저히 체크한다.

요당검사는 혈당검사를 보조하는 검사법으로, 쉽고 통증이 없으며 저렴한 장점이 있으나, 혈액검사만큼 정확하지 않은 것이 단점이다.

6. 요케톤검사

혈당수준이 200mg/dL 이상일 때 지방이 에너지원으로 이용되고 있는지를 확인하는 방법이다. 지방이 에너지원으로 이용되어 과도하게 분해되고 있으면 소변 내 케톤체가 증가한다. 종이 테이프로 소변 내 케톤 유무를 확인하는 ketostix와 정제로 아세톤 유무를 확인하는 acetest를 현재 많이 사용한다. 포도당과 케톤을 함께 측정할 수 있는 Keto-Diastix나 ChemstripUGK와 같은 검사지도 있다.

6-6 당뇨병의 합병증

당뇨병의 수반문제는 고혈당증, 저혈당증, 합병증이 있다. 당뇨병은 자체가 직접적인 사망의 원인이 되기도 하지만 합병증에 의한 사망자 수는 무려 7배가 넘는다. 당뇨병의 대부분은 제2형 당뇨병으로 당뇨성 망막증의 합병빈도가 약 50%, 동맥경화성 혈관장애의 합병빈도는 25%에 이른다.

1. 급성 합병증

저혈당증, 고혈당성 혼수, 당뇨병성 케톤산증 등이 올 수 있다.

급성합병증인 케톤산혈증과 고삼투압성 혼수는 상대적으로 인슐린이 부족하거나 심한 탈수가 있을 때 일어난다.

1. 저혈당증

저혈당은 혈당이 50~60mg 이하로 떨어지는 것을 말한다. 뇌는 단지 몇 분 동안 사용할 수 있는 당분 외에는 저장할 수 없으므로 지속적으로 당분을 공급 받아야 한다. 정상상태에서는 혈당치가 저하되면 인슐린의 분비가 감소되어 당의 사용은 감소하고 생산이 증가한다.

저혈당증은 혈당조절을 인슐린에 의존하거나 장시간형 혈당강하제를 복용하는 경우에 올 수 있다. 원인으로는 과량의 인슐린이나 경구용 혈당강하제, 소량의 음식섭취, 과도한 신체활동 등이 있다.

2. 고혈당성 혼수 비케톤성 고삼투압성 혼수

인슐린 비의존성이 감염에 의하거나, 이뇨제, 스테로이드제 등을 잘못 투여하였을 때에 나타난다. 당뇨병성 산혈증과 유사한 기전이나 지방유리 내지 케토시스를 억제할 수 있을 정도의 인슐린은 있는 경우로서 심한 고혈당, 고나트륨혈당, 질소혈당으로 탈수, 의식불명, 혼수 등을 초래한다.

3. 당뇨병성 케톤산혈증

인슐린의 부족이 심한 제1형 당뇨병 환자에게서 자주 발생하며 혈당상승과 함께 간에서 케톤이 생성되어 산혈증이 동반된다. 고혈당성 혼수와 유사한 증상이 나타나며, 산혈증에 대한 보상반응으로 호흡이 빨라지고 숨을 쉴 때 아세톤 냄새가 난다. 치료는 역시 인슐린과 수액공급이므로 즉시 병원으로 옮겨야 한다.

인슐린 의존형의 인슐린 결핍, 인슐린의 중단, 감염, 면역학적 저항증, 금식 등이 원인이 되어 나타난다. 혈중의 인슐린이 부족하여 조직 내에서 당이 감소되면 간에서 포도당이 없어지게 되고 호르몬의 작용에 의하여 몸속의 지방산을 동원하여 사용하게 된다.

체내의 지방이 간으로 몰려오게 되면 지방산은 케톤산의 중간단계를 거쳐 대사하게 되어 있다. 따라서 케톤산이 많이 증가하게 되면 고삼투압성 이뇨작용이 일어나 혈액량이 감소되고 전해질이 소실되어 혈액의 pH가 떨어져 산성이 되고 혼수가 온다. 혈당은 70~1,000 mg/dL로 치솟고 혈압이 떨어지고 소변이 막히며 심하면 사망한다.

2. 만성 합병증

당뇨의 만성합병증으로는 미세혈관 합병증(신경병증, 망막변증, 만성신부전)과 대혈관질환(심혈관계질환, 뇌졸중, 말초혈관질환)이 있다. 대혈관병증은 사망률과 직접적으로 연관이 있어서 당뇨병 환자의 70%가 심혈관질환으로 사망하며, 동맥경화증의 뇌혈관질환(심혈관질환과 말초혈관질환), 내당능장애 상태에서도 정상인보다 위험성이 현저히 증가한다. 혈관이 막힌 경우 발과 종아리에 심한 통증을 호소하게 되는데 당뇨환자의 경우에는 신경병증이 동반되어 있는 경우가 많아 통증을 적게 느끼거나 전혀 느끼지 못하는 경우도 있다.

1. 미세혈관 합병증

(1) 당뇨병성 신경병증 Neuropathy

말초신경계의 기능적 장애로, 감각저하 및 근력저하 등의 증상이 나타난다. 미세혈관 합병증 중에 가장 흔한 합병증이고, 당뇨병 환자의 16~26%에서 나타난다. 원인인자로 가장 중요한 것은 불량한 혈당 조절과 당뇨병의 유병기간, 내장비만과 키 등을 들 수 있고, 고혈압, 고연령, 흡연, 저인슐린 혈증과 이상지질 혈증 등도 가능한 원인으로 고려되고 있다. 실제 당뇨병 환자들의 25~39%가 이에 대한 적절한 치료를 받지 못하고 있는 것으로 보고되고 있다.

(2) 당뇨병성 망막변증 Retropathy

당뇨병의 3대 미세혈관 합병증의 하나로 발생빈도가 높다. 망막에 분포하는 혈관의 이상으로 혈관 내의 지방성분을 망막 내로 유출시켜 시력저하 및 실명의 원인이 된다. 지속적인 고혈당과 이에 따른 대사 이상으로 망막의 미세혈관이 점진적으로 변형, 폐쇄되어 망막으로의 원활한 혈액 공급이 차단되고 혈관투과성이 증가하여 망막에서 유리체로 신생혈관을 생성하는 질환이다.

원인인자로는 당뇨병의 유병기간을 들 수 있다. 제1형 당뇨는 당뇨 진단 후 3~5년 내에 망막증 발생이 거의 없지만 20년 경과 후 대부분의 환자에게서 당뇨망막병증이 발생하며, 제2형 당뇨는 정확한 유병기간을 파악하기 어렵기 때문에 진단 당시 이미 20~30%의 발생률을 가지는 차이점이 있다.

(3) 당뇨병성 신증 Nephropathy

당뇨병성 신증이란 당뇨병으로 인해 신장에 있는 작은 혈관들이 손상을 받아서 소변으로 단백질이 빠져나가고, 점차 노폐물을 배설하는 기능이 감소하여 결국 만성 신부전으로 진행하는 상태이다. 당뇨병성 신증은 성인에서 만성 신부전을 일으키는 가장 흔한 원인으로 알려져 있다. 당뇨병성 신증은 조기에 발견하여 적절하게 치료하는 것이 가장 중요하며, 망막증과 마찬가지로 혈당조절을 철저히 하면 예방할 수 있다.

2. 대혈관 합병증

뇌혈관과 심혈관질환으로 주로 사망한다.

(1) 관상동맥질환 Coronary heart disease

관상동맥이란 심장에 혈액을 공급해주는 동맥을 말한다. 관상동맥질환이란 관상동맥에 동맥경화가 발생되어 혈관내벽이 좁아지면서 심장근육으로 가는 혈액순환이 줄어들어 산소 공급부족을 일으키면서 가슴에 통증이 생기거나 혹은 완전히 막혀서 심장근육의 괴사를 일으키는 질환을 말한다. 전자는 협심증이고, 후자는 심근경색증이다.

당뇨병의 경우 관상동맥질환 발병률은 정상인보다 3배 정도 높으며 당뇨병이 오래될수록 위험도가 높아져, 가장 중요한 사망원인이 되고 있다.

(2) 뇌졸중 Cerebrovascular disease

당뇨병 환자의 뇌졸중빈도는 당뇨병이 없는 사람에 비해 3배 정도 높으며 이 질환에 의한 사망률도 높다. 뇌졸중은 뇌동맥에 동맥경화증이 생기는 것이다. 이는 뇌경색, 뇌출혈 등으로 구분될 수 있다. 뇌경색은 뇌혈관이 막히는 것으로 그 혈관으로부터 혈액을 공급받는 뇌의 부위가 괴사되고 그 기능이 없어지는 것이다.

뇌출혈은 뇌혈관이 동맥경화로 인하여 막히면서 파열되거나 바로 파열되면서 혈액이 혈관 밖으로 나와 뇌세포 사이에서 멍처럼 퍼지게 되는 것을 말한다. 따라서 뇌졸중은 의식장애나 운동마비를 일으키고 감각장애, 언어장애, 보행실조, 현기증, 배뇨장애, 시력장애 및 부위에 따라 여러 증상이 복합적으로 나타난다.

(3) 발의 괴사 Diabetic foot, Ulceration

당뇨병 환자의 가장 두려운 합병증 중 하나가 발가락이나 다리가 괴사되어 절단하는 것이다. 과거에는 당뇨병이 다리가 썩어서 절단해야 하는 병으로 알려지기도 했다. 당뇨병 환자는 당뇨병의 특징적 증상인 신경손상과 혈액순환 장애로 인해, 발에 가해지는 물리적 자극과 세균감염에 취약하다.

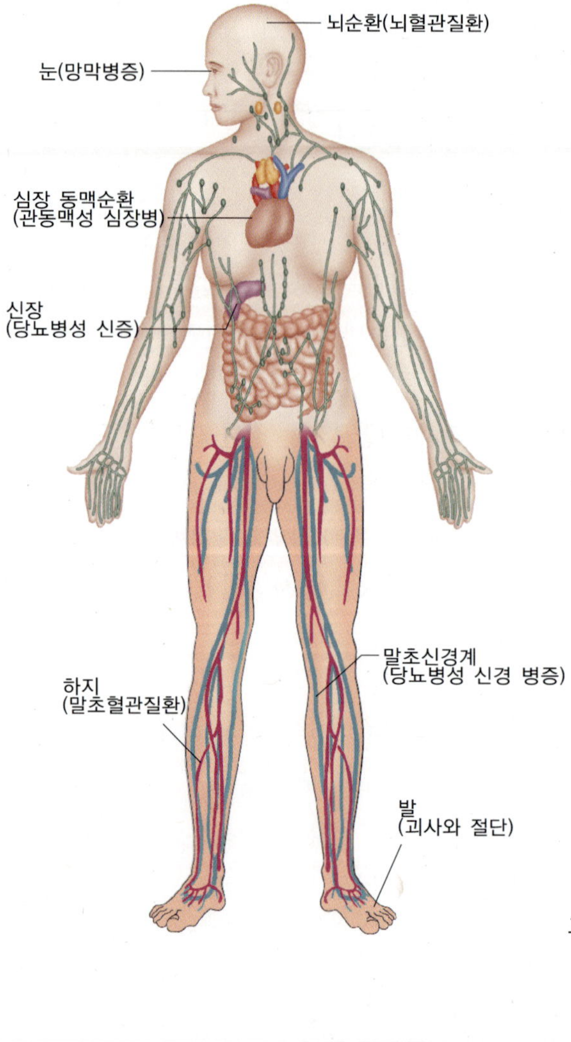

그림 6-7 당뇨의 주요 합병증

check point

당뇨병환자에게서 발이 문제가 되는 이유

- 당뇨병 환자는 발의 신경이 손상되어 감각이 둔해지기 때문에 다치기 쉽고 상처가 생겨도 모르고 지나가는 경우가 많아 상처가 커지면서 세균성 염증으로 발전하게 된다.
- 발의 피부가 건조하여 갈라지기 쉽고 그 부위가 세균이 침범하는 통로가 되기도 한다.
- 다리로 가는 동맥이 좁아지면 특히 발가락의 혈액순환에 장애가 생기는데, 걷게 되면 신발 속의 발가락이 더욱 압력을 받아 혈액순환이 차단되고 괴사가 생길 수 있다.

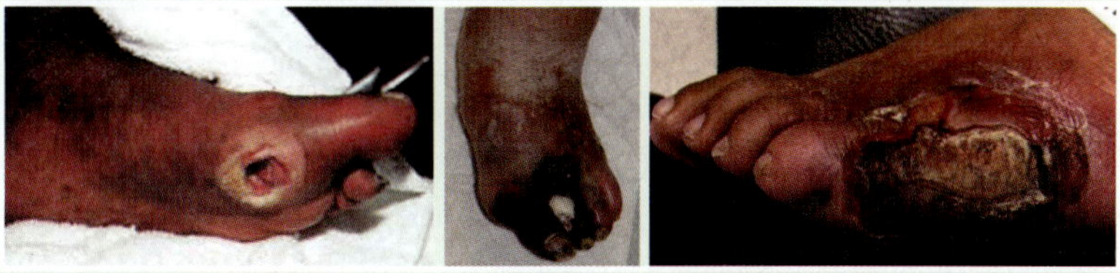

표 6-4 당뇨병의 주요 합병증

합병증	상대위험도*
실명	20
말기 신질환	25
사지 절단	40
심근 경색증	2~5
뇌졸중	2~3

* 비당뇨성 환자와의 비교

Donnelly et al, BMJ 2000

6-7 당뇨병의 치료 및 관리

합병증의 주된 원인이 고혈당이므로 철저한 혈당관리를 해야 한다. 당뇨병의 엄격한 혈당 조절을 위한 방법은 식사요법, 운동요법, 약물요법(경구용 혈당강하제, 인슐린주사)의 세 가지로 나눌 수 있다.

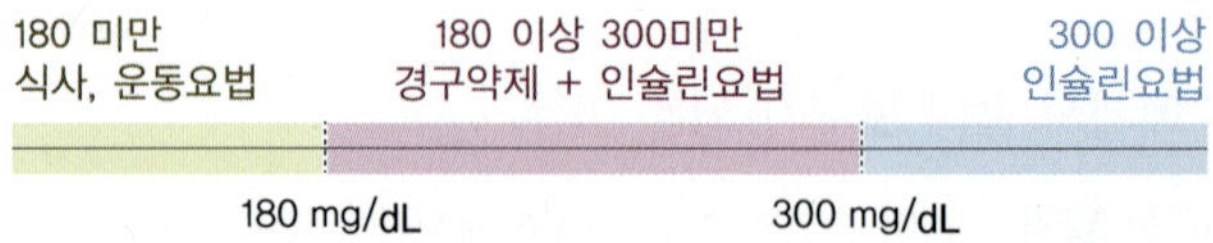

그림 6-8 공복 시 혈당 수치에 따른 당뇨병 주요 치료법

Check point

합병증 예방을 위한 혈당조절의 기준

① 제1형 당뇨병 환자의 경우 자가 혈당측정과 함께 저혈당이 없으면서 매 식전 혈당이 80~120 mg/dL, 취침 전 혈당은 100~140 mg/dL, 평균 혈당치는 120~160 mg/dL를 유지하도록 하고 당화혈색소(HbA1C)는 7% 미만을 유지하도록 한다.

② 제2형 당뇨병 환자의 경우 아침 식전 혈당은 80~140 mg/dL, 식후 2시간 혈당은 100~180 mg/dL, 당화혈색소는 6.0~7.5%를 유지하도록 한다.

표 6-5 당뇨병의 혈당조절

제1형 당뇨병 혈당조절 목표	
지표	정상
매 식전 혈당(mg/dL)	<110
취침전 혈당(mg/dL)	<120
당화혈색소 (%)	<6.0
제2형 당뇨병 환자의 혈당 조절 목표	
지표	정상
아침 식전 혈당(mg/dL)	<100
식후 2시간 혈당(mg/dL)	<140
당화혈색소(%)	<6.0

1. 식사요법

당뇨식사란 무조건 적게 먹는 것이 아니라 일상적인 행동을 하면서 적절한 체중을 유지할 만큼의 식사를 하는 것이다. 당뇨병에 좋다는 특정한 식품만을 먹는 것이 아니라 다양한 식품을 골고루 먹는 것, 한꺼번에 많은 양을 먹는 것이 아니라 규칙적으로 일정한 식사를 하는 것이다.

Check point

당뇨병 식사요법의 목표

- 정상혈당 유지
- 표준체중과 정상혈압 유지
- 급성 및 만성합병증 예방
- 정상혈청지질 수준 유지

1. 제1형 당뇨병의 식사요법

소아와 청소년의 당뇨병 식사관리는 아동이 정상적으로 성장, 발달하여 칼로리 및 필수영양소가 충분히 공급되면서 혈당조절과 비만을 예방할 수 있도록 하는 것이 목적이다.

소아 당뇨의 적절한 관리를 위해서는 하루 최소 3~4회 이상의 인슐린 주사를 맞아야 하므로 속효성 인슐린과 중간형 인슐린을 사용하는 경우에 인슐린 최대작용시간을 고려하여 식사나 간식을 계획하여야 한다. 1일 식사는 5~6회로 나누어 일정한 시간에 섭취할 수 있도록 하며 칼로리, 당질, 단백질 등이 균등하게 배분되도록 한다. 심혈관계 합병증을 예방하기 위해서 총지방, 포화지방, 콜레스테롤의 섭취를 제한한다.

(1) 필요열량

1일 필요열량 구하기

- 성장기(Triman법 사용)
  - 12세 미만 : 1,000 kcal + (나이 × 100 kcal)
  - 12~15세 : 1,000 kcal + (100 kcal × 11세) + 200 × (나이 − 11세)
- 성장기 이후 (성인당뇨병에 기준) : 표중 체중 × 30~35 kcal)

소아는 성장단계에 따라 열량요구량이 변하므로 3~6개월마다 평가해야 한다.

(2) 단백질의 섭취

아동의 정상적인 성장 발달 및 체단백 유지를 위해 적절한 단백질 섭취가 필수적이다.

아동의 연령별, 체중별 권장량의 15~20% 정도로 계획한다.

(3) 당질의 섭취

총열량 중 당질의 비율은 55~60%를 권장한다. 당질의 선택은 단순당보다 복합당으로 선택하는 것이 바람직하며 특히 설탕과 과당투여는 인슐린 저항성을 악화시킬 수 있다.

(4) 지방과 나트륨

소아당뇨병 환자는 정상아동보다 동맥경화증의 위험이 높으므로 합병증 발생시기를 늦추려면 지방을 총열량의 30% 이하로 제한(포화지방 10%, 단일 불포화지방산 10%, 다가 불포화지방산 10% 이하)한다. 콜레스테롤은 1,000kcal 당 100mg으로 제한(1일 300mg 이하)하고 가능한 염분도 제한해야 한다.

Check point

소아당뇨병 환자

성인질환임에도 불구하고 최근에는 소아에게서도 당뇨병이 자주 발병하고 있다. 소아당뇨병 환자의 경우 아동이 정상적으로 성장하고 발달할 수 있는 에너지와 필수영양소는 충분히 공급면서도 비만을 예방하는 치료와 식이를 병행하게 된다. 소아당뇨병 환자의 영양관리는 인슐린요법을 시행하면서 생활속에서 규칙적인 운동과 활동 및 정서적 안정이 함께 이루어지도록 해야 한다.

소아당뇨병은 사춘기 전후로 많이 발병하며, 90% 정도는 제1형 당뇨병이다. 소아당뇨병 환자 치료시 주의할 점은 다음과 같다.

- 혈당의 상한치를 성인보다 높게 정함
  - 저혈당증으로 뇌손상의 위험방지
  - 식전혈당 조절목표 70~180 mg/dL
  - 영유아의 저혈당 방지를 위해 100~200 mg/dL
- 성장에 필요한 적절한 열량섭취
  - 정상아동의 권장량에 기준
- 트리스만법 이용
  [열량(kcal) = 1,000 + 나이 × 100)]
- 총 열량 중 당질 55~60%, 단백질 15~20%, 지방 30% 이하의 비율을 지킴
  - 포화지방 : 단일불포화지방 : 다불포화지방 = 1 : 1 : 1
  - 콜레스테롤 300 mg/dL 이하

(5) 식사와 간식의 배분

일반적으로 3회 식사와 2~3회의 간식으로 구성하며 식품섭취량, 활동상태, 인슐린치료 등을 고려한다. 당질은 매끼 25~30%, 간식에 8~10% 정도로 배분한다. 야식은 혈당반응이 천천히 일어나도록 당질과 단백질로 구성하는 것이 좋으며 취침 전 혈당 체크로 야식의 양을 조절한다.

2. 제2형 당뇨병 식사요법

제2형 당뇨병 환자의 경우 과체중 또는 비만인 경우가 많으므로 체중 감소요법을 실시하도록 한다. 체중 감소 및 혈압, 혈청당질과 지질 농도에 따라 영양소 구성이 다른 식사요법을 권장한다.

(1) 필요열량

1일에 필요한 에너지＝표준 체중×1kg당 필요한 에너지

표준체중 1kg에 필요한 에너지

- 육체적 활동이 거의 없는 사람 : 25~30kcal
- 보통의 활동을 하는 사람 : 30~35kcal
- 심한 육체활동을 하는 사람 : 35~40kcal

단, 65세 이상 및 비만인 사람은 각각 5kcal 줄여서 계산한다.

(2) 탄수화물

탄수화물이 전체 열량의 50~60%가 되도록 계획한다.

과일과 설탕은 단당류와 이당류인데 다른 영양소보다 빨리 소화되어 포도당으로 전환되기 때문에 혈당치에 미치는 영향이 가장 크므로 제한한다.

(3) 지 방

지방은 총열량의 30% 이내로, 포화지방은 10% 이하로 줄여서 심혈관질환을 예방하도록 한다. 1일 총 콜레스테롤 섭취량은 300 mg 이하로 권장하고 있으나, LDL-콜레스테롤 수치가 높다면 포화지방 섭취는 7% 이내로 하고 총 콜레스테롤은 1일 200 mg 이하로 제한해야 한다.

check point

혈당지수음식

혈당지수 GI, glycemic index로 알려진 측정지표는 그 상대적인 혈당반응에 따라 식품을 분류하는 데 사용한다. 식품의 혈당지수란 순수 포도당이나 흰빵 등 기준식품의 혈당반응과 비교하여 변화된 정도를 수치로 나타낸다. 기준식품 섭취 후 혈당상승의 빠르기와 크기를 혈당지수 100으로 정하였다.

흥미로운 것은 혈당지수가 낮은 식품을 섭취하면 제2형 당뇨병이나 심혈관계질환 등 만성질환의 위험이 감소한다는 것이다. 혈당반응에 대한 식품요인으로는 탄수화물의 종류, 단백질과 지질성분, 점도, 가공, 숙성, 식품첨가물 등을 들 수 있다.

밥, 빵, 국수, 감자, 과일 등의 당질 식품은 다른 식품들에 비해서 혈당을 높인다고 알려져 있으며 사탕이나 꿀 같은 단순당은 밥, 빵, 국수, 감자 등의 복합당보다 혈당을 더욱 상승시키는 것으로 알려졌다.

표 6-6 포도당 100을 기준으로 할 때 각 식품들의 혈당지수

당지수가 낮은 식품	수치	당지수가 높은 식품	수치
요구르트	14	환타	68
완두콩	18	으깬감자	70
보리	25	팝콘	72
복숭아	28	수박	72
탈지우유	32	꿀	73
사과	36	튀긴감자	75
배	36	도너츠	76
토마토	38	떡	82
포도	43	구운감자	85
혼합곡식	45	설탕	92

(4) 단백질

단백질 섭취량은 전체 열량의 12~20%가 되도록 하며, 포화지방과 콜레스테롤을 낮추려면 동물성 단백질의 섭취를 제한한다.

(5) 섬유질

섬유질은 혈중 총 콜레스테롤, LDL, 혈당 등을 낮추어 인슐린 요구량을 감소시킨다. 하루에 20~35 g 섭취를 권장한다.

2. 운동요법

당뇨병환자에게 중요한 것은 무리한 운동이 아니라 가벼운 운동을 꾸준히 계속하는 것이다. 운동은 열량(칼로리)을 소모시켜 식사요법의 효과를 항진시켜 주는 역할을 하며 당뇨병의 합병증을 예방하고 스트레스를 해소시켜 혈당조절을 용이하게 한다. 특히 비만인 당뇨병환자는 운동요법과 식사요법을 병행하면 당뇨병의 약물치료 없이도 정상 혈당을 유지할 수 있다.

운동을 하게 되면 췌장에서 인슐린 분비가 감소하며 동시에 길항작용 호르몬이 증가하여 당질이 당으로 동원되고 지방조직에서 지방분해가 일어나 에너지원으로 사용된다. 또한 운동을 하는 동안에 혈액 속의 혈당이 인슐린의 도움 없이도 근육세포 안으로 들어가 에너지원으로 사용되어 혈당이 감소한다.

장기간 운동은 많은 칼로리를 소모하여 비만한 체중을 감소시키고, 고혈압 예방 및 치료에 도움을 준다. 그러나 인슐린으로 치료받는 환자가 운동을 할 때는 탄수화물을 좀 더 섭취해야 한다. 심한 운동 후에는 저혈당증이 나타나는 것이 일반적이기 때문이다.

1. 운동 지침

너무 격렬하게 운동을 하면 혈당강하제를 사용하는 환자의 경우 저혈당이 올 수 있으므로 주의해야 한다. 따라서 최대의 운동효과를 얻기 위해서는 최대 심박수의 60~75% 정도에 도달하는 운동을(숨이 조금 찰 정도의 강도) 하루에 30분 이상 실시하는 것을 권장한다.

check point

- 최대심박수란? 개인이 가장 힘든 운동을 할 때의 분당 맥박수
- 최대심박수=(220－나이)/분

운동을 시작하기 전에 모든 당뇨환자는 반드시 완전한 사전검사를 시행하여 운동 중에 일어날 수 있는 위험한 상황 등이 생기지 않도록 본인에게 알맞은 운동을 선택해야 하며, 운동을 할 때는 근골격 손상을 예방하기 위해 10분간 낮은 강도의 유산소 운동으로 준비운동을 한 후 최대심박수의 60~75% 정도의 중등도 강도로 약 30분간 운동을 한다.

3. 약물요법

당뇨병 약물치료가 필요한 경우는 성인당뇨병 환자가 식사요법과 운동요법만으로 목표한 만큼의 혈당조절이 잘 되지 않을 때이다. 또한 소아당뇨병(제 1형 당뇨병) 환자로 진단되면 곧바로 인슐린 치료를 시작한다. 임산부 및 수유부, 수술 중인 환자, 감염이나 심한 스트레스 상태, 다발성 외상환자, 과거 병력상 경구용 혈당강하제의 심한 부작용이 있었던 경우, 심한 간·신장질환 등에서는 인슐린으로 치료를 한다.

1. 경구 혈당강하제

경구용 혈당강하제는 식이요법만으로 치료가 어려운 제2형 당뇨병에 효과적이다.

경구 혈당강하제는 췌장을 자극하여 인슐린 분비를 촉진하거나 말초에서 당이용을 증가시켜 혈당치를 내려주고, 간에서 새로 당이 생성되는 것을 방지하는 약물이다.

(1) 인슐린 분비를 자극하는 설폰요소제 Sulfonylureas

설폰요소제는 췌장의 β-세포를 자극하여 인슐린을 분비하고 간의 포도당 생산억제와 말초 인슐린 저항성을 개선하는 효과가 있다. 제2형 당뇨병 환자의 초기 치료에 효과적이다.

(2) 인슐린 분비를 신속히 자극하는 설폰요소 유사제 Meglitinides

설폰요소 유사제인 Meglitinides는 설폰요소제와 마찬가지로 췌장을 자극하여 인슐린 분비를 촉진시킨다. 약의 효과가 빨리 나타나고 식후 2시간이 지나면 약효가 없어지므로 식사직전에 복용하더라도 약효가 100% 나타나며 식사 후 2시간이 지나서 생길 수 있는 저혈당이 설폰요소제에 비하여 낮다.

(3) 혈당을 감소시키는 약제 Biguanide

인슐린 작용을 도와주어 혈당을 감소시키고 인슐린 감수성 insulin sensitivity 을 증가시켜 인슐린 저항성을 개선한다. 근육의 당분흡수를 촉진시키고 간에서 당신생을 억제한다.

(4) 당분의 흡수를 지연시키는 약제 α-glucosidase 억제제

당분흡수 지연제인 α-glucosidase 억제제는 소장에서 복합탄수화물의 흡수를 지연시킨다. 식후 고혈당을 낮추는 데 효과적이다.

(5) 인슐린 감수체 Thiazolidinediones

인슐린에 대한 감수성을 증가시킴으로써 인슐린 저항성을 가진 환자에게 효과적이다.

(6) 차세대 당뇨치료제 DPP-4 효소 억제제

장에서 나오는 펩타이드 호르몬이 혈당조절에 관여한다는 사실이 많은 연구를 통해 밝혀졌다.

표 6-7 경구 혈당강하제

<table>
<tr><th colspan="2">종류</th><th>작용기전</th><th>부작용</th></tr>
<tr><td rowspan="3">Sulfonylureas</td><td>glipizide</td><td rowspan="3">췌장의 인슐린 분비를 촉진,
당원합성과 당원분해감소,
인슐린에 대한 세포 내 감수성 증가</td><td rowspan="3">체중증가, 저혈당</td></tr>
<tr><td>glyburide</td></tr>
<tr><td>glimepiride</td></tr>
<tr><td rowspan="2">Meglitinides</td><td>repaglinide</td><td rowspan="2">췌장의 인슐린 분비 촉진</td><td rowspan="2">체중증가, 저혈당</td></tr>
<tr><td>nateglinide</td></tr>
<tr><td>Biguanide</td><td>metformin</td><td>간의 당생산을 감소,
조직(근육)의 당흡수율 증가</td><td>설사, 산증</td></tr>
<tr><td rowspan="2">α-glucodiase 억제제</td><td>acarbose</td><td rowspan="2">위장관에서 당흡수 지연</td><td rowspan="2">가스, 복통, 설사</td></tr>
<tr><td>miglitol</td></tr>
<tr><td rowspan="2">Thiazolidinediones</td><td>pioglitazone</td><td rowspan="2">근육의 당분 흡수 증가,
당신생 감소</td><td rowspan="2">체중증가, 부종 등</td></tr>
<tr><td>rosiglitazone</td></tr>
<tr><td rowspan="2">DPP-4 억제제</td><td>sitagliptin</td><td rowspan="2">incretin체계 향상, 췌장의 β-세포에서
인슐린 분비촉진, 간의 당신생 감소</td><td rowspan="2">상기도 감염,
인후통, 두통, 설사</td></tr>
<tr><td>vildagliptin</td></tr>
<tr><td rowspan="2">혼합복합제</td><td>Glucovance</td><td rowspan="2">Metformin과 glyburide의 혼합</td><td rowspan="2">오심, 설사, 복통,</td></tr>
<tr><td>Avandamet</td></tr>
<tr><td rowspan="2">혼합복합제</td><td>Metaglip</td><td rowspan="2">rosiglitazone과 metformin의 혼합
metformin과 glipizide의 혼합
pioglitazone과 glimepiride의 혼합</td><td rowspan="2">산증, 체중증가,
저혈당</td></tr>
<tr><td>Duetact</td></tr>
</table>

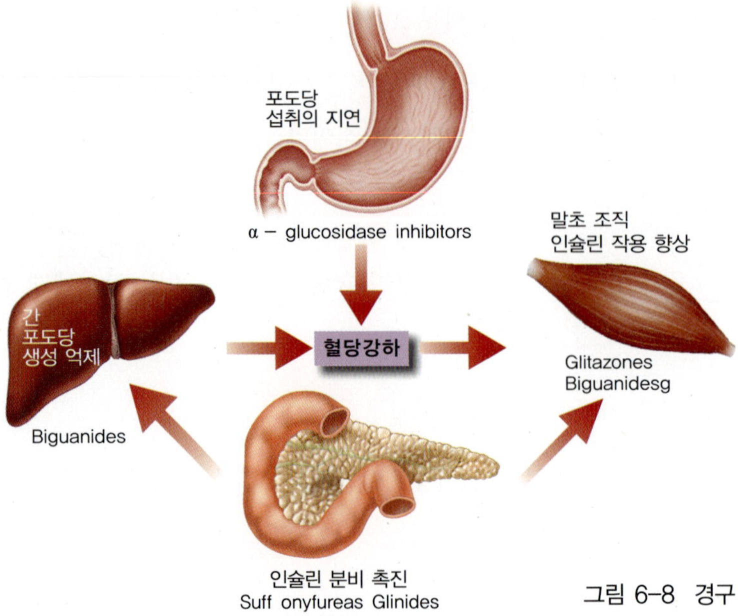

그림 6-8 경구 혈당억제제들의 주요 작용 부위

인크레틴 incretin은 장에서 분비되는 펩타이드 호르몬이 말초, 췌장, 뇌 등에 잘 작용하도록 한다. 식욕조절도 가능하게 해 체중감소의 효과도 있다. DPP-4 억제제는 인크레틴의 기능을 활성화시킨다.

(7) 두 가지 약제를 혼합한 복합제

당뇨병이 약하거나 혈당이 높지 않은 경우에는 한 가지 약제를 사용하지만 조절이 잘 안되면 경구용 혈당강하제를 두 가지, 또는 세 가지를 같이 처방하게 된다. 이렇게 복합처방을 하는 경우 1차 목적은 혈당강하에 있지만 체중을 줄인다거나 혈관의 동맥경화증의 감소 및 고지혈증의 개선, 인슐린 작용을 도와서 타 약제의 용량을 낮추는 등의 여러 가지 이득을 볼 수 있다.

2. 인슐린

인슐린투여는 제1형 당뇨병, 1.5형 당뇨병, 당뇨병형 혼수상태, 식사요법, 운동요법, 경구 혈당강하제에 효과가 없는 경우, 심한 당뇨합병증이 동반된 경우, 심한 고혈당과 그에 따른 증상이 동반된 경우, 경구 혈당강하제에 부작용이 생긴 경우 등에 사용된다.

현재 사용하고 있는 인슐린 주사제는 사람의 인슐린과 똑같은 구조를 가진 최고급의 고농도, 고순도 인슐린제제이다. 과거에 쓰이던 저농도 인슐린과 돼지와 소에서 추출한 동물 인슐린은 현재 거의 사용되지 않고 있다.

check point

일반적으로 인슐린 사용이 필요한 당뇨병 환자

- 제1형(인슐린 의존형, 소아) 당뇨병 환자
- 고혈당성 혼수
- 케톤산 혈증
- 임산부
- 수술이나 감염증 등의 급성질환이 있는 환자
- 심각한 당뇨병 합병증이 있는 환자
- 식사요법, 운동요법, 경구용 혈당강하제로는 효과가 없는 환자 등

(1) 인슐린의 종류

인슐린은 작용시간에 따라 초속효성, 속효성, 중간형, 지속형으로 나뉠수 있다. 초속효성 인슐린 ultra-short acting은 흡수효과가 아주 빠르게 나타나며 주사 후 15분 이내에 작용하므로 식후 혈당 상승을 효과적으로 예방하며, 저혈당 부작용이나 주사부위에 따른 흡수 정도의 차이도 크지 않다.

속효성 인슐린 regular insulin, short-acting insulin은 흡수효과가 빠른 편이고 주사 후 1시간 이내에 작용한다.

중간형 인슐린 NPH insulin은 인슐린 작용시간이 10~16시간 지속되므로 가장 많이 사용되고 있으며, 백색의 혼탁한 액체이다.

장시간형 인슐린 long acting insulin은 인슐린 작용시간이 24시간 이상 지속된다.

혼합형 인슐린은 속효형과 중간형 인슐린을 적절한 비율(70 : 30, 50 : 50 등)로 미리 혼합해 놓은 것이다.

(2) 인슐린 투여 방법

인슐린을 투여하는 방법에는 두 가지가 있다. 1일 1~2회 주사로 투여하는 단순화 된 인슐린 요법과, 1일 2~4회 주사하는 다회 인슐린 요법이다.

표 6-8 인슐린 종류에 따른 특성

분류	인슐린 종류	작용 시간	최대효과	지속시간
초속효성	lispro(Humalog)	15분	60~90분	3~4시간
	aspart(Novolog)			
	glulisine(Apidra)			
속효성	Regular(Humulin R, Novolin R, Rlion R)	30분~1시간	2~3시간	3~6시간
중간형	NPH(Humulin N, Novolin N, Relion N), Lente	2~4시간	4~10시간	10~16시간
장시간형	glargine(Lantus)	1~2시간	–	24시간 이상
	Detemir(Levemir)			
혼합형	NPH/Regular 70/30 (Humulin 70/30, Novolin 70/30, Relion 70/30)	30~60분	Dual	10~16시간
	NPH/regular 50/50 (Humulin 50/50)			
	lispro protamine/lispro 75/25 (Humalog mix 75/25)	5~15분		
	aspart protamine/aspart 70/30 (Novolog Mix 70/30)			

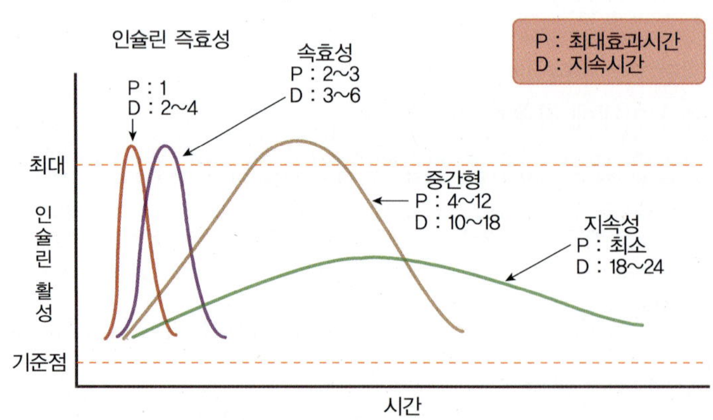

그림 6-9 인슐린 종류에 따른 작용

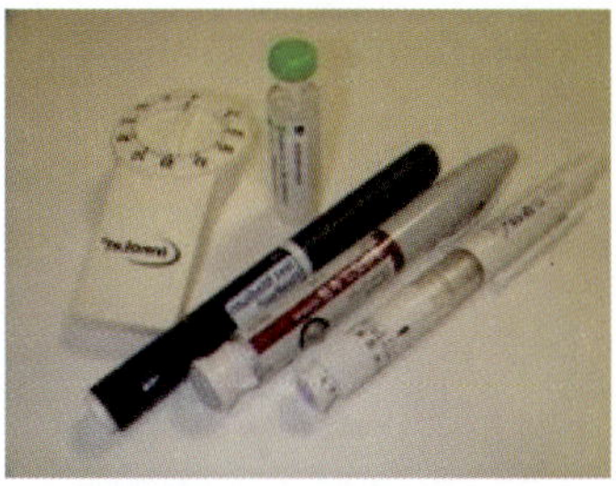

그림 6-10 인슐린 주사기

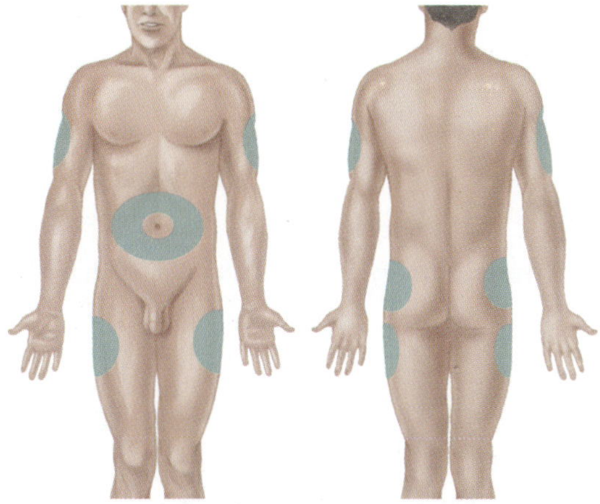

그림 6-11 인슐린 주사부위

단순화 된 인슐린 요법의 경우 급성합병증을 피하기 위해서 인슐린 요법을 최대로 단순화 한 것이며, 다회 인슐린 요법은 좀 더 정상 혈당에 가깝게 하기 위해서 인슐린을 조절하여 만성합병증의 진전을 막거나 그 속도를 늦추기 위함이다.

① 인슐린 주사

인슐린은 특별한 주사기를 이용하여 피하조직에 주사한다.

② 인슐린 펌프 및 췌장 이식

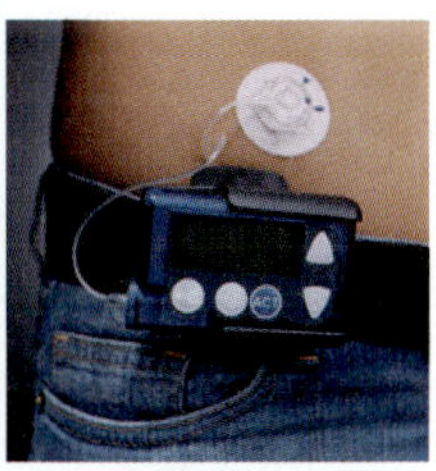

그림 6-12 인슐린 펌프

기존 인슐린 요법이 합병증 예방에 큰 효과가 없다는 단점을 보완한 것이 인슐린 펌프이다. 인슐린 펌프는 췌장과 같은 작용을 하는 의료기기로 몸 밖에 부착함으로써 인슐린을 적절히 공급해 정상혈당을 유지하고 그 동안 췌장기능을 서서히 회복시키는 역할을 한다.

보다 나은 혈당조절을 위해서는 보다 정상적인 분비패턴으로 인슐린을 공급해 주어야 한다. 이러한 생리적인 양상으로 인슐린을 공급하여 주는 방법이 인슐린 펌프치료이다.

check point

용어 해설

• 인슐린

췌장의 랑게르한스섬의 β-세포에서 분비되는 호르몬으로 혈액을 타고 근육세포, 지방세포, 간세포의 수용체와 결합하여 포도당과 아미노산의 세포 내 투과성을 급격히 변화시켜 글리코겐 glycogen, 지방산 fatty acid, 트리글리세라이드 triglyceride, 그리고 단백질의 합성을 촉진한다.

• 글루카곤

췌장의 랑게르한스섬의 α-세포에서 낮은 혈당수준에 반응하여 분비되는 것으로 근육세포에서보다 간세포에서 글루코겐을 포도당으로 분해하여 간으로부터 혈중으로 나오게 하고 지방산, 트리글리세라이드, 단백질의 분해를 증진시킨다. 인슐린과는 반대의 작용을 한다.

• 인슐린 저항성

인슐린 감수성, insulin sensitivity이 생리적 인슐린농도에서 정상보다 저하된 대사 상태를 말한다. 인슐린 저항성은 제2형 당뇨병 및 대사증후군의 주범이며, 또한 고혈압을 발생시킨다.

• 공복혈당 장애 및 내당능장애

공복시 혈당이 100~126 mg/dL 미만과 식후 2시간 혈당이 140~200 mg/dL 미만의 당뇨병 진행 전 단계를 말한다.

• C-펩타이드

Insulin의 전구물질인 proinsulin 1분자가 분해되어 Insulin 1분자와 c-peptide의 1분자가 생성된다. 체내 인슐린 분비정도를 알 수 있다.

• 혈당지수 GI, glycemic index

순수 포도당이나 흰빵 등 기준식품의 혈당반응과 비교하여 변화된 정도를 수치로 나타낸다.

Check point

요 약

- 당뇨병은 대표적인 성인질환으로서 인구의 노령과, 영양불균형, 운동 감소 및 비만인구의 지속적인 증가에 따라 발병률이 점점 증가하고 있다.
- 당뇨병이란 췌장이 인슐린을 생산해내지 못하거나 인슐린이 부족하여 혈중 포도당을 적절히 조절하지 못할 때, 혹은 인슐린이 부족하지는 않지만 제 기능을 못하는 경우에 포도당이 세포 속으로 들어가 에너지원으로 사용되지 못하고 남은 과량의 혈액 속 당이 소변으로 배설되는 증세를 일컫는다.
- 당뇨병의 경우 주된 원인이 고혈당이므로 철저한 혈당관리를 해야 한다. 당뇨병의 엄격한 혈당 조절을 위한 방법은 식사요법, 운동요법, 약물요법(경구용 혈당강하제, 인슐린주사)의 세 가지로 나눌 수 있다.

Chapter 7

비 만

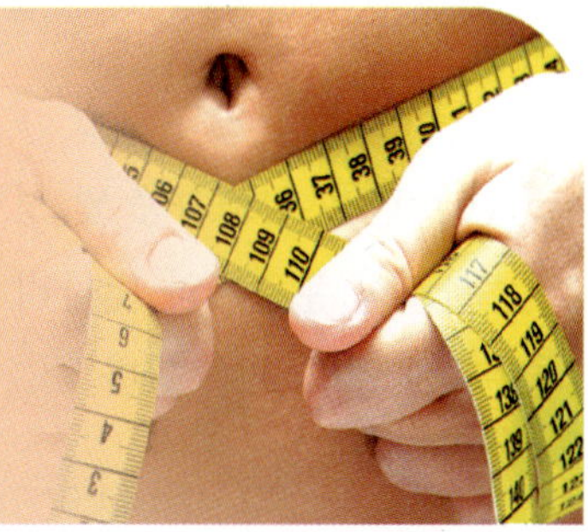

학습 목표

- 비만의 정의를 이해할 수 있는가?
- 비만의 원인을 파악하고 그에 따른 치료방법을 선택할 수 있는가?
- 섭식장애의 종류와 원인 및 대처방안을 이해하는가?

비만 Obesity의 의학적 정의는 에너지 섭취가 많아 잉여 에너지가 체내에 지방의 형태로 축적된 상태이다. 세계 보건 의장은 점점 확산되어가고 있는 비만에 대하여 심각히 여기면서 다음과 같은 말을 하였다. "오늘날 우리 인류를 가장 위협하는 전염병은 비만일 것이다. 비만은 더 이상 개인적인 문제가 아니다. 이제 전 세계적인 문제인 것이다."

비만은 지구촌 최대의 전염병 epidemic이 되었다. 세계보건기구 WHO는 1996년에 비만을 단순히 몸매가 좋지 않거나 배가 나온 체형의 문제가 아니라, 고혈압, 당뇨병, 고지혈증과 같은 질병에 걸릴 위험을 증가시키고 나아가 사망률을 증가시키는 질병으로 규정하였다.

현재 서구 사회에서는 인구의 30~40%가 비만이다. 우리나라의 비만율도 가파르게 상승하고 있는 추세에 있다. 최근 통계에 따르면, 우리나라의 비만 유병률(만19세 이상, 표준화)은 1998년 26.0%에서 2007년 31.7%로 증가하였으며, 2008년 30.7%, 2009년 31.3%로 2007년 증가 이후 유사한 수준이었다.

특히 소아청소년의 비만 유병률은 13%로 증가추세에 있다. 소아, 청소년기 비만의 가장 큰 문제는 제대로 치료하지 않을 경우 70~75%는 성인 비만으로 이어질 뿐 아니라 소아 및 청소년기에 고혈압, 당뇨병, 고지혈증, 지방간 등 심혈관질환 및 대사성 질환의 발병에 심각한 영향을 미칠 수 있다는 것이다.

또한 비만은 성조숙증 및 성장장애를 동반할 수 있고 이는 외모를 중요시 여기는 사회적 분위기와 맞물려 자아존중감의 상실과 심하면 우울증 등의 정신적 문제를 일으킬 수 있다.

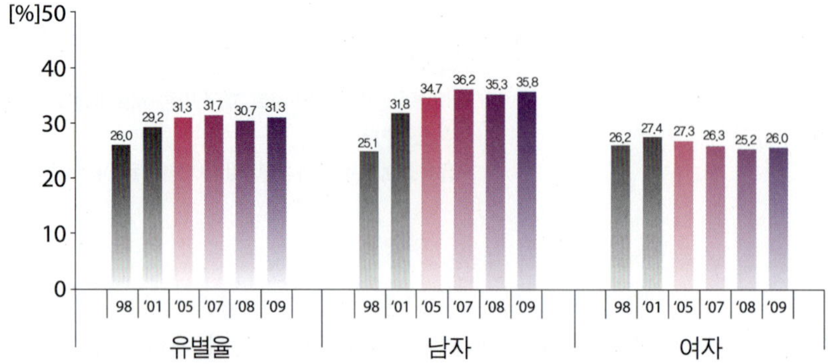

그림 7-1 1999~2009년 비만 유병율(자료 : 통계청)

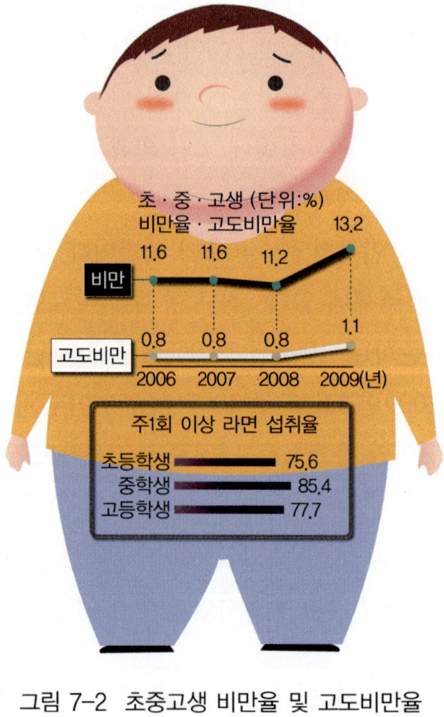

그림 7-2 초중고생 비만율 및 고도비만율

7-1 비만의 정의

비만이란 체내지방이 적정수준 이상으로 존재하여 대사이상의 위험이 증가된 상태를 의미한다. 즉, 총 체중에 대해 체지방이 차지하는 비율이 높은 것이며, 남자의 경우 체지방율이 25% 이상, 여자의 경우 30% 이상일 때를 비만이라 한다. 비만은 의식적으로 '비정상적인 체지방의 증가로 인해 대사장애가 유발된 상태' 로 유전, 개인의 잘못된 생활습관, 비만 유발환경에 의해 발생되는 만성질환이다.

우리 몸은 늘 일정한 체중과 체지방량을 유지하려는 에너지 항상성 energy homeostasis을 가지고 있다. 여기에 비만 유발환경으로 인해 신체 활동량 부족, 섭취에너지 과다 등 생활양식의 변화가 오면 에너지 밸런스가 지속적으로 (+) 방향으로 유지되면서 지방조직이 과다하게 축적되어 대사증후군, 제2형 당뇨병, 심혈관질환 등의 질병을 유발한다.

7-2 비만의 원인 및 분류

비만의 궁극적인 원인은 에너지 섭취와 소모의 불균형에 기한다고 볼 수 있다. 에너지 섭취가 에너지 소비보다 많으면 살이 찌고, 이 흐름이 지속적으로 유지되면 비만이 된다.

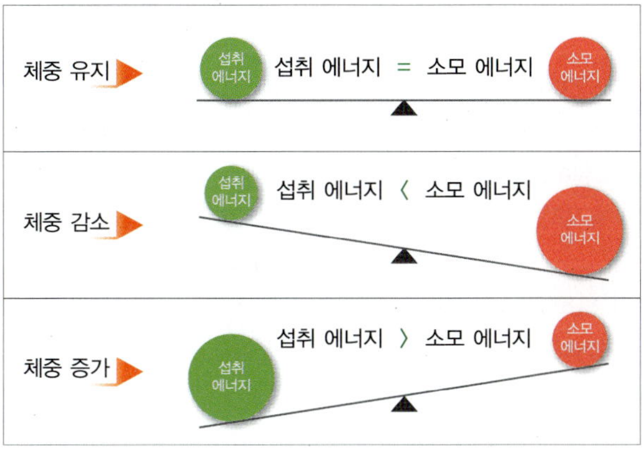

그림 7-3
섭취 에너지와 소모 에너지와의 관계

현대에는 칼로리 섭취가 증가하는데 비해 육체노동이 감소됨으로써 비만이 크게 늘고 있는 추세이다. 비만 자체보다는 그로 인한 동맥경화증, 당뇨, 뇌졸중 등이 증가하고 있는 것이 큰 문제이다. 비만의 원인은 유전적인 것과 환경적인 것, 심리적인 것, 약물의 부작용과 내분비 장애의 영향으로 나눌 수 있다.

1. 식사 습관

비만이 에너지 섭취와 소모의 불균형에 의한다고 하였을 때 음식요인은 큰 비중을 차지하게 된다. 이 경우 식사량과 내용 및 섭취방법 등이 문제가 되며 특히 간식이나 야식을 하는 습관을 가지고 있는 경우가 많다.

비만의 여러 가지 원인 중 가장 대표적인 것이 과식이다. 식품에는 고유한 에너지가 들어 있다. 이것이 바로 칼로리인데, 과식이란 섭취한 칼로리가 소비칼로리보다 많은 것을 의미한다. 이 남아도는 칼로리가 체내에서 지방으로 저장되어 쌓이면서 비만의 원인이 된다.

Check point

잘못된 식습관

① **음식을 빠르게 먹는다** : 만복감을 느끼기도 전에 과식을 하게 된다.

② **간식을 즐긴다** : 간식으로 이용되는 음식의 대부분은 포만감을 덜 주며, 한끼 식사에 버금가는 고열량이 대부분이다.

③ **한 번에 많이 먹는다** : 한 번에 음식을 많이 먹으면 혈당치가 높아지고 인슐린 분비도 늘어나므로 지방합성이 늘어난다. 이것이 반복되면 적당한 양의 음식을 섭취해도 포만감을 느끼지 못한다.

④ **식사시간이 불규칙하다** : 식사시간이 불규칙하면 체내의 지방량이 급격히 변동하므로 체중이 안정되지 않는다.

⑤ **야식을 즐긴다** : 내장기관을 조절하는 자율신경 때문에 낮 동안에는 에너지 소비작용이 활발하고, 밤에는 에너지 축적작용이 활발하다. 따라서 같은 양이라도 밤에 먹는 것은 더 지방축적을 유도한다.

⑥ **먹는 것으로 스트레스를 푼다** : 스트레스로 인해서 폭식의 습관을 갖는 경향이 있다. 음식물을 먹음으로써 기분전환이나 대리만족을 느낄 수 있는 것이다. 이러는 사이 과식으로 인한 비만이 발생할 수 있다.

2. 활동 부족

정상량의 에너지를 섭취하더라도 활동량이 적어 에너지 소모가 감소하면 비만이 생길 수 있다. 운동을 하지 않을 경우 지방분해 호르몬의 분비능력 저하, 기초대사량 저하, 지방의 축적을 촉진시키는 인슐린의 분비를 높인다. 이는 지방합성효소의 생성 증가, 근육조직의 양 감소 등을 초래할 수 있다.

3. 유전적인 요인

부모,형제, 친척 중에 비만한 사람이 많았던 가계에서 비만인이 생길 확률이 높다. 비만이 가족성으로 집중 발생한다는 사실과 일란성 쌍생아 및 입양 아동을 대상으로 한 연구에서 유전적인 요인은 비만의 발생에 중요한 역할을 한다는 것을 보여주었고, 특히 10세 이전에서는 유전요인이 상당히 중요함을 나타내주고 있다.

부모가 비만인 경우에는 자녀의 비만 발생빈도가 높다. 정상 체중인 부모의 경우 자녀의 비만율은 8~9%에 불과하나, 양측부모가 비만인 경우 유전가능성은 80% 이상이다. 비만은 유전적 영향이 약 30% 정도이고, 환경적 요인이 70% 정도로 추정되고 있다. 비만인 부모를 둔 자녀의 비만 발생률이 더 높은 것은 유전자의 영향과 함께 부모의 식습관을 닮아가기 때문이다. 그러므로 어릴 때부터 식습관에 주의를 요한다.

4. 중추신경계 이상

에너지섭취의 조절은 자율신경에 의해 조절된다. 즉 내측 시상하부에 있는 공복감을 느끼는 중추는 포만신호를, 외측 시상하부의 포만감을 느끼는 중추에서는 공복신호를 받아 상호반대로 작용하며 Norepinephrine은 α-receptor를 통해 Inhibitory satiety system을 억제하여 내측 시상하부를 자극하고 반대로 외측 시상하부에서는 β-receptor가 자극되어 식사를 억제하게 된다.

5. 내분비 장애의 영향

갑상선 기능 저하증, 쿠싱증후군 등 내분비 장애 및 고인슐린 혈증, 성호르몬 분비 부진 등도 비만의 원인이 된다. 그러나 내분비장애에 의한 비만은 극히 드물다. 기전은 확실치 않으나 부신피질호르몬과 생식선호르몬은 비만과 밀접한 관련이 있다. 그 밖에 β-endolphine, adrenal glucocorticoid와 insulin이 중요한 작용을 할 것으로 생각되며 성장호르몬, 갑상선 호르몬 등이 관여한다.

6. 약물의 부작용

약물 중에는 비정상적으로 식욕이 왕성해지거나, 기초대사를 감소시키는 부작용이 있는 약물이 있다. 경구피임약, 신경안정제, 스테로이드 호르몬, 부신피질자극 호르몬, 항히스타민제 등이 있다.

이런 약을 복용한다고 해서 모두 비만이 되는 것은 아니지만 체지방이 증가하는 시기와 이러한 약물을 복용한 시기가 같다면 약물에 의한 비만을 의심할 수 있다. 또한 약물 복용을 중지했음에도 약물복용으로 인해 식욕이 왕성했을 때의 식습관이 그대로 유지된다면 지속적으로 살이 찔 가능성도 있다.

7. 심리적 장애

심리적인 스트레스가 있거나, 사랑이나 관심의 결핍을 느낄 때, 긴장하거나 불안하고 외로울 때 먹는 것으로 해소하는 경우가 있다. 이러한 심리적 장애는 식행동 장애를 가져오며 이로 인하여 음식물을 과잉섭취하여 비만이 되기도 한다.

8. 사회 · 문화 · 경제적 요인

경제적 성장과 산업구조의 변화로 말미암아 식생활이 개선되고 활동량이 감소되면서 과체중과 비만체형의 발생빈도가 높아져 사회병으로 간주되고 있으며, 최근에는 국가의 건강관리의 중요과제로 체중조절 문제가 제기되고 있다.

7-3 비만의 분류

1. 질환유무에 따른 분류

(1) 증후성 비만

내분비계질환, 뇌질환, 유전질환 등의 특별한 질환이 원인이 되어 비만이 되는 경우이다. 이러한 경우에 발생하는 비만은 질병을 치료함으로써 해결할 수 있다. 그러나 증후성 비만인 경우는 드문 편이어서 전체 비만의 1% 미만이다.

(2) 단순성 비만

비만의 원인이 운동부족과 과식 등의 잘못된 식습관에 있는 비만을 말한다. 보통 비만인의 90% 이상은 특정의 질환으로 인한 경우가 아닌 단순성 비만이다.

2. 지방조직 형태에 따른 분류

(1) 지방세포 증식형 비만 Hyperplastic obesity

지방세포의 수가 증가한 것으로 크기가 정상이고 각 개의 지방함유량도 정상이다. 지방세포의 수는 임신 30주에서 생후 1년 사이에 가장 활발하게 증식되고 이후 6세까지 서서히 증가하므로 지방세포증식형 비만은 소아비만에 속한다.

(2) 지방세포 비대형 비만 Hypertrophic obesity

지방세포의 수는 정상이고 크기만 증가한 것으로 성인형 비만이 이에 속한다. 비대형 비만은 성인이 된 후에 시작되며 특히 중년기에 살이 찌는 경우가 이에 포함된다.

(3) 혼합형

세포의 수, 크기, 지방함량이 모두 비정상적으로 많아지는 형이다. 고도비만의 경우에 흔하게 발생한다.

3. 지방조직체 내 분포부위에 따른 분류

지방의 분포형태는 성인병의 위험을 알려주는 지표가 된다. 지방량이 같다고 하더라도 복부형 비만은 둔부형 비만보다 각종 성인병의 위험이 훨씬 높다.

그 측정은 허리둘레 대 엉덩이둘레의 비율 waist/hip ratio로 하며, 그 비율이 남자 0.9, 여자 0.85가 넘을 때 그 위험성이 증가한다.

(1) 상체 비만형 Upper-body obesity

중심성 비만, 사과형 비만, 복부형 비만, 남성형 비만

주로 복부에 과량의 지방이 축적되는 것으로, 남성은 WHRwaist/hip ratio이 0.9 이상일 때 , 여성은 WHR이 0.85 이상일 때 중심성 비만이라고 분류한다. 복부형 비만의 경우 둔부형 비만보다 각종 성인병의 위험이 훨씬 높다. 대개는 남성에게서 많이 나타난다. 이는 중년남자에게 여러 가지 질환발생이 높은 것으로 설명된다. 또한 여성의 경우도 폐경 이후 여성호르몬이 분비되지 않으면 지방이 주로 복부에 쌓이게 된다.

(2) 하체 비만형 Lower-body obesity, 말초성 비만, 서양배형 비만, 여성형 비만

엉덩이나 허벅지 부분에 지방이 주로 축적되는 비만이다. 대개는 여성에게서 나타나는 경향이 있다.

표 7-1 상체 비만형과 하체 비만형의 특징

상체 비만형	하체 비만형
• 남성형, 사과형, 중심형 비만 • 복부에 지방축적 • 당뇨병, 고혈압, 동맥경화, 통풍의 위험이 높다. • 지방세포의 크기가 크다. • 체중조절이 비교적 쉽다.	• 여성형, 서양배형, 말초성 비만 • 둔부와 대퇴부에 지방축적 • 지방세포의 수가 많다. • 체중조절이 어렵다.

Check point

내장지방

내장지방 Visceral obesity은 중성지방을 축적하기 쉽고 연소되기 쉬운 조직이므로 내장지방이 축적되면 공복 시에 중성지방의 분해산물인 유리지방산과 글리세롤이 과다하게 방출된다고 생각해왔다. 내장지방은 문맥과 이어져 있기 때문에 방출된 유리지방산과 글리세롤은 직접 간으로 유입되어 이상지질혈증, 고혈당, 나아가서는 인슐린 이화장애를 일으켜 인슐린 저항성으로 발전한다.

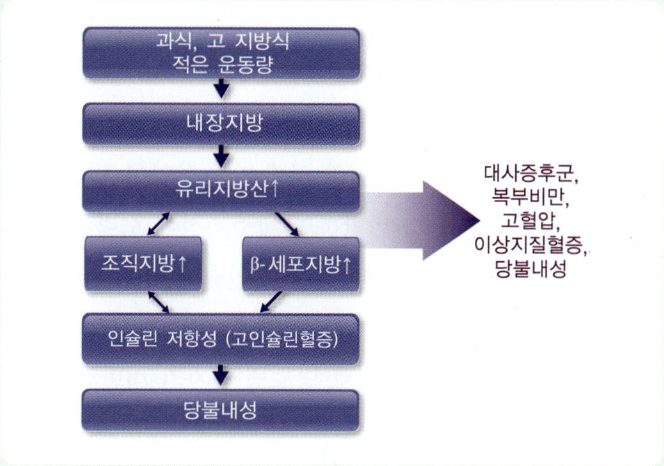

그림 7-4 복부비만(내장지방비만)과 인슐린 저항성과의 인과관계

축적된 내장지방에서 유리된 과다한 지방산이 간문맥을 통해 간으로 유입되면 간 내 당생성이 증가하고 VLDL-TG 분비가 증가하면서 당불내성, 고중성지방혈증이 잘 생긴다. 지방산이 간 내 인슐린 제거를 억제하는 작용으로 인해 고인슐린혈증도 유발된다.

혈중 유리지방산 농도는 전체 지방량의 영향을 받지만 지방분해속도는 부위마다 다르다. 내장지방은 복부나 하체의 피하지방보다 지방분해속도가 더 빠르고 내장지방의 지방분해는 카테콜아민의 자극에 더 민감하여 인슐린에 의한 억제작용은 상대적으로 덜 받는다. 결국 내장지방의 지방분해가 더 빨리, 더 잘 일어나는 기전은 지방분해를 자극하는 α-아드레날린 수용체 adrenoreceptor에 대한 민감도는 더 높은 반면, 지방분해를 억제하는 $\alpha 2$-아드레날린 수용체 및 아데노신, 인슐린의 수용체에 대한 민감도는 더 낮기 때문이다.

한편 혈중지방산 농도가 증가하면 근육에서의 지방산 이용률이 증가하면서 근육 내 중성지방 농도가 올라간다. 이는 근육의 인슐린을 통한 포도당 흡수를 감소시킨다. 근육 내 지방산 대사속도가 증가하면 포도당-지방산 회로 Randle cycle가 활성화되면서 인슐린에 의한 글리코겐 합성을 저해한다. 혈중 유리지방산 농도가 올라가면 췌장 β-세포의 인슐린 분비 기능에 영향을 끼쳐 당불내성의 위험이 있다.

유리지방산 이외에 내장지방에서 분비되는 렙틴, PAI-1, TNF-α, IL-6 등이 일련의 과정을 거쳐 인슐린 저항성을 유발한다는 것이다.

7-4 비만의 증상 및 합병증

비만의 합병증으로는 고혈압, 고지혈증, 제2형 당뇨병, 대사증후군, 뇌중풍, 여성생식기계 이상, 호흡기능 이상, 근골격계 이상, 암, 위장관질환, 심리 · 사회적 문제 등이 생길 수 있다.

1. 질병에 대한 위험성 증가 및 건강상 문제

비만인 사람은 그렇지 않은 사람보다 사망률이 2배나 높고 비만의 정도가 심할수록 사망률도 점점 늘어난다. 비만한 사람은 고혈압이 생길 위험이 정상인보다 2배가량 높아 고혈압 환자가 비만하면 체중조절에 노력해야 한다.

당뇨병은 비만과 관련이 깊어서 비만환자는 인슐린이 충분히 있어도 워낙 쓰여야 할 곳이 많아 그 필요량이 증가되고 인슐린이 말초 조직에서 효과적으로 쓰이지 못해 혈당이 높아질 수 있으므로 당뇨병 환자가 비만하다면 체중조절을 해야 한다.

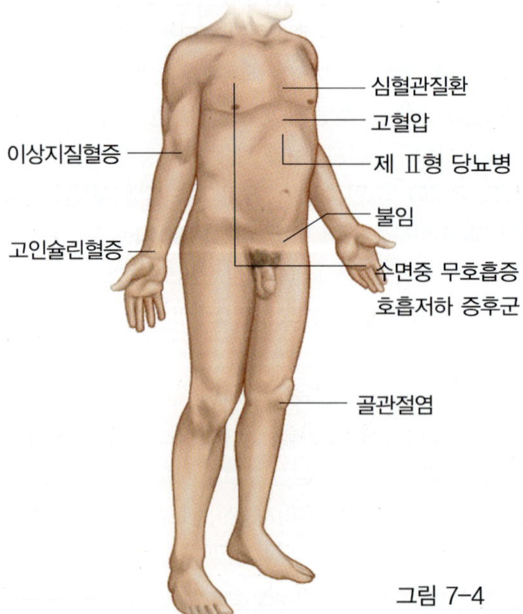

그림 7-4
비만 환자의 증상

또한 비만인은 정상인보다 총 콜레스테롤이나 중성지방이 높고 몸에 유익한 콜레스테롤이 적어 고지혈증이 생길 위험이 2~3배 높고 따라서 동맥경화가 생길 위험이 높다. 그리고 심장의 혈액순환을 방해하여 허혈성 심장질환을 일으키며, 지방간과 담석증의 발생을 높이는데 특히 비만한 여자에서 약 4배 정도 높다. 비만하면 수면 중 호흡을 멈추어 버리는 수면 중 무호흡증후군도 나타날 수 있고, 혈액 내 요산치가 높아져 통풍과 요로결석이 생길 수도 있으며 몸무게를 지탱하는 관절에 무리가 가서 퇴행성 변화로 인한 관절염이 생기기 쉽다. 또한 비만은 불임의 요인이 되기도 하고 암에 걸리기 쉽다.

체지방이 과도하게 축적되면 심혈관계, 호흡계, 내분비계, 비뇨생식계, 피부 등 건강상의 문제를 일으킨다. 또한 만성적 퇴행성 질환에 대한 위험 증가, 고혈압과 동맥경화증, 탄수화물 대사 이상, 당뇨병과 같은 대사적 및 내분비 문제를 야기한다. 특히 상체비만은 관상동맥질환, 고혈압, 뇌졸중, 상승된 혈중 지질, 당뇨병 등의 질병에 대한 위험성이 증가된다.

(1) 당뇨병

음식물 중 탄수화물이 포도당으로 변하여 혈액 중에 들어가면 췌장에서 인슐린을 분비하여 포도당을 저장 형태인 글리코겐으로 바꾼다. 그러므로 매일 과식을 하면 췌장에서 많은 양의 인슐린을 분비하다가 나중에는 충분히 활동하지 못하게 되어 저장형 글리코겐으로 바뀌지 못한 포도당이 체내에 떠다니다가 소변으로 나오게 된다. 과식은 비만을 부르고, 비만은 당뇨병을 일으키는 요인이 될 수 있다. 비만인구가 증가하면서 제2형 당뇨병 환자의 발생도 급증하고 있으며, 역학자료에서도 이들의 높은 상관관계가 증명되고 있다.

즉, 유전성 요소와 연령을 제외하고 나면 고혈압성 질환과 비만증 조절이 제2형 당뇨병의 예방과 관리에 있어 가장 중요한 요소라고 보고 있다.

(2) 고지혈증과 동맥경화

고지혈증은 혈액 속에 콜레스테롤과 같은 지방이 많은 병으로서 혈액 속에 콜레스테롤이 많아지면 혈관 벽에 쌓여 동맥경화를 일으키게 된다. 동맥경화로 뇌나 심장의 혈관이 막히거나 터지면 뇌졸중, 협심증이나 심근경색 같은 병을 일으켜 사망할 수 있다.

(3) 지방간

지방간이 되면 전신권태가 오고 간기능검사 시 사용되는 GOT, GPT가 상승하여 지방성 간염, 지방성 섬유화, 간경변으로 진행되게 된다.

(4) 고혈압

호르몬 분비하는 곳의 이상으로 부신피질의 작용을 자극하여 고혈압을 초래하게 된다.

표 7-2 비만의 합병증

순환기계	• 심장장애 – 심비대 : 작업량, 심부하의 증대가 원인 – 협심증, 심근경색 : 관상동맥경화가 원인 • 혈관장애 – 고혈압 : 심박출량 증가, 동맥경화가 원인 – 동맥경화 : 혈중지질 증가가 원인 • 뇌졸중
호흡기계	• 호흡곤란 : 흉곽, 복강의 지방침착에 기인 • 잦은 졸음 : 호흡곤란으로 수면장애
당뇨병	• 당뇨병 발병 위험이 2배 증가 • 내당능 저하
생식계	• 여성의 불임 • 월경불순
간, 담낭장애	• 지방간 : 고지혈증, 지방침착 • 담석증 : 고콜레스테롤 혈증
골관절이상	• 골관절염 – 체중은 관절에 스트레스 역할 → 연골의 손상 → 관절부위의 변형 – 부위별로는 무릎 관절염의 발생률이 가장 높음 • 통풍 : 고요산혈증 빈도의 증가 때문
암	• 여성 : 자궁내막암, 담낭암, 자궁경부암, 난소암, 유방암, 대장암 등과 관계있음 • 남성 : 대장암, 직장암, 전립선암 등과 관계있음

2. 심리적 문제

비만이 되면 체내지방이 과다하게 축적되어 신체적으로 순발력이 떨어지고 동작이 느려지며, 조금만 움직여도 불편감을 느끼게 된다. 외모상의 고민으로 심리적인 갈등을 초래하여 열등의식과 무가치감, 사회적인 격리감을 본인 스스로가 만들게 되어 정신적 문제를 유발할 수 있다.

특히 비만아의 경우 자신감 상실과 불만감이 고조되며 성인이 되어서도 사회적응이 어렵고 우울증, 자폐증, 신경과민 등의 정신질환을 보이기도 한다.

3. 사회적 문제

비만학회의 조사에 따르면, 고도비만 환자는 사회적 편견으로 인해 한참 일해야 할 시기에 직장을 갖는데 어려움을 겪고, 사회생활에도 어려움을 느끼고 있다. 이로 인해 비만치료를 위한 사회적 비용도 증가하고 있다. 그러므로 우리 사회가 비만을 개인 차원의 미용적 문제가 아니라 사회적 문제로 인식해야 한다.

Check point

비만과 인슐린 저항성

비만은 인슐린 저항성을 유발한다. 비만한 당뇨병 환자가 체중을 줄이면 혈당이 정상화되는 것을 볼 수 있다. 비만은 몸에 필요한 인슐린 요구량을 충분히 공급할 수 없는 상태이므로, 인슐린이 세포조직에서 제대로 작용을 못하는 '인슐린 저항성'을 유발하기 때문이다. 그러나 인체는 충분한 양의 인슐린을 분비함으로써 효용성의 감소에 대한 보상을 하는 작용이 있기 때문에 인슐린 저항성이 있는 환자들이 모두 제2형 당뇨병을 일으키는 것은 아니다.

7-5 비만의 진단

1. 비만의 측정방법

비만은 체지방률을 측정하여 판단한다. 일반적으로 비만도를 측정할 때는 다음과 같은 간접적으로 체지방을 측정하는 방법을 사용한다.

(1) 표준체중법 Broca식 계산법

신장을 기준으로 표준체중을 정해놓고 과잉체중을 체지방으로 가정하여, 표준체중에 대한 과잉체중의 백분율을 비만도로 판정하는 방법이다. 그러나 이 방법은 직접적으로 체지방을 측정하는 것이 아니므로 오차가 발생할 수 있다.

표준체중=(신장(cm)−100)×0.9

비만도=(실제체중−표준체중)/표준체중×100%

비만도	결과
80% 이상	심한 수척
80% 이상~90% 미만	수척
90% 이상~110% 미만	정상
110% 이상~120% 미만	과체중
120% 이상~130% 미만	경도비만
130% 이상~150% 미만	중등도비만
150% 이상	고도비만

(2) 체질량지수 BMI, Body Mass Index

신장과 체중을 조합한 체격지수에 의해 비만을 측정하는 방법으로 직접적으로 체지방을 측정하는 것이 아니므로 오차가 생길 수 있다. 그러나 현재 사용하고 있는 비만측정의 여러 가지 방법 중 체지방을 가장 잘 반영한다는 점에서 가장 보편화되었다.

경도와 중도 비만일 경우에는 식사요법과 운동요법, 행동수정요법을 이용하게 되나 30 이상의 고도비만인 경우 약물요법의 병행이 권장된다.

BMI = 체중(kg)/신장(m^2)

BMI	19~24	정상(여성)
	20~25	정상(남성)
	25 이상	경도비만
	27 이상	중등도비만
	30 이상	고도비만

(3) 허리둘레 / 엉덩이둘레

지방분포의 형태는 전체 체지방량보다 성인병의 위험을 평가하는데 중요하다. 복부형 비만은 둔부형 비만보다 성인병의 위험이 더욱 높다. 복부형 비만을 알아내는 방법은 허리둘레 대 엉덩이둘레의 비율로, 허리둘레를 엉덩이둘레로 나누면 된다.

허리둘레/엉덩이둘레의 수치(단위 : inch)가 남자의 경우 0.95~1, 여성의 경우 0.7~0.85 사이가 정상이고 그 비율이 높을수록 복부형 비만으로 판단되며 성인병의 위험이 있다.

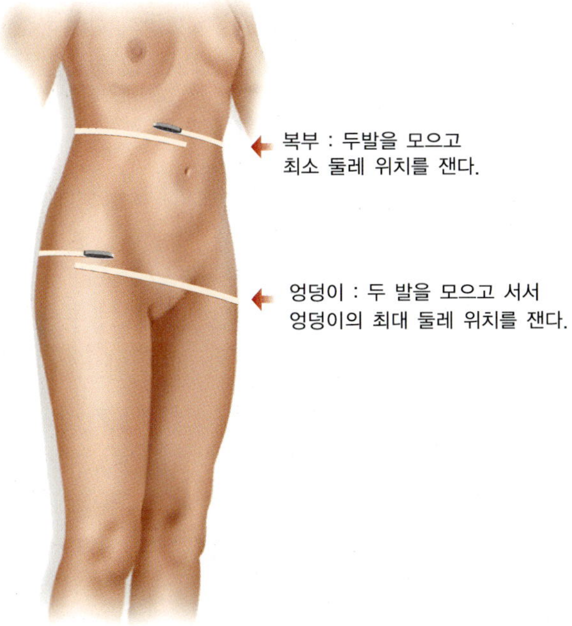

그림 7-5 허리둘레, 엉덩이둘레 측정부위

(4) 피부 주름두께 측정법

피부 주름두께 측정법은 캘리퍼 caliper를 사용하여 위팔의 뒤쪽부위와 어깨뼈의 밑부분에서 피부주름 두께를 측정하고 그 합으로부터 체밀도를 계산하는 식으로 체지방률을 계산하는 방법이다. 상완부와 견갑부의 피하지방 두께를 더하여 남자에서는 45 mm 이상, 여자에서는 60 mm 이상을 비만으로 판정한다.

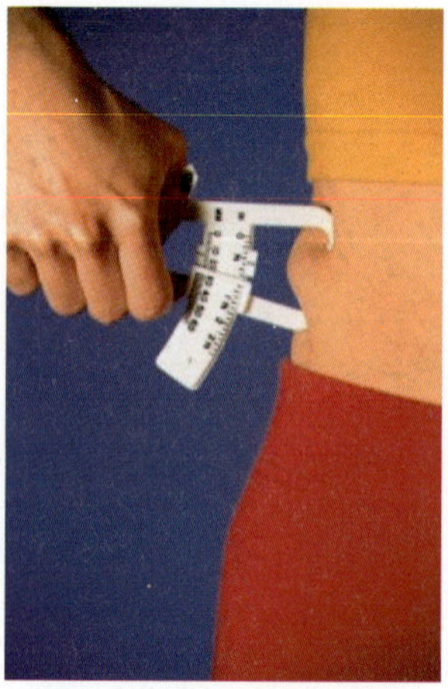

그림 7-6 피부두께 측정법

(5) 컴퓨터 단층촬영

컴퓨터 단층촬영을 이용하여 체지방량을 측정할 수 있다. 지방조직은 컴퓨터 단층촬영에서 피부와 근육의 중간 정도로 보이므로 명확하게 구별되어 체지방량을 구할 수 있으며 지방이 내장과 피하에 분포되어 있는 것을 구분할 수 있다.

최근 지방 축적부위에 따라 비만의 합병증이 다르다는 사실이 밝혀졌다. 주로 복부내장에 지방이 쌓이는 복부형 비만 중심형 비만, 사과형 비만이 허리 아래에 지방이 쌓이는 둔부형 비만 말초형 비만, 서양배형 비만보다 심근경색, 협심증 등의 관상동맥 경화증과 당뇨병의 발생률이 높다.

(6) 피부 전기저항 측정법

체내 수분과 고형성분을 전기적으로 구별하는 방법을 이용하여 인체의 체지방을 측정하는 방법이다. 측정이 간단하지만 정확성이 부족하고 식전과 식후, 수분섭취 정도에 따라 차이가 많다. 최근 지방조직과 무지방조직의 체전류전도차를 이용하여 간단히 체지방을 측정하는 신체전기전도 TOBEC, Total Body Electrical Conductivity 방법과 생체전기저항분석 BIA, Bioelectrical Conductivity 방법이 소개되었다.

표 7-3 성인의 체질량지수와 허리둘레에 의한 위험도

비만의 분류	체질량지수 체중(kg) / 키(m²)	비만 합병증의 위험도	
		허리둘레 < 90 cm(남) < 80 cm(여)	≥ 90 cm ≥ 80 cm
저체중	18.5 미만	다른 질환 위험성 증가	평균 위험도
정상	18.5~22.9	평균 위험도	위험도 증가
과체중	23 이상		
위험체중	23~24.5	위험도 증가	중등도 위험성
1단계 비만	25~29.9	중등도 위험성	심한 위험성
2단계 비만	30 이상	심한 위험성	매우 심한 위험성

7-6 비만의 예방 및 치료, 관리

비만관리의 목적은 적절한 식품을 선택하여 섭취하는 식습관의 관리와 본인의 체력에 맞는 규칙적 운동을 습관화하고 비만을 유도하는 생활습관을 개선하여 체지방량과 체중을 감소시킨 후 조절된 상태를 유지하는 것이다.

비만은 그 예방이 가장 중요하지만 치료를 위해 적절한 식사와 규칙적인 운동습관을 통하여 체중을 감소하고 그 체중을 유지하기 위해서 무분별한 홍보매체의 선전이나 책을 따르는 것보다는 전문가의 의학적인 평가에 의거하여 체중조절 프로그램에 참여하는 것이 가장 효과적이고 바람직하다.

신장별 표준체중이나 신체질량지수를 이용하고, 장기목표와 단기목표를 대상자와 프로그램 관리자가 함께 세운다. 단기간에 큰 폭의 체중감량을 시도하면 다양한 건강상의 부작용이 발생하게 되므로 체중감량범위는 일주일에 0.5 kg이 적당하다.

1. 식이요법

올바른 식이요법이란 과잉으로 형성된 지방을 줄이기 위해 섭취열량을 줄이는 것으로 가장 바람직한 방법은 균형잡힌 영양섭취를 하면서 열량을 줄이는 열량제한식이다.

식이요법의 원칙은 식품섭취를 제한하고 칼로리 소비를 증가시키는 것이다. 가장 이상적인 식이요법은 다섯 가지 기초식품군이 골고루 함유된 단계적 감량식을 하며, 약 1주일 간격으로 섭취열량을 단계적으로 500 kcal씩 감소시켜 1주일당 0.5 kg의 체중 감소를 목표로 서서히 감량시켜 나가는 것이다. 500 kcal의 열량소모 중 300 kcal는 식이요법으로, 나머지 200 kcal는 운동요법으로 소비시킨다. 매일 3회로 분배 · 조절하고, 식사시간은 일정하게, 식사속도는 천천히 한다.

식사량 감소에 의한 초기의 체중감소는 체내지방의 연소에 의해서가 아니라 체액감소와 탄수화물의 소모에 의해 발생하므로 체지방률은 오히려 높아질 수 있다. 그리고 장기간 낮은 칼로리와 불균형한 영양섭취를 계속하면 근육위축과 심폐기능의 약화로 전반적인 체력저하와 빈혈 등의 건강문제가 발생된다. 또한 기초대사율이 저하되는데, 이때 정상식사로 복귀하거나 폭식을 하게 되면 단기간 내에 조절 전의 체중으로 회복되거나 오히려 더 증가되는 요요현상이 나타나게 된다.

미국 심장병협회에 의하면 비만인보다 요요현상이 반복되는 사람의 심장병 사망률이 더 높다고 한다. 따라서 평소 식사량의 80% 정도를 섭취하고, 고칼로리 음식이나 짜고 매운 음식은 피하면서, 각종 영양소를 균형있게 섭취하여 영양장애가 일어나지 않도록 장기간 유의하여야 한다.

비만에 있어 식사요법은 필수적이다. 비만은 에너지 평형이 양의 평형을 이루어 체중이 본인에게 맞는 체중보다 많이 나가는 질환이므로 먹는 양을 줄여 에너지 평형이 음의 평형이 될 수 있도록 해야 한다. 에너지 음의 평형을 이루기 위해 열량은 줄이더라도 영양소의 균형은 맞춰야 한다. 열량의 섭취제한에 따라 다른 영양소의 섭취가 동시에 제한이 되는 것은 건강한 비만 치료가 될 수 없으므로 주의하여 식사요법을 계획하여야 한다.

비만의 식사요법은 크게 초저열량식, 저열량식으로 나눌 수 있다. 초저열량식은 하루에 400~800 kcal의 열량을 섭취하는 방법이다. 이 방법은 적은 열량을 섭취하여 단기간에 많은 체중감소를 기대할 수 있다. 저열량식은 본인에 맞는 표준 열량보다 하루에 500~1,000 kcal를 적게 섭취하여 일주일에 0.5~1 kg의 감량, 한 달에 2~4 kg의 감량을 목표로 한다.

(1) 초저열량식

하루에 400~800kcal의 열량을 섭취하도록 하여 단기간에 많은 체중을 감소할 수 있는 방법이긴 하나 오랜 기간 유지하게 되면 탈모, 두통, 피로 등을 유발하는 부작용을 낳을 수 있다. 이 방법의 식이원칙은 단백질 섭취량을 표준과 비슷하게 유지하는 데 있으며 이에 따라 다른 영양소보다 단백질의 비율이 높다. 그러나 오랜 기간 유지한다면 위험을 초래할 수 있다.

(2) 저열량식

이 방법은 500~1,000kcal 정도 적게 섭취하여 일주일에 0.5~1kg의 감량을 목표로 하는 방법이다. 저열량식에서 기준이 되는 열량 계산법은 조정체중을 이용하는 것이 좋다. 조정체중을 이용한 열량은 실제체중에 근거한 필요량보다 과다하게 산출되지 않는다. 지방의 섭취는 다른 영양소에 비해 무게당 열량이 높으므로 되도록이면 제한하는 것이 좋다.

탄수화물의 섭취는 케톤증을 예방하기 위해 하루 100g 이상을 섭취해야 한다. 단백질의 경우 체단백질의 손상을 막기 위해 양질의 단백질을 섭취해야 한다. 보통 표준체중 kg당 0.8~1.2 정도를 권장하고 있다. 열량을 제한한다고 해도 비타민과 무기질의 섭취량은 충족시켜 주어야 한다.

(3) 식이요법의 기본 방침

① 섭취에너지가 소비에너지를 초과하지 않도록 한다.

② 식사내용은 단백질을 일정하게 하되 당질을 많이 먹으면 이용되는 칼로리가 많아지고 지방이 많을 때는 반대로 인체에 이용되는 열량이 적어진다. 따라서 같은 칼로리라 할지라도 당질 쪽이 비만해지기 쉽다.

③ 충분한 비타민과 무기질을 공급한다.

④ 한꺼번에 많은 양을 먹는 것보다 제때 조금씩 먹는 것이 효과적이다.

⑤ 오랜 기간 동안 꾸준히 실시하기 위한 각오와 실천이 필요하다.

check point

요요 yo-yo 현상

식이요법 중단 시 체중이 원래보다 더 많이 증가하는 현상

[문제점]

- 체중감소 시 기초대사량 감소로 과잉열량이 체내지방으로 축적된다.
- 체조성이 변화된다(근육이 차지하는 비율보다 체지방이 차지하는 비율 증가).
- 체중 감량과 회복의 반복으로 체중감량에 소요되는 기간은 더 길어지고, 본래의 체중으로 증가되는 시간은 더 짧아진다.

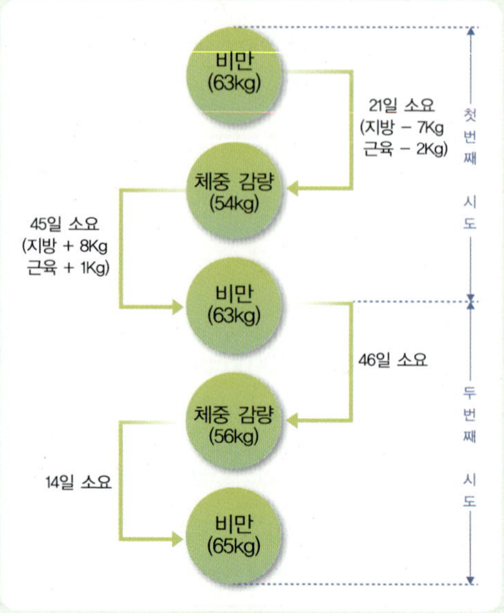

그림 7-7 요요현상의 예

(4) 영양소 섭취

비만치료의 기초가 되는 것은 하루 식사의 에너지 함량을 줄이는 것이다. 그러나 열량 이외의 다른 모든 필수 영양소들이 결핍되어서는 안 된다.

① 당 질

전체 열량섭취의 50~60%로 공급하며, 극도로 당질을 제한하면 ketosis를 유발할 수 있다. 신장의 Na재흡수 저하를 위해서 복합당질로 곡류, 두류 등을 섭취하도록 한다. 섬유소와 같은 복합당질의 섭취를 늘리는 것이 좋은데 이는 소량의 열량섭취로도 포만감을 얻을 수 있기 때문이며 이것은 쌀밥보다는 잡곡밥에 많고 야채류와 해조류에 많이 들어있다.

② 단백질

체단백질 분해를 막기 위해 체중 1kg당 1~1.5g의 알맞은 단백질 섭취를 권장한다.

기름기가 적은 살코기와 생선, 콩, 우유 등이 권장된다.

③ 지 방

지방함량이 적은 것을 먹도록 한다. 예를 들면 육류도 갈비보다는 살코기 등심부위를, 돼지고기도 삼겹살보다는 살코기를, 닭고기는 껍질을 제거한 것을, 생선은 동태나 도미와 같은 흰살생선 위주로 사용하는 것이 좋고, 우유도 저지방이 좋다.

비타민 A, D, E, 필수지방산을 충분히 섭취하도록 하며, 콜레스테롤 섭취량을 하루 300mg 이하로 제한하고 식물성 기름, 생선 등의 섭취를 권장한다. 가공식품, 인스턴트 식품, 패스트 푸드 등 고칼로리 고지방식품도 피해야 한다.

check point

비만예방을 위한 식사원칙

① **규칙적인 식사**: 불규칙한 식사는 기초대사량을 감소시키고 과식과 폭식을 유발하여 비만의 원인이 된다.
② **식품을 골고루 섭취**: 하루에 다양한 식품을 골고루 섭취하여 인체에 필요한 영양소가 골고루 섭취되도록 한다.
③ **제철채소와 과일섭취**: 제철채소와 과일을 이용하면 신선하고 풍부한 비타민, 무기질 섭취를 할 수 있다.
④ **단백질 섭취를 충분히**: 단백질은 신체의 구성 성분을 만드는 중요한 영양소이다. 다이어트로 인해 섭취가 부족해질 수 있는데 필요한 만큼 충분히 섭취될 수 있도록 한다.
⑤ **기름진 음식 섭취 줄이기**: 지방은 칼로리가 가장 높아 1g 당 9Kcal의 에너지를 낸다. 지방이 많이 함유된 음식을 조금만 줄여도 칼로리 섭취가 많이 줄어든다.
⑥ **충분한 수분섭취**: 물은 하루 6~8컵 마시는 것이 좋다. 물을 마시면 포만감 때문에 식사량을 줄이는 것 이외에도, 체내에서 지방을 분해시키는 대사과정에서 필요하기 때문에 충분한 수분섭취가 아주 중요하다.
⑦ **알코올, 담배, 카페인 음료 섭취의 절제**
⑧ **자극적이고 짠 음식 섭취 줄이기**: 맵고 짠 음식을 먹게 되면 식사량이 많아지게 되고 칼로리 섭취가 증가된다.
⑨ **충분한 섬유질 섭취**: 섬유질은 변비를 예방하고 포만감을 줄 수 있어 다이어트에 많은 도움이 된다.

④ 비타민, 무기질, 식이섬유소, 수분

녹색채소, 과일, 해조류 등을 충분히 섭취한다. 식이로부터 하루 20~30 g 정도의 식이섬유소를 섭취한다. 물은 하루 1 L 이상 마시도록 권장한다.

⑤ 조리방법

조리방법도 튀김, 볶음, 부침보다는 찌거나 굽는 것이 좋다.

2. 운동요법

식이요법과 운동요법을 병행할 경우 체중감소는 거의 대부분 체지방의 감소와 노폐물의 제거에 의해 이루어진다. 운동을 하면 주로 지방을 에너지원으로 활용하게 되어 몸에 쌓인 지방량을 감소시키면서도 근육이 유지된다. 비만인은 관절염, 고혈압, 심장병, 당뇨병 등의 몇 가지 합병증을 가지고 있는 경우가 많거나 심폐기능이 많이 감소된 경우를 볼 수 있다. 따라서 운동을 시작할 때는 부작용 감소를 위해 반드시 전문가에게 운동처방을 받는 것이 안정적이고 좋은 효과를 가져올 수 있다.

체지방을 감소하려면 중등도의 강도로 60분 이상 지속적으로 운동을 해야 하며, 일주일 중 5일 이상 하는 것이 가장 이상적이다. 중등도의 운동강도란 약간 숨이 차거나 땀이 조금 나는 정도를 말한다. 이때 운동종류는 피로를 덜 느끼고 장시간 실시 가능하며, 관절에 충격이 적은 것을 선택하되 걷기, 속보, 자전거 타기, 가벼운 조깅, 수영 등의 유산소운동이 권장된다.

운동을 할 때는 올바른 종류와 강도의 방법을 지켜야 하며 체중조절을 위한 운동으로는 심폐기관에 지속적으로 자극을 주는 지구성 운동 즉, 유산소 운동과 무릎이나 발목관절에 충격을 적게 주는 저충격 운동이 좋다. 걷기, 산책, 자전거 타기, 고정식 자전거, 수영, 에어로빅 댄싱, 배드민턴, 테니스 등이 있다.

운동강도는 심폐기능에 충분히 자극을 주면서 과도한 부담이 되지 않도록 호흡곤란을 느끼지 않으면서 약간 힘든 정도로 심박수가 108~144회/min가 되도록 하는 것이 좋으며 횟수는 1주에 3~5회가 좋다. 운동을 처음 시작한 경우라면 맨손체조와 같은 준비운동, 정리운동을 포함하여 약 20분에서 시작하여 2주 간격으로 10분씩 늘려 약 1시간 정도로 유지할 수 있도록 한다.

운동시간은 최소한 하루에 20분은 해야 하며 30~60분이 바람직하다. 성인병의 예방측면에서는 운동강도는 낮게 하고 운동시간은 다소 길게 잡는 것이 바람직하며, 비만자일 경우에는 낮은 강도로 시간을 더 길게 잡아 60분 이상 하는 것이 체지방을 더 많이 감소시킬 수 있다. 지방연소에 적절한 강도가 낮기 때문에 단위시간당 소비하는 열량이 적을 수밖에 없다. 따라서 보다 많은 양의 지방을 소모시키기 위해서는 운동시간을 가능한 늘려야 한다.

적절한 운동강도는 50%의 유산소 운동이 적당하다. 이러한 강도는 속옷에 땀이 밸 정도나 옆사람과 이야기를 나눌 수 있을 정도이다. 운동강도가 70% 이상이 되면 유산소운동의 범위를 넘어서 무산소 운동의 범위에 들어가게 된다. 이는 체지방을 연소시키는 것이 아니라 글리코겐과 혈당의 감소를 초래하고 식욕을 증진시키는 결과를 가져온다.

check point

운동강도 계산방법

최대 심박수 = 220 − 자신의 나이
목표 심박수 = 운동강도(%) × (최대 심박수 − 안정시 심박수) + 안정 시 심박수
안정 시 심박수 = 조용히 안정된 상태에서 1분 동안 심박수를 측정하면 된다.

예시) 40세 여자가 안정된 심박수 60, 50%의 운동강도로 운동하려면?
최대심박수 = 220 − 40 = 180박
목표심박수 = (180 − 60) × 0.5 + 60 = 120박/분

3. 행동수정요법

행동수정요법은 비만과 관련된 행동상의 문제가 일어날 확률을 줄이기 위하여 자기 스스로 행동을 통제하는 것이다. 식습관 및 신체활동습관과 관련된 일반적인 행동수정요법은 과식, 고열량식 및 간식 등의 습관을 절제하는 것이다. 행동수정요법은 자기 감시, 자극 조절, 보상의 3단계로 이루어진다. 이것은 단독으로 사용하기보다는 식이요법과 운동요법을 병행하면 매우 효과적이다.

check point

식습관 및 신체 활동습관과 관련된 행동수정의 예

① 장보기는 목록을 작성하고 식사 후에 한다.
② 유사한 식품은 칼로리가 낮은 식품으로 구매한다.
③ 음식은 필요한 만큼만 준비하고 눈에 띄지 않는 곳에 둔다.
④ 식사는 식탁에서만 하고 작은 그릇에 먹을 만큼만 덜어서 먹는다.
⑤ 음식은 소량씩 천천히 오래 씹어서 먹는다.
⑥ 식사를 마치면 바로 식탁에서 일어나고 남은 음식은 곧바로 치운다.
⑦ 외식 시에는 외출 전 무엇을 먹을지 결정하고 미리 음식을 조금 먹고 간다.
⑧ 급히 먹지 말고 이야기하면서 천천히 먹는다.
⑨ 맵고 짠 음식은 피한다.
⑩ 식사는 규칙적인 시간에 하되 하루 섭취할 양을 3~4회로 나누어 먹는다.
⑪ 간식이나 야식은 피한다.
⑫ 알코올 섭취는 삼간다.
⑬ 엘리베이터 대신 계단으로 오르내린다.
⑭ 버스정류장을 목적지 1~2구간 전후에서 내려서 걷는다.
⑮ 매일 규칙적으로 운동한다.

(1) 자기 감시 self-monitoring

자기 감시를 통해서 식욕을 일으키는 요인들을 분명케 한다. 비만을 유도하는 습관을 고치려면, 먼저 문제되는 행동이 무엇인지 규명하여야 한다. 이를 위하여 매일매일의 식사량과 활동량을 기록 식사 일지, Food Diaries한다. 매일 언제, 무엇을, 어떤 상황에서 먹었는지 일지에 적는다.

먹은 시간, 먹은 음식과 음료의 종류, 먹은 양, 먹은 속도, 먹은 장소, 같이 먹은 사람, 먹으면서 한 행동, 먹은 자세(누워서, 앉아서, 걸으면서 등), 음식을 먹을 때의 기분이나 주위 환경, 먹을 때의 배고픈 정도(0, 1, 2, 3, 4, 5 등)를 기록하며, 일기에 체중조절을 위하여 각 개인마다 절대 그만두어야 하는 것과 줄이는 편이 바람직한 것, 늘리는 편이 바람직한 것을 작성하도록 한다.

check point

자기 감시의 예

① 1인 분량이 너무 많다.
② 하루 종일 먹는다.
③ 배고프지 않아도 먹는다.
④ 아침이나 점심을 굶고, 저녁이나 밤늦게 많이 먹는다.
⑤ 배가 많이 고플 때는 마구 먹는다.
⑥ 너무 빨리 먹는다.
⑦ 배고프지 않을 때도, 그릇에 담긴 것은 모두 먹는다.
⑧ 고열량 식품을 즐긴다.
⑨ 특정 음식이나 음료수를 마구 먹는다.
⑩ 어떤 감정이 일어날 때(분노, 우울, 지루함, 불안, 좌절, 외로움 등) 마구 먹는다.
⑪ 음식으로 자신있게 보상한다.
⑫ 여러 모임에 가면 과식하게 된다.
⑬ 친구나 가족의 권유로 쉽게 과식하게 된다.
⑭ '음식을 남기는 것은 죄'라고 생각되어 남긴 것을 모두 먹는다.
⑮ 음식을 보거나 냄새 맡거나 가까이 있으면 과식하고 싶은 욕구를 느낀다.
⑯ 음식을 파는 상점이나 식당을 보면 먹고 싶어진다.
⑰ TV 시청 시, 독서 또는 움직임이 별로 없는 활동을 하면서 먹게 된다.

check point

자극 조절의 예

① 하루에 세 끼니를 꼭 먹고, 매 끼니마다 정해진 장소와 시간에 먹는다.
② 입속에 뭔가를 씹으면서 다른 반찬(음식)에 젓가락질을 하지 말자.
③ 한 번에 한 가지 음식을 먹고, 숟가락과 젓가락을 놓은 채 씹는다.
④ 여유를 갖고 식사하고 배가 부르게 먹지 않는다.
⑤ 먹고 나면 곧바로 식탁에서 일어선다.
⑥ 음식은 반드시 부엌에만 두고 눈에 띄지 않게 한다.

목표설정

- 장기 목표 : (예) 언제까지 달성하고자 하는 목표 체중(예 : 7월 말까지 7kg 감량)
- 단기 목표 : (예) 1주일 후까지 0.5kg 감량

(2) 자극조절 stimulus control

자기 감시를 통해서 식욕을 일으키는 이런 요인들이 분명해지면 그것을 조절하거나 피하려는 노력을 수행한다. 또한 실제적이고 현실적인 목표를 세우고, 목표를 달성하는 데 필요한 시간표를 작성한다. 최종 목표를 달성하기 위해 습관을 점진적으로 변화시킨다.

(3) 보상 강화 reinforcement

자기 감시 기록을 기준으로 자극조절을 잘 수행했을 때 보상을 해준다. 체중감소보다 식사 행동의 변화에 대한 보상이 더욱 효과적이므로 체중변화보다는 행동변화에 대해 보상을 하도록 한다. 행동변화의 목표에 도달하면 바로 보상을 한다.

표 7-4 비만에 사용되는 약물 및 기전

기 전	분 류	약 물
식욕억제제	noradrenergic	Bezphetamine Phendimetrazine Diethylpropion Mazindol Phenylpropanolamine Phentermine
	serotoninergic adrenergic/serotoninergic	Fluoxetine Sibutramine
열생성 약물	adrenergic	Ephedrine, Caffeine
	3-agonist	*BRL26830A* *BRL35135* *RO402148*
소화흡수 억제제	lipase inhibitor fatsubstitutes	Orlistat® Olestra®
호르몬 작용	*leptin analogues* *neruopeptide Y antagonists* *cholecystokinin promoters*	

주: 이탤릭체로 표시한 약물은 연구개발 중임

4. 약물요법

약물요법은 신체질량지수 BMI가 30 이상이거나, 25이면서 합병증이 있는 경우 3~6개월간 시도한다. 사용하는 약물기전은 에너지 소비증가, 식욕 및 소화흡수억제, 변비해소, 이뇨촉진 등이다. 일반적으로 에너지소비를 증가시키는 호르몬을 사용하거나 식욕억제제를 사용한다.

5. 수술요법

수술요법에는 복부 및 유방 주위의 지방조직과 피부를 제거하는 미용성형수술과 외과적인 위장관 비만수술이 있다. 외과적 비만수술은 BMI지수가 30 이상인 고도비만환자 중 운동, 식이요법, 약물치료 등으로 체중이 줄지 않는 사람이 마지막으로 선택하는 방법이라고 할 수 있다.

미국에서는 체질량지수가 40 kg/m^2 이상이거나 심한 수면무호흡증, Pickwickian증후군, 비만과 관련된 심장질환, 당뇨병의 동반이환질환이 수반된 체질량지수 35 kg/m^2 이상을 수술대상으로 한다.

그러나 이러한 기준은 전신비만도는 심하지 않으면서 내장비만과 복부비만이 심한 아시아 및 국내 비만인에게는 많은 논란이 되었으나, 현재 동양인에서는 체질량 지수 37 kg/m^2 이상이거나 체질량지수가 32 kg/m^2 이상이면서 2가지 이상의 심각한 동반이환질환을 지닌 비만인을 수술대상으로 하고 있다.

(1) 지방 흡입술

미용수술의 하나로 국소적으로 과도하게 침착된 지방조직을 제거하는 수술방법이다.

(2) 외과적 수술

① **섭취제한시술** Restrictive procedure

여러 종류의 위성형술을 말하는 것으로 위장에서 가장 잘 늘어나는 부위인 위의 대만곡 greater curvature 부위와 잘 늘어나 있는 후벽 posterior wall 부위를 반드시 포함하여 음식이 통과하지 못하도록 분리하거나 절제하여 소만곡 위저장낭 lesser curvature gastric reservoir을 만들어 준다.

② **흡수 억제시술** Mal-absorption procedure

공장-회장 우회술, 담도-췌장 우회술이 여기에 해당된다. 그 중 담도-췌장 우회술 Bilopancreatic diversion with duodenal swich이 대표적인 방법으로 위를 150~200CC만 남기고 절제하여 소장의 80cm 정도만 소화 및 영양소 흡수를 하게 하는 수술방법이다. 부작용 및 합병증이 심하여 근래에는 드물게 시술된다.

③ **절충형** Intermediate procedure

섭취제한 방법과 흡수제한 방법 두 가지를 합친 수술방법이다. 루와이 우회술 Roux-en-Y gastic bypass, RYGBP이 가장 대표적인 수술이다. 미국에서는 복강경을 이용한 루와이 우회술을 고도비만 수술의 표준수술방법으로 인정하고 있다.

구분	섭취제한술식		절충형	흡수억제술식
	조절형위밴드 설치술	위소매 절제술	루와이 우회술	담도췌장우회술
수술형태	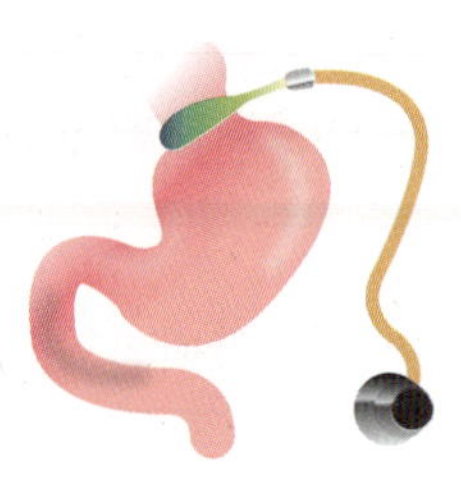	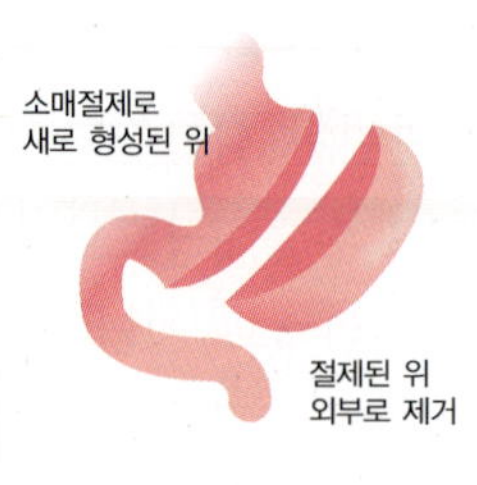	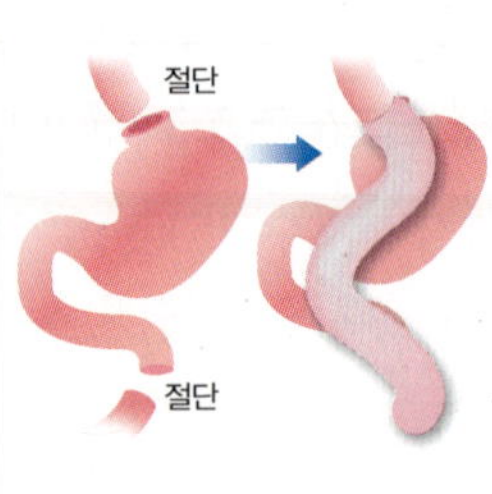	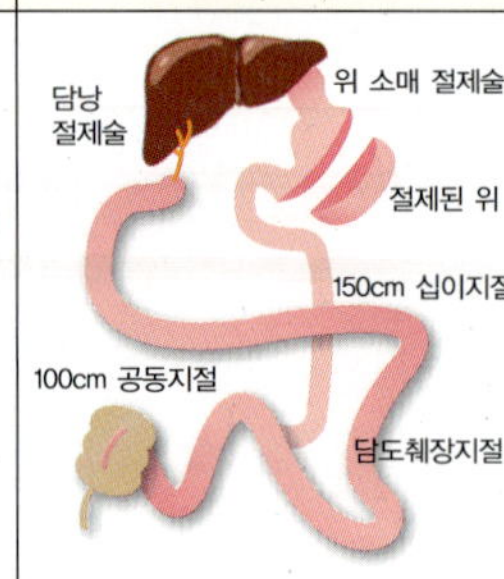
수술방법	조절형 밴드를 설치한 뒤, 밴드의 풍선을 부풀려 서서히 조이는 방식	위 한쪽을 잘라내 음식 섭취량 줄이고, 위에서 나오는 식이조절 호르몬의 분비 억제	음식물 섭취제한과 함께 1m정도의 소장을 우회해 음식물이 흡수되는 길이 줄임	소장을 우회시켜 음식이 흡수되는 장 길이를 짧게 만드는 방법
특징	· 비교적 단순한 수술로 시술시간 짧고 초기 합병증 적음 · 초기 체중감소 효과 더딤 · 위식도 역류, 밴드로 인한 위 손상 가능성 있음	· 수술법이 단순해 시술시간이 짧고 합병증 적음 · 밴드 삽입 불필요, 체내 이물질 투입 염려 없음	· 체중감량 효과가 크고, 장기적으로 안정적인 방법 · 수술 방법이 복잡해 합병증 발생 위험이 있음	· 체중감소 효과는 좋으나 심한 설사 심각한 영양실조 등 각종 대사장애 발생 · 합병증이 심해 다른 수술로 해결되지 않을 때 2차수술로 시행

그림 7-8 외과적 수술방법

6. 호르몬 요법

(1) 성장호르몬

식이요법과 함께 1주 3회 격일 간격으로 0.025 mg/kg/IBW을 주사한 결과 지방분해 효과가 2배 이상 증가하였다.

(2) 렙 틴 Leptin

비만쥐에게 주입 시 지방조직량이 감소하였으나 아직 인체에서는 유전자의 변이를 밝혀내지 못하고 있다.

(3) 인슐린 Insulin

시상하부와 지방축적을 연결하는 피드백 feed back 기전에 중요한 역할을 한다.

7-7 섭식장애

섭식장애 Eating Disorders는 섭식행동에서의 심각한 혼란, 부정적이고 건강하지 못한 체중조절, 체중과 외모에 대한 비정상적인 태도 등을 포함한다. 의학적으로는 섭식에 문제가 있는 신경정신과적 질환이다. 섭식장애는 어느 연령, 어느 환경의 사람도 걸릴 수 있다. 현재 미국을 비롯한 서구사회의 경우 식욕부진증은 청소년과 젊은 여성의 약 0.5~1.0%에서 볼 수 있고, 신경성 대식증은 약 1~3%에서 볼 수 있다. 폭식장애는 비만한 사람들에서 높게 나타나고, 일반인구에서는 2~3% 정도 볼 수 있다.

폭식장애는 그렇지 않으나 신경성 식욕부진증과 신경성 대식증은 여성에게 흔한 병으로 90~95% 정도가 여성에서 일어난다고 알려져 있다. 이전에는 식사장애가 사회 · 경제적 수준이 높은 계층에서 흔히 있어 왔으나 최근에는 이런 경향은 없다고 보고되고 있다. 우리나라의 경우에도 경제적인 발전과 함께 서구문화의 빠른 도입과 더불어 식사장애의 유병율이 높아지고 있다.

1. 섭식장애의 분류

미국 심리학회에서는 섭식장애를 4가지로 분류하였다. 신경성 식욕부진증 거식증, aneroxia nervosa, 신경성 대식증 bulimia nervosa, 달리 분류되지 않는 섭식장애 eating disorders not otherwise specified, 폭식증 binge-eating disorders으로 나뉜다. 일반적으로 기전은 잘 알려지지 않았고 진단은 증상에 따라서 내려진다.

(1) 신경성 거식증

신경성 거식증은 먹지 않아서 체중이 지나치게 감소되는 질환이다.

가장 큰 특징은 극단적으로 음식을 거부하여 정상체중의 15% 이상 감소하는 것이다. 이 병을 가지고 있는 여성들은 체중증가나 비만에 대한 극단적인 거부감을 가지고 있기 때문에 저체중임에도 불구하고 체중을 끊임없이 감소시키려고 한다. 극단적인 경우에는 적정체중의 30~40%까지 체중이 감소하게 되는데 이쯤 되면 무월경상태가 3개월이나 지속되는 등 신체적 건강이 매우 위험한 상태에 이르러 입원치료를 하게 된다.

그림 7-9 신경성 거식증

신경성 식욕부진증에는 두 가지 유형이 있다. 무조건 음식을 먹지 않고 운동량을 늘려 저체중을 유지하는 형과 폭식 후 구토 혹은 하제 복용 등의 보상행동을 통해 저체중을 유지하는 형이 있다.

신경성 식욕부진증의 신체 변화로는 성인의 경우 체중감소, 청소년과 아동의 경우는 성장연령에 미치지 못하는 체중 증가, 변비와 복통, 어지럼 혹은 기절, 신체(위장, 얼굴, 발목 등)부종, 전신에 잔 솜털, 회복 단계에서 탈모, 혈액순환이 잘 안되고 손발이 차며, 마르고 건조하고 창백한 피부, 생리 불규칙, 남자의 경우 성욕감퇴, 골밀도 감소 및 그로 인한 골다공증이 생길 수 있다.

[식욕부진의 진단]

① 연령과 키에 비하여 최소한의 정상수준 이상으로 체중을 유지하기를 거부
② 체중미달임에도 불구하고 체중증가와 살이 찌는 것에 대한 두려움을 가짐
③ 자신의 체중 및 체형에 대한 생각이 왜곡되어 있고, 스스로를 평가하는 데 체중과 체형이 지나치게 영향을 미치며, 현재 저체중의 심각성을 부정한다.
④ 이미 월경이 시작된 여성이 적어도 3회 동안 연속적으로 월경주기가 없는 무월경증을 보인다.

(2) 신경성 대식증

대중매체에서는 주로 신경성 식욕부진증이 사람들의 관심을 끄는 주제가 되지만 실제로는 신경성 폭식증이 훨씬 흔한 병이다.

신경성 폭식증은 폭식 후 체중증가를 막기 위해 이에 수반되는 제거행동을 시도하는 질환이다.

가장 큰 특징은 많은 양의 음식을 빠른 속도로 먹어치우고 배가 부름에도 불구하고 먹는 것을 멈출 수 없는 조절력의 상실이다.

그림 7-10 신경성 폭식증

이것이 일반적인 과식과는 다른 가장 큰 특징인데, 그렇게 폭식을 하고 난 후 체중증가라는 결과가 두려워 구토를 하거나 하제, 이뇨제를 복용하기도 하고 심한 운동과 다이어트를 반복하게 된다.

이 같은 폭식과 구토 행동이 적어도 주 2회 이상, 3개월 이상 지속될 때 신경성 폭식증을 의심하게 된다. 신경성 폭식증 환자의 체중은 정상 범위를 유지하는 경우도 많다. 폭식증 환자는 폭식과 배출을 하면서 죄의식과 우울증을 더 많이 느낀다. 폭식증은 인지치료나 개인간의 유대관계를 호전시키는 개인간 치료에 의해 치료될 수 있다.

(3) 폭식장애

비만한 사람 중 20~30%에서는 하제 사용이나 굶는 행동 등과 같은 제거행동은 수반되지 않고 충동적인 폭식을 하는 사람들을 볼 수 있다. 이들은 폭식에 대한 통제력 상실이 주가 되는데 그 증상으로는 매우 빠르게 먹거나 배가 불러서 불편해질 정도까지 먹고, 많이 먹는 것이 부끄러워 혼자 먹게 되는 것, 폭식 후 혐오감, 죄의식, 우울감을 느끼는 것 등이 있다.

전형적인 폭식장애 환자는 중등도 이상의 비만인이 많으며, 체형에 매우 불만족스러워 한다. 그러나 이들은 체형 등을 병적으로 왜곡하여 비정상적으로 마른형을 추구하지도 않는다. 이 경우 여자가 남자에 비해 1.5배 많다. 일반인구에서는 0.7~4%의 유병율을 보인다.

그림 7-11 폭식장애

2. 섭식장애의 원인

(1) 심리적 요인들

자신감 부족은 섭식장애 발병의 가장 큰 위험 요인이다. 완벽주의적 성향, 자기 자신에 대한 엄격함도 위험 요인이 되며, 우울, 불안, 분노, 공허함, 외로움 등도 원인이 된다. 또한 자신의 인생을 통제할 수 없다는 느낌이나 부적절감 등도 위험 요인으로 본다.

(2) 대인관계에서의 어려움

자신의 감정을 적절히 표현하는 것에 어려움을 가진 경우, 가족 내 불화 혹은 주변 사람들과의 사이가 좋지 못한 경우, 체중 · 체형과 관련해 놀림받았던 경험이 있는 경우, 성적 혹은 신체적으로 학대받은 기억이 있는 경우, 집안에 비만한 사람이 많거나, 부모님이 먹는 것 혹은 체중에 지나치게 집착하는 경우 또는 부모님이 자녀의 성취에 과도한 기대를 보이는 등의 가족 내 요인이 있는 경우 섭식장애를 유발할 수 있다.

(3) 사회 · 문화적 요인

마른 체형과 완벽한 몸매에 대한 문화적 압력은 또 다른 원인이다. 여성의 경우 마른 체형에 대한 사회적 선호 때문에 마를수록 더욱 좋다는 식의 강박적 경향을 보이고 있다. 따라서 극도로 마른 체형을 이상적인 신체상으로 내재화함으로써 실제의 신체상과 불일치가 커 신체에 대한 불만족이 생기고 이로 인해 많은 문제들이 야기되는 것이다.

(4) 생물학적 요인

생물학적 요인을 찾고자 전 세계적으로 많은 연구들을 진행 중이다. 신경성 식욕부진증과 신경성 폭식증 발생의 위험요인의 반 정도는 유전성이라고 알려져 있다. 섭식장애 당사자 중 일부는 배고픔, 식욕, 소화 등을 관장하는 뇌 신경전달물질에 불균형이 발견되었다. 이러한 불균형이 실제 섭식장애와 어떻게 연관되는지는 현재 더 연구가 필요하다.

3. 치 료

식사장애는 다양한 원인에 의해서 발생되므로 치료 또한 신체적, 심리적, 사회적 요소들의 상호작용에 의한 다차원적인 진행모델 multidimensional process model에 바탕을 둔 접근이 필요하다. 일반적인 치료로는 내과적인 안정화, 영양회복 및 영양교육, 이상 식사태도를 없애고 새로운 식습관을 형성하는 행동치료적 접근이 필요하다.

Check point

아침식사를 하지 않으면 살이 찌기 쉬운 이유?

전날 밤부터 아침식사가 체내에 들어갈 때까지의 시간이 너무 길기 때문이다. 다음 식사시간까지의 시간이 길면 길수록 체내세포는 이미 섭취한 식품 중의 영양소를 완전히 흡수하려고 노력을 하게 되고, 그 결과 리포프로테인 리파아제 lipoprotein lipase라고 하는 지방합성에 관여하는 효소를 활성화하여 피하지방이 생기기 쉽다. 불규칙한 식사나 아침식사를 거르는 생활은 결국 비만을 초래하는 것이다.

Check point

요 약

- 비만은 과도한 열량 섭취와 잉여 열량의 저장으로 초래된다. 체지방이 과도하게 축적이 되면 심혈관계, 호흡계, 내분비계, 비뇨생식계, 피부 등 건강상의 문제를 일으킨다. 만성적 퇴행성 질환에 대한 위험증가, 고혈압과 동맥경화증, 탄수화물 대사 이상, 당뇨병과 같은 대사적 및 내분비 문제를 야기한다. 특히 상체비만은 관상동맥질환, 고혈압, 뇌졸중, 상승된 혈중지질, 당뇨병 등의 질병에 대하여 위험성이 증가된다.
- 비만관리의 목적은 적절한 식품을 선택하여 섭취하는 식습관의 관리와 규칙적 운동을 습관화하고 비만을 유도하는 생활습관을 개선하여 체지방량과 체중을 감소시킨 후 조절된 상태를 유지하는 것이다.

Check point

용어 해설

- **비만** obesity
  체내지방이 적정수준 이상으로 존재하여 대사이상의 위험이 증가된 상태를 의미한다.
- **지방세포 증식형 비만** Hyperplastic obesity
  지방세포의 수가 증가한 것으로 크기가 정상이고 각 개의 지방함유량도 정상이다.
- **지방세포 비대형 비만** Hypertrophic obesity
  지방세포의 수는 정상이고 크기만 증가한 것으로 성인형 비만이 이에 속한다.
- **인슐린 저항성** Insulin resistance
  근육과 지방조직에서 인슐린의 증가를 인지하지 못하여 인슐린의 작용이 일어나지 않는 상태를 인슐린 저항성이라고 한다.

Chapter 8

심뇌혈관계 질환

학습 목표

- 심뇌혈관계 질환의 발생원인을 이해한다.
- 심뇌혈관계 질환의 예방 및 치료를 위한 적절한 영양관리방법을 실천할 수 있다.

심뇌혈관계 질환은 우리나라를 비롯하여 전 세계적인 보건문제로, 영양 불균형과 운동 부족 및 환경오염 등으로 인해 질병의 양상이 만성퇴행성 질환 중심으로 변화된 후 중요한 사망원인이 되고 있다. 2009년도 한국인의 주요 사망원인 중 암에 이어 남자와 여자 모두 뇌혈관질환이 2위이고, 심장질환이 3위를 차지하고 있다. 뇌혈관질환은 1999년도 이래 감소 추세이나, 심장질환 사망률은 꾸준히 증가하고 있다(표 8-1).

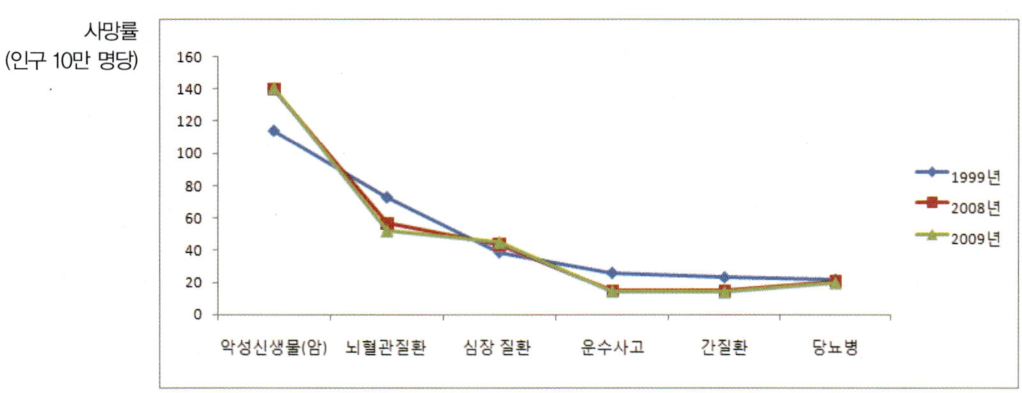

표 8-1 사망원인 순위 추이(1999~2009)

* 심장질환에는 허혈성 심장질환 및 기타 심장질환 포함.
출처 : 2009년 사망원인통계 결과, 통계청

심뇌혈관계 질환의 발병에는 동맥경화, 고혈압, 이상지질혈증, 당대사 이상, 복부비만 및 염증반응 등이 연관되어 있다. 이 장에서는 고혈압, 이상지질혈증, 죽상동맥경화증, 허혈성 심질환 및 뇌졸중의 발병 원인, 증상 및 진단, 영양관리 등에 대해 다루고자 한다.

8-1 심장 및 혈관의 구조와 기능

1. 심 장

심장은 몸 전체에 혈액을 순환시키는 물질 대사 기관이다. 심장은 속이 비어 있는 장기로 좌우로 나누어져 2심방 atrium 2심실 ventricle로 구성되어 있다. 온몸을 돌아 나온 혈액은 대정맥 vena cava에 의해 우심방으로 들어가서 우심실과의 경계인 방실판(삼첨판)을 통해 우심실로 들어가게 된다. 다시 우심실에서 혈액이 폐동맥을 통해 폐로 가서 산소가 풍부한 혈액을 가지고 폐정맥에서 좌심방으로 돌아온다. 혈액은 좌심실과의 경계인 방실판(이첨판)을 통해 좌심실로 들어가고, 좌심실이 수축하여 대동맥 aorta으로 온몸의 장기에 보내어진다(그림 8-1, 8-2).

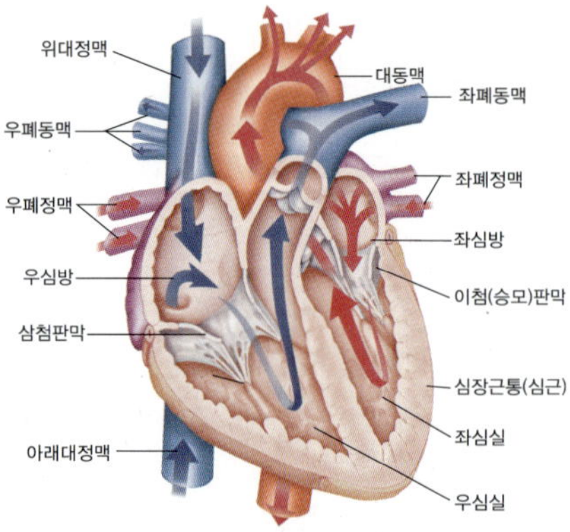

그림 8-1 심장의 구조

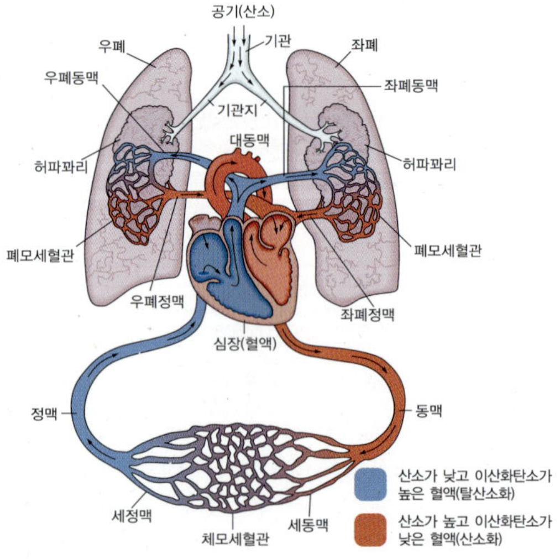

그림 8-2 체순환과 폐순환

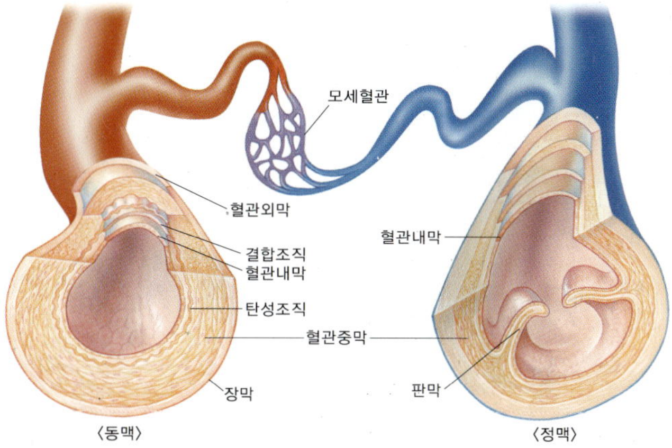

그림 8-3
동맥, 정맥 및 모세혈관의 단면도

좌심실은 수축하여 온몸으로 혈액을 내보내므로 좌심실 벽이 우심실 벽보다 3~4배 정도 더 두껍다.

심실에서 내보내는 혈액량을 심박출량이라고 하는데, 건강한 보통 사람의 경우 1분간 약 5 L 정도를 내보낸다. 심장의 바깥쪽은 두 겹의 막으로 둘러싸여 있으며 심근 myocardium이라고 하는 근육으로 되어 있다. 심장의 정상적인 작용을 위해 심근에 영양을 공급하는 것이 관상동맥이다. 관상동맥에 콜레스테롤이 쌓여 혈관벽이 손상을 받게 되면 동맥경화가 유발되고 결국에는 심근경색이나 허혈성 심질환을 일으키게 된다.

2. 혈 관

혈액은 온몸을 돌면서 각 장기와 기관에 산소와 영양물질을 공급하고 이산화탄소를 흡수한다. 혈관은 크게 동맥, 정맥 및 모세혈관으로 구분된다. 동맥은 심장에서 산소나 영양물질을 신체의 각 부분으로 보내는 관으로, 모세혈관으로 이행하여 각 조직과 물질교환을 한 뒤 정맥이 되어 심장으로 돌아간다.

동맥혈관벽은 내막, 중막 및 외막의 세 부분으로 되어 있다. 내막의 가장 안쪽은 내피라고 하는 한 겹의 상피세포로 되어 있으며, 내피 바깥쪽으로 결합조직과 탄성조직이 있다. 내막을 싸고 두꺼운 근육층으로 이루어진 중막이 있으며, 근육층 바깥쪽은 결합조직으로 된 외막으로 구성되어 있다(그림 8-3).

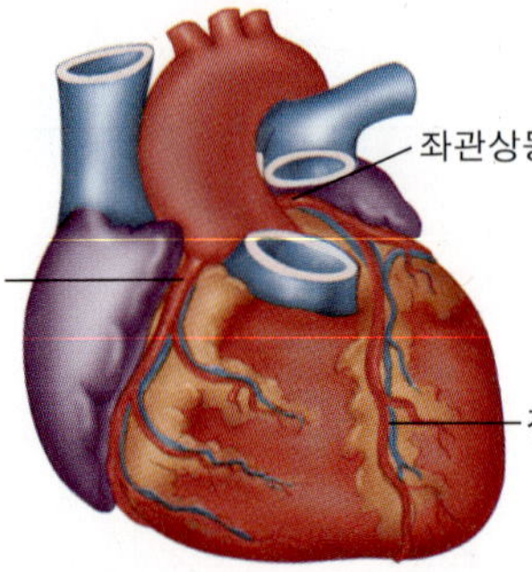

그림 8-4 관상동맥

이와 같이 동맥은 탄성섬유가 풍부하게 분포되어 있어 심실 수축기에 혈액을 내보낼 때 혈관벽이 늘어나 혈액을 받아들였다가 심실 이완기에는 다시 줄어들어 혈류를 유지하게 된다.

정맥은 기본적인 구조가 동맥과 유사하나 근육층이 얇아 탄성이 적으며, 혈액의 역류를 방지하기 위해 정맥판이 발달하여 혈액을 심장 방향으로 보내는 역할을 한다. 또한 혈류의 저항이 적어 혈압계의 상승없이 많은 양의 혈액을 심장으로 보낼 수 있다. 모세혈관은 한 겹의 상피세포로 구성되어 있다.

관상혈관은 대동맥의 기시부에서 분지되어 심장 표면에 분포되어 있으며, 왕관 모양을 하고 있다. 심장이 끊임없이 수축을 하기 위해서는 산소와 영양분을 공급받아야 하는데, 이때 관상동맥을 통해 산소 분압이 높은 혈액을 공급받게 된다(그림 8-4). 관상혈관은 관상동맥과 관상정맥으로 구분되며 관상동맥은 다시 좌측과 우측 동맥으로 되어 각각 작은 가지로 분지된다.

8-2 고혈압

혈압이란 심장에서 박출된 혈액이 동맥혈관 속을 흐를 때 혈관벽에 가해지는 압력이다. 고혈압 hypertension은 혈관을 흐르는 혈압이 정상범위 이상으로 높게 유지되는 상태를 말한다. 심장이 수축할 때 동맥의 측벽이 받는 압력이 수축기 혈압(최고 혈압)이며, 박동 사이에 심장이 이완할 때의 혈압을 확장기 혈압(최저 혈압)이라고 한다. 일반적인 성인의 경우 수축기와 확장기 혈압이 각각 120 mmHg 미만, 80 mmHg 미만일 때 정상혈압으로 진단된다.

표 8-2 정상 혈압과 고혈압의 분류*

분 류	수축기 혈압(mmHg)		확장기 혈압(mmHg)
정상 혈압 Normal	<120	그리고	<80
전 고혈압 Prehypertension	120~139	또는	80~89
고혈압 1단계 Stage I	140~159	또는	90~99
고혈압 2단계 Stage II	160 이상	또는	100 이상

* 참고자료: The 7th report of the Joint National Committee on detection, evaluation and treatment of high blood pressure. JNC VII, 2003

미국 고혈압 합동위원회에서는 수축기 혈압과 확장기 혈압이 각각 120~139 mmHg이거나 80~89 mmHg인 경우를 '전 고혈압 prehypertensive' 단계로 하여 혈압조절을 강조하고 있다(표 8-2).

2009년 국민건강영양조사 결과 우리나라 30세 이상 성인의 고혈압 유병률은 남자 35.1%, 여자 28.9%이며, 나이가 증가함에 따라 유병률이 증가하는 것으로 나타났다. 고혈압은 죽상동맥경화증, 심장질환, 뇌졸중 및 말초혈관 질환의 주요 위험인자이므로 고혈압의 적극적인 치료로 이러한 질환의 발병을 감소시킬 수 있다.

1. 분 류

고혈압은 혈압을 상승시키는 원인에 따라 일차성(본태성) 고혈압과 이차성(속발성) 고혈압으로 나눌 수 있다. 흔히 알려져 있는 것은 일차성 고혈압으로 근본적인 원인은 없으며 대부분 가족력에 의한 것으로 보고되고 있다. 전체 고혈압 환자의 약 90%가 일차성 고혈압에 속한다.

이차성 고혈압은 원인이 되는 질병, 즉 신장질환, 내분비계 질환, 갑상선 질환과 약물섭취(경구피임약, 호르몬제제, 제산제 등) 및 임신중독증 등에 의해 고혈압이 생기는 경우이다. 또한 고혈압은 잘못된 생활습관에 의해서도 발생하는데, 음주 · 흡연 · 비만 및 나트륨 과다섭취 등이 주요 위험요인이다.

2. 발병 원인

고혈압은 흔한 질환이기는 하지만, 정상적인 노화과정은 아니다. 고혈압 발병에는 가족력과 나이, 식생활, 생활습관 등의 환경적 인자가 영향을 미친다.

(1) 가족력

고혈압 가족력이 있는 사람에게서 고혈압 발생률이 높다. 부모님 모두 고혈압이 있는 경우에는 환경 인자에 의해 쉽게 고혈압이 유발될 수 있다.

(2) 나 이

나이가 증가함에 따라 고혈압 유병률도 증가하여 65세 이상 노인의 2/3가 고혈압 증세를 보인다. 또한 노인층에서는 남자보다 여자에게서 고혈압 유병률이 더 높게 나타난다.

(3) 식생활 요인

식이 인자의 조절은 혈압 감소에 중요한 역할을 하며, 약을 복용하는 경우에는 용량을 줄일 수 있다. 고혈압에 영향을 미치는 식이 인자로는 열량, 나트륨, 칼륨 및 칼슘 등이 있다. 열량 과다 섭취로 인한 비만은 신장 기능을 변화시켜 수분 보유를 촉진하여 혈압을 증가시킨다. 또한 지방조직의 증가는 인슐린 저항성을 높여 혈압을 상승시킨다. 고혈압이 있는 사람의 약 60%가 비만이며, 체중을 5kg 줄였을 때 수축기 및 확장기 혈압이 감소되는 것으로 알려져 있다.

나트륨의 섭취가 과다하면 체액과 혈장의 증가로 혈관이 압력을 받아 혈압이 높아진다. 특히 유전적으로 염분 민감성 혈압이 있는 경우 심뇌혈관계 질환 발생률이 더 높다. WHO에서는 만성질환 예방차원에서 하루 나트륨 섭취를 2,000mg(소금 5g)으로 제한하고 있다.

한국인의 나트륨 섭취량은 평균 5,280mg으로 WHO 권고 기준의 2.5배가 넘으며, 총 나트륨 섭취의 80%가 찌개, 반찬 등에서 기인하는 것으로 나타났다. 식사에서 나트륨의 주요 급원으로는 양념류, 김치류, 가공식품 등이 있다(표 8-3, 8-4).

표 8-3 소금 1g에 해당하는 염분량

식품명	중량(g)	목측량	식품명	중량(g)	목측량
소금	1	1/3 작은술	된장	10	2 작은술
정제염	1	1/5 작은술	고추장	5	1 작은술
진간장	5	1 작은술	마요네즈	40	8 작은술

출처 : 국민고혈압사업단

표 8-4 식품 중의 나트륨 함량 (나트륨 2,000 mg = 소금 5 g)

음 식	나트륨 함량(mg)	음 식	나트륨 함량(mg)
칼국수(1그릇)	2,900	큰사발컵라면(1개)	2,738
우동/라면(1그릇)	2,100	라면(1봉)	2,200
물냉면(1그릇)	1,800	미역국(1그릇), 인스턴트(1봉)	1,303
된장찌개(1그릇)	950	피자 (1조각)	1,300
참치김치찌개(1그릇)	900	카레, 레토르트(1봉)	914
배추된장국(1그릇)	750	햄(60 g)	800
자반고등어찜(1토막)	1,500	단무지(9조각)	783
멸치볶음(15 g)	650	새우깡(1봉지)	630
돼지불고기(50 g)	600	감자칩(1봉지)	500
오징어젓갈(15 g)	600	식빵(2~3조각)	267
배추김치(5조각)	500	가공치즈(1장)	227

그 밖에도 적절한 양의 칼륨 섭취는 혈압을 낮춘다. 또한 칼슘은 나트륨과 칼륨의 생체막 이동을 조절하여 고혈압 발생을 예방한다고 알려져 있다.

(4) 생활습관 요인

고혈압 발병과 관련된 생활습관으로는 음주, 운동, 스트레스 등이 있다. 규칙적인 유산소 운동으로 혈압을 낮춰 심뇌혈관계 질환의 발생률을 감소시킬 수 있다. 매일 30 mg 이상의 알코올을 마시는 경우 고혈압이나 뇌졸중의 발생률이 높다고 알려져 있다. 이러한 효과는 남성보다는 여성에게서 더 크게 나타난다. 정신적인 스트레스도 혈압을 올려 뇌졸중이나 심장발작을 유발할 수 있다.

특히 담배의 니코틴 성분은 아드레날린을 분비하여 혈관을 수축시키고 혈압을 상승시키며, 혈관 내막을 손상시켜 죽상동맥경화증을 유발하여 고혈압을 악화시키므로 금연이 권장된다.

그 밖에도 카페인은 교감신경계의 자극에 의해 단기적으로 혈압을 상승시키나, 지속적인 카페인 섭취와 혈압 상승 간의 관계는 아직 명확히 규명되지 않았다. 그러나 부정맥 발생이 카페인과 연관이 있다고 알려져 있으므로 가급적 카페인 섭취를 줄이도록 한다.

3. 증상 및 진단

고혈압은 평상시 뚜렷한 증상이 없지만, 간혹 두통, 어지러움, 피로감 등 혈압상승에 의한 증상과 코피, 혈뇨, 협심증 등 고혈압성 혈관질환에 의한 증상이 나타난다. 고혈압을 그대로 방치하는 경우 죽상동맥경화증, 심부전, 협심증, 심근경색, 신부전, 시력장애 등 치명적인 합병증을 유발할 수 있다. 뇌졸중 환자의 약 80%는 고혈압이 원인이다.

혈압은 신체적 · 정신적 상태에 따라 다르며, 하루 동안에도 변동이 있다. 5분 이상 안정을 취한 후 왼쪽 팔을 걷고 심장 높이에서 혈압을 측정한다. 일반적으로 혈압은 2분 간격으로 2회 이상 측정하여 평균치로 진단한다. 처음 측정한 혈압이 높을 경우는 1일 후 측정하여 수축기 혈압이 140 mmHg 이상 또는 이완기 혈압이 90 mmHg 이상인 경우 고혈압으로 진단한다. 그 외 소변 · 혈색소 · 혈당치 · 요산 · 콜레스테롤 · 중성지방 · 심전도 · 흉부 X선 검사, 신장 기능 검사, 안저 검사 등을 통해 고혈압의 정도를 평가한다.

4. 치 료

고혈압은 생활습관 개선과 약물치료로 지속적인 관리가 필요한 질환이다. 고혈압 1기이고 합병증과 위험인자가 없는 경우에는 1차적으로 체중조절, 식이요법, 음주량 제한, 운동량 증가 등의 생활요법을 시행하고, 조절이 안 되는 경우 약물치료를 한다. 미국의 고혈압 합동위원회 JNC에서는 초기 고혈압이면서 비만인 경우 약물치료를 하기 전에 3~6개월 동안 체중조절과 생활 습관 수정을 권장하고 있다. 고혈압 2기이고 위험인자가 있을 때에는 약물치료와 생활요법을 병행하도록 한다. 생활습관의 변화로 인해 혈압이 감소할 수 있으며, 두 가지 이상 병행할 경우 그 효과는 더 크게 나타난다(표 8-5).

(1) 식이요법

① 에너지

혈압 조절에서 체중 조절은 중요하다. 과체중이나 비만이 되면 고혈압이 발생할 확률이 2~6배 증가하게 된다. 비만은 혈액량을 증가시켜 혈관의 압력을 증가시킨다. 또한 혈중 지질 수치를 증가시켜 죽상동맥경화증을 유발하므로 혈압을 더욱 높이게 된다.

표 8-5 고혈압 관리를 위한 생활요법

개선 항목	권장 내용	수축기 혈압 강화 정도
체중감량	정상체중 유지 (체질량지수 18.5~24.9 kg/m^2)	5~20 mmHg/10kg 체중감량
식이	DASH diet	8~14 mmHg
식염섭취 제한	1일 6g으로 제한	2~8 mmHg
활발한 운동	규칙적인 유산소 운동 (거의 매일 30분 이상)	4~9 mmHg
절주	알콜 2단위 이하로 절주 (100% ethanol 30 mL : 맥주 720 mL, 포도주 30 mL, 80도 위스키 90 mL)	2~4 mmHg

출처 : 국민고혈압사업단

미국 NIH 보고에 의하면 체중 10 kg을 감량할 경우 수축기 혈압이 평균 7 mmHg 감소하였으며, 체중 감량한 사람들에서 고혈압 발병률이 20~50% 감소하였다.

비만인 고혈압 환자는 표준체중의 10% 이내로 체중을 조절하도록 열량섭취 제한한다. 일반적으로 1,000~1,200 kcal를 공급하나, 부작용을 예방하기 위해 1,500 kcal를 공급하기도 한다. 열량 조절은 탄수화물과 지질, 특히 포화지방산과 콜레스테롤 섭취를 제한하고, 단백질과 과일, 채소 및 식이섬유를 충분히 섭취한다.

② 염분섭취 제한

한국인의 염분섭취량은 20~25 g으로 높으며, 이 중 80%를 가공식품 및 외식에서 섭취하고 있다. 염분 섭취만을 줄인다고 해서 혈압이 정상으로 되는 것은 아니지만 염분 민감성 salt sensitive 고혈압 환자의 경우는 저염식(5 g/day)을 할 경우 혈압이 10 mmHg 정도 감소한다고 알려져 있다. 또한 모든 고혈압 환자에게서 5주 이상 염분 섭취를 제한하였을 때 혈압 강화 효과가 있었다.

특히 56세 이상, 비만, 혈압약 복용자, 염분 민감성 고혈압 환자에게서 이러한 효과는 더 크게 나타났다. 따라서 가공식품 섭취를 줄이고 일상식사에서 싱겁게 먹는 습관을 기르도록 한다.

check point

소금섭취 줄이기 3단계와 단계별 5가지 실천 지침

제 1단계 : 식품을 선택할 때

① 자반보다는 날 생선을 택한다.

② 가능한 가공식품보다는 자연식품을 선택한다.

③ 가공식품은 영양표시를 꼭 읽고 나트륨 함유량이 적은 것을 선택한다.
나트륨의 목표 섭취량은 1일 2,000 mg임을 기억한다.

④ 저염간장, 저염된장, 저나트륨 소금 등 저염제품을 선택한다. 단, 저나트륨 소금의 섭취는 혈압을 낮추는 약물을 복용하거나, 신장기능이 저하되어 있는 경우 의사의 지시에 따라 사용해야 한다.

⑤ 젓갈, 염장미역 등 염장식품을 되도록 선택하지 않는다.

제 2단계 : 조리할 때

① 조리 시 마지막 단계에서 음식의 간을 한다.

② 소금을 적게 넣고 향미채소나 향신료 등을 사용하여 맛을 낸다.
향이 있는 채소나 양념(후춧가루, 고춧가루, 파, 마늘, 생강, 양파, 카레가루)을 사용하여 맛을 낸다.
신맛과 단맛(식초, 레몬즙, 설탕)을 이용하여 맛을 낸다.
음식을 무칠 때 김, 깨, 호두, 땅콩, 잣을 갈아 넣어 맛을 낸다.

③ 김치는 가능한 한 겉절이를 하고, 포기김치는 살짝 절여 싱겁게 담근다.

④ 라면, 즉석 국 등 가공식품을 조리할 때 스프 양을 적게 넣는다.

⑤ 생선은 소금을 뿌리지 않고 굽는다.

제 3단계 : 식사할 때

① 하루 한 끼는 김치 대신 생채소와 쌈장을 먹는다.

② 튀김, 전, 구운 생선과 회는 양념장에 살짝 찍어 먹는다.

③ 국(찌개)의 국물은 작은 그릇에 담아 적게 먹는다.

④ 탕 종류를 먹을 때는 소금보다 후춧가루, 고춧가루, 파 등을 먼저 넣는다.

⑤ 메뉴 주문 시 소금(혹은 소스나 양념 등)을 넣지 않도록 요청하고, 소금, 장류, 소스, 드레싱의 추가 사용을 줄인다.

–출처: 대한영양사협회

③ 칼륨, 칼슘, 마그네슘 및 식이섬유

칼륨은 세동맥을 확장시켜 수분과 나트륨의 체외 배설을 촉진시키고, 레닌과 안지오텐신의 분비를 억제하여 혈압을 감소시킨다.

따라서 칼륨 함량이 높은 과일(토마토, 키위, 참외)과 채소(아욱, 부추, 시금치, 근대 등)를 충분히 섭취하는 것이 혈압 조절에 도움이 된다. 칼슘 섭취는 혈압을 감소시키는 것으로 알려져 있지만 정확한 기전은 밝혀지지 않았다.

마그네슘은 칼륨과 마찬가지로 레닌-안지오텐신 분비에 영향을 주어 혈압 조절에 관여한다. 식이섬유가 많이 함유된 식품은 혈압을 직접적으로 낮추지는 않으나 혈중 콜레스테롤 수치를 감소시키고, 체중조절에도 도움이 되므로 고혈압 식사에서 권장된다. 신선한 채소, 과일, 잡곡, 콩류 및 해조류 등 식이섬유가 많은 식품을 섭취한다.

④ 고혈압 방지 식이 DASH diet, Dietary Approaches to Stop Hypertension

DASH diet는 미국 심폐혈관 연구소에서 제시한 혈압을 낮추기 위한 식단이다. 콜레스테롤과 포화지방 및 총 지방량을 줄이며, 과일, 채소, 저지방 유제품 섭취를 늘린다. 또한 전곡류를 통하여 식이섬유소의 섭취를 증가시킨다. 소금은 하루 6 g 이하로 줄이고 단 간식과 설탕 함유 식품의 섭취를 줄이도록 한다.

(2) 생활습관 개선

적당량의 술은 혈압을 올리지 않는 것으로 알려져 있으나, 과량의 음주는 혈압을 상승시키며 혈압 강하제의 효과를 저해한다. 또한 알코올은 열량을 내므로 체중을 줄이는 데도 방해가 된다. 매일 알코올 60 g(소주 1/3병)을 마시면 수축기 혈압이 5~6 mmHg, 확장기 혈압이 2~4 mmHg 높아지는 것으로 알려져 있다. 그러나 음주량을 줄이면 수축기 혈압이 평균 5 mmHg, 확장기 혈압이 3 mmHg 감소한다. 따라서 고혈압 치료 초기에는 금주를 권장하며, 하루에 적당량(맥주 2캔, 포도주 2잔, 소주 2잔)으로 제한하도록 한다.

카페인이 혈압에 미치는 영향에 대해서는 많은 논란이 있다. 그러나 카페인 섭취 시 일시적이고 급격하게 혈압이 상승하므로 하루에 커피나 홍차는 2~3잔 이하를 권장한다.

규칙적인 운동은 혈압을 직접적으로 낮추며, 체중을 감소시키고 HDL-콜레스테롤을 증가시키는 효과가 있다.

(3) 약물치료

고혈압 치료에 가장 흔히 처방되는 약물은 이뇨제 diuretics로 수분과 염분을 체외로 배설하여 혈액량을 감소시켜 혈압을 낮춘다. 그 외에도 신경전도물질의 작용을 차단하고 교감신경의 작용을 억제하여 혈압을 낮추는 교감신경차단제 adrenergic inhibitor, 혈관과 심장 세포막의 칼슘 채널에 작용하여 혈관을 확장시키는 칼슘길항제 calcium antagonist, 말초혈관에 직접 작용하는 직접혈관확장제 direct vasodilator, 안지오텐신 전환효소억제제 ACE inhibitor 등이 있다(표 8-6).

표 8-6 고혈압 약물치료

분류		특성	부작용
이뇨제 Diuretics	싸이아자이드 thiazide 계열	가장 널리 쓰이는 이뇨제	• 소변량 증가 • 고용량 사용 시 혈당과 총콜레스테롤 수치 상승 • 싸이아자이드 계열과 루프 이뇨제는 칼륨 손실을 유발하므로 칼륨 보존성 이뇨제와 복합사용
	루프 이뇨제 loop diuretics	강력한 이뇨효과 심부전, 신부전 환자의 고혈압 치료에 사용	• 탈수
	칼륨 보존성 이뇨제 potassium-sparing agent	혈액에서 염분 제거 다른 이뇨제에 의한 요 중 칼륨 손실 방지	• 칼륨 수치 상승 • 신장 질환 있을 시 혈중 칼륨 농도 증가로 심장박동 불규칙
교감신경 차단제 Blockers	베타 차단제	심장 수축력, 박동수 저하 급성심근경색증 등 관상동맥질환에서 심장 보호 및 항부정맥 효과	• 다른 혈압약에 비해 부작용 빈번 • 피로, 육체적인 운동 능력 저하, 이상지질혈증 증가 • 심부전이 심할 경우 악화시킴
	알파 차단제	전립선과 방광의 긴장도 낮춤	• 현기증, 두통, 빈맥, 오심, 쇠약감
	중추신경 약제	알파수용체 차단하여 교감신경계 전체 억제 임신 중 고혈압 환자 사용	• 피로감, 진정작용, 두통, 체중증가, 우울증
칼슘길항제 Calcium antagonists	니페디핀 nifedipine 계열	반감기가 짧음 급히 혈압을 낮춰야 할 경우 경구투여로 효과	• 변비, 두통, 빠른 심장박동, 발진, 발 하지 부종
	딜티아젬 diltiazem 계열	심장 박동률 저하 효과	
직접혈관 확장제 direct vasodilators	미녹시딜 minoxidil	다른 약물에 잘 반응하지 않는 고혈압 치료에 사용 말초혈관에 직접 작용, 혈관 확장	• 체액 축적, 심장 박동수 증가, 위장관 문제, 두통, 이뇨제나 교감신경차단제 병행 사용시 증상 감소

출처 : 국민고혈압사업단

항고혈압제 약물에 따라 두통, 발기부전, 말초부종, 빈맥 등의 여러 부작용이 나타날 수 있다. 따라서 처음에는 저용량으로 시작하여 복용량을 늘려나가며, 부작용이 있을 시 약제를 변경하거나 두 가지 이상의 약제를 병합하여 투여한다.

임상사례

김혈압씨는 50세 남자로 대기업에서 이사로 일하고 있다. 그는 경쟁이 심한 업무의 특성으로 인해 스트레스를 많이 받고 있다. 그는 5년 전에 고혈압으로 진단 받고 약을 복용해왔으나, 식이요법이나 운동을 지키지 않아 혈압은 더 높아졌다. 돌아가신 아버지도 고혈압 약을 복용하셨다. 김혈압씨의 신장은 172 cm, 체중은 95 kg이며 평상시 혈압은 180/100 mmHg이다. 영양사는 에너지 제한식, 저포화지방식, 저콜레스테롤식, 저염식(2 g)에 대해 교육하였다.

8-3 이상지질혈증

이상지질혈증 dyslipidemia은 혈액 내에 콜레스테롤이나 중성지방과 같은 지방성분과 지단백 양상이 비정상적인 상태를 말한다. 지질 성분이 혈관 벽에 쌓이면 죽상동맥경화를 유발하게 되고 뇌졸중, 협심증 및 심근경색 등 심뇌혈관계 질환의 발생을 증가시킨다.

1998년, 2001년 및 2005년의 국민건강영양조사 결과, 20세 이상 한국인의 연도별 혈중 지질농도 분포를 살펴보면, 총콜레스테롤과 LDL 콜레스테롤 농도는 남녀 모두 큰 변화가 없으나, HDL 콜레스테롤 농도는 지속적으로 감소하는 추세를 보이고 있다. 중성지방의 경우는 남자에서 지속적으로 증가하는 반면, 여자에서는 유의한 차이가 없었다.

1. 분 류

혈액 내 지질은 아포단백 apolipoprotein과 결합하여 지단백질의 형태로 운반된다. 고지단백혈증 hyperlipoproteinemia은 혈중의 지단백질 농도가 합성 증가나 분해 감소로 인해 정상 이상으로 증가한 상태이다.

(1) 지단백질 lipoprotein의 종류

① 킬로미크론 chylomicron

식품 중에 함유된 외인성 지방 exogeneous fat에서 합성된 지단백이며, 지방 함량이 가장 많고 단백질이 적다. 식사 후 문맥혈에서 풍부하게 발견된다. 지단백 중 밀도가 가장 낮아 가벼우며 식이 중성지방을 혈청, 조직, 세포로 운반한다. 주요 아포단백으로 AI, AII, B48, CI, CII, CIII, E가 있다.

② 초저밀도지단백 VLDL, very low density lipoprotein

전체 중 60~80%가 간에서 합성된 내인성 중성지방 endogeneous fat으로 구성되어 있으며 이들을 세포로 운반한다. 킬로미크론에 이어 두 번째로 크고 가볍다. B48, CI, CII, CIII, E의 아포단백을 가지고 있다.

③ 저밀도지단백 LDL, low density lipoprotein

혈청 VLDL의 분해로 생성된다. 전체의 45~50%가 콜레스테롤로 되어 있으며 혈청 콜레스테롤의 2/3 이상을 말단 세포로 운반하여 저장하므로 심뇌혈관계 질환의 주요 위험요인이다. 주요 아포단백은 B100이다.

④ 중간밀도지단백 IDL, intermediate density lipoprotein

지단백 지방분해효소에 의해 VLDL에서 중성지방이 분해되어 LDL이 생성되는 중간과정에 형성되는 지단백이다. 일반적으로 공복 시에는 혈액 내에 존재하지 않는다.

⑤ 고밀도지단백 HDL, high density lipoprotein

단백질 함량이 전체의 50% 이상을 차지하며 지방이 적어 가장 무거운 형태의 지단백이다. HDL은 각 조직 및 혈액의 지방과 콜레스테롤을 간으로 이동하여 분해하므로 심뇌혈관계 질환에 대한 예방 효과를 가진다. AI, AII의 아포단백을 가지고 있다.

표 8-7 이상지질혈증의 분류, 특징 및 영양관리

표현형	증가		지방대사 이상	죽상동맥경화증 발생 관련성	영 양 관 리
	지단백	지질			
Type I	킬로미크론	중성지방 ++	가족성 킬로미크론혈증 아포 C 결핍증	−	극저지방식(20g) 고탄수화물식, 중쇄중성지방식
Type IIa	LDL	총 콜레스테롤+	가족성 고콜레스테롤혈증 LDL 수용체 결핍증	+++	저콜레스테롤 식이 포화지방산 제한
Type IIb	LDL + VLDL	중성지방 +	가족성 복합 고지단백혈증	+++	저콜레스테롤 식이 포화지방산 제한 체중조절
Type III	IDL	중성지방 + 콜레스테롤+	가족성 이상 베타지단백혈증 아포 E 결핍증	+++	콜레스테롤 제한식이 포화지방산 제한식이 체중조절
Type IV	VLDL	중성지방 + 콜레스테롤+	가족성 고중성지방혈증	+	에너지 단순당, 포화지방, 콜레스테롤 제한 체중 조절
Type V	VLDL+ 킬로미크론	중성지방 ++ 콜레스테롤+	가족성 고지단백혈증	+	탄수화물, 지방 제한 고단백 식이 체중 조절

* Fredrickson의 표현형

(2) 이상지질혈증의 종류

이상지질혈증은 혈액중 지질 및 지단백질의 증가에 따라 고콜레스테롤혈증, 고중성지방혈증, 복합고지혈증, 고지단백혈증 등으로 분류한다. 고지단백혈증은 프레드릭슨 Fredrickson의 표현형 분류에 의해 여섯 가지 유형으로 나뉜다(표 8-7).

① 고콜레스테롤혈증 hypercholesterolemia

혈액 중에 콜레스테롤 농도가 비정상적으로 높은 상태를 이르며, 주로 이상지질혈증 분류에서 혈액 내 LDL 농도가 높은 Type IIa, IIb 및 III형에서 나타난다. 미국 국립 콜레스테롤 교육프로그램 NCEP, National Cholesterol Education Program에서는 혈청 총 콜레스테롤 농도가 200 mg/dL 이하일 때 정상, 240 mg/dL 이상일 때를 높은 수준으로 진단하고, 그 사이를 경계 수준으로 정해 적극적으로 콜레스테롤을 조절하도록 하였다.

② **고중성지방혈증** hypertriglyceridemia

이상지질혈증 분류에서 혈액 중 중성지방과 콜레스테롤 농도가 증가하고 VLDL이 높은 Type V형에서 보인다. 중성지방은 콜레스테롤만큼 심장질환 발병률을 높이지는 않는다고 알려졌지만, 최근에는 중성지방 농도가 200~400mg/dL로 증가하면 관상동맥질환 위험도가 정상인에 비해 2배 이상 증가한다고 보고되었다.

③ **고지단백혈증** hyperlipoproteinemia

Type I형은 아포 C 결핍으로 나타나며 발생률이 1% 미만으로 아주 드물다. 지단백 분해 효소의 결핍으로 혈액에서 킬로미크론을 제거하지 못하여 고킬로미크론혈증을 보인다. Type II형은 두 가지로 분류된다. Type IIa형은 LDL-콜레스테롤 수용체의 결핍으로 LDL과 총콜레스테롤이 증가해 있다. 전체의 10% 정도로 흔히 나타난다. Type IIb형은 유전성 이상지질혈증이며 VLDL과 LDL이 함께 증가해 있으며 비교적 흔하다.

Type III형은 아포 E 단백 결핍증으로 인해 나타나며, 킬로미크론 잔여물과 콜레스테롤, 중성지방이 증가해 있고 혈청 LDL은 감소한다. 이 경우는 아주 드물게 나타난다. Type IV형은 비교적 흔히 나타나는 유전성 질환으로 VLDL, 중성지방과 콜레스테롤이 증가되어 있으며, 혈당이 증가되어 있는 경우도 있다. Type V형은 킬로미크론, VLDL 콜레스테롤이 증가되어 있고 중성지방 농도가 매우 증가된 상태이다.

2. 진 단

이상지질혈증의 진단을 위해서 공복 시에 혈액 총콜레스테롤, 중성지방 및 HDL-콜레스테롤 수치를 측정한다. LDL-콜레스테롤 농도는 위 지질 성분들의 혈액 내 수치로부터 계산하여 구한다. 한국 지질-동맥경화학회의 '이상지질혈증 치료지침제정위원회' 에서는 2005 국민건강영양조사 결과 지질농도의 분포 등을 고려하여 한국인의 이상지질혈증 진단기준을 설정하였다(표 8-8).

고콜레스테롤혈증의 진단 기준으로 총콜레스테롤의 농도를 230mg/dL 이상, 높은 LDL 콜레스테롤은 150μg/dL 이상으로 하여 미국 국립 콜레스테롤 교육프로그램보다 진단 기준을 낮게 조정하였다.

표 8-8 한국인의 이상지질혈증 진단 기준

분 류	진 단 기 준
총 콜레스테롤(mg/dL)	높음 ≥ 230 경계치 200~229 정상 < 200
중성지방(mg/dL)	높음 ≥ 200 경계치 150~199 정상 < 150
LDL-콜레스테롤(mg/dL)	높음 ≥ 150 경계치 130~149 정상 100~129 적정 < 100
HDL-콜레스테롤(mg/dL)	낮음 < 40 높음 ≥ 60

출처: 이상지질혈증 치료지침서, 한국 지질 · 동맥경화학회. 2009

3. 치 료

이상지질혈증을 치료하기 위해서는 식이요법, 운동요법 등의 생활습관 교정과 약물치료를 통해 혈중 지질 수준을 정상으로 회복시켜야 한다. '이상지질혈증 치료지침 제정위원회' 에서는 혈청 지질 농도 외에 여러 가지 위험요인의 유무를 파악하여 위험 수준을 분류하고, 이에 따라 LDL 콜레스테롤 농도 목표 기준을 제시하였다(표 8-9, 8-10).

표 8-9. LDL 콜레스테롤을 제외한 주요 위험인자

흡연
고혈압
수축기 혈압 140mmHg 이상 또는 확장기 혈압 90mmHg 이상 또는 항고혈압제 복용 낮은 HDL 콜레스테롤 (40mg/dL)
연령
남자 45세 이상 여자 55세 이상
관상동맥질환 조기 발병의 가족력
부모, 형제자매 중 남자 55세 미만, 여자 65세 미만에서 관상동맥질환이 발병한 경우

* 높은 HDL 콜레스테롤(60mg/dL 이상)은 보호인자로 간주하여 총 위험인자 수에서 하나를 감하게 된다.
출처 : 이상지질혈증 치료지침서, 한국 지질 · 동맥경화학회 . 2009

표 8-10 위험도 분류에 따른 LDL 콜레스테롤 및 비 HDL 콜레스테롤 목표치

위 험 도	LDL 콜레스테롤 목표(mg/dL)	비 HDL 콜레스테롤* 목표(mg/dL)
고위험군 (관상동맥질환, 또는 그에 상당하는 위험) 관상동맥질환 경동맥질환, 말초혈관질환, 복부동맥류 당뇨병	< 100	< 130
중등도 위험군 주요 위험인자 2개 이상	< 130	< 160
저위험군 주요 위험인자가 없거나 1개	< 160	< 190

* 비 HDL 콜레스테롤 = 총콜레스테롤 - HDL 콜레스테롤
출처 : 이상지질혈증 치료지침서, 한국 지질 · 동맥경화학회. 2009

(1) 식이요법

① 열 량

과다한 열량섭취는 간에서 중성지방과 콜레스테롤의 합성을 촉진하여 혈액 중의 지질 농도를 올리고 체중을 증가시킨다. 따라서 적정체중 유지에 필요한 에너지만을 섭취하도록 한다.

② 지 질

지질의 과잉섭취는 과체중 및 비만을 유발하며 혈청 중성지방 및 콜레스테롤의 농도를 증가시킨다. 2005년 국민건강영양조사에 의하면 한국인의 평균 지질 섭취량은 총 열량의 20%이며, 특히 동물성 지방의 섭취가 증가하고 있어 지방 급원 식품 선택 시 주의가 필요하다.

총 지질 섭취량은 총 열량의 20% 이하로 한다. 동물성 식품에 많이 포함되어 있는 포화지방산 saturated fatty acid을 과다하게 섭취할 경우 혈청 콜레스테롤 및 LDL 콜레스테롤 수치가 증가하므로 이를 불포화지방산 unsaturated fatty acid으로 대체하여 콜레스테롤 수치를 낮추도록 한다. 포화지방산의 섭취는 총 열량 섭취량의 7% 이하가 되도록 한다.

다가불포화지방산 polyunsaturated fatty acid은 혈중 LDL 콜레스테롤, HDL 콜레스테롤 및 중성지방 농도를 낮추는 것으로 알려져 있다. 에이코사펜타에노산 Eicosapentaenoic acid, EPA, 20 : 5과 도코사헥사엔산 docosahexaenoic acid, DHA, 22 : 6과 같은 오메가-3 지방산은 간에서 중성지방과 VLDL의 합성을 감

소시키고 LDL 콜레스테롤 수치를 낮추므로 이상지질혈증 개선에 효과가 있다(표 8-11). 그 밖에도 혈액응고방지, 혈압저하, 염증억제 등의 작용이 있어 심뇌혈관계 질환의 예방에 도움이 된다. 심뇌혈관계 질환의 예방을 위해 미국심장학회에서는 오메가-3 지방산을 하루 1 g 섭취하도록 권장한다. 다가불포화지방산과 단일불포화지방산 monounsaturated fatty acid 및 포화지방산의 섭취비율 P/M/S이 1 : 1~1.5 : 1이 되도록 한다.

표 8-11 생선 100g에 포함되어 있는 오메가-3 지방산 함유량(g)

1g 이상		1g 미만	
방어	2.4	정어리	0.9
임면수어	1.8	삼치	0.9
고등어	1.7	대구	0.3

출처 : 미국심장협회(American Heart Association)

③ 콜레스테롤

혈중 콜레스테롤 농도는 식사로 섭취한 콜레스테롤(외인성 콜레스테롤)과 체내에서 합성된 콜레스테롤(내인성 콜레스테롤)의 영향을 받아 조절된다. 콜레스테롤 섭취가 많아지면, 체내 콜레스테롤 합성 감소와 분해 증가로 혈중 콜레스테롤 농도를 조절한다. 그러나 계속적으로 콜레스테롤 섭취량이 많아지면, 혈중 콜레스테롤 농도가 증가할 수 있다.

NCEP ATP III는 콜레스테롤 함량이 높은 식품의 섭취를 피하고 하루 200 mg 이하로 섭취하도록 하고 있다(표 8-12). 포화지방산이나 트랜스지방산 함량이 높은 식품도 혈중 콜레스테롤을 상승시키므로 이들 함량이 높은 식품 섭취도 제한한다(그림 8-5).

표 8-12 식품 중의 콜레스테롤 함량

식 품	콜레스테롤 함량(mg)
달걀노른자(17 g)	235
소간(90 g)	221
오징어생것(60 g)	180
굴(90 g)	86
게(100 g)	80
새우(60 g)	78

트랜스 지방

트랜스 지방은 자연 상태에도 일부 있지만, 액체인 식물성 유지에 수소를 첨가하여 인위적으로 고체 상태로 만드는 수소화 공정에서 생긴다. 트랜스 지방은 불포화지방산이지만 포화지방산과 같이 HDL 콜레스테롤을 저하시키고 LDL 콜레스테롤 수치를 증가시킨다(하버드의대 1999). 트랜스지방이 혈관벽에 쌓이게 되면 심뇌혈관계 질환, 뇌졸중, 당뇨, 암 등의 발생을 증가시키는 것으로 알려져 있다. 주로 가공식품에 많이 들어있다.

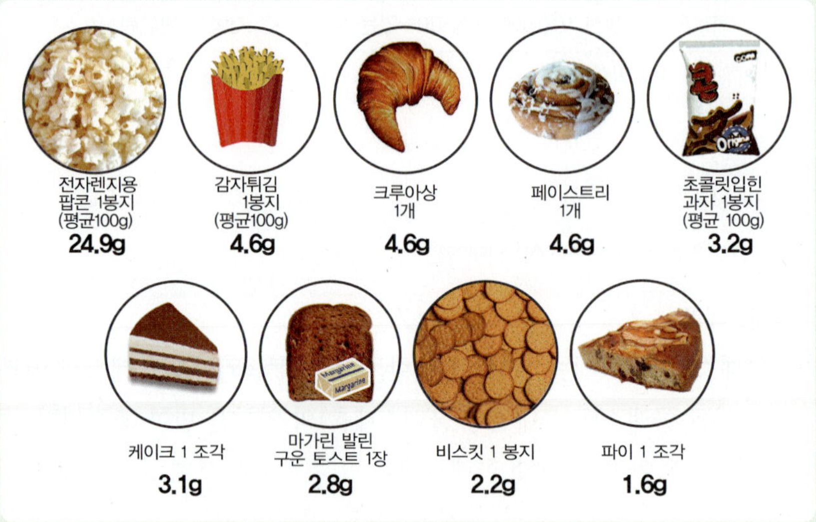

그림 8-5 가공식품에 들어있는 트랜스지방 함량

출처 : 식품의약품안전청, 트랜스지방 함량 모니터링 결과, 2006

④ 식이섬유

식이섬유, 특히 과일, 해조류, 두류, 버섯, 귀리 등에 많이 함유되어 있는 수용성 식이섬유 soluble fiber는 혈장 콜레스테롤 농도를 낮춘다고 알려져 있다. 식이섬유의 콜레스테롤 저하 기전에 대해서는 정확히 규명되지 않았으나, 소장에서 콜레스테롤 및 담즙산과 결합해 체외로 배설시킴으로써 혈중 콜레스테롤 농도를 낮추는 역할을 한다. 하루 5~10g의 수용성 식이섬유를 섭취하도록 권장한다.

⑤ 알코올

적절한 양의 음주는 HDL 콜레스테롤의 농도를 높이고 LDL 콜레스테롤 농도에는 영향을 미치지 않는다고 알려져 있다. 그러나 과도한 음주는 혈중 중성지방의 농도를 증가시켜 고혈압과 심뇌혈관계 질환의 위험이 증가하므로 음주량을 제한한다.

⑥ **미국 국립 콜레스테롤 교육 프로그램** National Cholesterol Education Program Adult Treatment Panel III, NCEP ATP III**의 이상지질혈증에 대한 치료지침**

미국의 국립 콜레스테롤 교육프로그램 NCEP의 ATP III는 여러 연구결과를 바탕으로 하여 2004년에 콜레스테롤 치료에 대한 지침을 발표하였다. 고위험군과 중등도 고위험군에서는 혈중 LDL 콜레스테롤 수치를 100과 130 mg/dL 미만으로 조절하며, 이들 군으로 분류가 되면 LDL 콜레스테롤 수치와 상관없이 생활방식을 개선하도록 하고 있다(표 8-13).

혈중 LDL 콜레스테롤 수치가 경계수준이나 높은 수준이면 1단계의 식사요법을 2~3개월 실시하도록 하며, 개선되지 않을 경우 2단계 식사요법을 권장한다(표 8-14).

표 8-13 NCEP ATP-III 지침의 LDL 콜레스테롤 치료 지침

위험 분류	LDL 콜레스테롤 목표치	생활방식 수정 시작	약물치료 고려**
고위험군 : 관상동맥질환*, 혹은 그에 준하는 위험요인 (관상동맥질환 10년 위험도 > 20%)	< 100 mg/dL (추가적 목표 < 70 mg/dL)	≥100 mg/dL	≥100 mg/dL (< 100 mg/dL : 약물치료 선택)
중등도고위험군 : 위험요인 2개 이상(10년 위험도 10~20%)†	< 130 mg/dL	≥130 mg/dL	≥130 mg/dL(100~129 mg/dL : 약물치료 선택)
중등도 위험군 : 위험요인 2개 이상(10년 위험도 < 10%)	< 130 mg/dL	≥130 mg/dL	≥160 mg/dL
저위험군 : 0~1개 위험요인	< 160 mg/dL	≥160 mg/dL	≥190 mg/dL(160~180 mg/dL : LDL 저하약물 선택)

* 관상동맥질환 : 심근경색, 불안정성 협심증, 관상동맥시술(혈관성형술 혹은 우회로술) 혹은 임상적 의미를 가지는 심근 허혈의 상태

† 위험요인 : 흡연, 고혈압(140/90 mmHg 이상의 혈압 혹은 항고혈압제 복용), 낮은 HDL 콜레스테롤(40 mg/dL 미만), 조기 관상동맥질환의 가족력(55세 미만의 남자 직계 가족이나 65세 미만의 여자 직계 가족에서의 관상동맥질환), 연령(45세 이상 남자, 55세 이상 여자)

** LDL 콜레스테롤 저하 약물치료는 최소한 30~40%의 LDL 콜레스테롤 감소를 목표로 설정

출처 : 국민고혈압사업단

그러나 관상동맥질환으로 진단받은 사람은 2단계 식이요법을 실시하도록 한다.

표 8-14 NCEP-ATP Ⅲ 이상지질혈증 식사지침

구분	1단계 Step I	2단계 Step II
에너지	이상체중 유지를 위한 수준	이상체중 유지를 위한 수준
총 지방*	≤ 30%	≤ 30%
포화지방*	< 10%	< 7%
다중불포화지방산*	< 10%	< 10%
단일불포화지방산*	5~15%	5~15%
콜레스테롤	< 300 mg/일	< 200 mg/일
단백질*	15%	15%
탄수화물*	55% 미만	55% 미만

* 총 에너지 섭취량에 대한 비율

표 8-15 이상지질혈증 약물 치료

분 류	약	지질/지단백 효과	부작용
스타틴(statins, HMG CoA 환원효소 억제제)	Lovastatin, Pravastatin Simvastatin, Fluvastatin Atorvastatin, Rosuvastatin Pitavastatin	LDL 콜레스테롤 8~55% 감소 HDL 콜레스테롤 5~15% 증가 TG 7~30% 감소	근육병증 간효소 증가
담즙산 수지 Bile acid sequestrants	Cholestyramine, Colestipol, Colesevelam	LDL 콜레스테롤 5~30% 감소 HDL 콜레스테롤 3~5% 증가 TG 무변화 혹은 증가	위장관 장애, 변비
니코틴산 Nicotinic acid	Immediate release (crystalline) nicotinic acid extended release nicotinic acid sustained release nicotinic acid	LDL 콜레스테롤 5~25% 감소 HDL 콜레스테롤 5~35% 증가 TG 20~50% 감소	혈당상승, 고요산혈증(통풍), 상부 위장관 장애, 간독성
피브르산 유도체 Fibric acids	Gemfibrozil, Fenofibrate Clofibrate, Bezafibrate	LDL 콜레스테롤 5~20% 감소 HDL콜레스테롤 0~20% 증가 TG 0~50% 감소	근육병증, 담석증, 소화장애
콜레스테롤 흡수 억제제 Cholesterol absorption inhibitor	Ezetimibe, Vytorin (Ezetimibe + Simvastatin)	LDL 콜레스테롤 20% 감소 HDL콜레스테롤 1~2% 증가 TG 10% 감소	
오메가-3 지방산 Omega-3 fatty acids	Omega-3 fatty acids	TG 8~30% 감소	생선비린내, 피부발진

출처 : 이상지질혈증 치료지침서, 한국지질동맥경화학회. 2009

(2) 약물치료

이상지질혈증에 대한 약물치료는 혈중 LDL 콜레스테롤, HDL 콜레스테롤 및 중성지방의 농도에 따라 다르게 적용한다(표 8-15).

임상사례

지방씨는 50세의 남자로 신장 173 cm, 체중은 85 kg이다. 요즘 업무로 인해 술자리를 겸한 외식이 잦았다. 건강검진결과, 고지혈증으로 진단 받았으며, 체중감량과 식이요법, 운동요법을 처방받았다.

지 질	혈중농도(mg/dL)	지 질	혈중농도(mg/dL)
콜레스테롤	300	LDL 콜레스테롤	180
중성지방	270	HDL 콜레스테롤	35

8-4 죽상동맥경화증

죽상동맥경화증 atherosclerosis은 동맥경화의 가장 일반적인 형태로 만성 염증으로 인해 동맥벽의 탄력성이 감소된 것을 이른다. 동맥혈관의 가장 안쪽인 내막 intima, 특히 동맥의 갈라진 가지 부분에 콜레스테롤과 같은 지방 침전물이 쌓여 무기질, 평활근, 섬유성 결합조직 등과 플라그를 형성하여 혈관을 좁게 만들고 경화시킨다. 이러한 동맥이 지나가는 조직은 혈액 공급이 충분하지 못해 산소와 영양소 공급이 부족하여 허혈증 ischemia이 생기며, 결국에는 각 조직이 죽는 괴사가 발생하게 된다(그림 8-6).

죽상동맥경화증은 특히 대동맥, 관상동맥, 뇌동맥에서 많이 발생한다. 심장근육에 혈액을 공급하는 관상동맥이 막혔을 경우 협심증 angina pectoris, 심근경색 myocardial infarction 및 심장마비의 원인이 되며, 뇌동맥에 혈전이 생겨 뇌로 가는 혈액 공급이 차단되면 뇌졸중 stroke이 발생한다.

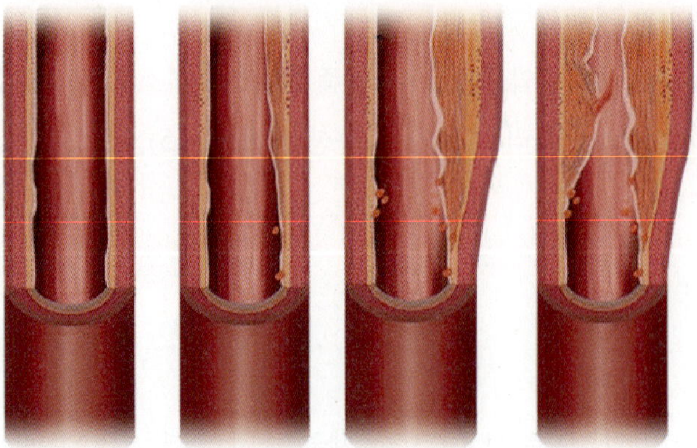

그림 8-6 죽상동맥경화증의 진행 과정

죽상동맥경화증을 유발하는 위험인자로는 이상지질혈증, 고혈압, 당뇨병, 노화, 가족력, 염증, 비만 및 흡연 등이 있다.

1. 발생원인

죽상동맥경화증의 초기 상태인 지방선종 fatty streak은 이미 어린이나 청소년기에 생성이 되어 점진적으로 진행된다. 죽상동맥경화증의 발생원인으로 여러 가설이 제기되어왔지만 '손상 반응 가설 reaction to injury hypothesis'이 가장 널리 설명된다. 혈청 LDL 콜레스테롤 농도가 증가하여 혈관 내막에 LDL 콜레스테롤이 축적되면 혈관 내피 세포의 손상을 유발한다. 또한 LDL 콜레스테롤은 대식세포에 의해 산화되어 내피 손상을 더 심화시킨다.

내피세포의 손상된 부위에 지질을 포함한 혈장 성분의 투과성이 증가하고 혈소판과 단핵구가 부착된다. 부착된 단핵구는 LDL 콜레스테롤과 콜레스테롤 에스테르를 싸서 포말세포 foam cell를 형성한다. 활성화된 혈소판 및 단핵구는 성장인자를 방출하여 평활근 세포를 증식시켜 죽종을 형성하고 동맥 내벽을 좁아지게 한다(그림 8-7).

2. 예방과 치료

심장 질환의 위험요인이 있을 경우 식이요법과 생활습관을 개선한 후 약물치료를 한다. 즉, 체중감소, 저콜레스테롤 식이, 규칙적인 운동, 금주 등 생활요법을 시행하여 혈중 LDL 콜레스테롤 수준을 낮추도록 한다.

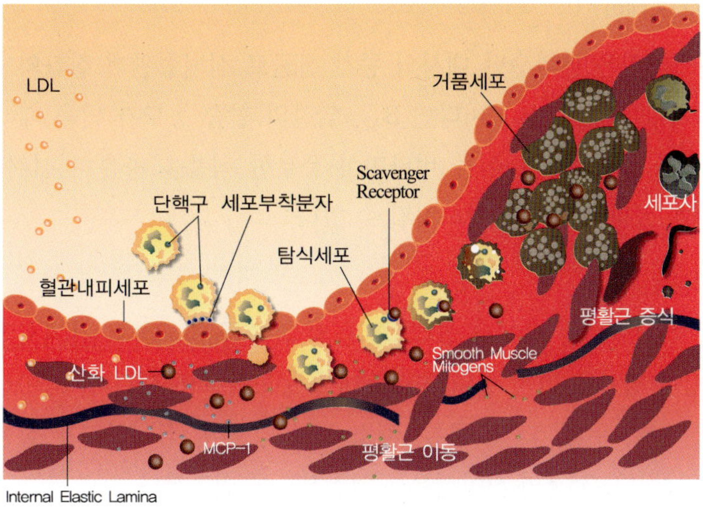

그림 8-7 손상 가설에 의한 죽상동맥경화증 발생

(1) 식이요법

① 열 량

비만은 높은 혈액 중성지방 및 콜레스테롤, 낮은 HDL 콜레스테롤, 고혈압, 고혈당 등과 같이 혈관 건강을 위협하므로 건강한 체중을 유지하기 위해 열량 섭취량을 조절한다.

② 탄수화물

과량의 탄수화물 섭취는 혈청 중성지방 수치를 증가시키므로 총 열량의 60~65% 내외로 섭취한다. 설탕, 과자, 사탕, 초콜릿과 같은 단순당질의 섭취는 피한다.

③ 지 질

총 지질 섭취량은 전체 열량의 20% 이하가 되도록 한다. 콜레스테롤은 하루 200mg 이하로 섭취하도록 권장한다. LDL 콜레스테롤 수치를 증가시키는 트랜스지방산과 포화지방산의 섭취를 제한하고, 혈액 지질 수치 개선, 염증 억제, 혈액 응고 감소의 기능이 있는 불포화지방산으로 대체한다. 특히 오메가-3 지방산은 VLDL 합성을 억제하여 혈중 중성지방 농도를 감소시킨다.

④ 호모시스테인

호모시스테인은 메티오닌 대사의 중간 산물로 심뇌혈관계 질환의 독립적인 위험인자이다. 비타민 B_6, 비타민 B_{12}, 엽산의 혈중 농도가 낮을 때 호모시스테인 수치가 증가하므로 이들 비타민이 풍부한 식품을 충분히 섭취함으로써 심뇌혈관계 질환의 위험을 저하시킬 수 있다.

⑤ 식이섬유

수용성 식이섬유는 장에서 콜레스테롤의 흡수를 저해하고 간에서의 콜레스테롤 합성에 영향을 끼쳐 혈청 콜레스테롤 농도를 저하시킨다. 식이섬유 급원으로는 전곡류, 두류, 과일, 콩류, 채소 등이 있으며, 심뇌혈관계 질환의 예방을 위해 하루 20~35 g의 식이섬유를 섭취하도록 권장한다.

(2) 운 동

규칙적인 운동은 혈중 중성지방 농도 및 혈압 저하, HDL 콜레스테롤 농도 증가와 심장근육 강화 효과가 있다. 미국심장협회에서는 심뇌혈관계 질환의 위험요인을 감소시키기 위해 매일 최소 30분 이상 중간 강도의 운동을 권장한다.

(3) 약물치료

죽상동맥경화증의 치료는 혈중 지질 수준을 낮추는 것이 목표이다. 이를 위해서 우선적으로 식이요법과 운동 등의 생활요법을 적어도 3개월 동안 실시한 후 효과가 없을 경우 약물치료를 하도록 권장한다. 죽상동맥경화증의 약물치

임상사례

동경씨는 50세로 대기업에 부장으로 근무중이다. 일에 대한 열정이 남달라 직장에서도 인정받고 있다. 이전의 건강검진에서는 특별한 질환은 발견되지 않았으나 신장 175 cm에 체중이 98 kg로 비만이다. 요 근래 가슴에 찌르는듯한 통증을 느껴 병원을 방문하여 검사를 받았다. 검사결과 고지혈증으로 진단받았으며, 두 번째 동맥이 70% 정도 막혀있었다. 혈관성형술 angroplasty로 좁혀져 있던 혈관을 넓히고 저지방, 고섬유식, 저염식을 처방받았다.

료는 지질저하제, 항응고제 및 혈압강하제 등이 사용이 되며, 지질저하제는 이상지질혈증에 대한 약물치료를 적용한다.

8-5 허혈성 심질환

관상동맥이 경화되고 좁아져 심근에 필요한 산소와 영양소를 충분히 공급할 수 없어 심장세포가 기능을 하지 못하는 상태를 허혈성 심질환 ischemia cardiopathy 또는 관상동맥질환 CHD, coronary heart disease이라 한다. 이는 협심증, 심근경색증, 심인성 급사(심장돌연사) 및 심부전 등의 질병으로 나타난다. 관상동맥질환은 서구에서 가장 흔한 사망원인이며, 우리나라에서도 유병률이 증가하는 추세에 있다. 특히 60대 이후 노년층에서는 여성의 유병률이 더 높게 나타나고 있다.

1. 협심증

(1) 원 인

협심증은 죽상동맥경화나 혈전에 의해서 관상동맥이 좁아져 심장 근육에 혈류 공급이 부족(심근 허혈)하게 되는 질환이다. 심장은 힘든 일을 하거나 운동을 할 때, 스트레스를 받을 때 더 많은 영양소와 산소를 필요하게 되는데, 협심증의 경우 심장으로 가는 혈액 공급에 제한이 있으므로 가슴에 통증을 느낀다.

(2) 증상 및 진단

협심증의 증상으로는 가슴 중앙 부위의 통증, 불쾌감, 압박감, 뻐근한 느낌, 쥐어짜는 듯한 느낌 등이 있으며 넓은 부위의 통증으로 나타난다. 운동, 스트레스, 과식 등 심장이 일을 많이 해야 할 때 가슴 통증을 느끼며 3~5분 정도 지속된다. 휴식을 취하거나 약물을 투여하면 증상은 사라진다.

가슴 통증이 있다고 모두 협심증은 아니지만 당뇨병, 관상동맥질환자, 이상지질혈증, 고혈압, 흡연 등 관상동맥질환 위험요인이 있는 상태에서 가슴 통증이 발생할 경우에는 정확한 진단을 받아야 한다.

협심증의 진단은 가슴 통증, 니트로글리세린 효과, 심전도 검사, 운동부하 심전도 검사, 관상동맥 석회화 검사, 관상동맥 CT 촬영술 및 심장초음파 검사 등으로 한다.

(3) 예방 및 치료

협심증의 예방과 치료를 위해서는 죽상동맥경화증의 위험요소인 이상지질혈증, 고혈압, 당뇨, 비만, 스트레스, 흡연 등을 조절하도록 하며 이와 병행하여 혈관을 넓히는 약물치료를 한다.

① 식이요법

이상지질혈증, 당뇨병 및 고혈압이 있을 경우에는 협심증 발생 위험이 증가하므로 원칙적으로 이상지질혈증, 당뇨병, 고혈압의 식사요법을 실시한다. 정상체중을 유지하도록 열량 섭취를 적절하게 조절한다. 또한 포화지방산과 트랜스지방산은 가급적 적게 섭취하고, 혈관 건강에 도움을 주는 단일불포화지방산과 다가불포화지방산(특히 오메가-3 지방산)이 풍부한 식품을 일주일에 2~3회 정도 섭취하도록 한다. 특히 저염식과 저콜레스테롤식이 권장되는데, 고혈압 정도에 따라 소금 섭취를 하루 3~5g 정도로 제한한다.

혈중 콜레스테롤 농도 저하 효과가 있는 식이섬유소가 풍부한 전곡류, 과일류, 콩류를 적당하게 섭취하고, 채소류는 충분히 섭취한다. 꿀, 설탕, 엿 등과 같이 혈당을 올리는 단순당의 섭취를 줄이고, 복합당으로 대체한다.

허혈성 심질환이 있는 경우에는 반드시 금연하여야 한다. 음주는 급성기일 경우에는 금주하여야 하며 하루 1잔 정도가 허용된다.

② 운 동

협심증 환자의 운동 목표는 운동하는 중에 허혈로 인한 협심증의 발생을 가능한 줄이는 것이다. 불안전형 협심증인 경우에는 증세가 호전될 때까지 운동을 피해야 하나, 안정형인 경우에는 의사의 지시에 따라 운동을 한다. 운동 중에 가슴 통증, 어지러움, 부정맥 등의 증세가 나타나면 바로 운동을 중지한다. 일반적으로 숨이 차거나 근육통이 생길 정도의 운동은 피하며 중간 정도 강도의 유산소 운동이 권장된다.

③ 약물치료

가슴 통증이 있을 때 응급약으로 혈관을 이완시키는 니트로글리세린 nitroglycerine, 이소소르비드 디니트레이트 isosorbide dinitrate를 사용한다. 약물에 효과가 없을 경우에는 관상동맥의 좁아진 부위를 풍선이나 스텐트 stent를 이용하여 확장시켜주는 경피적 관상동맥성형술을 이용한다(그림 8-8). 그 외에도 다리에 있는 정맥이나 흉곽 내의 내유동맥 등을 이용하여 협착된 부위를 우회하여 연결시켜 주는 관상동맥우회로 이식술이 보편적으로 사용되고 있다(그림 8-9).

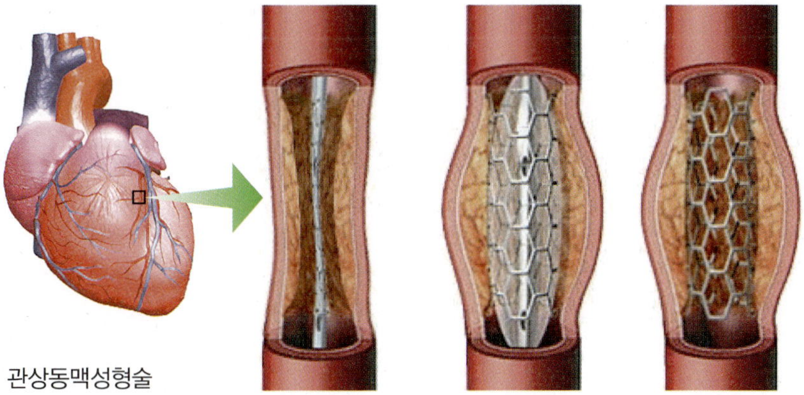

그림 8-8 경피적 관상동맥성형술

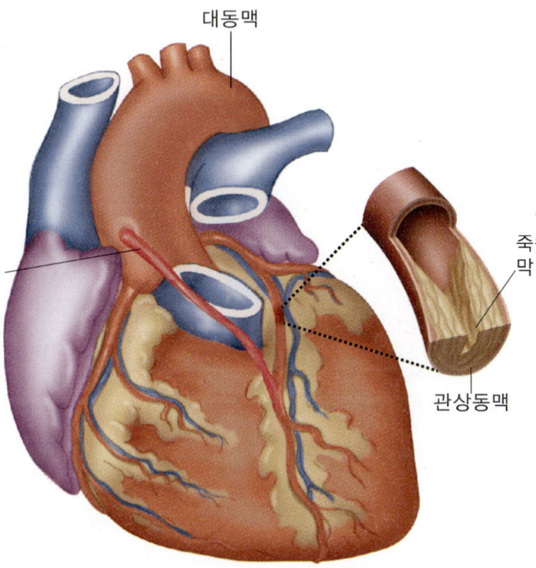

그림 8-9 관상동맥우회로 이식술

2. 심근경색증

(1) 원 인

죽상동맥경화로 인해 협착이 있는 관상동맥에 혈전이 생겨 완전히 막히면 심근으로 가는 혈류가 차단되고 심근 부위가 섬유조직으로 대체되어 심근경색 MI, myocardinal infarction이 발생한다. 이러한 상태가 30분 이상 지속이 되면 심근이 괴사하게 되며, 심장 기능이 저하되는 심부전으로 진행되기도 한다. 심장의 좌심실에 혈액을 공급하는 주 혈관이 막히면 심장마비 heart attacks로 급사하기도 한다. 심근경색 발생 후 1시간 이내에 사망하는 급성 사망률이 50% 정도에 이르며 발병 후 1년 이내에 사망하는 비율도 10% 정도이다.

(2) 증상 및 진단

협심증과 유사한 가슴 통증이 30분 이상 지속되며, 안정을 취하거나 니트로글리세린을 복용한 후에도 가슴 통증이 계속된다. 그 외에도 질식감, 오심, 구토, 소화불량, 피로감, 심장 압박감 등의 증상이 있으며, 일반적으로 통증이 가슴에서 시작되어 목, 턱, 어깨, 팔까지 퍼지기도 한다.

심근 세포가 괴사하면 세포 내에 있는 GOT glutamine-oxalate transferase와 GPT glutamine-pyruvate transferase가 혈액으로 나오므로 이들 효소의 농도를 측정하여 심근경색을 진단한다. 그 외에도 심장 초음파 및 심혈관 조영술(관상동맥조영술)을 사용한다.

(3) 치 료

① 식이요법

환자의 상태에 따라 식이 조절에 대한 세심한 주의가 요구된다. 저콜레스테롤 식이, 저염식뿐만 아니라 식사 공급 시기, 분량, 횟수, 온도 및 질감에도 관리가 필요하다. 심장마비가 나타난 초기 급성상태에서는 손상된 심장을 회복시키고 부정맥 발생을 감소시키기 위해 첫 6~24시간 동안 절식한 후 유동식이나 연식같이 소화하기 쉬운 음식을 소량씩 자주 공급한다. 너무 차갑거나 뜨거운 음식은 주지 않는다. 조직 내에 조직액이 축적되는 것을 방지하기 위해서 중등도로 나트륨 함량을 조절하고 저콜레스테롤 식이를 공급한다.

회복단계에서는 협심증과 같이 이상체중을 유지하기 위한 적절한 열량 섭취와 저콜레스테롤식이 및 저염식을 하며 불포화지방산과 식이섬유 등을 충분히 섭취하도록 한다. 카페인의 과다 섭취는 심장 박동을 불규칙하게 하므로 하루 2잔 이하로 섭취하며 과량의 음주도 동맥경화증의 위험을 증가시키므로 가급적 금주한다.

② 약물치료

심근경색증은 죽상동맥경화로 손상받은 혈관에 생긴 혈전으로 인해 관상동맥이 폐색되어 발생하므로 혈전을 녹이는 혈전용해제를 사용한다. 또한 막힌 혈관 내에 관을 넣어서 뚫어주는 경피적 관상동맥성형술을 실시한다.

임상사례

경색씨는 45세의 컨설턴트이다. 경쟁이 심하고 야근이 잦은 업무로 항상 피곤해 했다. 요즘들어 가끔 가슴부위에 통증이 있었으나 바쁜 회사일로 병원을 방문하지 못했다. 어제 야근 후 오늘 아침도 겨우 일어나 출근을 준비하던 중 갑자기 흉부에 날카로운 통증을 느꼈고 숨쉬기가 어려워졌다. 119에 실려 병원으로 가서 검진받은 결과, 심근경색으로 판정받았다. 의사로부터 니트로글리세린과 금식MPO을 처방받았다. 이틀 후부터 맑은 유동식이 지급되었으며, 셋째날은 전유동식과 저지방 · 저염식(2 g)이 처방되었다.

8–6 뇌졸중

뇌졸중 stroke, 중풍은 뇌혈관이 폐쇄되거나 파열되어 국소 신경학적 장애, 언어장애 또는 의식장애가 24시간 동안 지속되는 상태이다. 뇌졸중은 우리나라를 비롯하여 세계적으로 중요한 사망원인이며, 성인에서 신체적 장애를 유발하는 중요한 원인 질환이다.

미국의 경우 사망률 순위의 3위를 차지하고 있으며, 2009년도 한국인의 사망원인 조사에서도 인구 10만 명당 25,838명으로 암에 이어 2위를 차지하고 있다. 뇌졸중은 일단 발병이 되면 사망률이 높고 치료에 많은 비용이 들며 장애를 유발할 수 있으므로 적극적인 예방이 중요하다. 발병한 이후에는 적절한 치료로 장애를 최소화하도록 해야 한다.

1. 원 인

뇌졸중은 뇌에 혈액을 공급하는 뇌혈관, 특히 뇌동맥과 경동맥이 죽상동맥경화로 인해 막히거나 파열되어 일어난다. 이는 뇌경색과 뇌출혈으로 분류되며, 최근에는 뇌경색의 발생이 증가하고 있다.

뇌경색은 뇌혈관이 막혀서 뇌에 산소와 영양소 공급이 제대로 되지 않는 상태이다. 뇌경색은 죽상동맥경화증으로 손상된 뇌혈관에 혈전이 생겨 혈관이 좁아지는 뇌혈전증과 심장이나 목 동맥의 혈전이 흘러가서 뇌혈관을 막아 생기는 뇌색전증, 그리고 뇌의 아주 작은 혈관이 막히는 열공성 뇌경색 등으로 나뉜다.

뇌출혈은 죽상동맥경화로 좁아진 뇌혈관이 고혈압으로 인해 터져서 뇌기능에 장애가 오는 질환이다. 뇌혈관이 터져 뇌 안에 피가 고이는 뇌내출혈과 동맥류가 터지면서 뇌를 싸고 있는 지주막 밑에 피가 고이는 지주막하출혈이 있다(그림 8-10).

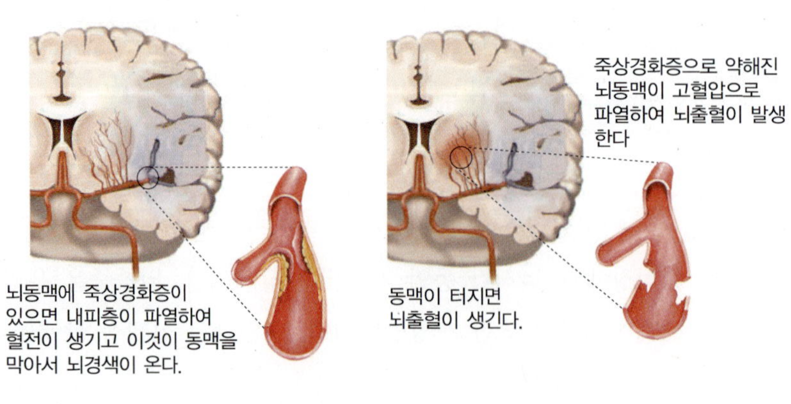

그림 8-10 뇌경색과 뇌출혈

2. 증상 및 진단

뇌의 손상 부위에 따라 증상이 다르게 나타난다. 증상은 갑자기 나타나며 일반적으로 한쪽 팔다리에 저린 느낌이 동시에 온다. 그 외에 입술이 한쪽으로 돌아가거나 눈이 갑자기 안보이거나 말이 어눌해지며 어지럽고 걷기가 불편해진다. 위와 같은 증상이 나타나면 뇌세포의 괴사를 막기 위해 3시간 이내에 병원을 찾아 치료를 받아야 한다.

목에서 뇌로 가는 경동맥의 협착 여부를 보는 경동맥 초음파로 뇌졸중을 진단한다. 또한 이전에 중풍으로 손상 받은 흔적이나 뇌 혈관이 좁아졌거나 막힌 것은 뇌 MRI/MRA(자기공명 촬영)로 확인할 수 있다.

3. 위험인자

뇌졸중의 위험인자로는 노화, 고혈압, 당뇨병, 심장질환, 이상지질혈증, 비만, 흡연, 과음 및 운동 부족 등이 있다. 이 중에서 고혈압이 가장 중요한 위험인자이다. 혈압이 높으면 뇌혈관에 죽상동맥경화가 일어나서 좁아지고 막혀서 뇌경색이 생기게 되며 탄력을 잃은 혈관이 터져 뇌출혈이 발생한다.

심장질환이 있는 경우 뇌졸중의 발생위험이 17배 증가한다고 알려져 있다. 이상지질혈증이 있을 경우에도 뇌혈관에 콜레스테롤이 축적되어 죽상동맥경화증이 생기고 이로 인해 뇌경색이 유발되므로, 혈중 콜레스테롤 수치를 조절하는 것이 뇌졸중의 발생 위험을 줄이는 데 도움이 된다.

4. 치 료

(1) 식이요법

대부분의 뇌졸중 환자가 발작이나 수술 후 급성기에 의식장애와 연하곤란을 겪으므로 말초정맥영양을 통해 당과 전해질을 공급한다. 신경증상이 안정된 후에는 경구영양이나 경장영양을 시도하며 입으로 음식물을 삼키는 능력을 회복하면 튜브를 제거한다.

뇌졸중 예방과 재발 방지를 위한 영양관리는 고혈압, 죽상동맥경화증, 이상지질혈증, 당뇨병 식사요법을 적용한다. 이상체중 유지를 위해 적절한 열량을 규칙적으로 섭취한다.

혈압 강하와 뇌졸중 예방을 위해 저나트륨식과 고칼륨식이 권장되므로 염분은 하루 6g 이하, 칼륨은 4.7g 이상 섭취하도록 한다. 비만한 사람은 하루 2.3g 이상의 나트륨을 섭취할 경우 뇌졸중 발생 위험이 32% 증가한다고 보고되었다. 또한 과일, 야채, 저지방유제품 섭취를 늘리고 총지방, 포화지방 및 콜레스테롤 섭취를 줄인다.

(2) 약물치료

뇌경색 증상이 발생한 후 3시간 안에 뇌혈관을 막고 있는 혈전을 녹이기 위한 혈전용해제를 투여한다. 동맥이 완전히 막혀 약물로 치료가 불가능한 일과성 뇌허혈 발작 환자는 뇌혈관 성형술이나 목동맥 내막절제술 등을 실시한다.

Chapter 9

신장질환

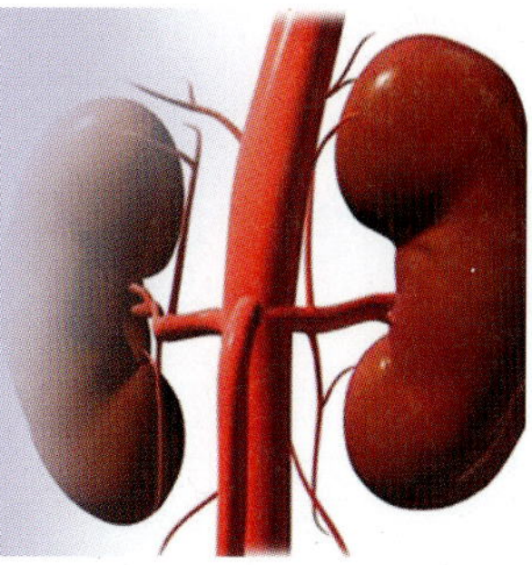

학습목표

- 신장질환의 종류별 발병원인에 대해 알아본다.
- 신장질환의 예방 및 치료를 위한 올바른 영양관리방법을 실천할 수 있다.

미국 성인의 10% 정도가 만성 신장질환을 가지고 있고, 10% 정도는 신장질환의 위험이 있다고 알려져 있다. 우리나라도 만성 신장질환의 유병률이 증가하고 있으며, 특히 신장기능이 50% 이상 상실된 3기 만성 신장질환 유병률은 연령이 증가하면서 늘고 있다.

신장질환은 신체적 · 정신적 및 사회경제적으로 만성적인 문제를 가져오기 때문에 조기에 발견하여 말기신부전증으로 진행하는 것을 예방해야 한다. 이때 적절한 영양관리는 질병의 진행을 막는 데 중요하다.

이 장에서는 신장의 구조와 기능 및 검사 방법에 대해서 살펴보고 신장질환의 종류별 발병 원인과 증상, 영양관리를 비롯한 치료방법에 대해 알아보고자 한다.

9-1 신장의 구조와 기능

1. 구 조

신장은 강낭콩처럼 생긴 적갈색의 기관으로 횡격막 아래 좌우에 1개씩 있다. 신장은 겉부분인 피질과 안쪽 부분인 수질 및 신우로 구성되어 있다. 피질은 신장의 단위구조인 네프론 nephron을 구성하고 있는 사구체 glomerulus, 바우먼주머니 및 세뇨관 tubule으로 이루어져 있고 수질에는 세뇨관(근위세뇨관, 헨레씨 고리, 원위세뇨관)과 집합관이 분포하며, 집합관은 신우 renal pelvis로 이어진다. 신우는 집합관에서 운반되어 온 뇨를 저장했다가 수뇨관을 통해 방광으로 내보낸다(그림 9-1).

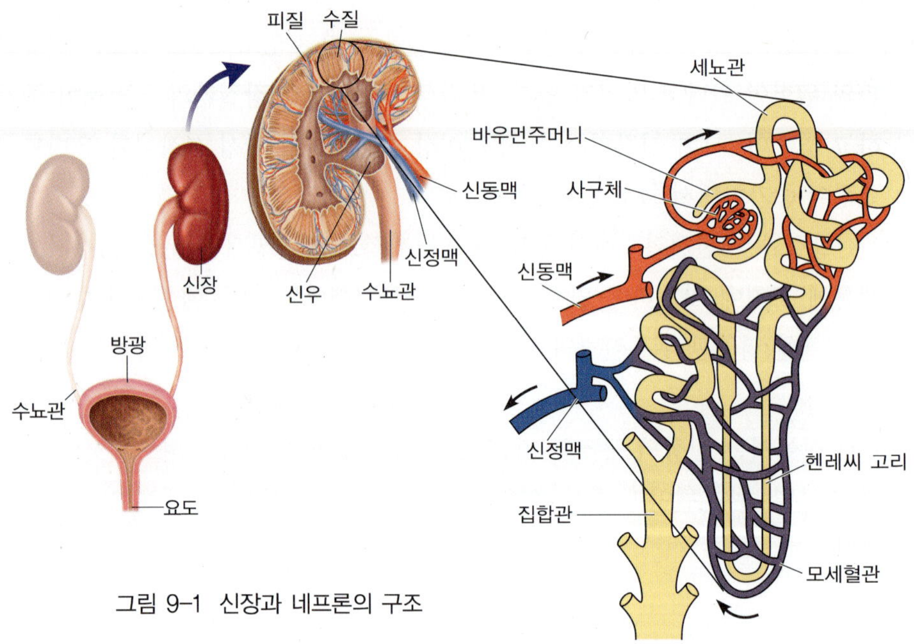

그림 9-1 신장과 네프론의 구조

2. 기 능

신장은 체내 노폐물, 수분, 약물과 독성물질을 배설하고 혈압을 조절하는 기능이 있다. 그 외에도 혈중 전해질 농도와 산-염기 평형을 조절하여 체액의 항상성 균형을 유지한다. 또한 적혈구 생성을 자극하는 에리스로포이에틴 erythropioetin을 분비하며 비타민 D를 활성화하여 골조직의 밀도를 유지시킨다.

(1) 노폐물 및 수분 배설 기능

신장 세포의 구조적 · 기능적 기본 단위는 네프론이다. 인간은 출생 시에 한쪽 신장에 각각 1백만 개씩, 전체 약 2백만 개의 네프론을 가지고 있다. 신동맥에서 사구체로 들어온 혈액은 혈압 차이에 의해서 바우먼주머니 bowman's capsule로 여과된다. 이때 단백질, 지방 및 혈구를 제외한 물, 포도당, 아미노산, 무기염류, 비타민, 요소, 요산 등이 여과된다.

여과된 물질은 세뇨관을 따라 이동하다가 우리 몸에 필요한 물질들은 세뇨관을 싸고 있는 모세혈관으로 다시 재흡수된다. 근위세뇨관 proximal tubule에서 포도당과 아미노산은 100% 재흡수되며 물은 99%, 무기염류나 비타민은 몸에 필요한 양만큼 재흡수가 일어나 여과된 물질 중 15~30% 정도가 남는다. 원위세뇨관 distal tubule에서는 산-염기 수분 평형을 유지하기 위하여 수소이온들이 분비된다. 집합관에서는 호르몬과 삼투압 작용에 의해 수분이 재흡수되며, 여분의 요소, 요산, 크레아틴 등의 노폐물과 함께 최종적으로 처음 여과된 부피의 1% 정도가 뇨로 배설된다.

뇨 형성에 관여하는 호르몬으로 항이뇨호르몬 바소프레신, antidiruetic hormone과 알도스테론 aldosterone이 있다. 이들 호르몬은 나트륨과 수분의 항상성을 유지시키는 기능을 한다. 항이뇨호르몬은 뇌하수체 후엽에서 분비되어 수분의 재흡수를 촉진한다. 체내에 수분이 적으면 혈액의 농도가 진해지고 이때 항이뇨호르몬의 분비가 증가되어 세뇨관에서 수분의 재흡수가 촉진된다. 반대로 체내에 수분이 증가하여 혈액이 묽어지면 항이뇨호르몬의 분비가 억제되어 세뇨관에서 수분의 재흡수가 억제되고 배설량이 많아진다. 알도스테론은 나트륨의 재흡수와 칼륨이온의 분비 촉진에 관여한다.

(2) 혈압 조절

고혈압은 신장질환을 일으키는 대표적인 위험요인이다. 혈압 유지에는 레닌 renin-안지오텐신 angiotensin-알도스테론 aldosterone 기전이 관련되어 있다. 혈압이 저하되면 레닌이 분비되어 안지오텐신과 알도스테론의 분비를 증가시킨다. 안지오텐신은 혈압을 상승시키며, 알도스테론은 세뇨관에서 나트륨의 재흡수를 촉진시킨다. 신장질환이 있으면 이런 호르몬 분비 기전에 문제가 생겨 혈압이 상승한다.

9-2 신장질환 검사

1. 요검사

요검사는 가장 간편하고 저렴한 검사로 증상이 나타나기 전에 조기에 질환을 발견하는 데 도움이 된다. 소변검사는 크게 세 부분으로 이루어진다. 색깔과 투명도에 대한 육안검사와 소변의 pH 측정, 단백질, 요 크레아티닌, 세균, 백혈구, 빌리루빈을 확인하기 위한 시험지봉 검사가 있다. 또한 현미경 관찰로 적혈구, 백혈구, 세균, 결석의 유무를 판정할 수 있다.

(1) 요단백

단백뇨는 만성 신장질환의 대표적인 증상이며 질환의 초기에 나타난다. 단백뇨의 정상범위는 6.0~8.4 g/L이다. 미세단백뇨는 일반적인 소변검사에서는 측정되지 않는 소량의 단백뇨를 검출하는 방법이다. 당뇨병 환자에서 미세단백뇨가 검출되는 경우에는 단백뇨가 없더라도 만성 신장질환으로 진행할 가능성이 높아진다.

(2) nPA

말기 신부전 환자에서 단백질 섭취가 충분한지 판정하는 지표이다. 소변과 혈액에서 측정하여 계산한다.

2. 혈액검사

(1) 혈청 크레아티닌

근육이 분해되어 생기는 크레아티닌은 신장으로 배설된다. 신장이 손상되면 혈청 크레아티닌 농도가 증가하게 된다. 혈청 크레아티닌 농도는 사구체여과율을 계산하는 데 사용된다. 정상범위는 0.7~1.5 mg/dL이며 신장에서의 범위는 2~15 mg/dL이다.

(2) 혈중 요소질소 BUN, blood urea nitrogen

식품으로 섭취한 단백질과 체내 대사로 합성된 단백질이 분해되어 생성된 요소질소는 신장에서 배설되나, 신장 기능이 저하되면 혈중 요소질소의 수치가 상승한다. 혈중 요소질소의 정상범위는 4~22 mg/dL이다.

(3) 사구체여과율

사구체여과율 GFR, glomerular filtration rate을 계산하여 신장의 기능을 측정하고 질환의 진행단계를 결정한다. 사구체여과율은 혈청 크레아티닌 농도, 나이, 성별, 인종 등에 따른 공식에 의해 계산되며, 정상수준은 125 mL/분이다. 사구체 여과율이 30 mL/분 이하로 저하되면 신장질환 여부 판정을 위한 진료가 필요하고 15 mL/분 이하로 떨어지면 투석이나 신장이식이 필요하다.

(4) 혈청 알부민

식품으로 섭취하는 단백질에서 생성되는 알부민은 단백질 섭취가 충분하지 않을 때 혈중 농도가 저하된다. 혈중 알부민 농도가 낮을 경우 감염에 대한 저항력이 저하된다. 혈청 알부민 농도의 정상범위는 3.3~5.0 g/dL이며, 신장 농도는 3.5 g/L 이상이 바람직하다.

3. 초음파 또는 전산화단층촬영 CT, 조직검사

신장과 요로를 영상으로 진단하는 검사이며 신장의 크기와 결석, 종양 유무를 확인한다. 신장 조직검사는 신장 조직의 일부를 떼어내어 현미경으로 관찰하는 것으로 특정 신장질환의 종류와 신장의 손상 정도를 알 수 있다.

9-3 신장질환의 종류

1. 신증후군

(1) 원 인

신증후군 nephrotic syndrome은 신장조직이 손상되어 신장기능이 저하된 상태로, 하루 3.5 g/1.73 m^2 체표면적 이상의 단백뇨와 저알부민혈증(3.0 g/dL 이하), 부종, 이상지질혈증 등이 나타나는 신사구체 질환을 통틀어 이른다. 신증후군의 발생 원인으로는 원발성 사구체신염과 유전성 질환, 당뇨병, 면역 이상, 감염 및 약물 중독 등이 있다.

(2) 증 상

신증후군의 가장 주된 증상은 단백뇨이다. 이는 손상된 사구체 기저막, 사구체 족세포, 틈새막의 단백질 투과성이 증가하여 나타난다. 주요 혈장 단백질인 알부민이 소변으로 배출되어 혈청 단백질 농도가 1 g/dL 이하로 감소하고 저단백혈증이 나타난다. 손실된 단백질을 보충하기 위해 근육 조직이 파괴된다.

혈청 알부민 농도의 저하에 따라 수분이 혈액에서 세포 간질액으로 빠져나가 부종 edema이 생긴다. 또한 신장 기능 저하로 신장 혈액과 혈압이 감소함에 따라 레닌-안지오텐신-알도스테론 기전이 작동하여 나트륨과 수분의 재흡수가 촉진되므로 부종이 더욱 악화된다.

신증후군 환자는 저알부민혈증에 대한 보상 작용으로 이상지질혈증이 나타나 혈중 LDL 콜레스테롤과 VLDL의 농도가 증가한다. 또한 혈액 응고 억제 단백질이 요로 손실되어 관상동맥질환의 위험이 높아진다. 그 밖에 면역단백질의 요 배설량이 증가하여 감염에 민감해지며, 비타민 D 결합단백질의 손실로 비타민 D와 칼슘의 혈중 농도가 낮아져 구루병의 위험이 증가한다.

(3) 치료방법

1) 식이요법

① 단백질

신증후군 환자는 알부민을 비롯한 혈장 단백질들이 요로 배설되어 혈중 농도가 감소하고 부종이 나타난다. 그러나 고단백질을 공급하는 것은 오히려 사구체 여과률을 증가시켜 요 단백 배설량을 더 늘이고 신경화증을 유발할 수 있다. 따라서 성인 1일 단백질 권장량인 0.83 g/kg × 표준체중을 권장한다. 신장기능이 정상 이하로 저하된 경우에는 1일 40~50 g 이하(0.6~0.8 g/kg × 표준체중 + 24시간 소변으로 배출되는 단백질량)로 제한한다.

② 나트륨 및 수분

환자의 증상에 따라 혈압과 부종을 조절하기 위해 염분 제한식을 한다. 염분 섭취는 1일 소금 5 g(나트륨 2 g) 이하로 한다.

대부분 수분 섭취를 제한할 필요는 없으나 심한 부종, 소변량 감소 및 무뇨가 있을 때에는 24시간 소변량에 500 cc를 더해 공급한다.

Check point

염분 제한 시 고려사항

① 염분이 다량 함유되어 있어 염분 제한 시 가급적 피해야 할 식품 :

김치류, 젓갈류, 장아찌 등의 염장식품
화학조미료, 베이킹파우더가 많이 들어간 음식
치즈, 베이컨, 햄, 통조림 등의 가공식품
인스턴트 식품

② 염분은 적게, 음식은 맛있게 조리하는 요령 :

허용된 양념(후추, 고추, 마늘, 생강, 양파, 카레가루)을 사용하여 싱거운 맛에 변화를 주도록 한다.
신맛과 단맛(설탕, 식초, 레몬즙)을 적절하게 이용하여 소금을 넣지 않아도 먹을 수 있도록 조리한다.
식물성 기름(참기름, 식용유 등)을 사용하여 튀기거나 볶아서 고소한 맛과 열량을 증진시키도록 한다.
허용된 소금(간장)을 한 가지 음식에만 넣어 조리하는 것이 좋다.
식사 바로 전에 간을 하여 짠맛을 더 느낄 수 있도록 한다.

③ 염분 섭취를 줄이는 방법

조리할 때 소금, 간장, 된장, 고추장 등을 줄여 넣는다.
식탁에서 소금을 더 넣지 않는다.
짜게 조미된 김치, 장아찌, 젓갈, 가공된 소시지 및 햄, 런천미트, 치즈, 생선 통조림 등의 섭취를 피하도록 한다.
음식 조리 시 화학조미료는 사용하지 않는다.
하루 종일 먹을 수 있는 김치의 양은 김치나 깍두기 4~5쪽 정도이다.
생선을 조리할 때는 소금을 뿌리지 말고 굽거나 식물성유에 튀긴다.
물미역, 파래 등은 생것으로 먹지 않도록 하고 조리 시 소금기를 미지근한 물에서 충분히 빼도록 한다.
김에는 소금을 뿌리지 말고 들기름이나 참기름을 발라 굽는다.
된장찌개, 김치찌개와 짠 국의 국물은 먹지 않도록 하고 조리 시에도 싱겁게 간을 맞춘다.

표 9-1 저염식단의 허용식품과 제한식품

식 품	허 용 식 품	제 한 식 품
곡류	쌀, 보리, 옥수수, 감자, 고구마 등 소금을 넣지 않은 곡류	소금을 넣고 조리한 곡류
빵류	제한 식품 이외의 모든 식품	소금, 베이킹파우더, 소다를 넣고 만든 빵
고기, 생선류	소고기, 돼지고기, 간, 신선한 생선, 소금을 안 뿌리고 말린 생선 등	통조림, 소금에 절인 고기나 생선, 베이컨, 햄, 장조림, 졸인 생선이나 치즈 등
달걀류	제한 식품 이외의 모든 식품	소금을 넣은 달걀 요리
채소류	소금을 넣지 않고 조리한 신선한 채소류	김치, 깍두기, 장아찌, 통조림, 채소, 해조류
지방류	참기름, 식물성 기름	버터, 마가린
과일류	신선한 과일 모두	과일통조림
당류 및 후식류	백설탕, 흑설탕, 잼, 젤리, 커스터드 푸딩	케이크, 베이킹파우더 · 소다를 넣은 과자
음료수	우유, 과즙, 보리차, 홍차, 커피, 탄산음료수	통조림에 들어있는 채소즙(채소주스, 토마토주스)
기 타	고추, 후춧가루, 식초, 겨자 등의 양념을 사용한 것	마요네즈(소금을 넣은 것), 화학조미료

※ 자연식품 중에서 염분 함량이 많은 식품은 소의 콩팥, 심장, 뇌 등의 내장류와 조개, 새우, 게, 해삼 등의 해산물이다.

출처: 대한영양사협회

③ 지 질

신증후군 환자에게서 흔히 나타나는 이상지질혈증의 위험을 줄이기 위해 총지질, 포화지방산, 콜레스테롤과 단순당의 섭취를 제한한다.

2) 약물치료

신증후군을 치료하고 신장 손상을 예방하기 위해 부신피질 스테로이드 호르몬과 면역억제제 및 이뇨제 등을 사용한다. 부종이 심할 경우에는 알부민을 정맥주사한다. 소아 신증후군의 경우 스테로이드 호르몬은 성장장애, 쿠싱증후군, 골다공증 등의 부작용이 있으므로 이에 대한 치료가 필요하다.

2. 급성 신부전

급성신부전 acute kidney failure은 신장 기능의 저하가 수 시간에서 수일 내에 급성으로 나타나 사구체 여과율이 급속히 감소하고 체내에 질소 폐기물이 축적되는 질환이다. 급성신부전은 발생빈도가 낮은 편이지만 일단 증세가 나타나면 위험하다. 특히 감뇨성 급성신부전은 수일 내에 고질소혈증을 보여 투석을 해야 하며 투석하여도 사망률이 50%에 이른다.

(1) 원 인

급성신부전의 원인은 전신성 prerenal, 신성 renal, 후신성 postrenal의 3가지로 구분한다. 전신성 신부전은 전체의 60~70%를 차지하며 신장으로 가는 혈류의 감소로 사구체 여과율이 감소되어 나타난다. 이는 용혈, 탈수, 패혈증, 이뇨제 복용, 심부전, 화상 및 항고혈압제에 의해 유발되며, 세뇨관의 기능은 정상이므로 혈류량이 정상화되면 신기능도 회복된다.

신성 신부전은 감염, 독성물질, 약물, 외상 등에 의해 신장이 직접적인 손상을 받았을 때 생긴다. 당뇨병, 겸상적혈구병, 미세혈관염, 종양, 결석, 신사구체염, 약물로 인한 급성 신세뇨관 괴사 등이 원인 질환이다. 신성 신부전의 발생율은 전체의 25~40%에 달한다.

후신성 신부전은 요로 이상에 의해 유발되며 협착, 종양, 결석 및 외상으로 인한 요관 폐색, 전립선 장애, 신장 정맥 혈전증, 선천선 기형 등에 기인한다. 급성신부전은 위의 3가지 요인 이외에도 여러 요인들이 복합적으로 작용하여 유발된다.

(2) 증 상

급성신부전의 증상으로는 감뇨증, 식욕부진, 오심, 구토, 부종, 호흡곤란 등이 나타난다. 사구체여과율이 감소하여 하루 요량이 400 mL 이하가 되는 감뇨증과 100 mL 이하가 되는 무뇨증이 나타난다. 감뇨증으로 인해 나트륨, 수분, 칼륨의 배설이 원활히 이루어지지 않아 체내에 나트륨이 축적되고, 고칼륨혈증이 생겨 수분과 전해질 균형이 깨진다.

그밖에도 크레아티닌, 요소질소, 요산 등이 배설되지 못하고 체내에 축적되어 요독증 증세가 나타나 발작이나 혼수상태를 일으킨다.

(3) 치료방법

급성신부전의 치료는 신장의 손상을 치료하고 수분과 전해질의 균형을 회복하며 혈중 독성 노폐물의 농도를 최소화하기 위해 약물치료, 식이요법 및 투석을 병행한다.

1) 식이요법

① 열 량

급성신부전 환자의 영양은 환자의 상태에 따라 경구 또는 정맥으로 공급한다. 총 열량 섭취량은 대사 과잉과 체단백 손실로 인한 이화작용을 방지하기 위하여 하루 30~35 kcal/kg으로 한다. 식욕부진이 심하면 수액으로 열량을 공급한다. 단순당과 지방 등 비단백질 급원을 이용한다.

② 단백질

단백질은 신장 기능과 투석 여부 등에 의해 조절되며, 음의 질소평행과 근육 소모를 막기 위해 충분한 양을 공급한다. 일반적으로 투석을 하지 않는 경우에는 하루 0.6~0.8 g/kg을 제공하고, 투석을 하는 경우에는 1.0~1.5 g/kg을 섭취하도록 한다.

③ 수 분

체수분 상태와 혈액 나트륨 농도를 측정하여 수분 섭취량을 조절한다. 수분 하루 요량에 손실 수분량 500 mL를 더하여 섭취한다. 이뇨기나 투석 시에는 충분히 섭취한다.

④ 나트륨

부종과 고혈압을 방지하기 위하여 나트륨 섭취량을 하루 2 g으로 제한한다. 이뇨기에는 요량, 나트륨 배설량, 투석, 부종 상태에 따라 섭취량을 증가시킨다.

⑤ 칼 륨

고칼륨혈증을 보이는 경우는 칼륨섭취를 하루 2~3 g으로 제한한다.

⑥ 영양지원

환자의 상태에 따라 경관급식 또는 정맥영양을 실시한다. 신부전 환자용 조제식의 조성은 일반 조제식에 비해 열량 밀도가 높고 단백질과 전해질 농도는 낮다. 염증성 장염, 루푸스, 유전분증, 만성 췌장염 등으로 인한 급성신부전의 경우는 정맥영양 parenteral nutrition을 실시하도록 한다.

2) 약물치료

감뇨증으로 인해 부종이 있을 경우에는 이뇨제를 사용하며 고질소혈증이 심할 때에는 투석을 시행한다. 고칼륨혈증이 있는 환자는 포타슘 교환수지를 투여하여 칼륨을 대변으로 배설시킨다. 또한 급성신부전의 원인 질환에 대한 치료를 행한다. 산독증 acidosis이 있을 경우에는 중탄산염 bicarbonate을 처방하며 회복되지 않을 때는 투석을 한다.

3. 만성 신부전

만성신부전 chronic renal failure은 신장 기능이 점진적이고 비가역적으로 손상되는 상태로, 수년간 증상 없이 진행되다가 진단받을 때는 이미 신장 기능이 70% 이상 손상된 경우가 많다. 초기 단계에서는 저하된 기능을 보완하기 위해 신장 예비력 renal reserve으로 정상적인 네프론의 활성을 증가시켜 사구체여과율을 유지하지만 점진적으로 네프론의 기능이 손실되어 기능을 못하게 된다.

(1) 원 인

만성신부전의 발병 원인은 고혈압과 당뇨병이 거의 70%를 차지한다. 그 외에 사구체신염, 신우신염, 유전성 질환(다낭신질환), 루푸스 등 면역질환, 요로 협착 같은 선천성 기형과 결석 · 종양 및 전립선 비대로 인한 요로 폐쇄 등이 있다.

(2) 증 상

대부분 질환이 상당히 진행될 때까지 특별한 증상을 못 느끼는 경우가 많다. 신장 기능이 55% 이상 감소했을 때 혈중 요소 농도의 증가를 보이고, 80% 이상 손실되어야 고질소혈증이 나타난다. 또한 신부전 말기가 될 때까지 수분과 전해질 장애를 보이지 않는다.

만성신부전의 초기 증상으로는 식욕부진, 피로, 두통, 고혈압, 구토, 단백뇨 등이 있다. 사구체여과율이 5 mL/분 이하로 저하되고 감뇨증이 심해지면 고칼륨혈증이 나타난다. 신장 기능의 감소로 에리스로포이에틴 생성이 저하되어 빈혈을 초래하고, 부갑상선 호르몬 기능이 항진되어 골 형성장애를 보인다. 산-염기 평형유지 기능이 손상되어 산독증이 나타나며 이를 중화하기 위해 골격에서 단백질과 인산염 등이 빠져나와 골 질환이 더욱 악화된다.

또한 신기능의 저하로 고혈압, 당뇨, 이상지질혈증이 나타나 심혈관계 질환의 위험이 증가한다. 만성신부전의 말기에 사구체여과율이 15 mL/분 이하로 떨어지고 혈중 요소질소의 농도가 60 mg/dL 이상으로 증가하면 정신기능과 신경근육계의 변화를 유발하는 요독증 uremic syndrome이 나타난다. 그 외에도 구토, 투석에 따른 영양소 손실과 식욕부진으로 인해 단백질-에너지 결핍성 영양불량 PEM이 나타난다.

(3) 만성신부전의 진행 단계

만성신부전은 지속적으로 신기능이 감소하는 질환으로 질환의 진행 단계를 사구체여과율을 이용하여 5단계로 구분한다(표 9-2).

표 9-2 만성신부전의 진행 단계

단 계	상 태	사구체여과율(mL/min/1.73 m²)
1	사구체여과율 정상 또는 증가	≧90
2	사구체여과율 약간 감소	60~89
3	사구체여과율 중간 정도 감소	30~59
4	사구체여과율 심한 감소	15~29
5	신부전	<15 (또는 투석)

check point

말기 신부전 ESRD, End-stage of renal disease

사구체여과율이 5 mL/분 이하로 감소되어 요독증과 합병증이 나타나며 생명을 유지하기 위해서 투석이나 신장이식을 해야 할 만큼 진행된 만성신부전을 뜻한다.

(4) 치료방법

만성신부전 치료의 목표는 신부전의 진행 상태를 지연시키고 증상을 완화 또는 예방하는 것이다. 이를 위해 약물치료, 투석(혈액투석, 복막투석) 및 식이요법을 시행한다.

만성신부전 환자의 식이요법은 질병의 진행 상태와 발현되는 증상에 따라 달라진다. 신장의 부담을 줄이고 요독증의 증상을 완화시키도록 영양소의 손실을 보충하여 적절한 영양상태를 유지한다.

1) 식이요법

① 열 량

열량원으로 근육 단백질을 분해하여 체중이 감소하지 않도록 충분한 열량을 섭취한다. 열량 공급은 30~35 kcal/kg × 표준체중 이상이 되도록 한다. 열량급원으로 단순당(설탕, 젤리, 꿀)과 식물성 지방을 사용한다. 그러나 당뇨병성 신증이 있는 경우에는 단순당이 혈당 상승을 유발하므로 사용에 주의한다.

② 단백질

만성신부전 환자는 단백질 분해산물이 배설되지 못하고 체내에 쌓여 요독증을 유발하고 질소성 노폐물을 생성하여 신장에 부담이 된다. 그러므로 개인의 상태에 따라 하루 0.6~0.8 g/kg으로 단백질 섭취를 제한한다. 단백질 섭취량의 50% 이상은 달걀, 고기, 생선, 우유 등 단백가가 높은 단백질로 섭취한다.

check point

단순당과 지방으로 열량 섭취량을 증가시키는 방법

① 사탕, 젤리, 꿀 등 쉽게 먹을 수 있는 단순당을 간식으로 이용한다.
② 음료수에 설탕이나 전분류, 전분가공식품을 첨가한다.
③ 전분가공식품 : 설탕보다 단맛을 적게 내면서 열량은 설탕과 동일한 1g당 4kcal를 내는 전분가공식품. 예를 들면 맥시줄, 폴리코오즈 등이 있다.
④ 빵, 떡, 비스킷 등의 간식을 먹을 때는 설탕, 꿀 등을 발라 먹는다.
⑤ 조리 시 전, 튀김, 볶음 요리를 주로 이용한다.

출처 : 대한영양사협회

③ 지 질

단백질을 절약하고 열량 섭취량을 증가시키기 위해서 고지방 식품을 이용한다. 단, 이상지질혈증의 개선과 심혈관계 질환의 위험 감소를 위해 포화지방과 콜레스테롤 섭취는 제한하고 불포화지방산(견과류, 콩류, 샐러드 드레싱)을 섭취한다.

④ 나트륨

요 배설량, 혈청 나트륨 농도, 혈압, 체중 등에 따라 나트륨 섭취량을 달리한다. 혈압, 체중 증가 및 부종이 있을 때는 하루 나트륨의 섭취량을 2g(소금 5g) 이하로 제한한다.

⑤ 수 분

일반적으로 수분 섭취는 요량이 감소하기 전까지는 제한하지 않는다. 부종 및 감뇨증이 있는 경우는 총 수분 섭취량을 전날 요량에 500mL를 더한 값으로 제한한다. 투석 시에는 하루 약 900g 정도의 체중 증가가 있도록 섭취량을 조절한다.

Check point

일상 생활에서 섭취하는 수분의 종류는?

① 실온에서 액체 상태인 것(음료수, 우유, 국물, 얼음, 아이스크림)
② 과일이나 채소 등 식품 자체에 들어있는 수분
③ 식품이 체내에서 대사되면서 생성되는 수분
②와 ③을 합한 수분의 양은 체내 불감수분 손실량과 거의 일치하므로
허용수분 섭취량(전일 요량 + 500 mL)은 상온에서 액체 상태인 수분으로 계산

(예1) 전일 요량이 300cc인 경우 허용수분섭취량은 800cc가 되므로 마실 수 있는 수분=[우유 1컵 200cc, 약 먹을 때 물 1회×3회(300cc), 국물 1회 100cc×3회(300cc)]

(예2) 전일 요량이 없는 경우 허용수분 섭취량은 500cc 미만
우유 1컵 200cc, 약 먹을 때 물 1회×3회(300cc)

출처: 대한영양사협회

Check point

만성신부전 환자의 수분섭취량 계산 방법

물통에 하루 수분 필요량의 물을 채운 후, 액상음식이나 음료를 마실 때마다 그 양만큼 용기에서 물을 뺀다. 물통에 남은 물이 그날 먹을 수 있는 나머지 수분량이 된다.

수분 섭취를 효과적으로 조절하는 방법

- 물은 갈증을 해소할 수 있을 만큼만 한 모금씩 마신다.
- 갈증이 심할 때에는 얼음 조각을 입안에 물고 서서히 녹여 먹거나 차가운 물로 입만 헹군다.
- 신맛이 나는 레몬을 한 조각 먹거나 껌이나 사탕을 먹는다.
- 허용된 양 내의 과일을 차갑게 해서 먹거나 얼려 먹는다.

출처: 대한영양사협회

⑥ 칼 륨

칼륨 섭취량은 혈청 칼륨 농도, 신장 기능, 약물 종류, 투석 방법 등에 따라 다양하다. 고칼륨혈증일 경우에는 칼륨이 풍부한 아보카도, 바나나, 시금치, 토마토, 견과류 등의 섭취량을 제한한다. 그러나 칼륨을 배설시키는 이뇨제를 사용할 때에는 칼륨 보충제를 복용하도록 한다. 투석 시에는 혈청 칼륨 농도에 따라 고칼륨혈증이나 저칼륨혈증이 나타날 수 있으므로 칼륨 섭취량을 조절하여야 한다.

⑦ 인

신장기능 저하에 따른 인 배설량 감소와 혈청 인산 농도 증가로 부갑상선 호르몬 분비가 증가되며, 신성골이영양증과 같은 골질환이 유발된다. 따라서 초기 단계에서부터 하루 인 섭취량을 8~12 mg/kg 이하로 제한한다. 칼슘과 인의 균형을 위해 칼슘제제를 사용하기도 한다.

⑧ 비타민과 무기질

만성신부전 환자의 식사는 단백질과 무기질의 섭취를 제한하므로 무기질이 결핍될 수 있으며, 투석을 할 경우 수용성 비타민과 무기질이 손실된다. 따라서 비타민 B_1, 비타민 B_2, 비타민 B_6(10 mg/dL), 비타민 C(100 mg/day), 엽산(1 mg/dL), 철 등 비타민과 무기질 보충제를 복용하도록 한다.

다만, 특정 비타민(비타민 A, 비타민 E)은 체내에 과량 축적되므로 일반적인 종합비타민제의 복용에 주의한다.

2) 약물치료

만성신부전 환자에게 일반적으로 사용하는 약물로는 질환의 진행 속도를 지연시키는 데 중요한 항고혈압제와 이뇨제가 있다. 그 외에도 식사의 인과 결합하여 변으로 배출되는 인결합제, 산독증을 중화하는 소듐중탄산염, 혈청 칼슘농도를 증가시키고 부갑상선 호르몬의 농도를 저하시키는 비타민 D 활성형 보충제와 항고칼륨제, 혈전억제제, 항콜레스테롤제, 소화제 등이 사용된다. 또한 빈혈을 치료하기 위한 조혈제로 에리스로포이에틴 주사와 철분제를 사용한다.

4. 투 석

투석 dialysis은 말기 신부전이 되어 고칼륨혈증, 수분 축적 및 요독증이 심해졌을 때 생명을 유지시켜주는 대체 방법으로 사용된다. 일반적으로 사구체여과율이 5~10 mL/분일 때 투석을 시작한다. 급성신부전 환자의 경우에도 수분과 전해질 균형을 개선하기 위해 사용된다. 투석은 말기 신부전 치료에 영구적으로 사용하거나 신장이식 때까지만 일시적으로 이용한다.

(1) 혈액투석

혈액투석은 혈액 속의 노폐물과 여분의 수분을 투석기와 여과기(필터)로 여과하여 제거한다. 여과기의 한 부분은 혈액이 지나가고 다른 부분은 투석액이 지나며 두 부분은 얇은 반투과성 막으로 구분되어 있다.

check point

요소운동역학모형 urea kinetic modeling

혈액으로부터 제거된 요소의 양을 평가하며, 투석 치료의 적절성을 평가하는 방법중 가장 많이 사용되고 있다. 계산값이 최소 1.2가 되어야 투석치료가 충분하다고 판정을 내린다. 투석 중에 문제가 있거나 환자가 투석을 제대로 받지 않는 경우에는 최소 한 달에 한 번 이상 평가하도록 하고 있다.

계산식 : Kt/V (K = 제거된 요소의 양, t = 투석에 소요된 시간, V = 혈액량)

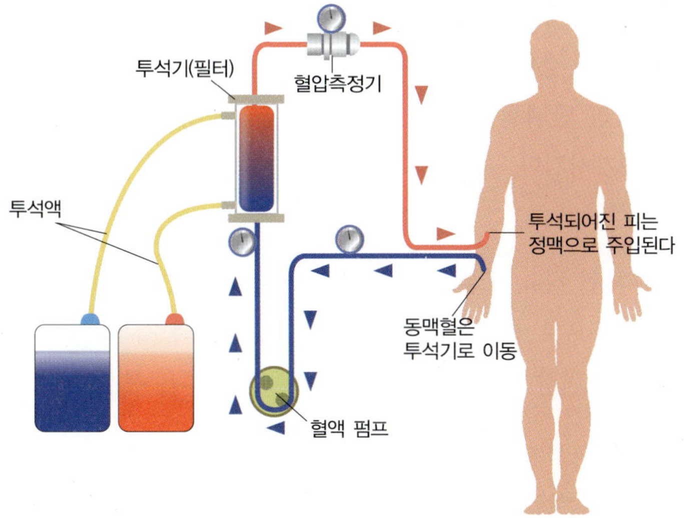

그림 9-2 혈액 투석

혈액 속의 혈구 및 단백질은 막을 통과할 수 없으며 여분의 수분, 요소, 크레아티닌, 나트륨, 칼륨 등이 막을 통과하여 제거된다(그림 9-2). 의사의 처방에 따라 투석시간을 결정하게 되며 일반적으로 4~8시간, 일주일에 세 번 정도 투석을 받는다. 투석의 적절성은 요소제거율과 Kt/V라는 지표로 평가를 내린다. Kt/V가 최소 1.2, 요소제거율이 65% 이상 될 때 충분한 양이 투석되었다고 본다.

[식이요법]

투석 환자의 식이요법 목표는 과다한 수분과 노폐물의 축적을 방지하고 요독증을 저하시키며 좋은 영양상태를 유지하는 것이다.

① 열 량

혈액투석을 하는 환자의 열량 요구량은 투석 전과 같이 하루 30~35 kcal/kg이다. 투석 시 영양소 손실과 구토, 메스꺼움 등으로 잘 먹지 못하는 경우에 체중이 감소하므로 투석 후에 체중을 측정하여 식사를 충분히 하고 있는지 확인한다. 비단백질 급원인 단순당으로 열량 섭취를 증가시킨다.

② 단백질

혈액투석 시 단백질이 손실되므로 하루 1.1~1.4 g/kg을 섭취하도록 하며 질소 노폐물을 줄이기 위해 50% 이상을 생물가가 높은 단백질로 공급한다.

혈액투석을 할 때에는 특별히 단백질 제한을 하지 않으나, 하루 필요량을 초과하여 섭취하였을 경우 혈중 노폐물이 증가하므로 필요량을 정확히 계산하여 섭취한다. 지나친 단백질 제한은 빈혈이나 영양결핍으로 투석환자의 유병률 및 사망률을 증가시킨다.

③ 수 분

혈액투석을 하면 감뇨 또는 무뇨 상태가 나타난다. 그러나 소변량보다 많은 물을 마시면 부종으로 심장에 부담이 간다. 또한 투석 시 많은 수분을 제거해야 하므로 전일 소변량에 500 mL를 더한 양만큼 수분을 섭취한다.

④ 나트륨

과다한 나트륨 섭취는 투석 사이에 나트륨 제거가 잘 되지 못하여 혈압을 상승시키며, 수분 섭취 증가를 유발한다. 따라서, 투석 시에 저혈압이 나타나는 경우를 제외하고는 나트륨 섭취를 조절한다. 환자의 상태에 따라 나트륨 허용량에 차이가 있으나, 부종과 고혈압이 심할 때에는 하루 2 g 이하로 제한한다.

check point

칼슘섭취시 참고사항

칼륨이 다량 함유된 식품

① 곡류 : 도정이 덜 된 잡곡류, 감자, 고구마, 옥수수, 밤, 팥, 은행
② 채소류 : 근대, 무청, 무말랭이, 쑥갓
③ 과일류 : 참외, 토마토, 바나나, 천도복숭아, 키위, 토마토 주스
④ 기타 : 호두, 땅콩, 잣, 초콜릿, 코코아

칼륨 섭취를 줄이는 방법

① 칼륨이 다량 함유된 식품의 섭취량을 제한한다.
② 저염 소금이나 저염 간장에도 칼륨이 다량 함유되어 있으므로 사용하지 않는다.
③ 칼륨을 제거하는 조리법을 이용한다.
- 껍질이나 줄기에는 속이나 잎보다 칼륨이 많으므로 껍질을 벗기거나 잎만 사용한다.
- 채를 썰거나 잘게 토막내어 물에 2시간 동안 담가 둔다.
- 2시간 담근 재료를 몇 초 동안 헹군다.
- 많은 양의 물에서 데치거나 끓인 후 물을 버리고 조리한다.

출처 : 대한영양사협회

⑤ 칼 륨

감뇨 상태가 되면 칼슘 배설이 원활히 이루어지지 않아 고칼륨혈증이 나타난다. 이로 인해 사지마비, 부정맥, 심장마비 등이 발생하므로 하루 2 g 이하로 칼륨 섭취를 제한한다.

⑥ 기 타

신장 기능이 저하되면 혈중 인산농도가 증가하여 부갑상선 호르몬 분비가 증가되고, 신성골이영양증 및 조직의 칼슘 침착 등이 발생한다. 이 경우 하루 800~1,000 mg 이하로 인의 섭취를 제한하며 필요한 경우에는 인결합제를 음식과 같이 복용한다. 또한 신장 기능 저하로 인한 비타민 D 결핍증으로 칼슘 흡수도 저해되므로 칼슘 섭취를 충분히 한다. 혈액투석으로 수용성비타민과 무기질이 손실되므로 엽산과 철이 포함된 비타민을 보충한다.

(2) 복막투석

복막투석 peritoneal dialysis은 투석기와 여과기가 필요한 혈액투석과 달리 복부의 장기를 싸고 있는 환자 자신의 복막을 이용하여 투석한다. 카테터 catheter를 통해 고삼투성 투석액을 복강 내로 주입하면 혈액 속의 노폐물과 여분의 수분이 반투과성 막인 복막을 통해 투석액으로 이동하게 되고, 이를 배액통으로 배출시킨다.

복막투석 방법은 지속성 외액 복막투석 continous ambulatory peritoneal dialysis, CAPD을 가장 많이 사용한다. 이는 투석액을 4~6시간 동안 복강 내로 유입한 후 체외로 배출하고 다시 새로운 투석액으로 교체한다. 보통 하루에 3~5회 교환한다(그림 9-3). 그 밖에 기계를 사용하여 잠든 사이에 투석을 하는 지속주기 복막투석 CCPD, continuous cyclic peritoneal dialysis이 있다. 복막투석은 혈액투석에 비해 비교적 식사제한이 적고 혈관으로 주입하지 않으며 편리하여 많이 사용되나 투석액 교환 시 카테터 부위나 복강 내에 감염이 생기지 않도록 주의가 필요하다.

[식이요법]

복막투석은 혈액투석에 비해 혈중 노폐물과 수분 및 전해질의 조절이 비교적 용이하다. 그러나 단백질 및 수용성 비타민이 손실되고 투석액으로부터 과량의 당이 혈액으로 흡수되어 고중성지방혈증과 체중증가를 유발할 수 있다.

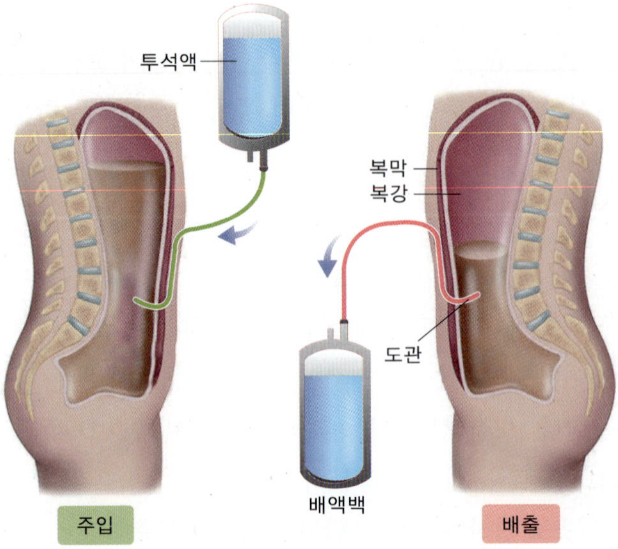

그림 9-3 복막투석

check point

복막투석 환자의 식사를 통한 열량 섭취량

① 식사에서 필요한 열량 = 총 열량 요구량 − 투석액으로부터 얻는 열량

② 투석액으로부터 얻는 열량 = 당 농도(g/L) × 3.4 kcal × 0.8 × 투석액 양(L)

(예) 정상체중 70 kg, 투석액 1.5% 2,000cc 2회, 2.5% 2,000cc 2회 사용

- 열량 필요량 = 70 kg × 35 kcal = 2,450 kcal
- 투석에서 얻는 열량 = 380 kcal
- 하루 식사로 섭취해야 하는 열량 = 2,450 − 380 = 2,070 kcal

① 열 량

투석액으로부터 체내로 흡수되는 당은 투석액의 농도, 시간, 교환횟수, 투과도 등에 따라 다르나 일반적으로 70~80%가 체내에 흡수된다. 총 열량 필요량은 25~35 kcal/kg이며, 식사를 통한 에너지 섭취량은 총에너지 요구량에서 투석액으로부터 흡수되는 열량을 제한 값으로 한다.

표 9-3 투석액의 열량

투석액 농도	투석액(1 L)	
	포함된 당량(g)	열량(kcal)
1.5%	13	35
2.5%	22	60
4.25%	38	103

흡수된 당의 열량 : 3.4kcal/g

② 단백질

복막투석 시에는 하루 4~15 g의 단백질의 투석액으로 손실되므로 단백질 공급을 충분히 한다. 하루 필요한 단백질량은 1.2~1.5 g/kg이며 복막염이 있는 경우에는 단백질 손실이 증가하므로 단백질 섭취를 늘린다.

③ 나트륨

복막투석 시에는 비교적 나트륨과 혈압 조절이 잘 되므로 나트륨 섭취의 제한이 덜하다. 그러나 과다한 섭취는 혈압 상승과 체내 수분 축적을 유발하므로 고혈압, 고중성지방혈증, 과체중의 경우에는 제한한다. 하루 섭취량은 표준체중당 2~4 g으로 한다.

④ 수 분

체내의 수분이 빠져나와 주입했던 투석액보다 배출 시에 더 많은 양이 나오므로 감뇨나 무뇨의 경우에도 수분섭취는 제한하지 않는다. 그러나, 부종이 있을 때는 24시간 투석액에 24시간 소변량을 더한 값으로 제한한다.

⑤ 칼륨, 인, 단순당, 포화지방, 콜레스테롤 및 알코올

개인 상태에 따라 저칼륨혈증이나 고칼륨혈증이 나타날 수 있으므로 칼륨 섭취를 조절한다. 고칼륨혈증일 경우에는 하루 2 g 이하로 제한한다.

복막투석 시 단백질 섭취가 증가하므로 인의 배설이 잘 안될 경우 혈중 인산 농도가 증가할 수 있다. 인은 하루에 17 mg/kg × 표준체중 이하로 섭취한다.

이상지질혈증이나 과체중일 경우에는 단순당의 섭취를 제한한다. 고콜레스테롤혈증이 있을 때는 포화지방과 콜레스테롤의 섭취를 줄이고 불포화지방을 이용한다. 이상지질혈증 환자는 의사의 처방 외에는 알코올 섭취를 피한다.

5. 신결석

(1) 원 인

신결석 renal stone은 소변으로 배출되는 무기물들이 응고되어 굳은 것이다. 일반적으로 덴트 질환 dent's disease, 신세뇨관성 산증 renal tubular acidosis 등과 같은 대사 이상으로 발생된다. 보통 신장이나 수뇨관에서 많이 생기며 작은 결석은 소변으로 배출되지만 큰 결석은 수뇨관을 막아 이차적인 문제를 유발한다.

(2) 종 류

가장 흔한 결석은 수산칼슘결석 calcium oxalate stone으로 요 중의 수산염 oxalate과 칼슘 calcium이 결합하여 형성된 것이다. 수산칼슘결석의 발생원인은 정확히 규명되지 않았으나 흔히 고칼슘뇨증이 발견된다. 또한 수산의 체내 합성증가나 수산 흡수량 증가로 인한 고수산뇨증이 결석 형성에 큰 영향을 미친다.

요산결석 uric acid stone은 혈중 요산 농도가 높을 때 발생하며 전체의 약 10% 정도를 차지한다. 산-염기 대사 이상이나 통풍, 백혈병, 림프종 치료 시에 요산결석이 증가한다.

녹각석(암모늄 인산마그네슘, struvite stone)은 요소가 암모니아로 분해되면서 소변이 알칼리화가 되어 생성되는 결석이다. 시스틴결석 cystine stone은 신장 세뇨관에서 시스틴을 재흡수하지 못하는 유전적 시스틴뇨증 cystinuria에서 증가한다.

(3) 증상 및 진단

신결석이 요관을 이동하거나 요로를 막을 때 지속적인 허리 부근의 통증을 일으킨다. 결석이 이동하면서 신장이나 요관에 손상을 입혀 혈뇨가 나타난다. 이 외의 증상으로 발열, 배뇨곤란, 구토 등이 있다.

일반적으로 신결석은 x-ray로 확인하나, 이를 사용할 수 없는 경우에는 초음파영상시스템 ultrasound imaging system으로 진단한다.

(4) 예방 및 치료

신결석의 크기나 형성되는 부위에 따라 치료법은 다양하다. 일반적으로 작은 결석은 자연적으로 배출시키나, 없어지지 않을 경우에는 체외충격파요법, 요관결석 쇄술 등을 시행한다. 급성 통증 시에는 진통소염제 ketorolac나 마취 성분의 약을 주사한다.

일반적으로 소변을 희석하여 결석 형성을 감소시키기 위해 하루 요 배설량이 최소 2.5L가 되도록 수분 섭취를 한다.

① 수산칼슘결석

수산칼슘결석의 예방과 치료에 사용되는 약물로는 세뇨관에서의 칼슘 재흡수를 증가시켜 요배설량을 감소시키는 싸이아자이드 thiazide 계열의 이뇨제와 수산 흡수를 저해하는 콜레스티라민 cholestyramine, 요산 생성을 저하시키는 알로퓨리놀 allopurinol 등이 사용된다.

식이요법으로는 단백질, 나트륨, 칼슘 및 수산의 섭취량을 조절한다. 과다한 단백질과 나트륨 섭취는 칼슘 배설을 증가시키므로 단백질과 나트륨 섭취를 제한한다. 고칼슘혈증을 조절하고, 고수산증을 방지하기 위해 하루 600~800mg의 칼슘을 섭취한다. 그러나 저칼슘 식이를 할 경우에는 오히려 수산의 흡수가 촉진되어 수산의 요배설량이 증가하므로 칼슘을 적절히 섭취하도록 한다.

요의 수산 농도 증가가 수산칼슘결석의 중요한 원인이므로 수산이 많이 함유된 식품의 섭취를 제한한다(표 9-4).

표 9-4 수산이 풍부한 식품

과일	딸기, 포도, 무화과, 건포도, 과일 칵테일
채소	콩, 순무, 셀러리, 가지, 케일, 겨자잎, 고추, 시금치, 호박, 토마토, 부추, 꽃상추
견과류	땅콩, 아몬드, 땅콩버터
음료	초콜릿, 코코아, 맥주, 차, 토마토주스, 자몽주스, 사과주스
기타	전곡류, 두부, 밀 배아

출처 : 국민고혈압사업단

② 요산결석

요산결석을 치료하는 약물로 요산 배설을 저하시키는 알로퓨리놀 allopurinol 과 요의 산성 상태를 회복시키는 구연산포타슘을 주로 사용한다.

식이요법으로는 퓨린이 많이 함유된 육류, 어류, 두류, 전곡류의 섭취를 제한한다. 또한 요의 산도를 증가시키기 위해 우유, 채소류, 과일 등 알칼리성 식품을 섭취한다.

③ 시스틴결석

시스틴결석에 처방되는 약물로는 요 중 시스틴 농도를 저하시키는 페니실라민 penicillamine, 티오프로닌 tiopronine 등이 있다.

시스틴은 메티오닌에서 생성되므로 식이 중 메티오닌이 많이 함유된 식품을 피한다. 요의 pH를 7.5 정도로 유지하기 위해 알칼리성 식품을 섭취한다.

Chapter 10

혈액계 질환

학습목표

- 빈혈의 발병요인과 종류를 알아보자.
- 효과적인 빈혈치료에 대해 알아보자.
- 선천적 대사장애에는 어떤 것들이 있으며, 그 원인과 증상, 영양치료 방법을 알아보자.

10-1 혈 액 blood

1. 혈액의 구성과 기능

(1) 혈액의 구성

혈액은 액체상태인 혈장 plasma과 혈장에 함유되어 있는 세포성분 형태요소인 혈구(적혈구와 백혈구 및 혈소판)로 구성되어 있으며, 성인의 경우 총혈액량은 약 5L 정도로 체중의 약 6~8%를 차지한다.

혈액용적의 약 45%는 세포성분(적혈구 · 백혈구 · 혈소판)이며, 55%는 혈장으로 구성되어 있다. 혈액을 좀 더 구체적으로는 다음과 같이 구분한다.

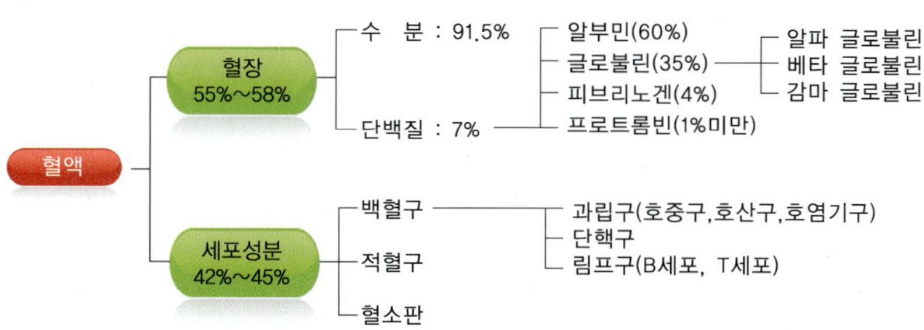

그림 10-1 혈액의 항상성 범위

① 혈 장 blood plasma

투명한 담황색의 액체로, 91%는 수분이고 단백질 7%, 지질 1%, 탄수화물 0.1%, 무기성분 0.9%이다. 혈장단백질은 알부민 albumin과 글로불린 globulin으로 분류되는데 알부민은 균일 단백질이나 글로불린은 전기영동법에 의해 α_1, α_2, β, γ로 분류되며, 이들 각 글로불린은 여러 가지 단백질로부터 구성된다.

알부민과 글로불린의 비율(A/G)은 1.5~2.2이며, 알부민은 물이 혈관을 통해 밖으로 쉽게 빠져나가지 않도록 함으로써 혈장의 삼투압 유지에 중요한 역할을 한다.

당단백질의 일종인 트랜스페린 transferrin은 철분과 가역적으로 결합하는 성질을 가지고 있으며 소화관으로부터 골수로 철분을 운반한다. γ-globulin 분획에는 면역항체가 들어 있어 면역 글로불린이라고 한다. 이 밖에 혈장단백질 속에는 혈액응고에 중요한 프로트롬빈 prothrombin, 피브리노겐 fibrinogen 및 그 밖에 응고인자가 있다.

표 10-1 혈장의 구성성분과 그 범위

구성성분	정상범위
수분	혈장무게의 93%
전해질	혈장무게의 1% 이하
Na^+	135~145mM
K^+	3.5~5.0mM
Ca^{2+}	4.5~5.6mM
Cl^-	100~106mM
HCO^{3-}	24~30mM
$HPO_4{}^{2-}$	1mM
$SO_4{}^{2-}$	0.5mM
단백질	5.5~8.0g/100mL
알부민	3.5~5.0g/100mL
글로불린	2.0~3.5g/100mL
피브리노겐	0.2~0.45g/100mL
영양소	
포도당과 다른 당류	70~110mg/100mL
총 아미노산	40mg/100mL (2mM)
총 지질	350~680mg/100mL
콜레스테롤	130~230mg/100mL
노폐물	
요소질소(단백질 대사물)	10~26mg/100mL
크레아티닌(크레아틴 대사물)	0.7~1.4mg/100mL
요산(핵산 대사물)	3~7mg/100mL
빌리루빈(헴 대사물)	0.2~1.2mg/100mL

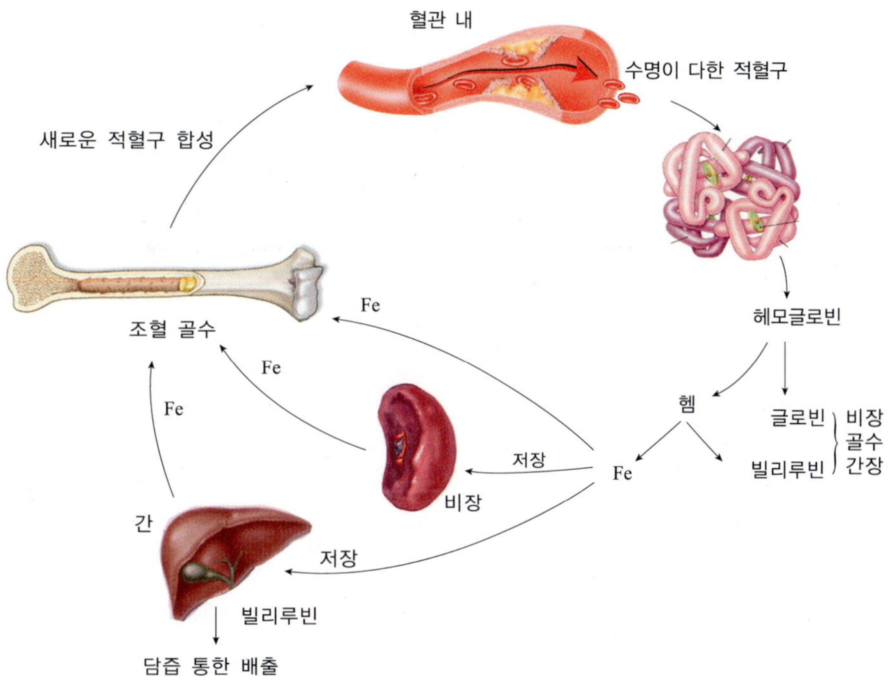

그림 10-2 적혈구의 생성과 배출

② 적혈구

적혈구는 무핵의 세포로, 혈액 1 mm^3 속에 남자는 약 500만, 여자는 약 450만 개가 들어 있으며, 유형성분의 99% 이상을 차지하고 있다. 적혈구는 혈류 속에서 여러 가지 모양으로 달라질 수 있어서 적혈구의 직경보다 가는 모세혈관도 통과할 수 있다.

적혈구 속에는 혈색소가 들어 있어서 전체 적혈구의 약 0.8%는 매일 소멸되고 또 다시 새로운 적혈구가 골수에서 만들어 진다. 적혈구의 생성에는 비타민 B_{12}, 비타민 B_6, 엽산, 철, 구리 등의 영양소가 관여한다.

적혈구는 신장에서 분비되는 호르몬 에리트로포이에틴 erythropoietin이 골수를 자극하여 생성하여 혈류 속에서 약 120일 동안 생존한 다음에 간, 비장, 임파절 등의 망상내피세포에 있는 대식세포가 오래된 적혈구를 처리한다. 적혈구 속의 헤모글로빈 hemoglobulin은 **heme**과 **globin**으로 분리되어 **heme**은 간에서 빌리버딘 biliverdin을 거쳐 철분과 빌리루빈 bilirubin이 되며, 빌리루빈은 담즙에서 배설된다.

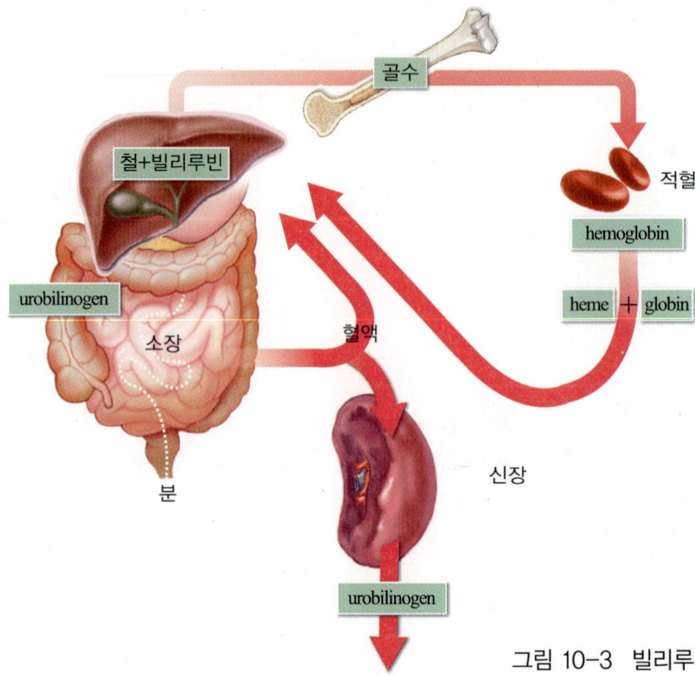

그림 10-3 빌리루빈의 생성

빌리루빈은 장관에서 우로빌리노겐 urobilinogen이 되어 대부분은 흡수되면서 혈액을 거쳐 간으로 들어와 다시 빌리루빈이 된다. 이때 분리된 철분은 다시 골수로 내보내져서 헤모글로빈의 원료가 된다.

③ 헤모글로빈 hemoglobin

적혈구 속에는 약 34% 가량의 헤모글로빈이 들어 있으며 산소와 탄산가스를 운반한다. 철은 미오글로빈 protoporphyrin과 결합해서 heme이란 물질을 만들며 각종 아미노산으로부터 글로빈 globin이 합성되어 혈색소를 형성(남자 16 g/100 mL, 여자 14.5 g/100 mL)한다.

체내에 들어 있는 철분의 약 65%는 혈색소 속에 들어 있으며 근육 속의 미오글로빈 myoglobin과 그 밖의 조직에 약간 들어 있다.

④ 혈소판 platelet

골수 속에 있는 거대한 세포 megararyocyte의 세포질 일부가 떨어져 혈액으로 나온 것으로 혈액응고에 관여한다. 수명은 약 10일 정도로 간과 비장에서 파괴된다. 출혈시 혈액 속의 혈소판이 혈장성분 속의 피브린 fibrin에 부착하여 지혈이 된다.

check point

지혈과 혈액응고

지혈이란 출혈을 멈추게 하는 복잡한 과정으로, 혈관이 손상되면 내피세포는 지혈에 필요한 물질을 분비하여 ① 상처 난 부위의 혈관수축 ② 혈소판에 의한 일시적인 혈전의 형성 ③ 손상된 혈관조직이 재생될 때까지 상처를 메우는 혈액응고의 세 과정을 거쳐서 지혈을 하게 된다.

혈액응고는 지혈의 최종적 과정으로, 일시적으로 만들어진 혈전에 적혈구가 응집하여 서로 결합함으로써 섬유소에 의해 단단한 고형물로 변하는 것이다.

⑤ **임파액** lymph 림프액

임파액은 임파관 · 임파절을 지나는데 구간(軀幹), 몸통에서 시작된 것은 굵은 흉관을 지나 흉선에서 생성한 임파액과 정맥에서 합류하여 임파구가 만들어 진다. 혈관 밖의 조직액으로 나온 임파구 lymphocytes 등은 다시 혈액 속으로 들어간다.

장관에서 흡수된 지방분은 임파액 속으로 들어와 운반되며, 다시 임파절에서 임파구가 만들어져 여과기 같은 역할을 하여 화농성 등 염증이 생기면 세균과 싸워 염증이 퍼지는 것을 막는다.

check point

NK세포(자연 살해세포) natural killer cells

감염세포나 종양세포 표면에 나타나는 변화를 인식하여 이들을 파괴시키는 세포독성 cytotoxicity을 나타내는 세포로서 표적이 되는 세포들이 분비하는 인터페론과 수용성 인자들을 이용하여 표적세포를 공격한다.

⑥ **백혈구** white boold cell, leukocytes

백혈구는 인체의 염증을 막아주는 주요작용을 한다. 백혈구에는 여러 종류가 있는데, 과립구로 분류되는 호중구 neutrophils, 호산구 eosinophils, 호염기구 basophils와 단핵구 monocytes, 그리고 임파구로 분류한다. 이 중 과립구와 단핵구는 골수에서 만들어지고 임파구는 임파절에서 만들어진다.

백혈구는 혈관 밖으로도 나갈 수 있어서 화농되어 있는 곳으로 집결하여 세균과 싸워 감염을 방지한다. 이때 침투한 세균에 대항하여 식균작용을 하면서 많은 백혈구는 세균 독소에 의해 죽게 된다.

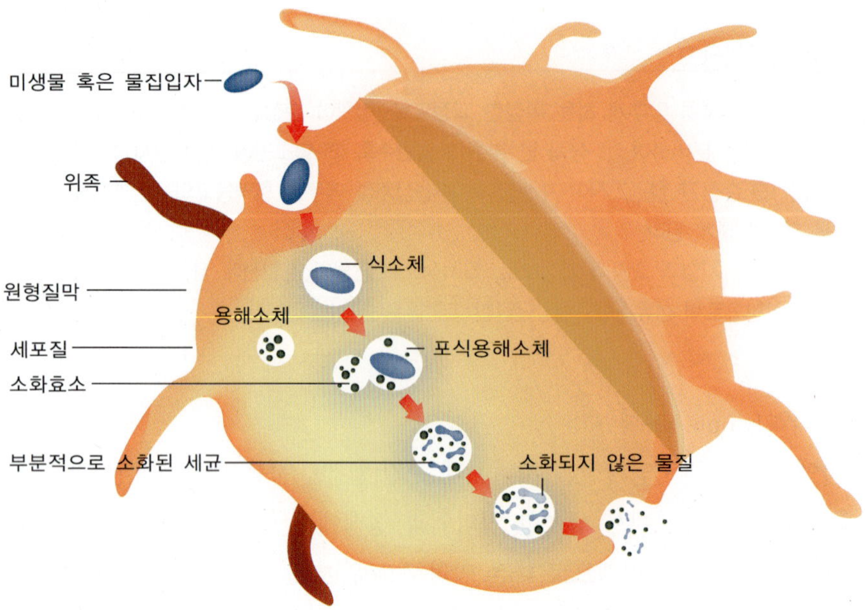

그림 10-4 백혈구의 식세포 작용

이 과정에서 파괴된 조직세포의 파괴될 모세혈관에서 들어온 적혈구가 희생된 백혈구와 함께 축적된 것이 고름(종) pus이다. 백혈구수는 보통 혈액 1mm^{3}당 4,000~8,000이다가 충수염이나 폐렴 등 세균성 감염이 된 때에는 1만 이상으로 증가하며, 그 밖에 백혈병이 발병해도 크게 증가한다.

⑦ 골 수

골수는 적혈구와 백혈구(과립구), 그리고 혈소판을 만드는 조혈작용을 하는데, 능력이 약화되면 빈혈이 생기고 백혈구와 혈소판이 감소된다(재생불량성 빈혈, 악성 빈혈). 어른에게 주로 생기는 용혈성 빈혈의 경우는 적혈구가 급속하게 파괴되므로 이를 보충하기 위하여 지방수(脂肪髓, 황색골수 lipomeningocele, yellow marrow)가 된 부위에서 조혈을 한다. 조혈은 어릴 때는 수족의 장관골(腸管骨, 몸통)의 끝쪽에서 행해지지만 어른이 되면서 그 부위가 지방으로 바뀌어 주로 구간(軀幹)의 편평골(扁平骨)에서 조혈이 이루어진다.

(2) 혈액의 기능

혈액은 인체를 구성하는 혈구(적혈구 · 백혈구 · 혈소판)들의 영양소와 산소를 운반해주는 역할을 하는데, 적혈구는 산소를 운반하고 백혈구는 암이나 세균 감염에 대한 면역작용, 그리고 혈소판은 혈액응고에 관여한다.

① 운반기능

혈액은 대부분이 물로 구성되어 있어 소화관에서 흡수된 영양소를 조직과 세포로 운반하며, 체내 각 조직에서 생성된 대사산물인 노폐물이나 가스(이산화탄소 및 중탄산)를 배설기관인 간 · 신장 · 피부로 운반한다. 또한 내분비 기관에서 합성된 호르몬 역시 성적 기관 등으로 운반한다.

② 체온조절 및 항상성 유지기능

혈액은 근육과 간 등에서 생산한 열을 폐나 피부 등 신체 각 부위로 운반함으로써 전신에 체온을 고르게 유지한다. 뿐만 아니라 간질량 interstitial fluid volume이 정상적으로 유지되도록 체액의 양, 수소이온농도 및 이온분포 상태 등을 조절한다. 즉 혈청 알부민은 혈액 내의 삼투압을 조절하여 과잉된 수분이나 염류를 신장에서 걸러 소변이나 땀으로 배설시킴으로써 산 염기평형을 유지하여 pH를 7.3~7.5로 유지하게 한다.

10-2 빈 혈 anemia

1. 빈혈이 생기는 원인

빈혈이란 적혈구의 수, 용적, 헤모글로빈 농도 등이 낮아져서 혈액의 산소운반 능력이 떨어진 상태를 말한다. 빈혈은 질병에 의해 생기기보다는 과다출혈 등으로 전체 혈액량이 감소하거나 적혈구만 감소하는 상태, 또는 적혈구의 수는 정상이지만 헤모글로빈의 양이 감소한 상태를 말하는데, 어떠한 경우든지 혈액의 산소운반능력을 떨어뜨리게 된다.

한편 영양섭취불량, 특히 철분, 비타민 B_{12}, 엽산 섭취가 부족하여 생기는 경우가 많다. 유아기나 사춘기에는 철 결핍으로 빈혈이 생길 수 있으며, 가임기 여성의 경우는 절식이나 편식으로 인한 빈혈이 흔하고 그 밖에 채식주의자나 노인, 알코올 중독자 등에서 비타민 B_6, 리보플라빈, 구리 등의 영양소가 부족해도 생길 수 있다.

표 10-2 연령별/성별 빈혈 판정기준

	유아	소아	성인남자	성인여자	임산부
Hb(g/dL)	11.0	12.0	13.0	12.0	11.0
Hct(%)	33.0	36.0	39.0	38.0	33.0

출처 : WHO의 빈혈판정기준

2. 빈혈의 진단지표

(1) 적혈구 수, 혈색소 농도, 적혈구 용적

건강한 성인남자의 적혈구수는 1 mm^3 중 410~530만 개, 혈색소 농도는 14~18 g/100 mL, 적혈구 용적은 43~52%, 여자는 적혈구수는 380~480만 개, 혈색소 농도는 12~16 g/100 mL, 적혈구 용적은 35~48%이다.

(2) 평균 적혈구 용적 MCV, mean corpuscular volume

한 개의 적혈구 용적으로 헤마토크리트 hematocrit는 단위용적의 혈액 속에서 적혈구가 차지하는 용적이며 이를 적혈구수로 나누면 적혈구 한 개의 평균용적이 산출된다. 평균치는 90 μ^3이다.

$$MCV = \frac{\text{hematocrit}(\%) \times 100}{\text{적혈구 수(백만)}} \mu^3$$

(3) 평균 적혈구 혈색소량 MCH, mean corpuscular hemoglobin

혈색소 농도는 혈액 100 mL 속의 혈색소의 양이므로 이것을 적혈구수로 나누면 적혈구 한 개가 가지고 있는 혈색소량이 산출된다.

정상범위는 27~32pg이다.

$$MCH = \frac{\text{hemoglobin 농도(g/100mL)} \times 10}{\text{적혈구 수(백만)}} \text{pg}$$

(4) 평균 적혈구 헤모글로빈 농도 MCHC, mean corpuscular hemoglobin concentration

헤모글로빈 hemoglobin 농도와 헤마토크리트 hematocrit치(단위용적 중의 적혈구의 용적)에서는 적혈구 한 개의 hemoglobin농도가 산출된다.

평균치는 320~360(g/L)이다.

$$\text{MCHC} = \frac{\text{hemoglobin 농도(g/L)}}{\text{hematocrit(\%)}}$$

3. 빈혈의 분류

(1) 혈구에 따른 분류

① 소적혈구성 저색소성 빈혈 hypochromic microcytic anemia

소적혈구성 저색소성 빈혈은 적혈구수가 감소하고, MCV < 80, MCHC < 31이며, 철 결핍성 빈혈이 많다. 혈색소 생합성의 감소로 적혈구수가 적고 혈색소 농도가 낮으며 사춘기, 임신부, 수유부 등에게서 많이 발생한다.

② 정혈구성 정색소성 빈혈 normochromic normocytic anemia

정혈구성 정색소성 빈혈은 적혈구수는 감소되고 있으나 MCV = 80, MCHC > 30으로 정상범위에 속한다.

③ 대혈구성 고색소성 빈혈 macrocytic megaloblastic anemia

대혈구성 고색소성 빈혈은 적혈구수는 감소되며, MCV > 100, MCH > 33, MCHC > 31로, 거대적아구성 빈혈과 악성 빈혈에 많다.

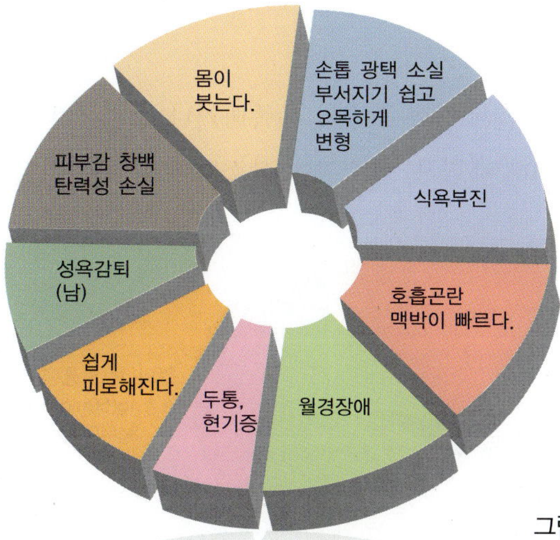

그림 10-5 빈혈의 증상

(2) 증상 원인별 분류

① 출혈에 의한 빈혈

사고로 인한 외상이나 수술 등으로 인한 출혈이 있을 경우 산소 부족으로 인한 빈혈이 나타난다. 출혈시 체내에서는 3일 이내에 혈장을 재생하고 혈구는 3~4일 안에 정상으로 돌아오지만 갑작스럽게 많은 출혈을 한 경우 혈액량이 재생될 때까지 일시적으로 헤모글로빈 농도가 낮게 나타난다. 과다 출혈시에는 철분, 단백질, 비타민 C 등을 충분히 섭취하고 수분을 충분히 공급한다.

② 철 결핍성 빈혈

위산결핍에 의한 빈혈, 영양성 빈혈, 임신성 빈혈

③ 속발성 빈혈

질병에 따른 빈혈로 감염성 빈혈, 신성 빈혈, 악성 종양에 의한 빈혈

④ 거대적아구성 빈혈

악성빈혈

⑤ 용혈성 빈혈

적혈구 파괴속도가 증가되어 발생되는 빈혈

⑥ 재생불량성 빈혈

골수의 기능저하로 인해 적혈구 수가 부족하거나 적혈구가 성숙하지 않는다. 약물, 방사선 등에 의해 백혈구, 혈소판이 감소되어 생기는 빈혈이다.

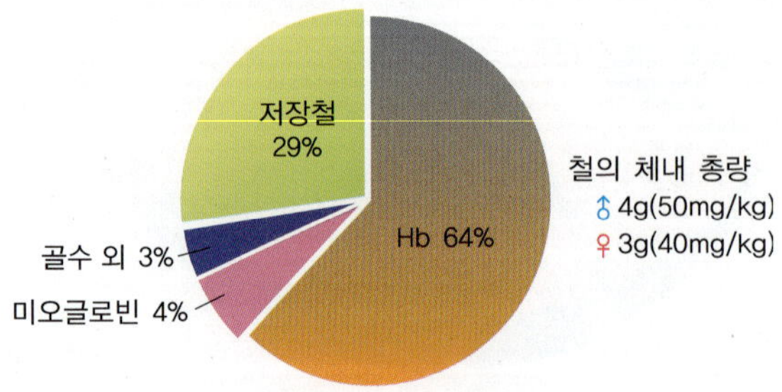

그림 10-6 철분의 체내 분포

4. 빈혈의 종류와 영양치료

(1) 철 결핍성 빈혈

① 원 인

식사에서 철 섭취량의 부족, 위 절제, 무산증, 흡수불량증후군 등에 의한 위 또는 장의 장애로 철의 흡수장애에 의해 빈혈이 생긴다. 성장, 임신, 수유, 월경 등에 의한 체내 수요량의 증가에 미치지 못하여 빈혈이 생기기도 하며 소화성 궤양, 위염, 암, 치질, 자궁근종, 월경과다, 성기 장애에 의한 급성 또는 만성 출혈에 의한 철 배설량의 증가로 인한 빈혈도 있다.

② 증 상

간 비장, 골수 등의 조직철이 동원되어 혈청철이 감소하여 적아구체 속의 철이 소실되며 혈색소의 합성이 늦어지고 오래 계속되면 적혈구는 저색소성, 소혈구성, 기형 등의 철 결핍성 빈혈을 보인다. 계속해서 조직철이 감소되면 손톱 등의 모양이 달라지며 구각염 등의 증상이 나타난다. 조직으로 공급하는 산소 부족으로 인해 환자는 권태감, 피로, 호흡곤란, 창백한 안색 등을 나타낸다.

③ 영양치료

고열량식, 고단백식을 하며 총 단백질량의 1/2을 동물성 단백질로 공급한다. 철분 공급을 위해 고철분식을 하고 비타민도 충분히 섭취시킨다. 식사가 끝난 다음에 바로 차 또는 커피를 마시는 것을 피하여 탄닌이 철 흡수를 억제하는 것을 피한다.

철분이 많은 식품으로는 간, 굴, 생선, 쇠고기, 닭고기, 달걀 노른자, 고등어, 참치, 갈치, 멸치, 조갯살, 새우 등 육류에 많다. 녹색채소와 해조류는 철 함량은 많으나 수산과 섬유소가 많아 흡수율이 낮다. 건포도, 호박씨, 해바라기씨 등에도 많이 들어 있으나 지방함량이 많으므로 주의한다. 오렌지 주스 등 비타민 C가 풍부한 음료를 마시는 것은 철 흡수에 도움이 된다.

(2) 악성 빈혈 pernicious anemia

악성 빈혈은 MCHC는 정상범위에 있더라도 MCV, MCH가 크고, 비타민 B_{12}와 엽산이 부족하면 생긴다. 적혈구 세포의 핵산합성에 장애가 생기는 빈혈로 골수에 거적아구라고 불리는 적혈구가 나타난다.

① 원 인

- **비타민 B_{12} 결핍** : 비타민 B_{12}는 동물성 식품에 많이 들어 있으므로 채식자 위주의 식단에서 부족하기 쉬우며 위액분비 장애, 위절제, 위의 악성 종양 등에 의해 위액분비의 저하가 일어나면 내인성 인자인 당 단백질 결핍으로 비타민 B_{12}의 흡수가 나빠지게 된다.
- **엽산 결핍** : 채소를 싫어하거나 만성 간염, 흡수불량 증후군 등에 의해 엽산 흡수에 장애가 생기고, 임신, 용혈성 빈혈, 악성 종양 등에 의한 엽산의 수요를 충족하지 못하면 엽산이 결핍된다. 엽산은 조효소 THFA, tetra hydrofolic acid를 형성하여 단일 탄소단위를 운반하여 다른 중요한 화합물을 형성한다.

② 식사요법

고열량, 고단백, 고비타민 B_{12}와 C, 고엽산 식이가 요구된다. 녹색채소류와 간에는 철분과 엽산이 풍부하므로 식단에 포함하는 것이 좋다. 육류, 달걀, 우유, 유제품 등과 같은 동물성 식품에는 비타민 B_{12}의 함량이 많으므로 악성 빈혈 환자에게 좋다.

(3) 용혈성 빈혈

적혈구의 수명이 120일인데, 120일 이전에 적혈구가 파괴되고, 그 생성이 뒤따르지 못할 때 생기는 빈혈이다.

① 원 인

선천성인 경우는 비장이 크고 적혈구 자체에 원인이 있으므로 용혈이 생기고, 후천성인 경우는 적혈구는 정상이나 혈관 속에 적혈구를 끌어들이는 항체가 있을 EO나 혈관에 장애가 있을 때 많이 발생된다.

② 증 상

비장이 크고 빈혈, 황달, 혈청 빌리루빈의 양이 증가하고, 특히 간접 빌리루빈의 양이 증가한다. 골수에서는 적아구의 생산이 활발하고 저체중, 거친 피부, 식욕저하 등이 나타난다.

③ 식사요법

엽산요구량이 증가하므로 400~600μg/day의 엽산보충제를 권장하고 아연을 충분히 공급해야 하나, 과잉으로 공급될 때는 구리결핍이 초래된다.

(4) 구리 결핍성 빈혈

구리를 함유한 단백질인 세룰로플라즈민 ceruloplasmin은 철이 저장소에서 혈장으로 이용하는 데 필수적이다. 혈색소 합성을 위해 필요한 구리량은 미량이므로 식사로부터 충분히 공급받을 수 있으나, 우유를 먹은 영아나 흡수불량 증후군을 앓고 있는 어린이나 성인에게서도 결핍증이 나타난다.

(5) 비타민 E 결핍성 빈혈

비타민 E가 부족하면 항산화 작용이 약해져서 적혈구 세포막을 구성하고 있는 다불포화지방산의 과산화로 인해 유리기 생성이 많아져 적혈구막을 손상시켜 용혈이 늘어난다. 유아에게 불포화지방산과 철분이 풍부한 조제분유를 먹였을 때 철분이 산화제로 작용하여 불포화지방산이 과산화되면서 용혈성 빈혈을 일으키기 쉬우며, 특히 조산아나 저체중아들은 비타민 E가 부족하기 쉬우므로 조제분유를 먹였을 때 용혈성 빈혈을 일으키기 쉽다.

(6) 피리독신 결핍성 빈혈

적혈구 크기가 작고 헤모글로빈 농도가 낮으며, 혈청과 조직 내 철 수준이 높다. 헴 합성에 관련된 aminolevulinic acid synthetase(조효소로 피리독살-5인산이 작용함) 형성에 유전적인 결함이 있다. 철을 함유한 미성숙 적혈구가 형성된다. 철은 헴 합성에 사용되지 못하고 미성숙 적혈구의 미토콘드리아 내에 저장된다. 이렇게 철이 축적된 미토콘드리아는 정상기능을 할 수 없고 적혈구의 발달과 형성이 비효율적으로 되어 빈혈이 된다. 치료로는 피리독신 또는 피리독살 인산염을 하루에 50~200 mg을 섭취한다. 그러나 치료가 쉽지 않다.

(7) 엽산 결핍성 빈혈

① 원 인

불량한 식사, 알코올 중독, 혈액투석 환자, 장절제, 지방변증으로 인한 엽산의 흡수가 감소되거나 경구피임약 복용, 임신, 유아, 신생물 질환으로 인해 엽산 요구량이 증가하는데 이를 충족하지 못하거나 대사장애로 인해 생긴다. 특히 알코올 중독자는 엽산의 섭취, 흡수, 이용이 불량하고 배설량과 요구량은 증가하여 엽산 결핍증이 가장 많이 나타난다.

엽산의 체내 저장량은 많지 않으므로 식이로 엽산의 섭취가 부족하면 엽산의 결핍이 초래되고, 채소를 싫어하는 편식 또는 조리의 잘못에 의한 손실 등으로 섭취부족이 될 수도 있다.

만성 간염, 흡수불량증후군 등에 의해 엽산 흡수의 장애가 생길 때, 임신, 용혈성 빈혈, 악성 종양 등으로 증가된 엽산의 수요가 충족되지 못할 때에도 발생한다.

엽산이 활성화되기 위해서는 5-메틸기가 제거되고 tetrahydrofolate(THFA) 형태로 되어야 하는데 THFA는 deoxyuridylate가 thymidylate로 전환될 때 조효소로 작용함으로써 DNA 합성에 관여한다.

② 증 상

거대적아구성 빈혈증상이 나타난다. 거대적아구는 엽산이 결핍되어 적혈구 분열에 관계하는 DNA합성이 제대로 이루어지지 않아 적혈구 분화가 일어나지 못해 크기만 큰 적아구가 생기는데 막이 얇고 쉽게 터져 산소를 충분히 공급하지 못한다. 피곤, 호흡곤란, 설사, 기억력 감퇴, 식욕상실, 체중감소 등이 나타난다.

③ 영양치료

하루에 엽산의 섭취를 50~100μg을 권한다. 엽산은 열에 쉽게 파괴되므로 생과일, 채소, 과일주스 등을 섭취하는 것이 좋다. 고열량 고단백, 고비타민식을 섭취한다.

(8) 겸상적혈구 빈혈

① 원 인

겸상 적혈구 빈혈은 유전적인 질병으로서 헤모글로빈의 글로빈에 이상이 생겨 비정상적인 헤모글로빈이 되며 산소농도가 낮은 곳에 노출되면 겸상으로 침전이 된다. 이 침전물 때문에 적혈구의 모양은 길어지고 굽어져서 낫 모양이 된다. 이때 적혈구의 막도 약해지며 약한 자극에도 터져서 용혈현상을 일으킨다. 용혈현상이 심해지면 혈액의 산소운반 능력이 떨어지면서 적혈구를 더욱 손상시켜 악순환이 된다. 겸상 적혈구 빈혈은 아프리카 흑인들과 미국 흑인들의 경우 0.3~1.0% 빈도로 높게 발생하는 것으로 나타났다.

② 증 상

적혈구 파괴시에 나오는 철분이 지나치게 많이 저장되면서 아연 결핍현상이 일어나 남자의 경우 성기능 저하, 저체중, 거친 피부, 식욕 저하가 일어나기도 한다.

③ 영양치료

겸상 적혈구 빈혈시에는 오히려 체내에 많은 철분이 저장되므로 철분 함량과 비타민 C가 적은 식사를 하여야 하며, 적혈구 생성을 돕기 위해 엽산(하루에 400~600 μg/day)과 아연을 보충해야 한다.

(9) 과도한 운동으로 인한 빈혈

과도한 운동은 혈관에 스트레스를 주어 혈액의 적혈구가 파괴된다. 운동선수들은 땀으로 철분 손실이 많은데, 강도 높은 훈련을 하면 혈액의 부피가 증가되면서 일시적으로 희석현상이 일어나 빈혈이 되기 쉽다.

(10) 혈색소증

혈색소증 hemochromatosis은 철 과잉으로 인해 나타나는 질환이다.

① 원 인

월경, 임신, 수유 등으로 철 손실이 많은 여자보다는 남자에게서 더 많이 나타난다. 철이 함유된 토양에 오염된 식품 혹은 철제 요리기구 등에 의해 철을 과잉섭취하는 경우 나타난다. 흡수된 철은 트랜스페린과 결합하여 골수(헤모글로빈 합성), 내피세포(저장), 태반(태아)으로 운반된다.

과잉된 철은 간, 비장, 골수의 대식세포 안에 페리틴과 헤모시데린 hemosiderin으로 저장된다. 인체는 철 배설능력이 제한되어 있어서 하루 약 1 mg의 철만이 소화기관, 소변, 피부로 배설된다.

② 증 상

철 흡수가 증가되어 점진적인 철 축적이 일어난다. 백인은 비정상적인 6번 염색체에 있는 HLA-A 유전자와 관련이 있다고 한다. 대부분의 사람들은 자각 증상이 없으며 초기단계의 철 과잉은 피곤, 허약 등 철 결핍과 유사한 증세를 보이다가 나중에는 만성 복통, 관절통, 무기력, 월경불순이 나타난다. 지속적인 철 과잉은 간의 비대, 피부 색소침착, 당뇨, 관절염, 암, 심장질환, 성기능부전 등 여러 문제가 생길 수 있다.

③ 영양치료

헴 철 섭취를 줄이고 철 흡수를 도울 수 있는 비타민 C 섭취도 제한하도록 한다.

(11) 백혈구 과다증 leucocytosis

① 원인 및 증상

폐렴, 충수염, 편도선염 등에 감염되었거나 백혈병이 발병하면 백혈구가 10,000~100,000개/mm^3 이상까지 증가한다. 백혈병은 골수 자체의 이상증식에 의해 미숙한 백혈구가 과잉으로 생산되고 골수와 임파절의 이상증식으로 골수가 파괴되어 혈소판, 적혈구, 성숙한 호중성구 등이 감소된다.

이로 인해 세균감염, 빈혈, 출혈 등이 나타나고, 췌장, 임파절, 간 및 다른 혈관계도 파괴된다. 백혈병은 유전, 바이러스 감염 및 방사선의 과잉조사에 의하며 합병증이 많다.

② 치료 및 식사요법

부신피질 자극 호르몬(ACTH), cortisone, 항대사성 약제, mercaptopurine, amethopterin 등이 백혈병 치료에 사용되며, 항생물질, 비타민 B_{12}, 간추출물 등이 함유된 약제를 이용한다. 식사는 소량씩 자주 공급하고, 식욕부진이나 구강장애로 음식을 삼키기 어려우므로 부드럽고 소화흡수가 쉽게 조리해야 하며, 양질의 단백질과 비타민을 충분히 공급해야 한다.

10-3 선천적 대사장애

1. 페닐케톤증

(1) 원 인

선천적으로 아미노산인 페닐알라닌 phenylalanine을 티로신 tyrosine으로 분해하는 phenylalanine hydroxylase효소가 부족하거나 기능이 손실되어 나타난다.

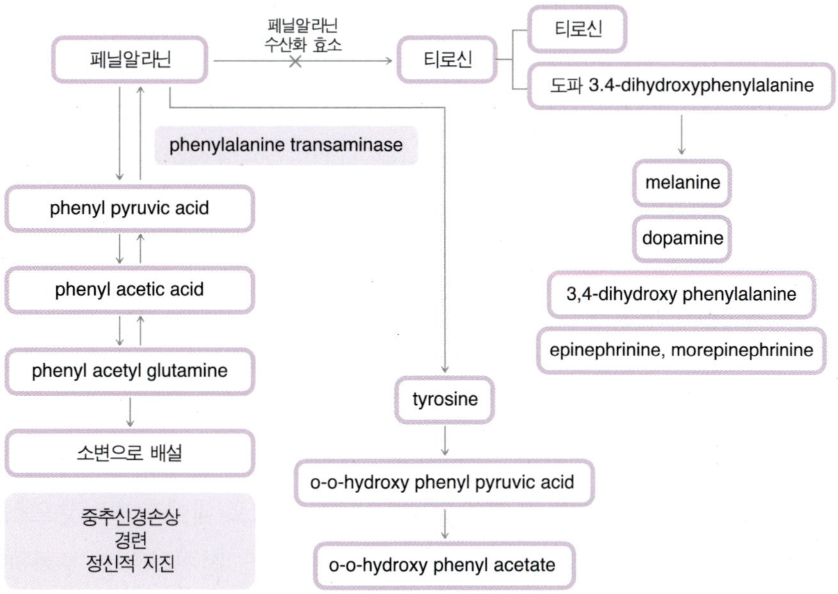

그림 10-7 페닐케톤뇨증의 대사장애 기전

(2) 증 상

페닐알라닌이 티로신으로 전환되지 못하고 페닐파이루빈산 phenylpyruvic acid, 페닐아세틸산 phenylacetic acid, 페닐글루타민 phenyl glutamine 등이 생성되며 혈액과 소변에서 이들 농도가 상승되어 뇌를 손상시켜 정신발달이 지체된다. 성장장애가 나타나며 멜라닌 색소의 생성이 감소하여 피부가 하얗고 연한 모발색을 나타내며 안구의 빛깔도 퇴색하고 부신수질 호르몬 합성이 저하되어 혈당 및 혈압저하가 나타난다.

혈청 중 페닐알라닌의 정상농도는 2~6mg/100mL이나 페닐케톤뇨증 아이의 경우 15~60 mg/100mL로 증가되어 있다. 초기에 치료하면 정상아로 성장할 수 있다.

(3) 영양치료

페닐알라닌이 함유된 식품을 엄격하게 제한해야 한다. 그러나 천연의 모든 단백질 식품은 모두 페닐알라닌을 함유하고 있으므로 페닐알라닌이 적거나 제거된 식품을 이용하고 특수 분유를 사용한다. 그러나 필수아미노산인 페닐알라닌은 성장기 아동에게는 반드시 공급해 주어야 한다.

지나치게 결핍되면 영양결핍이 되어 식욕부진, 설사, 성장장애, 감염, 저단백혈증이 나타난다. 그러므로 제한된 양을 공급해야 한다.

성장에 필요한 페닐알라닌의 양은 1일 체중 kg당 5~10 mg으로 알려져 있다. 평생 영양치료를 해야 하며 혈청 페닐알라닌 농도는 1주일에 한 번씩 검사하여 8 mg/100 mL 이하로 유지해야 한다.

2. 갈락토세미아

(1) 원 인

락토오스 lactose는 소장 내에서 락타아제 lactase에 의해 갈락토오스 galactose, 글루코오스 glucose로 분해된 후 흡수되는데, 체조직 세포 내에서 갈락토오스가 galactose-1-phosphate uridyl transferase(G-1-PUT)가 선천적으로 부족하여 포도당으로 전환되지 못하는 것으로 중간생성물인 galactose-1-phosphate의 혈중농도가 상승하는 유전적 질환이다.

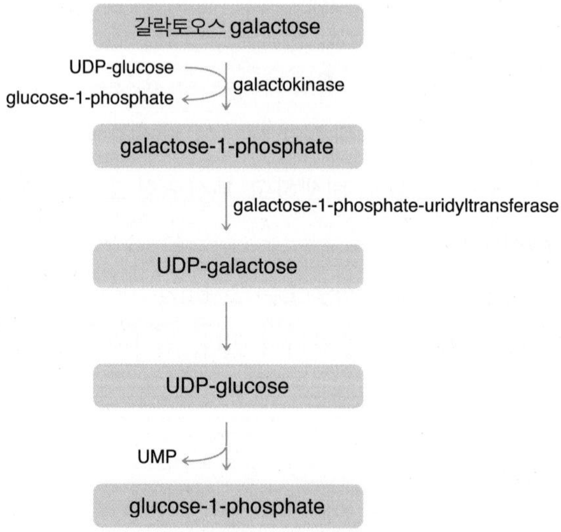

그림 10-8 갈락토오스 혈증에서의 대사이상

(2) 증 상

출생 후 수유를 할 때 구토와 설사를 계속하며 체중감소와 함께 포유가 힘들고 혈액과 요 중에 갈락토오스가 증가하여 간 장애를 일으킨다. 간, 췌장, 안구의 렌즈, 심장, 근육, 신장, 뇌수 등에 축적되어 영아는 간 장애로 황달이 오고 치료하지 않으면 6~12개월 후에 정신장애를 일으킨다.

(3) 영양치료

갈락토오스가 함유된 우유와 유제품을 엄격하게 제한한다. 그러나 성장기 어린이에게는 우유가 필요하므로 갈락토오스를 제거한 특수 분유를 준다. 대두분유를 사용하기도 한다.

3. 윌슨씨병 wilson's disease

(1) 원 인

체내 구리의 저장과 이동에 장애가 생겨서 간, 두뇌, 신장, 각막 등에 구리가 축적되는 선천적 대사질환이다.

(2) 증 상

간경화, 만성 활동성 간염, 간부전 등의 간질환, 신경과적 및 정신과적 증상이 나타난다. 윌슨씨병 환자의 90% 이상은 혈청 내의 구리 함유 단백질인 셀룰로플라스민 ceruloplasmin 수준이 감소하나 윌슨씨병에 의한 간염이 심할 경우 혈청 셀룰로플라스민 수준이 정상을 보일 수도 있다.

(3) 영양치료

혈청 구리 수준을 감소시키고 체내 구리의 축적을 방지하기 위해서는 식사 중의 구리 성분을 제한해야 한다. 간과 뇌에서 구리를 제거하기 위해 chelating agent로 D-penicillamine를 사용할 경우 비타민 B_6의 결핍을 방지하기 위해 비타민 B_6를 보충한다(하루 25 mg/mL). 또 하루 구리 섭취를 1.5 mg 미만으로 제한하고(성인 하루 구리 섭취량은 2~5 mg이다.), 균형된 식사를 하며 알코올 섭취를 제한한다.

4. 단풍시럽뇨증 maple syrupurime disease, MSUD

(1) 원 인

소변에서 단풍나무 시럽 냄새가 난다고 하여 붙여진 이름으로 측쇄(側鎖) 아미노산 대사의 효소결손에 의한 유전병으로 혈장 및 요중에 케토산(leucine, isoleucine, valine)의 심한 증가를 볼 수 있다. 산화적 탈산화를 촉진시키는 효소가 결핍되어 일어나는 질병이다.

(2) 증 상

혈액과 요 중에 이 세 가지 아미노산과 이 아미노산에서 유래된 케토산의 농도가 증가한다. 생후 일주일 이내에 발견하여 치료를 하지 않으면 포유곤란, 신경장애가 생겨 정신발달이 지연된다. 구토, 경련 등의 증세가 나타나고 심하면 사망할 수도 있다.

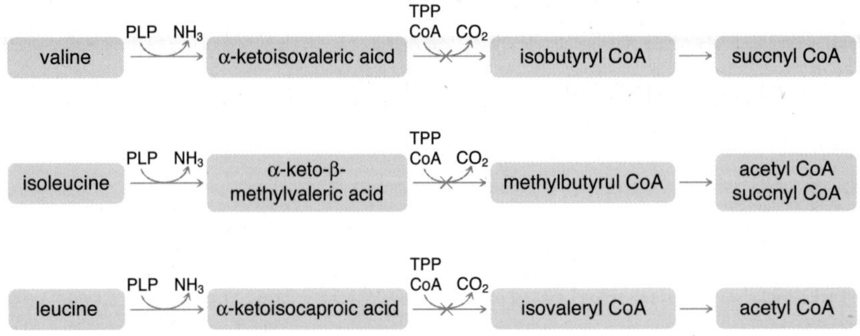

그림 10-9 측쇄 아미노산의 대사 이상

5. 티로신 혈증 tyrosinemia

(1) 원 인

선천적으로 티로신 대사에 관여하는 효소가 부족하여 생기거나 간기능 부전과 비타민 C 섭취부족이 원인이 되어 발생하기도 한다.

신생아의 티로신 혈증은 p–hydroxy phenylpyruvate hydroxylase 부족으로 혈액과 요에 페닐알라닌, 티로신, p–hydroxyphenylacetate, N–acetyltyrosine, tyramine 이 상승하는 질병이다. 조산아, 비타민 C 부족, 간기능 미숙 등이 원

인이 되어 발생한다.

퓨마닐 아세토아세테이트 수산화 효소의 결핍으로 생기는 티로신 혈증은 혈장 내의 티로신이 6~12 mg/dL 정도로 상승하고 설사와 구토 · 성장장애를 보인다. 만성인 경우는 10세까지 이러한 증상이 계속되다가 사망에 이른다. 페닐알라닌이 낮은 식사를 섭취하고, 메티오닌 methionine 함량이 낮은 식사를 한다.

티로신 아미노기 전이효소 Tyrosine transaminase 결핍으로 인한 티로신 혈증은 티로신 아미노기 전이효소 결핍으로 티로신 대사산물의 요중 배설이 증가하여 발바닥 손바닥이 각질화되며, 각막궤양이나 정신장애 등이 나타난다.

(2) 증 상

혈액과 요에서 페닐알라닌, 티로신, 그 대사산물 등의 농도가 상승한다. 황달 · 복수 · 간경변증으로 인한 혈중 메티오닌 함량이 증가한다. 세뇨관에서의 재흡수 장애로 아미노산, 인 혈당의 배설 초래, 저혈당증, 저프로트롬빈 혈증이 발생한다.

(3) 영양치료

단기간 동안 단백질을 체중 1 kg당 1.5~2.0g으로 제한하면 대부분 생후 4주 이내에 혈중 티로신 농도가 낮아진다. 고티로신 혈증이 계속되면 정신기능에 손상이 오며, 영양치료를 하지 않으면 간이 약화되어 생후 6~7개월 이내에 사망한다. 비타민 C를 공급하고 아르코르빈산염의 저단백식사를 권장한다.

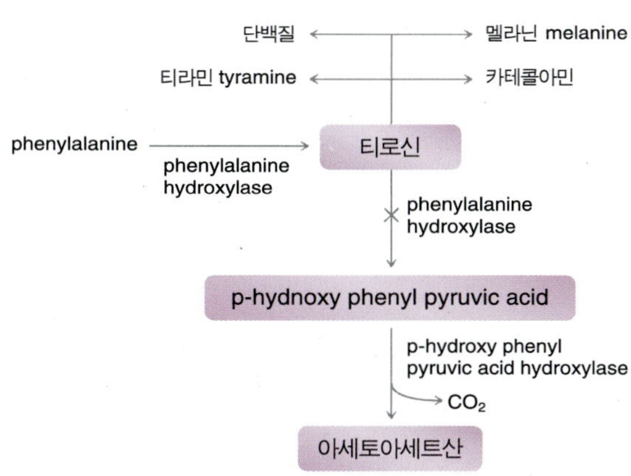

그림 10-10 티로신의 대사이상

Chapter 11

신경계 질환

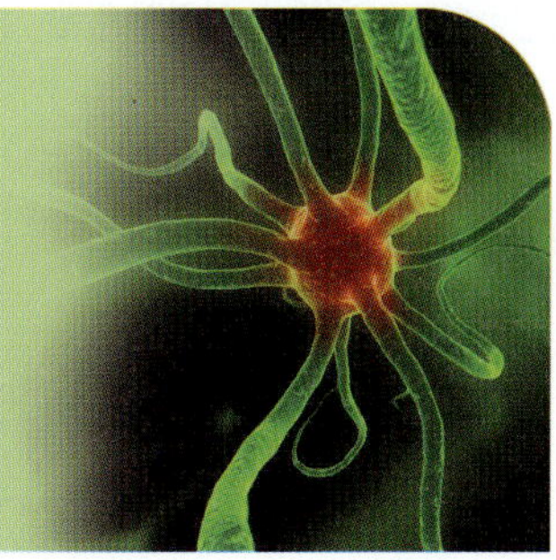

학습 목표

- 신경계가 항상성을 유지하는 과정을 이해할 수 있는가?
- 간질과 치매 환자의 치료방법에는 어떤 것들이 있는가?
- 중추신경계의 면역질환인 다발성 경화증의 증상과 치료 방안은 무엇인가?

11-1 신경계의 구조와 기능

우리 몸을 구성하는 수많은 세포가 항상성을 유지하면서 본연의 기능을 최적으로 수행하기 위해서는 신경계와 내분비계의 조절기능이 필요하다. 신경계는 신경세포인 뉴런으로 이루어진 신경조직으로 구성되어 있다. 신경계는 기능의 중심이 되는 중추신경계와 신체 각 부위를 연결하는 말초신경계로 구성되어 있고, 중추신경계는 뇌와 척수, 말초신경계는 체성신경계와 자율신경계로 나뉜다.

1. 뉴런 Neuron의 구조와 기능

감각 수용기에서 받은 자극을 중추신경계로 전달하고 중추의 명령을 근육이나 선 등의 효과기로 전달하는 역할을 하는 신경계를 구성하는 최소 단위는 뉴런(신경세포, 신경원)과 신경교세포이다.

뉴런은 신경계의 흥분 및 전도활동을 담당하고, 세포 중 수명이 가장 길며, 비분열 세포로 재생이 안 되는 특징이 있다.

뉴런은 세포체, 수상돌기, 축삭돌기로 이루어져 있다(그림 11-1).

수상돌기는 자극의 수용체 역할을 하고, 자극을 세포체로 전달한다. 세포체는 핵을 보유하고 있고 니슬소체(리보솜과 소포체 덩어리)가 있어서 단백질을 합성하며 세포체에 영양을 공급하고, 이물질에 대한 식세포 작용을 한다. 축삭돌기는 신경세포체에서 뻗은 한 줄의 긴 돌기로 자극을 축삭말단으로 전달하는 통로 역할을 담당한다.

한 뉴런의 신경종말과 이웃한 뉴런 또는 세포와 접속하는 부분을 시냅스라고 부른다. 시냅스에서의 흥분전달은 신경전달물질을 통하여 일어나고 이때 칼슘의 도움이 필요하다.

신경교세포는 뉴런의 지지, 탐식작용, 영양공급작용을 통하여 뉴런을 보호하고 기능을 보조하는 역할을 한다.

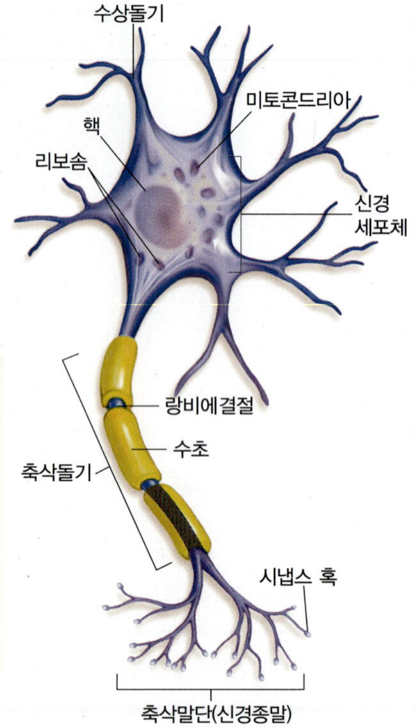

그림 11-1 뉴런의 구조

2. 중추신경계 central nerovous system

중추신경계의 구성은 그림 11-2와 같고, 통합기능과 반사기능을 통하여 신체활동을 조절하는 기능을 한다.

성인의 뇌 무게는 체중의 2%인 약 1,500 g이다. 뇌는 두개골, 두피, 두발에 의해 보호받는다. 또 뇌와 척수는 수막이라고 불리는 경막, 지주막, 연막의 삼중막으로 싸여 있다. 그리고 뇌와 척수의 수막 사이에는 뇌척수액이 있어서 물리적 충격으로부터 뇌조직을 보호하는 작용을 한다.

- 중추신경계
  - 뇌
    - 대뇌 : 대뇌피질, 기저핵, 변연계
    - 간뇌 : 시상, 시상상중하부
    - 뇌간 : 중뇌, 뇌교, 연수
    - 소뇌
  - 척수

그림 11-2 중추신경계의 구성

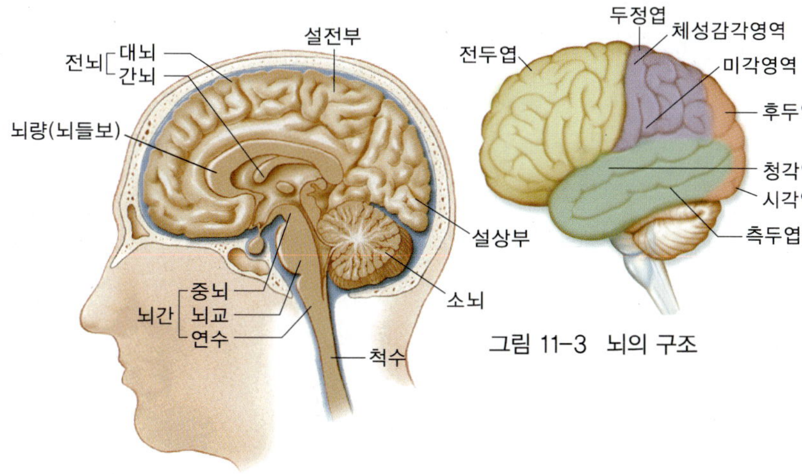

그림 11-3 뇌의 구조

(1) 뇌의 구조와 기능

대뇌반구의 표층(대뇌피질)은 회백질로 되어 있는데, 뇌량에 의해 서로 교신하면서 신체 반대쪽의 운동을 통제하고, 조건반사를 일으킨다. 대뇌피질의 80~90%는 연합영역이며 기억, 상상, 지각, 학습, 이성, 인격 등을 주관한다. 손상되었을 때는 실행증, 실인증 등이 발생한다. 기저핵은 소뇌와 함께 신체의 자세 평형유지에 관계하며, 손상 시 파킨슨병이 발생한다. 변연계는 희노애락과 관련된 정서표현과 동기유발(본능)에 관계하며, 해마가 있어 기억에 관여한다.

간뇌의 3/4은 시상부분이고, 냄새를 제외한 모든 감각정보를 대뇌피질로 전달하는 중계소 역할을 한다. 시상상부에 있는 송과선이 분비하는 멜라토닌은 일주기 리듬을 관장하고, 생식기 조기발육을 억제한다. 시상하부는 자율신경의 최고중추로서 의식주, 인간 감정 및 정서반응, 내분비, 체온, 섭식 · 포만, 갈증, 수면과 각성, 심장, 혈관운동, 체내 삼투압, 생식기능 등을 조절한다.

뇌간에 있는 중뇌는 간뇌와 뇌교 사이에 존재하고 자세반사중추와 동공반사중추 역할을 한다. 뇌교는 중뇌와 연수를 연결하는데, 망상체가 존재하여 수면과 각성에 중요한 역할을 한다. 그리고 호흡조절, 근육의 정상적인 상태와 신장반사, 혈압조절 및 통증조절에 관계한다. 연수에는 호흡중추, 심장중추, 혈관운동중추, 연하중추, 구토중추, 발한중추, 타액과 위액분비 중추, 눈보호중추 등이 존재하여 생명중추라고 불린다.

소뇌는 신체운동의 협조와 평형 및 근육의 긴장에 관계하는데, 손상되면 경련성 운동이 유발된다.

(2) 척수의 구조와 기능

척수는 H 모양의 회백질이 백질에 둘러싸여 있고, 척추에 의해 보호되고 있다. 회백질에는 주로 신경세포체가 모여 있고, H자의 날개를 각이라 하는데 전각으로 원심성 운동신경, 후각으로 구심성 감각신경이 지나간다. 이 두 개의 각은 각각 한 다발의 신경섬유와 연결되어 전근과 후근을 이룬다.

백질은 척수의 외측으로, 상행(상행로)과 하행 신경섬유(하행로)로 구성되어 있다. 신체의 대부분 수용체로부터 유래하는 감각정보는 척수에 전도하는 신경섬유의 상행로에 의해 뇌로 중계되고, 뇌가 지시한 운동 활동은 신경섬유의 하행로의 척수를 따라 신경자극의 형태로 나타난다.

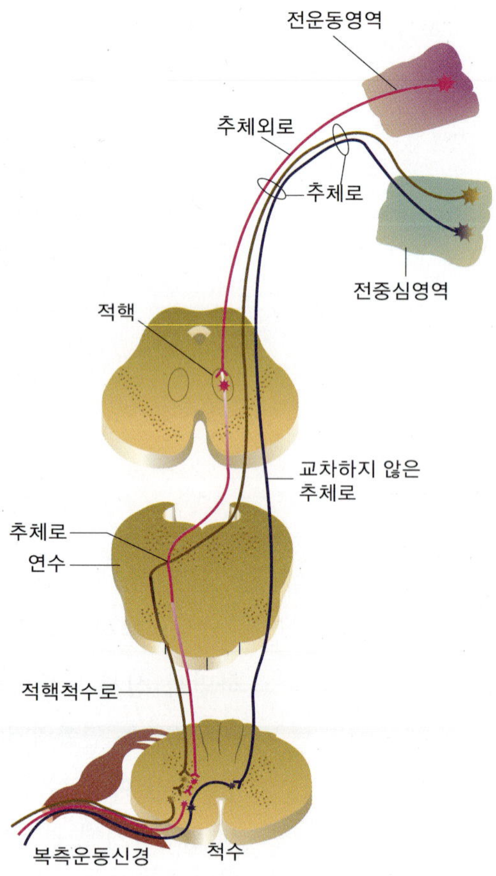

그림 11-4 척수의 구조와 흥분전달

척수의 가장 기본적인 기능은 반사작용인데, 수용기, 구심신경, 중추, 원심신경, 효과기로 된 반사궁을 이루게 된다. 보통 신체의 오른쪽에서 유래한 감각정보는 반대쪽 뇌에 전달되는데, 이는 연수 또는 척수에서 교차되기 때문이다.

(3) 말초신경계

말초신경계는 뇌신경과 척수신경으로 된 체성신경계와 자율신경계(교감신경계과 부교감신경계)로 나뉜다.

① 체성신경계

체성신경계는 말초장기와 감각기 사이를 중추신경계로 연결하는 기능을 하고, 체성신경계를 이루는 뇌신경과 척수신경 모두 구심신경과 원심신경의 한 쌍을 이루는 것이 특징이다.

뇌신경은 12쌍이다. 이는 감각신경, 운동신경, 감각과 운동의 혼합신경이다. 특히 제10뇌신경인 미주신경은 연수에서 시작하여 흉부와 복강장기에 널리 분포하는 뇌신경 중 가장 길고 굵은 신경으로서 부교감신경계의 일종이다.

척수신경은 척수에서 나와 신체에 분포되어 각 부분의 운동을 지배한다. 이는 경신경 8쌍, 흉신경 12쌍, 요신경 5쌍, 천골신경 5쌍, 미골신경 1쌍으로 된 31쌍의 신경이다.

② 자율신경계

자율신경계는 수의적 통제를 받지 않는 심장근, 평활근, 선에 분포되어 있고, 생명유지를 위한 항상성에 중요한 역할을 한다. 자율신경계는 교감신경계와 부교감신경계로 구성되어 있으며, 이 두 신경계는 서로 길항작용을 한다.

교감신경계는 신체가 스트레스 상황에 처했을 때 에피네프린이나 노르에피네프린과 같은 카테콜아민계 호르몬을 분비하여 심장박동과 혈압을 높이고, 혈당 상승이나 땀 분비 증가 등의 기능을 하여 빠르게 반응할 수 있도록 한다.

부교감신경계는 교감신경계와 길항작용을 하는데, 아세틸콜린을 분비하여 심장박동과 혈압을 낮추는 반면에 소화와 흡수작용은 높이는 기능을 한다.

11-2 간 질 Epilepsy

간질은 다양한 원인과 복합적인 발병과정을 통하여 반복적으로 발작이 나타나는 질환이다.

1. 원인과 증상

간질은 원인에 따라 원인을 모르는 특발간질, 위험인자나 원인이 있을 것으로 추정되는 잠재간질, 위험인자나 원인이 확인되는 증상간질 등으로 나뉜다. 연령에 따른 간질의 발생률은 신생아기에 가장 높고, 65~70세 이후 노인에서 급격히 증가하는 U자 모양의 곡선을 나타낸다. 노년에서 간질은 치매와 뇌졸중 다음으로 흔한 신경계질환이며, 주로 뇌졸중으로 발생한다.

뇌병변을 일으킬 수 있는 다양한 질환이 간질 발생의 원인이 되는데, 연령에 따른 간질의 주요원인은 표 11-1과 같다.

표 11-1 연령별 간질의 원인

연 령	주 요 원 인
신생아	대사질환, 두개 내 출혈, 머리손상, 약물금단, 유전질환, 중추신경계 감염, 출생 전 저산소 허혈
영아 및 소아	머리손상, 발달장애, 열, 유전질환, 중추신경계 감염, 특발성
청소년과 청년층	뇌종양, 머리손상, 약물남용, 유전질환, 중추신경계 감염, 특발성
중 · 장년층	뇌종양, 뇌혈관질환, 대사질환, 머리손상, 알츠하이머병, 알코올 금단, 퇴행성 중추신경계 질환, 특발성
노인	뇌저산소증, 뇌종양, 뇌혈관질환, 대사질환, 독성, 머리손상, 실신에 의한 이차적 발작, 중추신경계 감염, 치매

간질발작 유형은 전신발작과 부분(국소)발작으로 나뉘는데, 전신발작은 발작이 대뇌 전반에 걸쳐서 동시에 나타나고, 부분발작은 대뇌의 국소부위에서 발생한다. 부분발작은 의식소실의 유무에 따라 의식이 명료한 경우를 단순부분발작이라 하고, 의식이 저하된 경우에는 복합부분발작이라고 한다. 전신발작보다는 부분발작이 더 흔하다. 간질조짐은 의식소실 전에 환자가 주관적으로 느끼는 발작의 초기 증상으로 표 11-2와 같다.

표 11-2 중요한 간질조짐

조 짐	임 상 특 징
몸감각조짐	저림, 무감각, 전기 오는 느낌
시각조짐	점, 별, 얼룩, 원모양의 빛
청각조짐	벨소리, 새소리, 귀뚜라미소리, 기계소리
후각조짐	유황, 유기용매, 고무 타는 냄새, 혐오스런 냄새
미각조짐	기분 나쁜 미각(짜릿함, 쓴맛, 신맛), 달콤함
현기증조짐	진성 현기증, 어지럼증, 불안전감
배조짐	구역질, 공복감, 치밀어 오르는 느낌, 조이는 느낌, 휘젓는 느낌
정신조짐	복합환시, 터널 시각

2. 치 료

(1) 약물치료

최근에는 새롭고 유용한 항경련성 약제들이 사용되고 있다. 대표적인 항경련제로는 phenytoin, carbamazepine, phenobarbital, valproic acid 등이 있다. 이들 약물의 가장 큰 부작용은 메스꺼움, 구토, 복통, 변비와 같은 위장장애이다. 따라서 음식과 함께 복용하도록 권장하고 있다.

Phenytoin은 항부정맥제로 쓰이기도 하는데, 비타민 B_{12}의 대사를 억제하여 거대적아구성 빈혈을 일으킬 수 있고, 인슐린 분비 억제로 인한 고혈당증뿐만 아니라 당뇨를 일으킬 수 있다. 그리고 비타민 D의 대사율을 증가시켜 구루병과 골다공증을 일으킬 가능성도 있다. Carbamazepine은 재생불량성 빈혈이나 간 독성과 관련 있으므로 자주 혈액과 간기능 검사를 받아야 하고, 고령자에서 저나트륨혈증을 일으킬 위험이 있다. Phenobarbital은 비타민 D와 K의 대사율을 증가시키므로 비타민 D와 칼슘을 충분히 섭취하고 카페인 섭취를 제한하도록 한다.

(2) 영양관리

간질환자에서 약물 치료로 발작이 완전하게 조절되지 않고 부작용이 나타나는 경우가 있는데, 이때에는 케톤식을 이용할 수 있다. 케톤식 ketogenic diet은 10세 이하의 아동에게 특히 효과가 있는 것으로 알려져 있는데 케톤체의 항경련 효과를 이용하여 간질 경련을 조절하는 식사이다. 케톤성 ketogenic인 지방과 항케톤성 antiketogenic인 당질과 단백질의 비율을 3~5 : 1 정도까지 조절하고, 아동의 정상적인 성장이나 발달과 활동을 위해서 에너지와 단백질 필요량을 충족시켜 주어야 한다.

갑자기 케톤식을 먹게 되면 메스꺼움과 구토가 유발될 수 있으므로 4일에 걸쳐 케톤성 : 항케톤성 식품의 비율을 최소 3 : 1이 되도록 서서히 변화시키고, 이 식사로 케톤증이 유발되지 않는다면 지방의 양을 더 늘리고 당질의 양을 감소시켜야 한다. 간질 발작이 완전히 조절되려면 식사조절을 시작한 후에 약 10~20일 정도의 기간이 경과해야 한다. 만일 식사요법을 3개월 이상 계속하여도 발작이 조절되지 않는다면 케톤식을 중단하도록 한다.

중쇄중성지방 MCT은 다른 식이지방에 비해 많은 양의 케톤체를 생성하므로 중쇄중성지방이 함유되지 않은 케톤식에 비해 케톤증을 적절하게 유지시키면서도 더 많은 양의 당질과 단백질 식품을 먹을 수 있다. 따라서 중쇄중성지방을 이용한 케톤식이 일반 케톤식보다 더 효과적으로 간질발작을 통제할 수 있다.

케톤식은 크게 금식, 케톤식 시작, 케톤식 끝내기 단계로 진행된다. 환자에게 케토시스 ketosis를 유발하기 위해서는 약 2일 정도의 금식기간이 필요한데, 일체의 음식이 금지되고, 제한된 양의 물과 카페인이 없는 음료만이 허용된다. 특히 어린 아이의 경우에는 이 기간 동안 4～6시간마다 혈당을 검사하여 저혈당 증상이 나타나지 않는지 확인한다.

금식 3일째 되는 날에 소변검사를 통하여 케톤증 발생이 확인되면 첫날은 케톤체 비율을 1/3 농도에서 시작하여 그 다음 날에는 2/3, 그 다음 날은 목표비율에 도달하도록 식사를 진행한다(표 11-3).

금식으로 인한 심한 공복감 상태인 아동이 과식하거나 고지방식에 적응을 하지 못해 메스꺼움이나 구토 혹은 설사가 초래되는 경우도 있으므로, 케톤식 시작 후 3일 정도는 입원해 있는 것이 좋다.

표 11-3 단계별 케톤체 비율

단 계	케톤성 : 비케톤성
1단계(1/3 농도)	1.4 : 1
2단계(2/3 농도)	2.7 : 1
3단계(전 농도)	4 : 1

케톤식 초기에는 아동의 연령과 표준체중에 대한 에너지 필요량의 약 75% 정도를 제공하고, 활동량이 많은 경우에는 에너지를 높여 준다. 단백질은 적절한 성장이 이루어질 수 있도록 연령별 단백질 필요량을 참고하여 적절히 공급하고, 당질은 총 열량의 10% 미만으로 제한한다.

Check point

케톤식의 열량영양소 구성 및 산정방법

만 3세 남자 아동, 신장 107 cm, 체중 17 kg, 저활동(1.13)

① 1일 열량 필요량을 산정한다.

88.5−6.19×연령(세)+PA[26.7×체중(kg)+ 903×신장(m)]

= 1,623 kcal

② 케톤성과 항케톤성의 비율을 결정한다(4 : 1).

③ 비율에 맞는 단위열량〔1 g지방 + 1 g(단백질 + 당질)〕**을 계산한다.**

(4×9) + (1×4) = 36 + 4 = 40 kcal

④ 하루 총 단위수를 계산한다.

(1623/40) = 40.6

⑤ 1일 섭취할 지방, 당질, 단백질량을 계산한다.

하루 총 단위수×케톤성비 = 지방량(g)

40.6×4 = 162.4 g

하루 총 단위수×비케톤성비=당질과 단백질량(g)

40.6×1 = 40.6 g

⑥ 1일 필요한 단백질량을 계산한다.

단백질 필요량 = 17 kg×1.1 g/kg = 18.7 g

⑦ 섭취가능한 당질량을 계산한다.

40.6 g − 18.7 g = 21.9 g

케톤식 시행 시에는 체내가 약간 탈수된 상태로 유지되어야 하므로 수분섭취를 체중 kg당 60 mL 혹은 1 kcal당 1 mL 정도로 제한한다. 수분섭취가 적으면 갈증이 지속되고 탈수 증상이 나타나며, 신결석이나 고요산혈증 및 산증 등도 발생할 수 있다.

케톤식은 식사량이 적고 지방이 많이 함유되어 있으므로, 변비가 유발될 수 있다. 식사계획 시 가지, 근대, 브로콜리, 숙주, 시금치 등의 채소를 이용하여 식사량과 섬유소 함량을 증가시킨다. 그리고 수분 섭취를 1일 100~150 mL 정도 증가시키는 것도 한 방법이다.

일반적으로 약물복용을 중단하고 케톤비율 4 : 1의 식사를 하여 경련이 나타나지 않고 1년 정도 경과하면 식사의 케톤 비율을 3 : 1로 바꾸고 6개월간 경련이 나타나지 않으면 다시 2 : 1로 조정하여 6개월간 지속한다. 2 : 1 비율에서 경련이 나타나지 않았다면, 금지된 음식들을 점차적으로 식사에 이용한다.

케톤식을 하는 경우에는 식사를 거르지 않고 규칙적으로 정해진 분량을 모두 섭취하도록 하며, 단순당의 사용은 제한한다. 마요네즈, 견과류, 기름, 드레싱류들은 조리 시에 다양하게 사용하고, 필요시에는 비타민과 칼슘 및 철분을 보충하여야 한다. 간질환자는 감정조절이 중요하므로 항상 안정을 유지하도록 하고 카페인 음료, 음주, 흡연은 피하도록 한다.

check point

케톤성 식이요법

① 케톤성 식이요법 시에 제한해야 할 식품들
가당연유, 케이크, 기침약(당분 함유 시럽제), 꿀, 쿠키, 아이스크림, 당밀, 파이, 젤리, 마멀레이드, 껌, 케첩, 샤베트, 사탕, 탄산음료, 시럽, 설탕, 페이스트리, 잼, 롤빵(단 것), 푸딩, 곡류제품, 허용량 이외의 모든 빵

② 케톤성 식이요법 시에 허용 가능한 식품들
고추냉이, 향추출물, 무가당, 젤라틴, 차, 후추, 파슬리, 실파, 겨자, 향료, 식초, 코코아가루, 소금, 커피, 육수, 카페인 제거 커피, 무가당

11-3 치 매

치매 Dementias란 라틴어에서 유래한 말로 "제정신이 아닌 out of mind" 상태를 의미하며 주로 노인에게서 나타난다. 치매는 뇌기능의 감퇴로 발생하는 증후군으로, 만성적이고 점진적으로 진행된다. 기억력, 사고력, 언어 및 판단력, 공간지각능력 등이 점차 상실되고 행동 및 인격의 변화를 초래하여 일반적인 사회생활이나 업무수행 또는 대인관계를 유지할 수 없게 되는 상태를 말한다.

1. 원인과 증상

치매의 50%는 알츠하이머병 Alzheimer's disease으로 인해 생기고, 20~30%는 혈관성 치매인 뇌졸중의 후유증으로 인해 뇌신경세포가 파괴되어 발병한다. 그 외에 일부는 특정 질환 또는 전신성 질환에 의해 치매가 나타날 수 있다.

(1) 알츠하이머병

알츠하이머병은 퇴행성 뇌질환으로서 환자 중 여성의 비율이 높다. 기억력과 인지능력에 필수적인 역할을 하는 대뇌피질과 기저전뇌 basal forebrain에서 불용성 섬유 형태의 베타-아밀로이드 β-amyloid가 과다하게 축적되어 뇌신경세포의 손실을 초래함으로써 발생한다고 알려져 있다.

알츠하이머병은 유전의 영향을 받고, 60세 이후에 급증하는데, 매 5년 증가마다 두 배씩 증가하여 고령이 알츠하이머병의 위험요인이라 할 수 있다. 그리고 교육수준이 낮을수록, 흡연량이 많을수록 알츠하이머병 치매의 위험빈도가 비례적으로 높아진다고 알려져 있다. 그 이외에도 출생 시의 산모 연령, 출생순서, 머리손상, 다운증후군 등이 원인으로 알려져 있다.

알츠하이머병 치매 초기(1~3년) 증상은 의욕상실, 무감동, 무감정이다. 그리고 판단력과 결정력이 저하되며 복잡한 것을 이해하는 능력이 상실된다. 또한 오래된 일은 기억하지만 최근의 일을 기억 못하고 했던 말을 반복하게 된다. 치매 중기(2~10년)에는 과거의 일들에 대한 기억은 있으나 초기와 같이 최근의 일은 잘 잊어버리고 시간과 장소 혼동을 하는 등 지남력과 방향감각을 상실하는 반응을 보이게 된다. 또한 무엇인가를 계속 반복하고 쉽게 마음을 상해하기도 한다.

치매 말기(8~12년)에는 일시적인 기억과 말을 하거나 이해하는 능력이 저하되고 분별력이 없어서 감정을 조절하지 못한다. 친구나 가족을 전혀 알아보지 못하고 인지능력이 상실된다. 대체로 일상생활에 많은 도움이 필요하고 걷기가 어렵다.

(2) 혈관성 치매

혈관성 치매는 뇌졸중이 원인이 되는 치매인데, 다발성 뇌경색 치매가 대표적이다. 알츠하이머병 때와는 달리, 치매현상이 매우 급격하게 나타난다. 생각이나 행동자체가 점차 느려지고 집중력이 떨어지며, 이로 인해 연속성을 유지하지 못하게 된다. 남성이 여성에 비해 발병률이 높으며, 알츠하이머병 치매와 증상이 비슷하여 초기에는 구별에 어려움이 있으나 알츠하이머병 치매 초기에 나타나는 기억력 저하가 혈관성 치매에서는 훨씬 후에 나타난다.

(3) 특정 질환 또는 전신성 질환에 의한 치매

퇴행성 뇌질환, 파킨슨씨병, 수두증, 뇌종양 등의 특정질환이 치매를 일으킬 수 있다. 그밖에도 악성 빈혈, 만성 간질환, 매독, 혈관염 등의 전신성 질환이 치매의 원인이 된다.

2. 치 료

(1) 약물치료

아직 치매를 치유하거나 진행을 정지시키는 확실한 약물은 없는 실정이고 증상의 변화 또는 개선에 목표를 두고 있다. 치매에 이용되는 항정신병 약제에는 haloperidol, prochlorperazine, perphenazine, thioridazine, thiothizene 등이 있다. 이들 약물들이 부작용을 일으키게 되면 구강건조, 메스꺼움, 구토, 변비, 설사 등의 위장장애가 발생할 수 있기 때문에 음식과 함께 복용하고 수분섭취를 충분히 한다. 또한 비타민 B_2의 대사를 증가시키므로 보충이 필요하다.

check point

치매환자의 일반적인 식사행동

① 식사한 것을 금방 잊고 식사를 요구한다.
② 식사량의 많고 적음을 모른다.
③ 과일껍질, 껌, 비누 등을 먹는다.
④ 도구가 아니라 손으로 집어먹는다.
⑤ 그날 기분에 따라 식욕의 변동이 심하다.
⑥ 음식을 통째로 삼키며 씹으려고 하지 않는다.
⑦ 먹을 것을 입에 가득히 쑤셔 넣는다.
⑧ 수저의 사용법을 잊어버린다.
⑨ 미각이 둔해진다.
⑩ 소리를 지르거나 옆에 보호자가 없는 경우에는 먹으려 하지 않는다.
⑪ 색이 고운 것부터 먹는다.
⑫ 음식을 아주 소량씩만 입에 넣어 식사시간이 길어진다.

(2) 영양관리

치매의 초기 단계에는 과식하거나 비누 또는 세제 등의 이물질을 먹으려 할 수 있으므로 위생안전의 문제가 생긴다. 또한 지적 능력의 상실과 우울증으로 인하여 식사섭취량이 감소하고, 음식을 먹지 않고 가지고 놀거나 음식 먹는 것을 잊어버리기도 한다.

그리고 쉴 새 없이 어슬렁거리거나 안절부절못하면서 돌아다니기 때문에 에너지 소비량이 증가하여 체중감소를 일으킨다. 또한 갈증을 스스로 인식하지 못하고 물을 마시려는 노력이 부족하기 때문에 특히 더운 여름철에는 탈수상태에 빠지기 쉽다. 더구나 사물을 분별하는 능력이 상실되어 음식과 식기를 분간할 수 없거나 음식을 알아볼 수 없게 되는 실인증 agnosia이 생김으로써 음식섭취에 두려움을 겪을 수도 있다.

치매환자의 식사환경은 식사섭취량과 밀접한 관계가 있다. 치매환자를 위한 식사환경으로는 무엇보다 마음 놓고 천천히 먹을 수 있는 분위기와 장소가 필요하다. 식기는 들기 쉽고 가벼운 것으로 선택하는 것이 좋고, 손을 자유롭게 움직이지 못하는 환자를 위해 만들어진 한쪽으로 휘어진 숟가락과 넘어지지 않는 오뚜기 컵, 꺾이는 빨대 등을 준비한다.

check point

치매환자를 위한 식사 중의 도움과 보호

① 식사가 준비되고 운반되는 동안은 음악을 틀어주고, 배식이 끝난 후에는 음악을 끈다.
② 미소와 친절한 말투로 음식을 제공한다.
③ 거의 놀면서 먹는 수준을 유지할 수 있도록 한다.
④ 빨리 먹도록 재촉하지 않으며, 식사시간은 적어도 45분 이상 준다.
⑤ 명령조 또는 자존심 상하는 말이나 어린애에게 하는 말투는 삼간다.
⑥ 가능한 한 독립적인 식사를 할 수 있도록 도와준다.
⑦ 음료나 커피 등을 계속 채워 준다. 필요한 경우에 양념을 제공한다.
⑧ 필요한 경우 대체식품을 공급한다.
⑨ 식사하는 환자 옆에서 다른 사람과 큰 소리로 이야기하지 않는다.

그릇 밑에 고무 매트를 깔아서 미끄러지지 않게 하고, 식탁보와 식기의 색깔은 서로 다른 것으로 대비가 되게 하여 환자가 잘 구분할 수 있도록 배려하는 것이 필요하다. 음식마다 다른 색깔의 접시를 준비하는 것도 좋은 방법이 될 수 있다. 음식을 흘릴 염려가 있는 경우에는 앞치마를 사용하는데, 냄새가 나지 않고 닦으면 잘 지워지는 재질로 한다.

치매환자를 위한 영양관리의 기본은 무엇보다 인간성을 존중해야 한다는 점이다. 어떤 일이든지 수용하고 가능한 한 치매환자의 감정을 상하지 않도록 배려하며 즐거운 식사를 할 수 있도록 최선을 다하는 것이 중요하다. 특히 남아 있는 기능을 잃지 않고 혼자서 스스로 먹을 수 있도록 독립성을 유지시켜 주는 것이 필요하다.

치매환자 중 수저를 제대로 사용할 수 없는 환자에게는 손가락으로 집어먹을 수 있는 음식을 제공하는데, 이러한 음식을 손가락 음식 finger food이라고 한다. 김밥, 채소쌈밥, 주먹밥, 당근과 오이 같은 채소조각, 비스킷, 빵조각, 완숙달걀, 삶은 감자와 고구마 또는 샌드위치와 같은 손가락 음식 등을 손에 쥐어 줌으로써 가능한 한 치매 환자가 스스로 식사할 수 있는 능력을 유지하도록 도와주도록 한다.

환자 중 일부는 낮에는 비교적 정상을 유지하다가 저녁때가 가까워질수록 안절부절 못하거나 짜증을 심하게 내고 식사를 거부하거나 스스로 할 수 없게 된다. 그 뿐만 아니라 저녁에는 음식을 제대로 씹거나 삼킬 수 없게 되는 경우가 있는데, 이런 경우를 일몰증후군 sun-down syndrome이라고 한다. 따라서 식사는 하루 중 인식력과 체력이 가장 좋은 때인 점심에 중점을 두는 것이 식사량을 증가시키는 데 도움이 된다.

한 번에 제공하는 음식의 수는 될 수 있는 대로 적게 하여 혼돈을 최소화하는 것이 필요하다. 식사를 하고 나서 5분도 되기 전에 식사를 하지 않았다고 하는 치매환자를 위해서는 무설탕 사탕, 저에너지 과자, 요구르트, 잘게 썬 과자나 뻥튀기, 튀밥 등 부피가 큰 음식을 주어서 만족감을 찾을 수 있도록 한다.

치매환자 중 어떻게 음식을 삼켜야 하는지 잊어버려서 음식을 물고만 있거나 뱉어 버리거나 또는 삼키는 도중에 자주 사레가 들리는 경우 등에는 연하곤란식을 제공해야 한다. 연하곤란식은 환자의 연하능력에 알맞게 식사의 점도를 I단계(완전히 갈아서 걸쭉한 상태), II단계(갈아서 부드러운 형태), III단계(다지거나 자른 형태), IV단계(죽이나 밥 형태)로 조절한다. 연하곤란 환자에게는 식사 시의 자세가 매우 중요하다. 의자에 앉을 때 뒤쪽에 엉덩이를 바짝 붙여 90도 각도가 되게 허리를 펴고, 머리를 중앙에 위치하도록 한다. 그리고 식사 전후 약 15~30분 정도는 앉아 있도록 한다.

Check point

연하곤란식

① 연하곤란식 I 단계

음식을 갈아서 걸쭉하고 부드러운 상태로 제공한다. 묽은 액체 대신 되직한 액체를 제공하는데, 묽은 액상의 음식의 경우에는 농후제를 넣어 걸쭉하게 만들어야 한다. 질감이 거친 음식이나 견과류, 생과일, 생채소는 금한다. 약은 과일 퓨레에 섞어서 복용해야 한다. 물은 허용되지 않는다.

② 연하곤란식 II 단계

소량의 씹기 쉬운 음식은 가능하지만 묽은 액체를 섭취할 수 없는 환자에게 제공된다. 질감이 거친 음식이나 견과류, 생과일, 생채소는 제한한다. 약은 식사에 섞어서 복용하고 물은 금한다.

③ 연하곤란식 III 단계

음식을 갈지 않고 곱게 다지거나 잘게 잘라서 제공한다. 환자의 상태에 따라 소량의 국물음식을 약간 허용할 수 있다. 밥은 국물 섭취가 가능할 때 제공한다. 견과류, 마른 식품, 바삭거리는 식품, 생것이나 질긴 음식은 제한한다.

④ 연하곤란식 IV 단계

부드러운 질감의 음식은 씹을 수 있고, 모든 종류의 액체를 마실 수 있는 환자를 위한 식사이다. 죽이나 밥을 제공하고, 환자의 상태에 따라 국물음식을 허용한다. 모든 액상 약을 사용할 수 있다.

11-4 파킨슨병

파킨슨병 Parkinson's Disease은 알츠하이머형 치매 다음으로 발병률이 높은 퇴행성 중추신경계 질환으로, 대뇌피질의 운동명령을 통합하고 근육의 움직임을 무의식적으로 전달하는 기저핵의 신경변성에 의해 나타난다.

1. 원인과 증상

우리나라의 경우에는 인구 10만 명당 150~250명이 파킨슨병 환자로 추정되고 있다. 대부분의 환자는 50~60대 이후에 많이 발생하고, 남자가 여자에 비해 약간 더 많이 발생한다.

파킨슨병의 5~10%는 유전자의 돌연변이로 나타난다. 그리고 노화, 바이러스성 뇌염 등의 감염, 면역요인, 유리기 생성에 의한 독성, 도파민 생성 및 대사과정의 장애, 신경독성물질(농약, 유기용매, 일산화탄소, 이산화황)에 의한 세포독성 등이 원인으로 제시되고 있다.

파킨슨병의 네 가지 대표적인 증상에는 진전 tremor, 강직 rigidity, 운동완서 bradykinesia, 자세 불안정 postural changes이 있다. 진전은 파킨슨병의 초기에 나타나는 가장 흔한 증상이다. 수의적 운동을 하는 동안에는 소실되고, 쉬고 있을 때 특히 지지하고 있지 않을 때 지속적으로 나타난다. 근육의 변화도 일으키는데 근육 강직 rigidity과 저긴장증 hypotonia이 나타난다. 특히 후두근이 경직되면 씹고 삼키기 힘들어지고 침을 흘리게 된다.

운동완서 bradykinesia는 파킨슨병 환자에서 가장 일반적인 증상으로 율동적 · 동시적 · 반복적인 운동을 수행하는 데 어려움을 나타낸다. 파킨슨에 걸린 환자들은 심사숙고하듯이 느리게 움직이며, 기민성이 상실된 상태로서 표정감소증과 목소리의 성량 및 억양의 감소를 일으키며, 글씨가 점점 작아지는 글씨쓰기의 장애, 일어서기, 옷입기, 돌아눕기, 음식물 씹기 등과 같은 일상적인 생활에 장애가 나타난다. 운동완서가 심해지면 무동증 akinesia이 나타나고, 더 심해지면 짧은 시간동안 마치 얼어붙은 것처럼 몸이 굳어지는 동결현상이 나타난다.

일반적으로 파킨슨병 환자에서 진전, 경직, 운동완서 등의 비정상적인 운동형태가 순서대로 나타난다. 노인의 경우에는 자세 불안정성 및 보행장애 등을 먼저 호소하는 경우도 있다. 걸음은 출발이 어렵고 한 번 시작하면 걸음걸이의 속도가 빠르게 증가하는 가속보행이 생긴다. 보행 시에는 작은 걸음으로 몸의 중심이 앞으로 쏠리게 걸으며, 자연스런 팔의 흔들림은 전혀 찾아볼 수 없고 발을 바닥에 끌듯이 걷는다.

2. 치 료

(1) 약물치료

파킨슨병에 사용되는 치료약물은 증상조절을 목적으로 한다. 파킨슨병의 치료에 사용되는 약물은 바이러스 감염의 치료약제로 개발된 아만타딘과 항콜린성 약제 및 도파민 효능제 등이 있다. 특히 Levodopa는 뇌에 부족해진 도파민을 외부에서 직접 보충해 주는 약으로, 대부분의 환자에게 처방된다. 그러나 levodopa는 구토중추를 자극하기 때문에 식욕감퇴, 오심 및 구토를 일으키고, 당뇨병이 있는 경우에는 혈당상승을 초래한다. 그리고 항콜린성 제제와 도파민 수용체 촉진제는 식욕부진, 메스꺼움, 변비, 설사 가능성이 있기 때문에 식사와 함께 복용하는 것이 좋다.

(2) 영양관리

파킨슨병 환자는 팔의 떨림과 경직으로 에너지 소모가 증가하는 반면에 스스로 식사하기 어렵고, 위배출, 변비, 식욕감퇴와 연하곤란으로 체중감소가 나타난다.

씹거나 삼키는 기능에 문제가 있을 경우에는 치아 보조식이나 연하곤란식을 제공하고, 섭취에 도움을 주는 큰 숟가락이나 포크를 사용하여 환자 스스로 먹도록 한다. 식사는 하루 5~6회 정도 소량을 자주 공급한다. Levodopa 사용 시에는 고단백질 식사가 약효를 감소시키므로, 단백질 섭취를 0.8 g/kg 미만으로 줄이고, 탄수화물과 단백질의 비율은 7 : 1로 섭취하는 것이 바람직하다. 그리고 약물의 부작용으로 구강건조 등의 증상이 있기 때문에 적당량의 수분을 공급하고, 비타민 B_6 과량 섭취 시에는 약효가 감소하므로 제한한다.

11-5 다발성 경화증

다발성 경화증 multiple sclerosis은 중추신경계에 발생하는 대표적인 자가면역질환이다. 중추신경계의 염증, 말이집탈락 demyelination, 아교세포흉터형성 glial scarring을 특징으로 한다.

1. 원인과 증상

다발성 경화증의 발병원인에는 연령, 인종, 지역, 환경요인 등이 있다. 모든 연령대에 생길 수 있으나 주로 20세에서 40세 사이에 가장 발병률이 높고, 여자의 유병률이 남자보다 2~3배 더 높다. 인종에 있어서는 유럽계 백인에게서 많이 발생하고 동양인과 흑인에서는 상대적으로 드물다.

유병률이 가장 높은 지역은 북미, 북유럽, 호주 등이다. 반면 아시아나 아프리카 지역에서의 발생빈도는 낮은 편이다. 일광노출과 같은 환경요인도 영향을 미치는데 면역조절기능과 관련이 있는 비타민 D의 결핍이 다발성 경화증과 관련이 있는 것으로 알려져 있다.

다발성 경화증의 발병기전은 정확히 알려져 있지 않지만 유전적으로 감수성이 있는 사람에서 어떤 환경적인 인자에 의해 면역조절기능이 깨졌을 경우에 유발되는 것으로 알려져 있다. 많은 연구에서 자가반응성 전염증성 T세포가 가장 중요한 역할을 하는 것으로 밝혀졌는데, 중추신경계로 유입된 염증세포는 미세아교세포에 의해 발현된 수많은 항원을 만나 재활성화 되어 보다 많은 염증세포의 유입을 촉발하는 면역연쇄반응을 이루어 말이집손상을 일으킨다.

다발성 경화증은 중추신경계의 어느 부위에도 생길 수 있기 때문에 위치에 따라 다양한 증상을 보인다. 가장 흔한 증상으로는 이상감각, 근위약, 운동조정장애 등이 있다. 모두 비특이적인 것으로 다발성 경화증에서는 특이적인 증상이 없어서 사람마다 모두 다르게 나타나고, 동일한 사람에서도 시간에 따라 다양하게 나타나며, 증상의 정도와 기간도 각각 다르다.

시신경염은 다발성 경화증 경과 중 가장 흔하게 나타나는 증상 중 하나이다. 다발성 경화증 환자의 약 25%에서 첫 증상으로 시신경염이 발현된다. 며칠에 걸쳐 한쪽 눈의 시력이 저하되고, 시력 저하 1~2일 전부터 안구 및 그 주위의 통증을 느끼게 되는데, 안구를 움직이거나 만지면 통증이 심해진다. 시신경염 환자 중 50%만이 시력이 완전히 회복되며, 나머지 50%의 환자 중에서도 상당한 정도로 회복되는 경우도 있지만, 일부 환자들은 일상생활이 불가능할 정도로 악화되기도 한다.

급성척수염은 척수에 염증성 말이집탈락 병변이 발생한 경우를 말한다. 대부분이 비대칭적이고, 척수의 상행성 또는 하행성 경로 중 일부만을 침범하므로 양측 하지마비나 어느 부위 이하의 완전한 감각소실은 드물다. 발생부위에 따라 사지 및 몸통근육마비 또는 감각증상, 대소변장애, 성기능장애 등이 나타난다.

소뇌를 침범하는 병변에 의해 조화운동불능이 발생할 수 있다. 사지에서 흔히 관찰되며 머리 및 몸통에서도 떨림 양상으로 나타날 수 있다. 발음이 부정확해지는 경우도 있다. 뇌간증상으로는 운동장애와 그로 인한 복시, 안진, 얼굴근육의 위약 또는 감각이상, 어지럼증, 조화운동불능 등이 흔히 나타난다. 대뇌의 백질에 주로 침범하므로 언어상실증을 비롯한 대뇌피질 기능이상은 드물다.

다발성 경화증은 발병 초기에는 재발 후 장애 없이 호전되는 경우가 많지만, 시간이 지나고 재발이 반복되면 완전히 호전되지 않고 장애가 남게 된다.

2. 치 료

다발성 경화증은 발병 초기에 치료를 시작하면 자연적인 경과보다 좋은 결과를 얻을 수 있으므로, 되도록 빨리 치료를 시작하는 것이 예후를 좋게 하는데 매우 중요하다.

(1) 약물치료

급성기에는 고용량의 글루코코르티코이드 glucocorticoid를 주는데, 증세를 완화하고 회복을 빠르게 한다. 하지만 부종, 칼륨손실, 체중 증가, 위장장애, 정서적 불안정 등을 유발할 수 있다. 장기간 조절 치료제로는 interferon β, glatiramer acetate, mitozantrone, natalizumab 등이 있다.

(2) 영양관리

다발성 경화증 환자는 우울증과 활동량 감소로 인해 체중증가가 일어날 수 있으므로 열량을 조절하여 적절한 체중을 유지하도록 한다. 그리고 환자의 배뇨와 배변조절이 어려우므로 수분과 섬유소를 충분히 공급한다.

Chapter 12

호흡기계 질환

학습 목표

- 호흡기의 구조와 기능들은 어떤 것들이 있는가?
- 염증성 병변인 천식의 치료법을 이해할 수 있는가?
- 폐조직의 손상과 질환들의 관리방법은 무엇인가?

12-1 호흡기계의 구조와 기능

호흡은 외부로부터 세포의 신진대사에 필요한 산소를 공급받고 체내의 대사로 생긴 이산화탄소를 배출시키는 과정을 말한다. 호흡은 외호흡과 내호흡의 두 단계로 나뉜다. 외호흡은 외부의 공기가 폐포까지 들어가는 환기과정과 폐포막을 통해 공기와 폐혈액 사이의 산소와 이산화탄소가 확산으로 교환되는 과정을 말한다. 혈액을 통해 이동한 산소는 조직과 확산에 의한 가스교환을 하게 되는데, 이를 내호흡이라고 한다.

1. 호흡기계의 구조

호흡기계는 외부로부터 폐포까지 외부 공기를 받아들이는 통로인 기도와 가스교환이 일어나는 폐로 구분된다. 기도 airvdnot에서는 가스교환이 일어나지 않는다. 후두의 입구에 있는 후두개는 음식물을 섭취할 때 통로를 차단하여 식도의 음식물이 들어오지 못하도록 보호하는 기능을 담당한다. 기도는 비강, 인두, 후두의 상기도와 기관, 기관지의 하기도로 나누어진다.

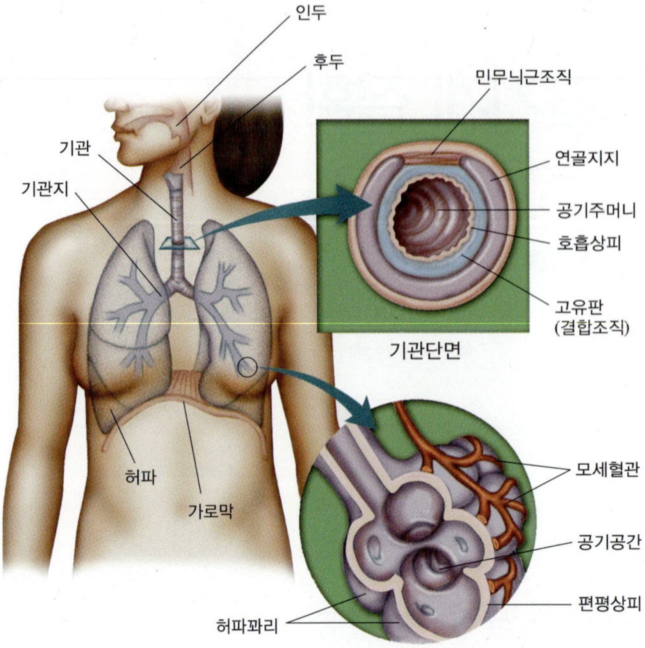

그림 12-1 호흡기계의 구조

(1) 상기도

비강은 섬모원주상피세포로 된 점막으로 구성되어 있고, 비중격에 의해 좌우로 구분된다. 비강의 역할은 공기를 가온 · 가습하고, 먼지를 제거하며 공명작용이 있다. 그리고 상비갑개의 점막에는 후각 수용기가 분포되어 있어 외부로부터 냄새 등을 인지한다. 인두는 비강과 연결된 기도로, 소화기계와 호흡기계의 교차점 역할을 한다. 만약 음식물이 인두에 있으면 인두 밑에 있는 후두개가 닫혀 후두의 입구를 막아 호흡기도로 물질이 유입되는 것을 막게 된다. 이를 연하성 무호흡이라고 부른다. 후두는 인두의 후두부에서 시작하여 기관 이행부까지를 의미하는 것으로 기도 및 발성기 역할을 담당한다.

(2) 하기도

기관은 좌우 기관지로 나누어지며 기관에서 폐포까지 도달하기 위해 23회나 분지활동을 한다. 기관에는 한쪽 방향으로만 움직이는 섬모상피세포가 있어 점액을 후두쪽으로 밀어내며, 기침으로 폐의 불순물이나 흡입된 이물질 등을 내보내는 역할을 한다.

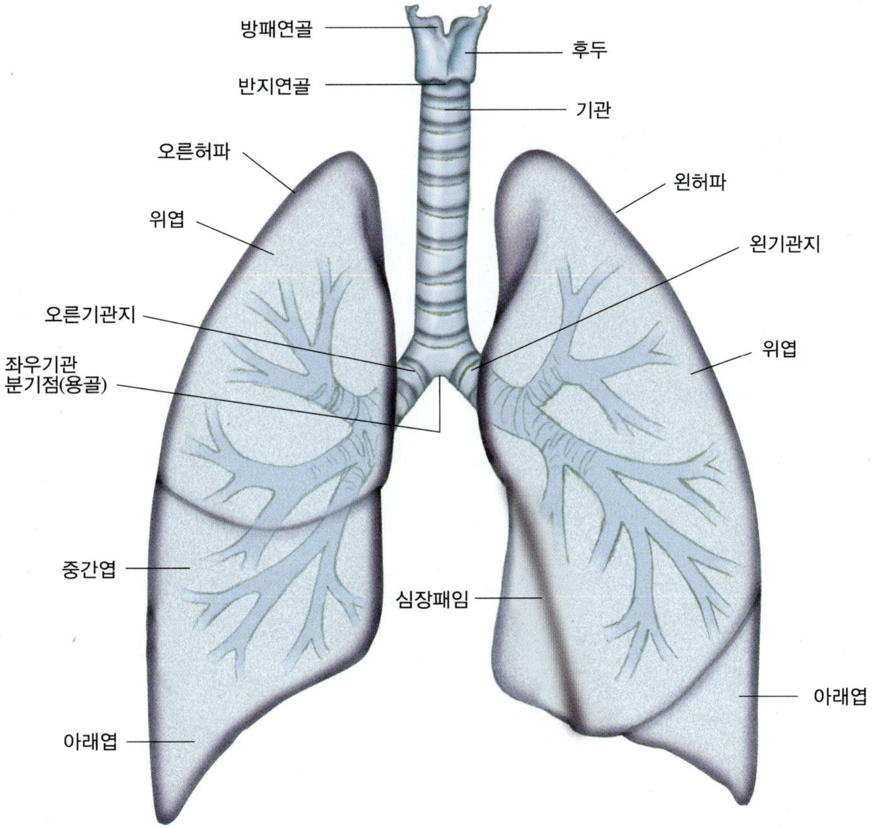

그림 12-2 기관과 폐의 구조

(3) 폐

폐는 좌우 한 쌍으로 된 호흡기의 중심기관으로서 외부공기와 혈액 사이의 가스교환을 담당한다. 우폐는 상, 중, 하엽의 세 엽으로 되어 있다. 그리고 좌폐는 상, 하엽의 두 엽으로 구분되며 좌, 우 폐엽은 흉막으로 싸여 있다.

폐는 약 3~6억 개의 폐포들로 이루어져 있다. 폐포들은 아주 작은 직경을 가지고 있으며, 폐포벽의 두께가 얇아서 폐포 공기와 모세혈관 내의 혈액 간에 가스교환이 용이하다. 폐포에는 두 개의 상피세포가 존재하는데 제I형 폐포세포는 큰 신전성을 가지고 있어 공기의 출입에 따라 폐포를 확장 또는 수축시킨다. 전체 폐포벽 면적의 93~95%를 덮고 있고, 수치로는 35% 정도이며, 두께가 0.5 μm로 얇아 가스교환의 장벽역할을 한다.

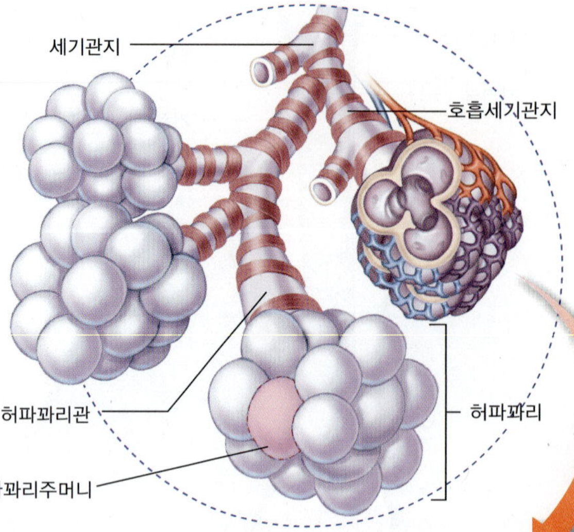

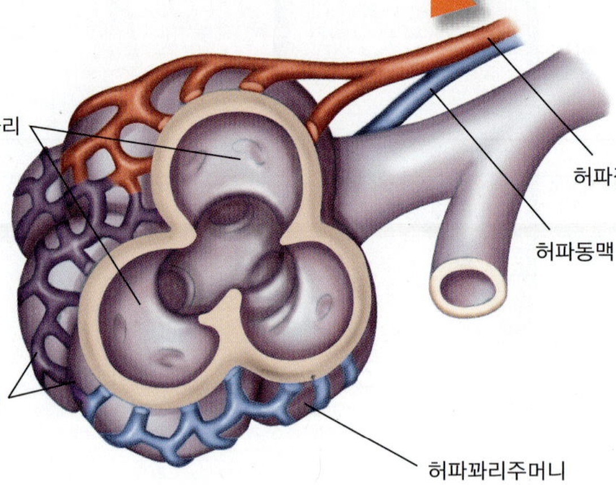

	허파의 구조		세대	
전도영역	Trachea	기관	0	연골성 통로
	Main stem bronchi	으뜸기관지	1	
	Lobar bronchi	엽기관지	2	
	Segmental bronchi	구역기관지	3	
	Subsegmental bronchi	구역밑기관지	4~9	
	Bronchioles	세기관지	10~15	비연골성 통로
	Terminal bronchioles	종말세기관지	16~19	
호흡영역	Respiratory bronchioles	호흡세기관지	20~23	가스교환부위
	Alveolar ducts	허파꽈리관	24~27	
	Alveolar sacs	허파꽈리주머니	28	

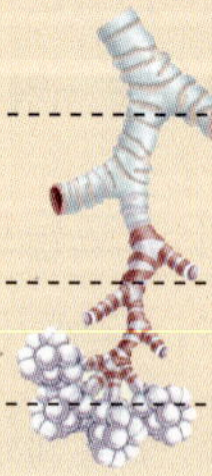

그림 12-3 폐의 세부구조

제II형 폐포세포는 과립성 세포로 폐포면적의 5~7%를 차지하지만 수치로는 65% 정도이며, 세포질 내에 많은 분비과립을 가지는 대사기능이 있는 세포이다. 폐포의 내부 표면은 수성 유동액의 얇은 막으로 둘러싸여 있으며, 이로 인한 표면장력은 숨을 들이마실 때 폐포가 늘어나는 것을 억제한다.

제II형 폐포세포는 흡식운동 시에 인지질로 된 계면활성제 dipalmitoyl lecithin를 분비하여 폐포의 표면장력을 약화시켜 폐포 확장을 용이하게 한다. 폐포는 대식세포와 섬모에 의해 정화작용이 이루어지는데 흡연에 의해 감소된다.

2. 호흡운동

호흡운동은 환기를 통하여 폐로 공기가 출입하는 것을 말하는 것으로, 호흡운동으로는 외부의 공기가 폐포로 들어오는 흡식운동과 폐포 내의 공기를 외부로 내보내는 호식운동이 있다.

흡식운동은 근육의 수축에 의해 능동적으로 일어나며, 에너지를 필요로 한다. 흡식운동은 네 과정으로 이루어진다. 먼저 횡격막이 수축하여 흉곽 부분이 복강쪽으로 내려가면서 흉강이 넓어지고 폐포는 확장된다. 그리고 늑골의 바깥쪽에 붙어 있는 외늑간근이 수축하여 활처럼 구부러져 있던 늑골을 위쪽으로 올림으로써 흉강의 용적이 넓어지고 따라서 흉강내압이 낮아져 폐포가 확장된다.

세 번째로 복부근육이 이완되어 횡격막의 수축에 도움을 주면 복강 내압이 낮아지게 되며, 마지막으로 폐포가 계면활성제를 분비하여 표면장력이 약화되어 폐포를 확장시키게 된다.

호식운동은 흉곽의 크기가 작아져 폐내 압력이 증가하여 폐내의 공기가 외부로 나가는 것을 말하는 것으로, 에너지를 필요로 하지 않는 수동적 운동이다. 호식운동은 흡식운동의 역작용으로 나타난다. 즉 횡격막 이완, 외늑간근 이완, 복부근육 수축, 그리고 늑골을 아래로 당기는 내늑간근의 수축이 일어나게 된다. 내늑간근의 수축은 호식운동을 주관하며 폐강압과 함께 기계적인 수축과정이 진행된다.

3. 호흡기계의 기능

(1) 산소 공급

산소는 체내에서 열량영양소인 당질, 지방, 단백질로부터 에너지원인 ATP를 생성하는 데 필수적인 물질이다. 산소는 호흡기계를 통해 폐로 들어온다. 그 후에 혈액을 타고 심장을 거쳐서 체순환을 통하여 각 조직세포로 운반된다. 만약 호흡기계에 이상이 생겨서 산소공급이 부족하면, 호기적 대사는 감소하게 되고 체세포의 기능은 약화된다.

일산화탄소는 연탄가스, 자동차 배기가스, 담배연기 등에 많다. 또한 산소를 운반하는 혈색소와의 결합능력이 산소보다 200배나 더 커서 중독되면 저산소증 또는 무산소증을 유발하여 대뇌와 심장 등의 기관이 손상된다.

(2) 이산화탄소 배출

세포 내에서 적절한 산소 공급 하에 열량영양소 대사가 진행되면 ATP를 합성하면서 최종산물로 물과 이산화탄소를 생성한다. 이때 생성된 이산화탄소는 혈액에서 물과 함께 탄산을 만들고 폐로 운반되어 호식운동을 통해 체외로 배출된다. 만약 이러한 배출이 제대로 되지 않으면 혈액 내에 탄산농도가 증가하게 되고 신체 기능이 약화된다.

(3) 체액의 산 · 염기 평형

체내의 pH를 7.1~7.4로 일정하게 유지하는 대표적인 조절기관에는 폐와 신장이 있다. 폐는 이산화탄소 분압을 조절하고 신장은 수소와 중탄산 이온의 농도를 조절하여 체액의 산·염기 평형을 유지한다.

(4) 체온조절

호흡을 통한 수분배설은 불감증설이라고도 부르며, 1일 400~500 mL 정도이다. 이러한 수분방출은 피부를 통한 발한과 함께 체온조절에 중요하다. 체온이 오를 때 호흡수가 많아지는 것도 이러한 이유이다.

(5) 발성 및 회화

상부기도인 후두에 있는 성대는 발성기와 공명통 역할을 한다.

12-2 천 식

1. 원인과 증상

천식 asthma은 자극에 대한 기도의 반응 증가로 인해 발작적인 가역성 기관지 수축이 발생하는 만성 재발성 염증성 병변이다. 2010년 국민건강통계에 따르면 19세 이상에서 천식유병률이 6.7%였고, 65세 이상에서는 9.8%로 나타났다(2009년은 7.7%, 14.3%).

천식의 원인으로 특이소질 스트레스 모델이라고도 불리는 면역문제를 들 수 있다. 정상인들은 정상적인 항원항체반응을 보이는 반면에 면역적으로 취약한 사람들은 알레르기를 일으키는 담배연기, 가정에서 발생하는 먼지, 바퀴벌레, 동물의 비듬, 환경오염물질 등에 노출되면 천식을 일으킨다. 또한 청결한 위생환경을 한 원인으로 꼽기도 한다. 면역계가 완전하지 않은 상황에서 유아들이 먼지와 박테리아가 없는 위생적인 환경에서 생활하는 것은 유아로 하여금 면역력을 떨어뜨린다는 것이다. 이 상황에서 먼지와 박테리아에 노출되면 과민반응을 일으켜 천식의 원인인 염증을 만들어 낸다.

또 다른 원인으로는 오랫동안 앉아 있는 생활습관과 비만을 들 수 있다. 오랫동안 앉아 있을 때에는 깊은 호흡을 할 수 없고, 실내의 천식유발물질에 노출되기 쉽다. 그리고 비만한 사람은 그렇지 않은 사람에 비해 천식에 걸릴 확률이 2~3배 더 높다.

천식 발병시 갑작스러운 기관지 수축으로 호흡곤란, 기침 그리고 쌕쌕거리는 천명음과 같은 고통스러운 증상이 나타난다. 천식환자의 중등도 분류는 표 12-1과 같다. 천식과 만성폐쇄성 폐질환 COLD, Chronic obstructive lung disease은 만성기관지염과 폐기종이라는 유사한 특징이 있으나 가장 중요한 차이점은 만성폐쇄성 폐질환을 앓고 있는 사람은 지속적인 호흡상의 문제를 동반하지만 천식을 앓고 있는 사람은 호흡상의 어려움 없이 살아갈 수 있다는 점이다.

2. 치 료

천식 관리를 위해 개인적 요인을 알고 그것을 피하는 방법과 다양한 약물치료가 요구된다. 응급치료를 요하는 급성천식발작 환자에게는 산소를 공급한다.

표 12-1 천식환자의 중증도 분류

분 류	천식증상	악 화	PEF 혹은 FEV1	PEF 혹은 FEV1 변동률
1단계 : 간헐성	≤ 1회/주 야간증상 ≤ 2회/월	짧은 악화	≥ 80%	< 20%
2단계 : 경증 지속성	≥ 2회/주, ≤ 1회/일 야간증상 > 2회/월	일상 활동과 수면에 영향	≥ 80%	20~30%
3단계 : 중등중 지속성	매일 야간증상 > 1회/주	일상 활동과 수면에 영향	60~80	> 30%
4단계 : 중증 지속성	매일 잦은 야간증상	잦은 악화	≤ 60%	> 30%

PEF : Peak Expiratory Flow 최대호기량

FEV1 : Forced Expiratory Volume in one second 1초 동안의 강제호기량

또 약물치료로는 기관지 확장제를 흡입시키고, β-촉진제를 정맥주사하거나 심한 경우에는 스테로이드를 투여하기도 한다. 기관지 확장제로 쓰이는 albutreol sulfate는 식욕증가, 인후통, 소화불량, 설사를 일으키고 당뇨병이 있는 경우에는 혈당상승 가능성이 있다. 그리고 prednisolone은 항염증 작용이 있는 스테로이드계 소염제로, 복용 시에 식욕을 증가시키고 부종에 의한 체중증가 가능성이 있으며, 칼슘손실을 증가시킨다. 당뇨병 환자는 혈당상승 가능성이 있기 때문에 칼륨, 칼슘, 비타민 A, C, D, 인, 엽산, 피리독신을 충분히 섭취한다.

12-3 폐 렴

1. 원인 및 증상

폐렴 pneumonia은 감염으로 인한 폐의 염증을 말하며, 대부분 급성의 감염성 병원체에 의해 나타나고, 화학물질, 물리적 자극, 알레르기 유발물질도 원인이 된다. 발병은 모든 연령대에서 가능하나 어린이와 60세 이상의 노인에게서 가장 심하게 나타난다. 폐가 충혈되어 심장에 부담이 생기고 열이 나므로 대사가 항진되어 신진대사가 정상시보다 20~50%나 증가하는 한편, 식욕부진으로 식사섭취량이 감소하여 체단백질 분해를 통한 체중감소를 일으킨다.

폐렴의 원인균에는 *Klebsiella*, *Enterobacter*, *Proteus*, *Pseudomonas*, *Streptococcus*, *Staphylococcus* 등이 있다. 면역성이 저하된 환자는 *Aspergillus*, *Cytomegalovirus* 등에 감염되는 경우가 많고, *Legionella*는 병원환기시설이나 냉방장치의 냉각수 오염에 의해 발생하기도 한다.

증상은 병원체 종류와 환자의 상태에 따라 다양하나 전형적인 세균성 폐렴은 오한, 고열, 농성 가래를 동반한 기침이 특징적으로 나타난다. 전신무력감, 호흡곤란, 흉통 등이 있다. 특히 콧물, 인후통 등의 상기도 감염의 증상이 없을 때는 폐렴의 가능성이 높다.

2. 치 료

(1) 약물치료

폐렴에 사용되는 항균제인 trimethoprim은 엽산의 흡수를 감소시키고 장기간 복용 시에 비타민 K의 흡수를 감소시킬 수 있다. 또한 식욕부진, 구내염, 설사, 메스꺼움을 유발하기도 하므로 충분한 수분섭취가 권장된다.

(2) 영양관리

식사를 매 2~3시간 간격으로 소량씩 자주 공급하여 심장의 부담을 줄인다. 단백질과 비타민 및 에너지를 충분히 공급하기 위하여 아이스크림이나 우유가 섞인 미음, 삶은 달걀, 수프, 과즙 등을 환자의 식성에 맞추어 공급한다.

12-4 급성호흡곤란 증후군

1. 원인과 증상

급성호흡곤란 증후군 ARDS, acute respiratory distress syndrome은 폐조직에 손상이 생겨서 염증과 혈관 투과성 증가를 나타내는 가장 극심한 형태의 급성 폐 손상으로서 저산소혈증, 폐 탄성 저하, 폐부종 등의 특징을 보인다. 급성호흡곤란 증후군의 원인에는 흡연, 바이러스 감염, 산소 중독, 유독물질 흡입, 위 내용물 흡인, 패혈증, 외상성 쇼크, 출혈성 췌장염, 화상, 마약 과다복용, 약물반응, 혈액투석, 심폐우회 등이 있다.

2. 치 료

급성호흡곤란 증후군의 치료에는 인공호흡기 사용과 진정 및 통증조절, 적절한 수분관리, 약물요법, 영양지원 등이 있다. 급성호흡곤란 증후군 환자는 대사항진으로 근육소모를 초래한다. 와병생활, 진정상태, 장기간의 인공호흡기 사용 등은 근육소모를 더욱 악화시키기 때문에 조기에 적절한 영양 지원을 하지 않은 경우에는 영양결핍증이 매우 빨리 진행될 수 있다.

불충분한 영양공급은 면역기능 감소와 호흡근육 소모 및 호흡기능장애를 초래하여 인공호흡기의 의존기간을 연장시키거나 사망을 초래할 수 있는 반면에 과다한 영양공급은 CO_2 생성을 증가시키고 이미 저하된 호흡기능을 더욱 악화시킬 수 있으므로 열량 소비량을 정확하게 측정하는 것이 바람직하다.

에너지는 체중당 25~30kcal를 공급하고, 단백질은 체중당 1.5~2.0g 정도의 고단백질을 필요로 한다. 영양지원에서는 경장영양을 우선적으로 고려하는 것이 장내 박테리아 감염, 궤양, 장점막의 퇴화를 감소시키고 면역기능을 유지하는 데 도움이 된다. 경장영양이 부적절하거나 불가능한 경우에는 정맥영양지원을 하게 되는데, 이때 포도당은 5mg/kg/min을 초과하지 않고, 호흡계수를 1.0 미만으로 유지한다. 저인산혈증 hypophosphtemia이나 저마그네슘혈증 hypomagnesemia이 있을 경우에는 인산과 마그네슘을 보충한다.

12-5 만성폐쇄성 폐질환

1. 원인과 증상

만성폐쇄성 폐질환 COPD, Chronic Obstructive Pulmonary Disease은 만성기관지염이나 폐기종에 의하여 기도폐쇄가 점진적으로 진행되는 질환이다. 기도폐쇄는 대부분 비가역적이고 진행성이나 일부에서는 기도과민성이 동반되거나 기도폐쇄가 부분적으로 가역성일 수도 있다. 일반적으로 흡연이 가장 강력한 유발인자로 알려져 있다. 그 외 환경오염, 감염, 가족력 및 유전, 노화 등의 요인으로 발생한다.

만성폐쇄성 폐질환의 초기 증상은 만성적인 기침이며, 처음에는 간헐적으로 발생하나 점점 지속적으로 변하여 심하면 수면 중에도 기침이 계속된다. 객담은 끈끈하며 양이 적고 아침에 기침과 함께 배출된다.

호흡곤란은 병원을 찾게 하는 주요 증상이며 일상생활에 지장을 초래하고 일단 발병하면 점점 진행하게 된다. 호흡곤란으로 인해 산소량이 줄어들게 되면 혼돈, 지남력 장애를 포함한 의식 변화와 더불어 근육 연축이나 떨림현상이 나타난다. 저산소증은 경련을 유발하고 그 시간이 길어질 경우 영구적인 기억 장애나 치매 또는 뇌병증까지 발생된다.

2010년 국민건강통계에 따르면 40세 이상 유병률이 13.1%이고, 연령이 증가할수록 그 비율이 높아져서 70세 이상에서는 35.8%를 보인다(2009년은 11.0%, 26.2%).

표 11-2 만성 폐쇄성 폐질환의 주요 위험요인

① 흡연	⑤ 만성 호흡기 감염
② 공기오염	⑥ 고령
③ 유전적 요인	⑦ COPD의 가족력
④ 기관지 염증	⑧ 남성

2. 치 료

만성폐쇄성 폐질환의 치료전략은 약물치료, 영양관리, 산증예방을 위한 주의 깊은 산소의 적용, 기능의 최대화를 꾀하는 것이다.

(1) 약물치료

치료약물로는 기관지 경련을 경감시키기 위해 기관지 확장제를 처방하고, 점액 분비를 묽게 하기 위한 점액용해제, 프로테아제 억제제, 면역반응과 관련된 수용체 또는 효소 억제제, 항생제를 사용하게 된다.

(2) 영양관리

만성폐쇄성 폐질환 환자는 숨가쁨, 피로, 복부 불편감, 위궤양 등으로 인한 식욕저하로 영양소 섭취가 줄어들고, 대사량 증가, 종양괴사인자의 작용 등으로 체중이 감소하여 영양결핍증을 보인다.

환자에게 있어서 영양결핍증은 호흡근육의 기능장애, 저알부민혈증으로 인한 폐부종 유발, 면역기능의 감소로 인한 감염률 증가나 계면활성제 생성 감소 등을 초래하여 질병을 더욱 악화시키고 인공호흡기의 사용기간을 연장시키며, 중환자실 입원율 및 사망률 등의 증가와 밀접한 관련이 있다.

따라서 체중당 30~35 kcal의 에너지와 1.2~1.5 g의 단백질을 공급하여 체중감소를 막도록 한다. 만일에 비만인 경우에는 체중감소를 위해 에너지 섭취를 줄이고, 저체중이어서 체중증가를 위해 고에너지식을 하는 경우에는 당질의 비율을 총 열량의 50% 미만으로 줄인다.

지방 중 ω-3지방산은 항염증 작용과 면역력을 높일 수 있으므로 섭취를 고려하고, 식사는 소량씩 자주 섭취하도록 하며, 가스를 형성시키는 채소를 제한한다. 조기 만복감이나 복부팽만감이 있는 경우에는 식사 중 수분섭취를 제한한다.

기능의 최대화를 위하여 폐환기를 돕기 위해 복부근육과 횡격막을 강화시키는 신체운동을 증진시키고, 사회적 · 정서적 · 직업적 요구를 충족시키며, 분무식 · 스프레이식 호흡보조기를 사용하도록 한다.

12-6 폐결핵

1. 원인과 증상

폐결핵 pulmonary tuberculosis은 폐가 결핵균 *mycobacterium tuberculosis*에 의해서 감염된 질환이다. 60세 이상의 노인, 신생아, 유아 등에게서 발생되기 쉬운 만성질환으로 저항력을 감소시키며 특히 인구 밀집지역의 비위생적인 주거환경에 사는 사람들에게 빈번하게 발생된다.

결핵은 전 세계적으로 감소 추세에 있다가 1980년대 중반부터 다시 증가하고 있는데, 그 원인으로는 HIV 감염의 증가, 국가 결핵관리 체계의 붕괴, 인구의 증가 및 이동에 의한 것으로 보고 있다. 또한 최근에는 약제 내성 결핵의 증가로 결핵의 치료와 관리를 어렵게 하고 있다.

우리나라 결핵환자는 2010년 48,101명으로 집계되어 유병률이 약 1% 정도로 다른 선진국에 비해 높은 수치를 보이고 있다(TBmet, 결핵정보통합관리시스템).

폐결핵의 초기 증상은 유행성 감기와 유사한 증상을 나타내다가 심해지면 미열 · 체중감소 · 만성피로 · 야간 발한이 나타나며, 말기에는 가래를 동반한 기침과 흉통을 나타내고 가래의 색깔이 점차 짙어져서 피가 섞여 나오기도 한다.

2. 치 료

(1) 약물치료

폐결핵 치료의 기본은 항결핵약제를 이용한 화학요법이다. 1차 항결핵약제로 isoniazid, rifampicin, ethambutol, pyrazinamide, streptomycin이 포함되고, 2차 항결핵약제로 kanamycin, amikacin, capreomycin, cycloserine, paraaminosalicylic acid, prothionamide, 불소화퀴놀론제인 ofoxacin, ciprofloxacin, levofloxaxin, moxifloxacin, gatifloxacin가 있다.

결핵에 대한 약물치료의 원칙으로는 첫째, 결핵균에 감수성이 있는 여러 약제를 병합 치료하는 것인데, 효과적으로 치료하기 위해서는 2가지 이상의 치료제를 함께 사용하는 것이 바람직하다. 둘째는 결핵약을 규칙적으로 복용하여야 하고, 셋째는 정해진 충분한 기간 동안 사용해야 하는데, 약물투여기간은 보통 6~9개월이다.

(2) 영양관리

폐결핵을 위한 영양관리의 목표는 체중감소와 체조직 소모의 방지, 손실된 체단백질 보충, 탈수방지, 합병증 예방에 있다.

폐결핵의 식사는 균형식을 기본으로 하며, 급성기에는 체중당 40~45 kcal의 고에너지식을 기본으로 하고, 단백질은 체중당 1.5~2 g을 공급하는데, 40~50%는 동물성 단백질로 공급한다. 지방은 버터, 마가린, 우유, 달걀, 마요네즈 등의 소화되기 쉬운 형태의 유화지방을 1일 80 g 이상으로 충분히 공급한다. 그러나 유화지방을 장기간 과다복용하면 고혈압이나 동맥경화 등의 심혈관계 합병증이 나타날 수 있으므로 주의하도록 한다.

칼슘은 결핵균의 병소를 석회화하여 결핵균의 활동을 억제하므로 최소 하루 4컵의 우유와 유제품, 뼈째 먹는 생선 등으로 칼슘을 섭취하도록 한다. 그리고 객혈로 빈혈이 초래될 수 있으므로 조혈작용이 있는 철분과 구리 성분을 보충한다.

비타민 결핍 시는 세균감염에 대한 저항력이 감소되므로, 열량 대사에 관계하는 비타민 B군과 비타민 C, 비타민 A, 베타카로틴, 비타민 D를 보충한다.

특히 비타민 B_6는 아미노산 대사에 관계하고, 결핵 알레르기성을 억제하는 작용이 있는데, 결핵 치료용 항생제인 이소니아지드 INH, isoniazid는 비타민 B_6를 급속히 배설시키고 골다공증, 펠라그라를 유발할 가능성이 있다.

그러므로 비타민 D와 비타민 B_6를 충분히 섭취하도록 하고, 나이아신 섭취도 권장된다. 그리고 발한과 객담, 객혈로 인한 손실을 고려하여 식염과 1일 2 L 이상의 수분을 공급하여 탈수를 예방하도록 한다.

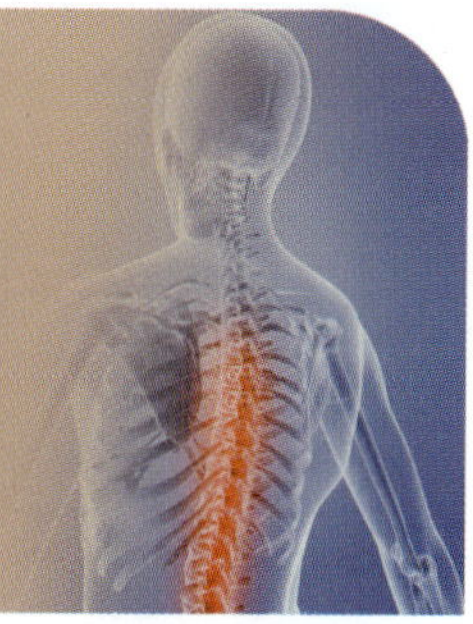

Chapter 13 근골격계 질환

학습목표

- 골격근 및 골격계의 구조와 대사를 분류한다.
- 골격근과 골격계 종류와 질환을 구분한다.
- 골관절 질환을 종류별로 설명한다.
- 골격계 질환을 종류별로 설명한다.

보건복지부(한국보건사회연구원)의 2011년도 환자조사에 대한 정책보고에서 한국인의 상병별 외래환자 수진율을 살펴본 결과, '근골격계통 및 결합조직의 질환' 이 2008년도부터 2011년도까지 계속 1위를 차지하였으며, 전체 외래환자의 20.3%를 차지한다는 보고가 있었다. 2007년 국민건강영양조사에서 한국인의 골관절염 Osteoarthritis 혹은 류머티스 관절염 rheumatoid arthritis의 유병률은 40대 7.2%, 50대 16.9%, 60대 28.9%, 70대 37.6%로 보고되었다.

식품의약품안전청 보고를 보면 2007~2008년 국민건강영양조사 자료에서 20~29세 남자 386명의 식사조사를 평가한 결과, 칼슘을 평균섭취량 미만으로 섭취하는 사람의 비율이 67.1%로 다른 영양소보다 가장 높았다.

'근골격계통 및 결합조직의 질환' 은 영양적인 문제 외에 여러 요인들에 의해서도 발생하는데, 고혈압, 요통, 관절염처럼 삶의 질을 떨어뜨리는 만성질환이 더 심각한 문제가 될 것이라고 한다. 따라서 노후의 건강한 삶을 살기 위해 영양과 운동조절을 함으로써 '근골격계통 및 결합조직의 질환' 을 미리 예방하여야 하겠다.

13-1 골격근 구조와 대사

1. 골격근의 구조

인체의 근육은 골격근 skeletal muscle, 심장근 cardiac muscle, 평활근 smooth muscle의 세 가지로 나눈다.

근육모양에 따라서는 횡문근 striation muscle과 평활근 smooth muscle으로 분류하기도 한다. 현미경으로 관찰해 보면 골격근과 심장근은 줄무늬가 있어서 횡문근이라고 하는데, 골격근은 체신경의 지배 하에 있으므로, 의지에 의해 움직이는 수의근 voluntary muscle이라 하며, 평활근과 심장근은 자율신경의 반사적 조절에 의하므로 불수의근 involuntary muscle이라 한다(그림 13-1).

골격근 Skeletal muscle은 뼈대(자세)를 지지하고 뼈대의 움직임을 도우며 열을 발생시킨다. 골격근에 있는 섬유는 줄무늬가 있어서 줄무늬 근육이라고도 하는데 신체운동을 통해 발달시킬 수 있는 근육이다. 신체운동은 하나의 근육이 단독으로 작용하기보다 몇 개의 근육이 공동으로 함께 움직인다.

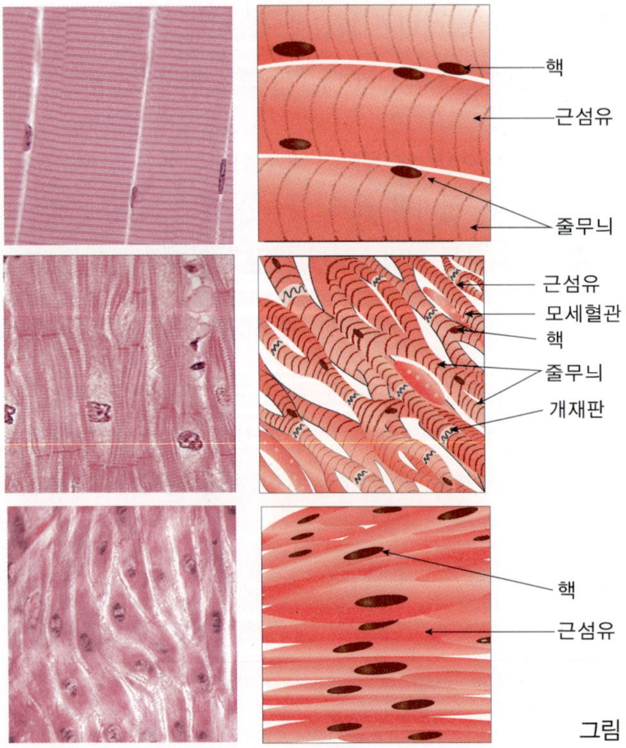

그림 13-1 근육의 종류별 형태

(1) 골격근의 미세구조

골격근 skeletal muscle의 수는 600여 개로 체중의 약 40% 정도를 차지한다. 신체운동에 직접 관여하는 골격근은 결합조직의 막으로 덮여 있고, 근육의 기본단위인 근섬유(근육섬유, muscle fiber)는 길이 약 30cm 정도의 길쭉한 근세포(근육세포: muscle cell)로 구성되어 있다(그림 13-2). 근섬유 muscle fiber는 근세포막으로 둘러싸여 있는데, 근섬유의 결합조직 connective tissue은 근내막(근육초 : endomysium)으로 싸여 있으며, 몇 개의 근섬유들은 근주위막 perimysium이라는 결합조직에 의해 묶여 있어 이를 근속(근다발 : Faciculus)이라고 한다. 근속들은 다시 근외막 epimysium에 의해 서로 결합된다. 근섬유는 근원섬유, 근세포질, 횡단세관, 근세포질세망, 미토콘드리아, 핵 등을 포함하고 있다.

결합조직 중간부분의 근속에는 수축성을 많이 가진 근섬유(근원섬유 : myofibiril)가 세로 방향으로 나란히 부착하여 근육다발로 되어 있고, 그 양쪽은 점차 가늘게 되어 있다. 이것을 건(힘줄 : tendons)이라고도 하는데, 힘줄은 콜라겐이라고 하는 섬유성 단백질인 결합조직으로 되어 있어 극히 강한 힘에도 견디지만 그 자체는 수축성이 없다.

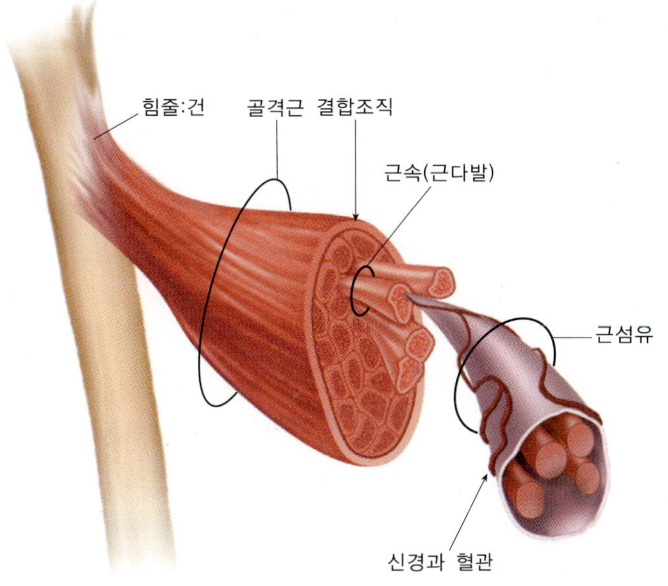

그림 13-2 골격근의 구조

(2) 근원섬유 myofibiril의 구조

근육은 근세포(근육세포 : muscle cell), 즉 근섬유(근육섬유 : muscle fiber)로 구성되어 있다. 골격근의 운동단위 motor unit인 근섬유(길이 2.3mm~7.5cm, 직경 10~100um)는 긴 원통모양으로 수백~수천 개의 근원섬유(근육원섬유 : myofibiril)와 반유동성 물질인 근장(근형질 : sarcoplasm)으로 되어 있고, 몇 개의 근원섬유들은 근다발(근속)을 형성하고 있다(그림 13-2).

근장에는 횡단세뇨관 transverse tubular이 있어 외부물질이 근섬유 내부로 들어오고 노폐물이 외부로 빠져나갈 수 있도록 되어 있는데, 단백질, 무기질, 지방, 글리코겐, 미오글로빈, 소기관 등의 유동물질이 들어있으며, 그 중 글리코겐과 미오글로빈을 더 많이 갖고 있다.

그 주위에는 근초(근섬유막 : sarcolemma)라고 하는 미세하고 얇은 원형질막이 둘러싸고 있고, 인접된 근섬유 간에는 전기적으로 절연되어 있다. 근초에서 발생한 흥분파는 가로와 세로로 연결되어 있는 근형질내세망 sarcoplasmic reticulum을 통해 깊이 전달된다. 근초는 산 · 염기평형과 모세혈관을 통해 근섬유로 물질을 전달한다.

근원섬유의 근필라멘트(근미세섬유 : myofilament)는 400~2,500개로 구성되어 있으며, 근필라멘트에는 굵은 섬유 thick filament와 가는 섬유 thin filament의 두 종류가 있다. 근장에는 가는 섬유의 액틴 actin과 굵은 섬유의 미오신 myosin이라고 하는 단백질 분자들이 어둡게 보이는 부분과 밝게 보이는 부분으로 서로 교대로 배열되어 구조상 가로무늬의 횡문 striation을 나타낸다.

이 횡문근 striated muscle이 비단모양으로 보이는 것은 이 굵은 섬유와 가는 섬유가 각 근원섬유와 같은 위치에서 규칙적으로 주기적인 배열을 하고 있기 때문이다. 굵은 섬유 thick myofilament는 주로 미오신 myosin이라는 단백질로 되어있고, 가는 섬유 thin myofilament는 액틴 action, 트로포미오신 tropomyosin, 트로포닌 troponin 등의 단백질로 이루어져 있다(그림 13-3).

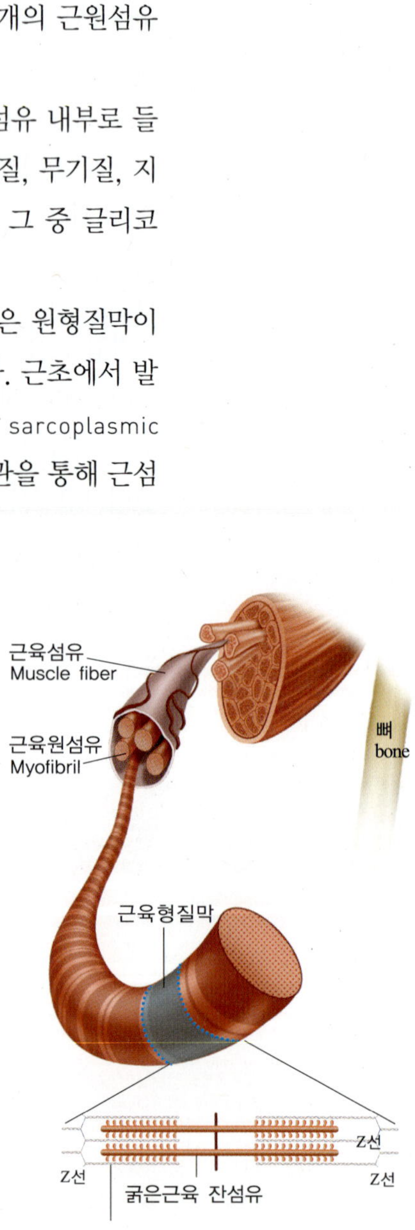

그림 13-3 근원섬유의 구조

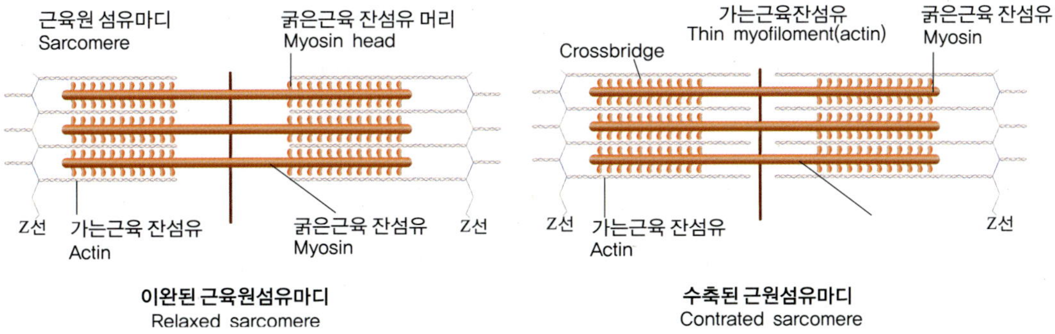

그림 13-4 근육원섬유마디(분절 Sarcomere)

근장은 Z선 Z lines 밴드에 의해 서로가 분리된 채 굵은 근육잔섬유(굵은 근미세섬유 : thick myofilament)와 가는 근육잔섬유(가는 근미세섬유 : thin myofilament)가 반복적으로 정렬되어 있으며, Z선과 Z선 사이를 근절(근육원섬유마디, 근섬유의 분절 : sarcomere)이라 하는데, 근육수축의 최소단위이자 기능적 단위가 된다(그림 13-4).

(3) 근육의 수축기전

골격근이 어둡게 보이는 부분인 A대(암대, anisotropic band : A band)와 밝게 보이는 부분 I 대(명대, isotropic band : I band)가 서로 교차로 배열되어 가로무늬(횡문)를 형성하는데, A대는 미오신과 액틴의 두 필라멘트가 겹쳐 있는 곳으로 A대의 중앙에 약간 밝게 보이는 부분을 H대 H zone, A대 중앙부의 가느다란 선으로 표시된 부분으로 미오신 분자가 부풀어 올라 두꺼워진 곳을 M선 M line이라고 한다. 또한 액틴만 있는 밝은 부위로 I대의 중앙에 약간 굵은 선이 있는 부분을 Z선 Z line이라고 한다(그림 13-5).

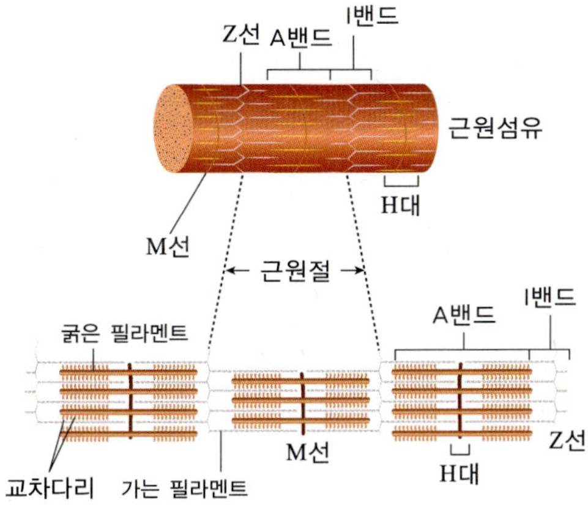

그림 13-5
근원섬유의 분절 sarcomere의 배열

두 종류의 근필라멘트가 근장(근형질막)을 짧게 하면서 서로를 향해 미끄러지듯 sliding filament mechanism 들어가므로 근육의 수축이 일어난다. 즉 근장(근형질막)을 잡아당기기 위해 굵은 섬유(미오신)와 가는 섬유(액틴) 사이에 일시적인 연결부위가 생겨 미오신이 중앙부위로 액틴을 끌어당기면 근육이 수축된다.

골격근의 근섬유는 척수 spinal cord의 전각 anterior horn에 있는 운동신경의 지배를 받는다. 흥분전달 방식에 의해 근육에 활동전압이 형성되면 근육은 수축한다. 신경전달물질인 아세틸콜린 acetylcholine은 활동전압 형성에 중요한 역할을 한다.

근원섬유 myofibiril를 둘러싸고 있는 근형질내세망 sarcoplasmic reticulum : SR은 칼슘이온 Ca^{++}을 저장하기 때문에 칼슘저장고 Calcium store라고 한다. 근육의 수축과 이완작용에는 ATP와 칼슘이 필요한데, 근육은 근원섬유 myofibiril 주변의 칼슘농도를 높이거나 낮추어서 근육의 수축과 이완작용이 일어나게 된다.

근형질내세망 SR으로부터 칼슘이 유리되어 나오면 세포내액에 칼슘농도가 높아지고 트로포닌 troponin의 결합부위에 결합하는 칼슘의 양이 증가되어 칼슘과 결합한 트로포닌은 트로포미오신 tropomyosin을 이동시킴으로서 액틴과 미오신의 머리가 결합하여 교차결합 cross bridge하면 근육은 수축하게 된다.

근육수축(ATP 소모)이 일어난 후 칼슘이 근형질내세망 SR에서 유리(ATP 생성)되어, 세포내액의 칼슘농도가 감소되면 트로포닌 troponin으로부터 칼슘이 떨어져 나오게 되어 액틴과 미오신의 교차결합은 해체되고 근육은 이완하게 된다.

(4) 근육수축의 분류

신체 활동을 위한 근육의 수축은 동심수축, 등척수축, 편심수축 등으로 분류하며, 근육에서 발생하는 힘(장력: tension)의 세기는 운동근육의 단위와 종류, 자극빈도, 근섬유와 근섬유분절 sarcomere의 길이 등에 의해 결정된다.

① 동심수축 concentric contraction

동심수축은 근육 muscle의 기본적인 수축작용으로 근육의 장력은 변화하지 않고, 길이만 짧아지는 경우로 2종류의 필라멘트 사이에 교차결합이 형성된 후 가는 필라멘트(액틴)가 근섬유분절(sarcomere : Z선과 Z선 사이)의 중심부 방향으로 끌어당겨진다. 근육에 연결된 관절이 움직이기 때문에 동적수축 혹은 동력성수축 dynamic contraction이라고도 하며, 이때 내는 힘을 순발력이라 한다(예 : 턱걸이 운동, 공 던지는 동작, 달리기 등).

② **등척수축** isometric contraction

근육의 장력은 생기지만 근육의 길이가 변하지 않고 유지되는 경우로 등장수축 혹은 정적수축이라고도 한다. 가는 필라멘트(액틴)가 근섬유분절의 중심부쪽으로 움직이지 못하므로 근육은 긴장하나 근육의 길이는 짧아지지 않는다. 즉 관절이 움직이지 않기 때문에 미오신 교차결합은 형성되고 힘도 생기지만 길이는 변하지 않는데, 이 힘 force을 근력이라고 한다(예 : I band와 A band의 길이, 똑바로 선 자세).

③ **편심수축** eccentric contraction

근육의 장력이 생기고 근육의 길이가 길어지는 경우로, 근육 장력은 발생하고 관절도 움직이므로 가는 필라멘트는 근섬유분절의 중심부에서 멀어져서 근육의 길이가 길어진다. 관절의 움직임이 병행되므로 동심수축에 해당한다(예 : 팔꿈치를 펴면서 무거운 물건을 내려놓을 때).

④ **그 밖의 수축**

일부 골격근은 양쪽 모두 뼈에 붙어있지는 않지만 근수축하는 경우로, 접속되지 않은 부위의 근(예 : 혀의 근, 눈의 외양근) 수축을 하여 말하기와 섭식, 움직이는 목표물 보기와 책 읽기 등을 할 수 있다. 또한 수의적인 조절을 하는 원 모양의 골격근(예 : 대 · 소변을 위한 출구 괄약근)도 근수축을 한다.

(5) 근육의 종류

근육의 종류는 근섬유가 갖는 붉은색(미오글로빈)의 농도에 따라서 백근과 적근으로 구별한다. 근육은 조직의 성분과 신경지배 등에 따라 차이가 나타나며, 특유한 성질을 갖는다. 표 13-1은 적근과 백근의 특성과 기능을 보여준다.

표 13-1 적근 white muscle과 백근 red muscle의 특성과 기능

	적근	백근
구성	• 근원섬유가 굵다. • 횡문이 적다. • 주로 긴장성 신경 · 근 단위로 구성 • 운동단위의 크기(지배비율)가 크다.	• 근원섬유가 가늘다. • 횡문이 많다. • 주로 운동성 신경 · 근 단위로 구성 • 신경지배 비율(innervation ratio)이 작다.
기능	• 자세조절을 관장하는 느린 근(다리, 팔 · 근육) • 긴 잠복기를 갖고 천천히 반응하고 피로가 쉽게 오지 않는 신장성 • 장기간의 수축 또는 지속적 수축을 필요로 한다. • 흥분성은 낮고, 수축의 강도는 크다. • 호흡효소가 강하다.	• 민첩한 운동을 관장하는 빠른 근. 숙련된 움직임, 예민한 동작부위(손, 눈) • 짧은 간격으로 반응하고, 피로하기 쉬운 운동성 • 단시간의 수축을 한다. • 흥분성은 높고, 수축의 강도는 작다. • 호흡효소가 약하다.
화학적 성분	• 미오글로빈(Mb) 양이 많다. • 미토콘드리아가 크고 수도 많다. • Creatine 및 creatinine 양이 적다. • 글리코겐 양이 적다. • 고에너지 인산 보유량이 적다.	• 미오글로빈(Mb) 양이 적다. • 미토콘드리아가 적고 수도 적다. • Creatine 및 creatinine 양이 많다. • 글리코겐 양이 많다. • 고에너지 인산 보유량이 많다.

① 백 근 white muscle

백근은 빠르고 섬세한 운동에 적합하고, 수축속도가 빠르나 지구성이 결여되어 있다. 또 동체나 팔, 다리를 변동하는 것과 같은 국부적인 동작을 하는 부위에 많다. 백근섬유는 근육의 외층부에 많다.

② 적 근 red muscle

적근은 미토콘드리아와 모세혈관이 많고 ATP 분해효소도 활발하다. 적근은 지구성이 풍부하지만 수축속도는 늦어 피로가 늦게 오기 때문에 적근은 서서히, 지속적으로 수축하는, 즉 정적인 동작이나 장시간 자세를 유지하는 지속적인 부위에 위치한다. 적근섬유는 근육의 내층부에 위치한다.

(6) 근섬유의 특성

골격근 섬유의 특성에 대한 내용은 표 13-2에서 보여준다.

표 13-2 골격근 섬유의 특성

특 성	섬유의 종류		
	느린-산화계 Type I	빠른-산화계 Type IIa	빠른-해당작용 Type IIa
미오신 ATPase활성	낮음	높음	높음
수축의 속도	느림	빠름	빠름
피로에 대한 저항	높음	중간	낮음
산화적 인산화 용량	높음	높음	낮음
혐기성 해당작용을 위한 효소	낮음	중간	높음
미토콘드리아	많음	많음	거의 없음
모세혈관	많음	많음	거의 없음
미오글로빈 함량	높음	높음	낮음
섬유의 색	적색	적색	백색
글리코겐 함량	낮음	중간	높음

2. 골격근 대사와 질환

(1) 골격근 대사

[근섬유의 ATP 생성과정]

근수축 시 ATP는 미오신이 액틴과 결합하기 전에 미오신 ATPase에 의해 ADP로 분해되고, ATP분해로 방출된 에너지는 교차결합의 이동 movement을 위해 제공된다. 근이완 시 ATP는 근형질내세망 SR의 외축낭으로 칼슘을 이동시키고, ATP와 미오신의 결합은 액틴과 미오신의 결합을 깨뜨려서 교차결합의 순환 cross bridge cycle을 하게 된다.

근수축할 때 ATP, 글리코겐, 산소, 유기인산염은 소모되고, 젖산, 탄산가스, 무기인산염은 생성된다. 즉 산소를 필요로 하는 근육운동은 호흡작용을 촉진하게 된다.

근수축과 이완에 필요한 ATP을 생성하는 과정에는 세 가지가 있다.

① **크레아틴 인산** creatine phosphate

크레아틴 인산은 고에너지 인산결합을 포함하고 있으며, 대부분의 에너지는 근 내부의 크레아틴 인산 풀 pool에 저장되어 있다.

근세포효소인 크레아틴 키나아제 creatine kinase는 크레아틴 인산과 ADP를 크레아틴과 ATP로 합성하는 경로를 촉매하며 가역적 반응이다. 에너지와 ATP로부터 얻은 인산은 크레아틴 인산의 형성을 위해 크레아틴으로 전이되는데, 이를 로만반응 Lohmann reaction이라고 하며 속도가 대단히 빠르다.

$$\text{크레아틴 인산} + \text{ADP} \xrightleftharpoons{\text{크레아틴 키나아제}} \text{크레아틴(creatine)} + \text{ATP}$$

② **산화적 인산화** (호기적인 상태 : 산소 존재)

글리코겐에서 분해된 포도당, 혈액에 의해 운반된 포도당과 지방산이 미토콘드리아에서 산화적 인산화 oxidative phosphorylation를 유지하여 전자전달계 electron transport를 거쳐 ATP을 생성한다. 근육에서는 ATP의 생성속도가 비교적 느리기 때문에 ATP의 분해속도에 미치지 못한다. 계속적인 산화적 인산화를 위해 근육은 산소와 영양소공급에 의존하게 되는데, 이때 혈액 중 산소운반은 헤모글로빈이 관여하며, 몇 종류의 근섬유에는 미오글로빈이 풍부히 들어있어 산소를 저장한다.

③ **해당작용** (혐기적인 상태 : 산소 부족)

산소 부족상태에서는 산화적 인산화가 잘 이루어지지 않는다. 즉 해당과정이 혐기적일 때 글리코겐과 포도당에서 생성된 피루브산은 최종산물인 젖산으로 전환된다. 운동의 강도에 따라 근육운동을 할 때 산소가 부족하면 젖산이 산화되지 않아 글리코겐이 재합성되지 못하고 혈액 내 젖산이 축적되어 대사성산증 metabolic acidosis을 가져오며, 근육에 젖산의 축적은 근육통 muscle soreness의 원인이 된다.

(2) 근섬유의 피로 fatigue

특수한 골격근에서 수축활성에서의 장력은 피로를 결정한다. 근육에 자극을 몇 초에 한 번 정도 직접 가하면 연축 twitch을 일으키지만 자극빈도를 늘려가면 연축의 크기는 점차로 작아지며, 결국 수축을 못하게 된다. 이렇게 장시간 반복자극에 의하여 근육의 수축력이 약해지는 현상을 근피로 muscle fatigue라고 한다.

근피로는 크레아틴 인산분해로 인한 무기인산의 증가, 에너지저장의 고갈, 젖산의 축적 등이 원인이며, 피로 fatigue 개시시간은 근섬유의 종류에 따라 다양하고 일부 섬유는 운동강도에 따라 다르며, 무산소운동 시 근육은 훨씬 빨리 피로하게 된다.

중추피로 central fatigue는 일하는 근육에 중추신경계 CNS에서 공급되는 운동신경을 적당히 활성화하지 못할 때 일어난다. 때때로 중추의 피로는 정신적인 것에 기인하는데, 그 기전은 밝혀져 있지 않다.

(3) 근섬유의 산소소비

운동하는 동안 활성근에 크레아틴 인산과 근글리코겐의 저장은 감소하고, 근육의 젖산축적이 증가하여 산화적 인산화를 통해 새로운 산소를 얻는데 운동 중에는 산소의 소비를 증가시키는 호르몬인 에피네프린의 분비가 증가한다. 순환하는 에피네프린은 운동하기 전 상태로 다시 돌아올 때까지 산소섭취를 정상보다 증가시키는 것이다.

격렬한 운동 시에 대사기능항진은 체온상승을 초래하고, 혈액온도가 상승하면 혈색소와 산소와의 결합이 감소하여 결국 산소의 용해도를 감소시키게 된다.

3. 골격근 질환 및 증상

(1) 경 련 Cramps

경련은 통증을 수반하는 불수의적인 근육수축으로 연축 spasm이라고도 하는데, 운동할 때나 안정상태에서도 발생할 수 있다. 경련이 발생하는 자세한 원인은 밝혀지지 않았으나, 근육의 산소공급이 부족할 때 또는 신경계로부터의 자극에 의한 것으로 생각된다. 주로 종아리근육, 대퇴부근육, 둔부근육에서 발생한다.

(2) 근이영양증 근위축 : Muscular dystrophy, MD

근육이 점진적으로 약화되는 질환으로, 근육 내 결합조직이 증가하거나 지방조직에 근섬유가 대치되므로 퇴행한다. 형태에 따라 예후가 다양한데 일차적으로 소년기에 발생하여 20세 전에 사망하는 치명적인 근 소모질환인 근위축 Muscular dystrophy을 말하며, 점진적인 근소모로 수 년에 걸쳐 진행되는 근위축증상이 특징이다. 가장 보편적 형태는 뒤시앤느근위축 Duchenne muscular dystrophy, DMD으로, 위축된 근은 디스트로핀 dystrophin 결합이 특징적이며, 이 결합유전자는 1986년에 밝혀졌다. 호흡기계 근이 너무 약하게 된 경우 심부전으로 10년 이내에 사망하게 된다.

(3) 근무력증 Myasthenia gravis

신체면역계의 비정상적 반응이 근신경접합부에서 근육세포막에 있는 아세틸콜린 수용체를 파괴시킨다. 이때 운동뉴런 motor neuron 말단부에서 분리되는 아세틸콜린에 대한 근섬유의 민감성이 감소되어 발생하는 극단적인 근육약화 weakness가 특징인 만성 질환이다.

그 밖에도 인체의 근육종류가 다양하고 계속 사용하므로 많은 질병에 노출되어 있다. 근육에 통증을 느끼는 근육통 myalgia, 40대 이하의 여성에게서 흔히 나타나는 근골격계통의 질환으로, 원인이 밝혀지지 않은 섬유근통증후군 fibromyalgia, 염증이 생기는 힘줄염 tendinitis 등이 있다.

13-2 골격계의 구조

골격 skeleton의 기능은 인체를 지지하며, 뇌와 장기의 보호, 골수에서의 혈액세포 생산, 그리고 호흡작용을 돕고, 무기질과 지방의 저장 등의 역할을 한다. 또한 골격은 근육의 부착점이며, 운동 movement 지지대 역할 등에 관여한다.

1. 골격계의 구조

1. 뼈의 분류 Bone Classification

골격의 주요 구성요소는 뼈이며, 성인의 경우 206개의 뼈로 되어있다. 일반적으로 뼈(그림 13-6)는 긴뼈, 짧은뼈, 편평뼈, 불규칙뼈, 함기뼈로 분류한다.

① 긴뼈 long bone는 너비에 비해 길이가 긴뼈로, 주로 팔 · 다리의 뼈.
- 대퇴골 femur, 경골 fibula, 비골 humerus, 상완골 humerus, 척골 ulna, 요골 radius, 지골 phalanges 등이 있다.

② 짧은뼈 short bone는 너비와 길이가 거의 같은 뼈로, 주로 손목 · 발목의 뼈.
- 수근골 carpal bone, 족근골 tarsal bone 등이 있다.

③ 편평뼈 flat bone는 편평하거나 커브 curve 형태의 얇은 뼈로, 주로 머리 · 갈비 · 복장의 뼈 sternum.
- 두개골 skull, 늑골 rib, 견갑골 scapula 등이 있다.

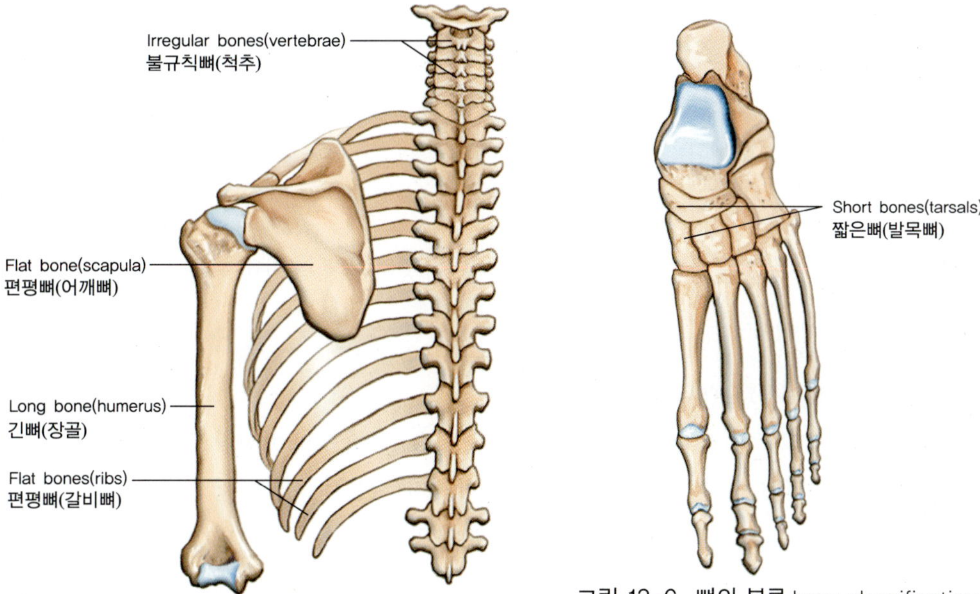

그림 13-6 뼈의 분류 bone classification

④ **불규칙뼈** irregular bone는 불규칙적이고 뼈와 뼈를 이어주는 뼈로, 주로 엉치·척추의 뼈.

- 척추골 vertebra, 접형골 sphenoid, 사골 ethmoid, 천골 sacrum, 미골 coccyx, 하악골 mandible 등이 있다.

⑤ **함기뼈** pneumatic bone는 뼈 속에 공기로 채워진 공동이 있는 뼈로, 주로 상악·전두의 뼈.

- 상악골 maxilla, 전두골 frontal bone, 서골 vomer, 접형골 sphenoid, 측두골 temporal bone 등이 있다.

2. 뼈의 구조 Bone Structure

긴뼈의 구조는 그림 13-7에서와 같이 골외막, 골내막, 골단부, 골간부, 골수강, 관절연골 등으로 나눈다.

① **골외막** periosteum

섬유질로 된 두꺼운 결합조직이 뼈에 덮여있다. 섬유가 뼈 내에도 뻗어있어 골외막이 뼈에서 분리되지 않게 해주는 섬유를 샤페이 섬유 sharpey's fiber라고 하며 인대와 건이 부착되는 지점이 된다. 골외막에는 혈액과 영양분을 뼈세포로 공급해 주는 혈관, 림프관, 신경 등이 있다.

② 골단부 epiphysis

각 뼈의 끝을 말하며, 긴뼈의 양끝으로 갈수록 크기가 커져 구형모양으로 되는데, 이는 관절의 안전성을 높여 관절주위에는 많은 인대와 근육이 부착할 수 있도록 넓은 표면을 제공한다.

③ 골간부 diaphysis

뼈끝과 뼈끝 사이를 골간부라고 하며, 중량을 지탱하기에 적당하도록 두꺼운 치밀뼈 compact bone로 되어 있다.

④ 골수강 medullary cavity

골간부의 비어있는 공간을 골수강이라고 하며 골수 bone marrow를 보관하는 역할을 한다. 뼈의 골수는 황색과 적색의 두 가지가 있는데, 긴뼈 골간에서 볼 수 있는 황골수는 지방을 많이 포함하고, 많은 양의 혈액이 손실되면 조혈작용을 위해 적골수로 변한다. 긴뼈와 짧은뼈의 골단 및 편평뼈의 해면질 내에서만 볼 수 있다.

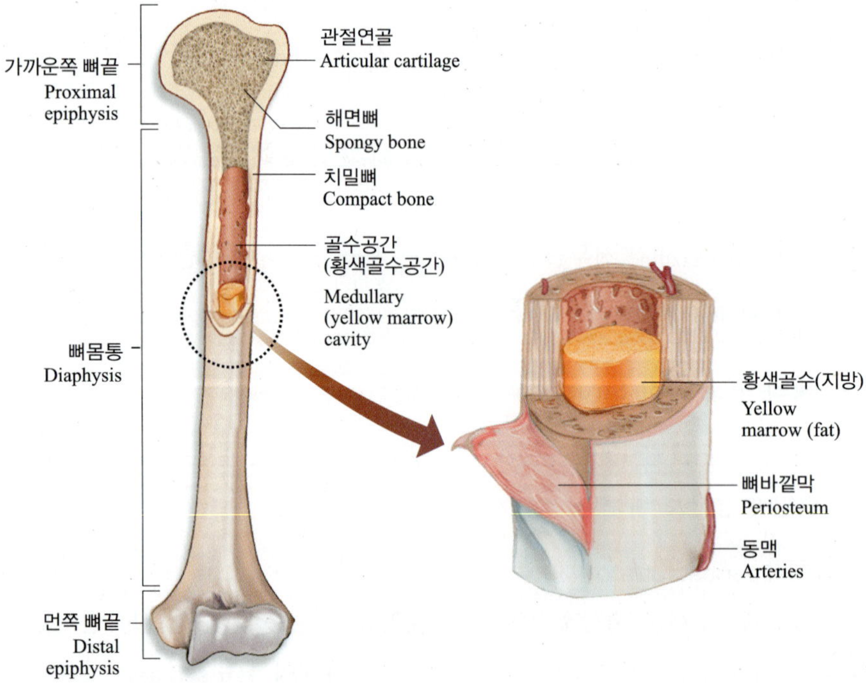

그림 13-7 뼈의 구조 bone structure

⑤ **골내막** endosteum

골수강과 혈관이 지나는 통로인 하버스관 harversian cannal을 싸고 있는 얇은 섬유막이다.

⑥ **관절연골** articular cartilage

골단부의 관절면을 덮고 있는 얇은 초자연골 hyaline cartilage 층으로 탄력성이 있어서 충격이나 진동을 흡수한다.

3. 뼈조직 Bone Tissue의 구조

뼈는 조직에 따라 치밀뼈(치밀골 : compact bone)와 해면뼈(해면골 : spongy bone)로 나눈다(그림 13-8).

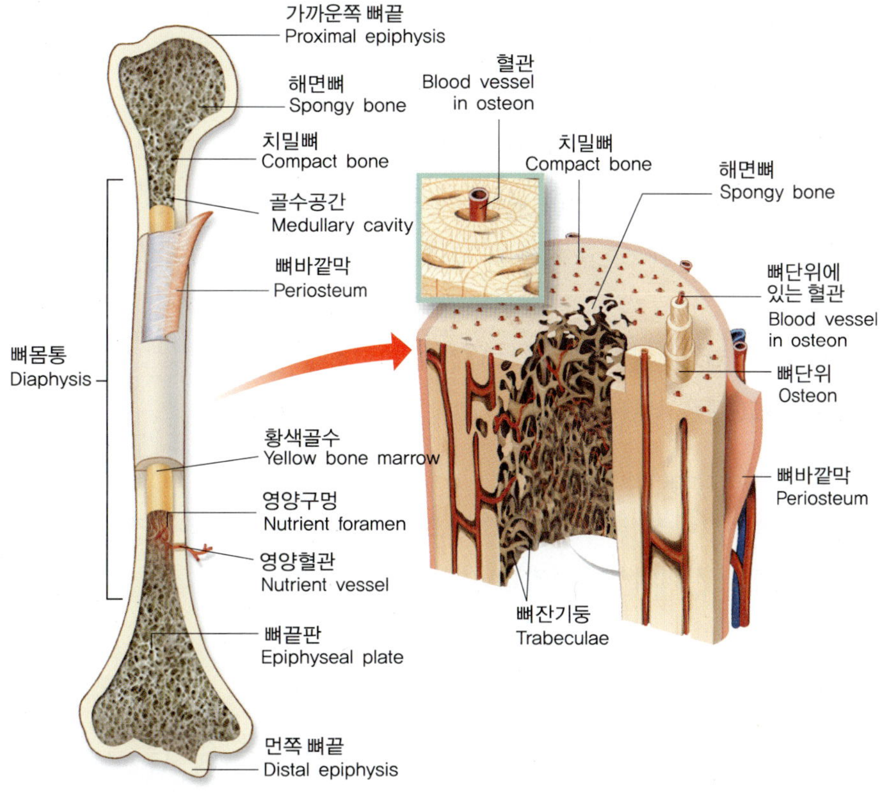

그림 13-8 뼈의 세부구조

① **치밀골** compact bone

치밀뼈는 긴뼈의 축과 다른 뼈의 바깥쪽을 구성하며 치밀하여 밀집도가 높고 단단하다. 이 단단한 물질들은 뼈단위 osteon 혹은 하버시안계 Haversian systems라고 부르는 아주 미세한 실린더 형태로 되어있다.

각각의 뼈단위는 혈관 주위에 원의 형태로 된 성숙한 뼈세포 Osteocyte로 이루어져 있는데 성숙한 뼈세포 주위에는 단백질섬유, 칼슘, 무기질 등으로 채워져 있다. 뼈단위는 뼈세포에 충분한 산소와 영양소를 공급하기 위해 혈관과 연결되어 있으며, 혈관 옆을 서로 평행하게 지나간다.

② **해면골** spongy bone

해면뼈는 체내조직을 지탱하는 작은 기둥모양처럼 생긴 섬유주 Trabeculae에 조직이 달라붙어 기둥 사이에 불규칙한 구멍이 있어 마치 스펀지처럼 보인다.

해면뼈는 골내막과 함께 줄지어 있어서, 뼈를 더 가볍게 하고 적세포를 생산하는 적골수에게 공간을 제공한다.

4. 뼈표면 Bone Surface의 구조

뼈의 표면을 자세히 관찰하면, 울퉁불퉁한 부위를 발견할 수 있다(그림 13-9).

- **돌출 부위** : 일반적으로 돌출된 부위는 근육, 인대, 힘줄의 부착점으로 제공된다.
- **들어간 부위** : 신경과 혈관이 지나는 통로역할을 한다.
- **들어가고 나온 부위** : 관절들이 있다.

① **연 골** Cartilage

연골은 특수형태의 밀집된 결합조직으로, 접힘, 장력, 압력에 견딜 수 있는 연골은 뼈와 뼈 사이에서 쿠션역할도 한다(그림 13-9).

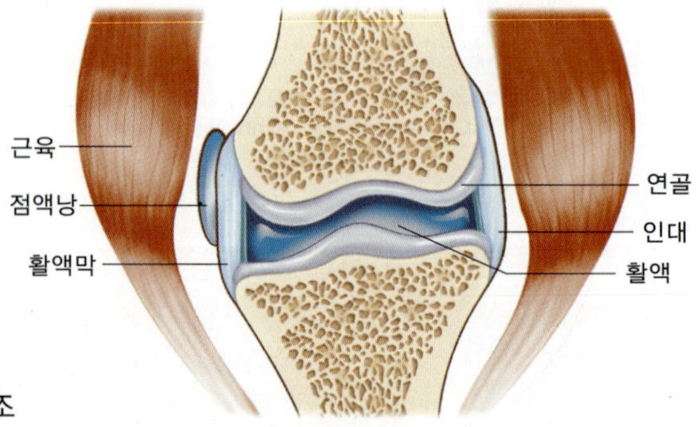

그림 13-9 뼈의 세부구조

예를 들면 코의 연골은 코 사이를 유연하게 연결하고, 가슴뼈의 연골은 구부리고, 다른 물체와 부딪쳐 갈비뼈가 부러지는 것을 막아준다. 연골에는 혈관이 없으므로 혈액에서 영양분을 직접 흡수한다.

② 관 절 Joints

관절 articulation은 두 개 이상의 뼈가 합쳐진 부분이며, 관절이 없다면 뼈가 움직일 수 없고, 연접상태에 따라 운동범위가 다르다.

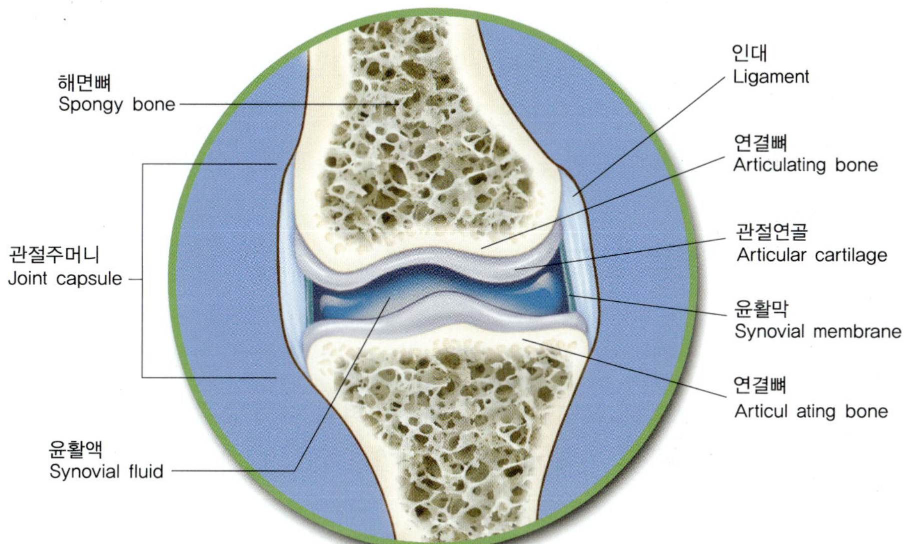

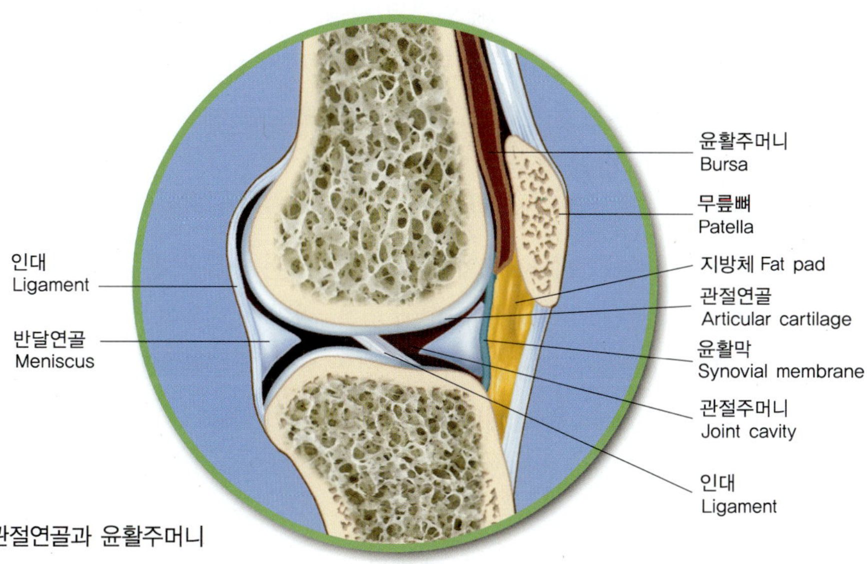

그림 13-10 뼈의 관절연골과 윤활주머니

관절은 관절연골 articular cartilage, 관절막 joint capsule, 윤활액 synovial fluid, 관절주머니(관절낭 : articular cavity), 관절강 articular cavity, 윤활막 synovial fluid 등으로 구성되어 있다(그림 13-10).

관절연골이 뼈끝에 있어서 뼈가 움직일 때 충격을 흡수하여 뼈끝이 부딪치는 것을 방지한다. 연골 윤활주머니 bursa에는 윤활액 synovial fluid이 있어서, 연골과 윤활막이 뼈를 보호하지만, 관절이 닳아 없어져 염증이 생기기도 하는데 이를 관절염 혹은 골관절염 osteoarthritis이라고 한다.

③ 인 대 Ligaments

관절이 움직일 수 있는 것은 다른 형태의 특수한 결합조직인 인대 ligament가 있기 때문이다. 인대와 힘줄(건 : tendon)을 혼동할 수도 있는데, 인대는 뼈와 뼈를 연결하고, 무거운 신체중량을 견딜 만큼 강하며, 힘줄은 근육과 뼈를 연결한 것이다.

2. 골관절의 분류 및 질환

1. 관절의 분류

관절에는 여러 종류가 있으며, 각각의 특색에 따라 다르게 작용한다. 관절은 어떠한 뼈가 서로 합쳐졌는가에 따라 명칭이 결정되고, 또 기능이나 구조에 따라서도 분류한다.

표 13-3은 뼈를 연결하고 있는 결합조직에 따라 관절을 분류한 것이다.

섬유관절은 짧은 결합조직에 의해 연결된 관절로, 전혀 움직일 수 없거나 아주 약간 움직인다. 연골관절은 연골원판에 의해 연결된 관절로, 역시 약간만 움직일 수 있다. 활막관절은 윤활막이 둘러싸고, 윤활막에 채워진 관절공간으로 연결된 관절로, 자유롭게 움직일 수 있다.

- **중쇠관절** pivot joints : 목과 앞팔에 있음. 중쇠관절은 회전만 가능.
- **절구관절** ball and socket joints : 회전을 포함한 모든 종류의 운동이 가능.
- **경첩관절** hinge joints : 무릎과 팔꿈치에 있음, 벌림과 모음이 가능.
- **미끄럼관절** gliding joints : 편평하거나 곡선의 모양. 앞뒤로 미끄러짐 가능.
- **안장관절** saddle joints : 위 아래와 좌우의 움직임이 가능
- **융기관절** condyloid joints : 한 면에서 다른 면으로 운동이 가능. 회전운동은 안 됨.
- **타원관절** ellipsodial joints : 똑같은 뼈로, 2개의 축 운동을 하게 할 수 있음.

표 13-3 관절의 분류

해부학적 구조	운동범위	예
1. 섬유관절 fibrous joints		• 관절강이 없다.
봉합	부동관절	머리뼈사이의 관절, 시상봉합
인대결합	반가동관절	노뼈와 자뼈, 정강뼈와 종아리뼈 사이 관절
못박이 관절(정식)	부동관절	치아와 치조골
2. 연골관절 cartilaginous joints		• 관절강이 없다.
(초자)연골결합	부동관절	성장판(골단판), 제1갈비뼈와 복장뼈 사이
섬유연골결합	반가동관절	두덩(치골)결합
3. 활막관절 synovial joints		• 관절강이 있다.
• 중쇠(차축)관절	가동관절	고리중쇠관절(환축관절), 노자관절(요척관절)
• 절구(구상)관절	가동관절	어깨(견)관절, 엉치(고)관절
• 경첩(접번)관절	가동관절	팔(주)관절, 무릎(슬)관절
• 미끄럼(평면)관절	가동관절	손목뼈사이관절, 발목뼈사이관절
• 안장(안상)관절	가동관절	엄지의 수근중수관절
• 융기관절	가동관절	손가락관절
• 타원(과상)관절	가동관절	손목관절(요골수근관절)

① 부동관절

관절강 articular cavity이 없이 연결되는 척추내의 추간원판과 같은 연골결합을 말한다.

② 가동관절

뼈들이 관절강을 사이에 두고 연결되어 있다. 관절낭(관절주머니 : articular cavity)은 점액단백으로 구성된 윤활액 synovial fluid으로 채워져 있으며, 윤활액은 끈적끈적하고, 무색 내지 황색으로 1 mm^3당 200개 이하의 백혈구가 있다.

관절연골은 독특한 간질조직으로 탄력성이 있어 충격을 흡수하며, 소모가 잘 되지 않고 체중부하에 잘 견딘다.

2. 관절질환의 분류 및 특성

관절염 arthritis이나 골관절염 osteoarthritis은 관절에 생기는 모든 염증을 말한다. 뼈나 관절과 관련된 여러 정황의 원인에 따른 분류와 질환은 표 13-4에서와 같다.

표 13-4 원인별 관절질환 Joint Disorders

분류	예
감염 degenerative disorders	퇴행성 골관절염, 임균성 관절염, 류마티즘열, 감염성 관절염, 바이러스 관절염
염증 inflammation	윤활낭염, 관절염
2차성 질환 secondary disorders	면역계통이상: 류머티스성 관절염 대사성관절염: 통풍
부상 trauma	발목과 발관절부상, 탈구, 엉덩이관절 골절, 무릎관절부상

(1) 화농성 관절염 Suppurative arthritis

대부분 급성이며, 관절강 articular cavity 내의 세균침입으로 발생한다. 즉 신체의 다른 기관에 있던 세균이 혈행성으로 관절강에 유입되는데, 임균, 포도상균, 연쇄상균 등이 흔하다.

약물중독자와 면역기능이 저하된 사람에게서 흔히 볼 수 있는데, 소아는 *H. influenzae*에 의해 발병한다. 겸상적혈구성 빈혈 sick cell anemia의 경우는 *Salmonella* 감염으로 걸리기 쉽고, 증상은 발적, 종창, 압통, 통증 등이 나타난다.

(2) 결핵성 관절염 Tuberculous arthritis

호발부위는 척추이고 그 다음은 고관절 hip joint이다. 잠행성 질환 insidious disease으로 폐 등의 감염으로부터 유입된다.

(3) 퇴행성 관절염 Degenerative arthritis

관절병 중에서 가장 빈도가 높은 비염증성 질환이다. 원칙적으로 노년기에 관절연골판의 궤양, 경화 등이 특징이다. 특별한 염증소견이 없으므로 퇴행성 관절질환이라 하는데, 때로는 관절의 염증과 함께 발생되기 때문에 골관절염 osteoarthritis이라고 한다.

(4) 류머티스성 관절염 Rheumatoid arthritis

자기면역질환으로 유전적으로 간주하며, 관절통증과 미열을 수반한다. 병이 진행됨에 따라 관절강직증상이 나타나는데, 특히 아침에 심하다. 심한 경우 관절부위의 변형을 나타내는 만성적 질환으로, 30~40세에서 발생하며, 남성보다 여성이 더 많이 발생한다.

일반적으로 발생하는 관절염의 종류와 특성을 비교한 내용은 표 13-5에서 볼 수 있다.

표 13-5 일반적인 관절염의 종류와 특성 비교

분 류	관절염 · 퇴행성골관절염 Osteoarthritis	류머티스성 관절염 Rheumatoid arthritis	통풍 Gout
원 인	감염 · 염증 (퇴행성)	2차성 질환 (면역성)	2차성 질환 (대사성)
발병부위	• 무릎, 발목, 손가락마디 • 하중을 많이 받는 부위 • 관절연골 손상 (뼈끝이 서로 부딪힘)	• 손과 발의 작은 관절 • 하중과 무관 • 붓고 염증이 있는 활액막 • 전신적으로 나타남	• 엄지발가락(70%), 발목 • 하지부분이 먼저 발병 • 관절, 신장, 귀 윗부분, 피부, 손, 팔꿈치
증 상	• 움직일 때 통증 발생 • 발열은 거의 없음 • 많이 사용한 관절 통증 • X선 촬영 등으로 진단 • 증세는 서서히 진행 • 정맥압 증가로 불면증 • 운동능력 소실 · 제한	• 안 움직이면 통증 없음. • 국소발열. 심하면 전신발열. • 아침에 뻣뻣해지는 증상. • 모든 관절에 통증 발생. • 염증이 다른 부위에 영향을 줌 예) 눈-충혈, 폐-호흡곤란 혈관염-피부발진, 궤양.	• 가만히 있어도 아픔 • 국소발열 혹은 전신발열 • 잘 때 통증 • 수일 내 증상 완화. • 일주일 이상은 지속되지 않음. • 발작은 반복적 • 몇 달, 몇 년 후에도 발생
변형속도	• 한 부위에서 서서히 번짐 • 서서히 붓고 변형이 진행 • 관절변형 및 골격기형	• 다발성. 모든 부분에 발생 • 붓고 물이 참, 움직임 어려움 • 2~3년 사이에 급격히 변형	• 한 부위에 발병 • 홍조염증반응이 심함 • 서서히 통풍성이 형성
연 령	• 50세 이상에 많음 • 65세 이상 노인 70% • 특히 비만여성에 많음	• 인구의 1~2% • 30~50세 여성에 많음 • 10대 이상 누구든 생김.	• 남성 95%, 39세 이상 • 20대 젊은이 • 비만한 사람.

3. 관절염의 병태생리

관절염 arthritis과 류머티스 질환은 통증과 장애의 주원인이 된다. 현재 미국에서 4천만 명 이상이 이 질환에 영향을 받고 있고, 2020년에는 6천만 명 정도가 영향을 받을 것으로 예측하고 있다.

가장 일반적인 관절염은 골관절염과 류머티스 관절염이다. 그 밖에 다른 류머티스 질환으로는 섬유근육통 fibromyalgia, 전신홍반루프스 systemic lupus erythematosus, 점액낭염 bursitis, 통풍 gout 등이 있다.

4. 골관절염 osteoarthritis

(1) 원 인

국부적 퇴행성관 절염으로 매우 흔한 질환 중의 하나이다.

류머티스성 관절염과는 달리 체중초과 및 비만인 경우 발생률이 더 높다. 따라서 노화, 비만, 여성, 백인, 높은 골밀도, 반복적인 손상 등이 발병요인이다.

관절부위의 외상, 관절의 과다사용, 잘못 연결된 관절 등 모든 관절에서 발견되나, 새로운 골 형성과 이완된 관절의 주위와 내부 연조직의 증식, 연골 손실이나 골면의 일부 노출로 관절의 약화, 즉 마모된 연골, 관절 안의 뼛조각, 관절 가장자리의 뼈돌출, 뼈 내에 연골밑낭종, 윤활액의 감염, 그 밖에 유전적인 요인, 근 긴장, 계속적인 자극 등 복합적인 원인에 의해 발생한다(그림 13-11).

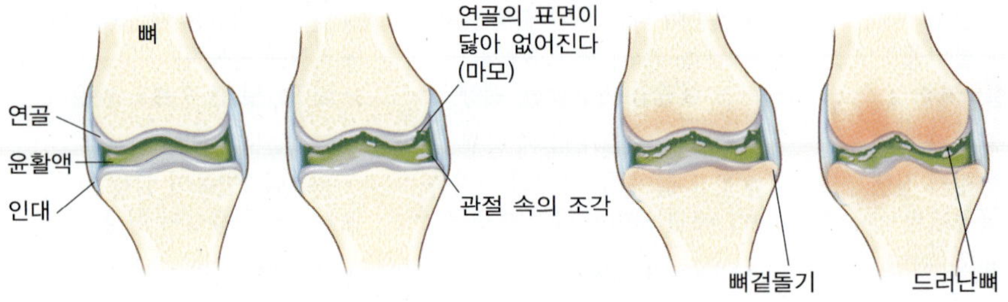

그림 13-11 정상관절과 골관절염의 원인

우리나라에서 50세 전후에 자주 발생하며 오십견 frozen shoulder이라 불리는 어깨관절주위염 periarthritis humeroscapularis은 노인성 퇴행성 관절염의 일종이다. 외상, 과로, 염증 등이 가해져 어깨관절의 통증과 운동이 제한되며, 전체 인구의 약 2% 정도이다.

(2) 증 상

골관절염의 초기증상은 연골에 미세한 틈이 생겨 교원섬유 등이 감소되므로, 관절의 보호막이 소실됨에 따라 통증이 심해지는데, 관절이 붓거나, 섬유조직과 연골조직이 새로이 생기게 되면, 아침에 관절부위가 뻣뻣해지고 커지는 현상을 느끼게 된다. 특히 통증이 관절을 과다하게 사용한 오후나 저녁시간, 잠자기 전에 심한 통증을 느끼게 되며, 정맥압의 증가로 불면증이 생긴다고 한다. 움직이지 않고 쉬면 부드러워 진다.

통증은 모든 관절에서 발견되며, 체중을 지탱하거나 자주 사용하는 관절, 즉 무릎, 척추, 고관절 hip joint, 발목, 팔꿈치 등에서 발생하지만 몇 개의 관절에 국한되고, 전신의 증상으로 나타나지는 않는다. 연골이 손상되면 통증, 부종, 관절변형, 운동능력소실 등을 볼 수 있으며, 심한 경우 관절운동이 어렵고, 골격기형으로 나타나기도 한다.

특히 여성은 손가락 관절의 크기가 커지고, 나이가 들면 무릎 관절의 연골 수분이 감소하여 탄력을 잃는데, 이때 무리하면 관절이 불안정해지고 연골 주위의 뼈가 증식하여 돌기가 생기는데, 이것을 변형성 무릎관절이라고 하며, 뚱뚱한 여성에게서 나타난다. 골관절염의 증상은 서서히 이루어지는데, 증세가 악화된 상태와 호전된 상태를 반복하면서 점차 약화된다.

(3) 진단 및 치료방법

일반적으로 의사의 상담과 진찰을 통해 골관절염의 여부를 알아내거나 엑스선 검사를 통해 알 수 있으나, 혈액검사로는 골관절염을 진단할 수 없다.

골관절염의 치료목적은 관절의 통증을 감소시키고 관절의 파괴와 변형을 예방하며 기능의 손상을 최소화함으로써 질병의 진행속도를 늦추는데 있다.

치료방법으로는 통증을 감소시키기 위한 물리치료, 약물치료, 운동요법과 휴식 및 정형외과적인 평가를 통해 수술(인공관절치환술, 접골술 등)치료를 한다. 환자의 과거력과 통증정도에 따라 적합한 치료를 결정한다. 보조적으로는 영양치료법이 따른다.

① 약물요법으로는 진통제나 비스테로이드성 항염증제 및 스테로이드제를 복용한다(표 13-6).

② 운동요법으로는 관절주위의 근육강도를 높여주는 운동으로 걷기, 스트레칭, 수영, 자전거 타기 등 체중부담이 적은 유산소 운동과 체중부하 운동은 모두 증상을 완화시키고 움직임을 좋게 한다. 변형성 무릎관절의 운동요법은 넙적다리 앞쪽에 있는 근육을 단련시키는 것이 관절을 튼튼하게 하고 통증을 완화시킨다고 한다. 우선적인 방법으로는 관절을 무리하게 움직이지 않고 보호하기 위해, 안정, 휴식과 함께 관절부위를 자주 마사지하는 것도 효과적이다.

골관절염 환자는 노년층에 많고 체중부하 현상이 나타나므로, 적정체중을 유지하고, 관절의 부담을 경감시키기 위해 지팡이를 사용한다.

표 13-6 골관절염 및 류머티스관절염 치료제가 영양관련 문제에 미치는 영향

구 분	약품명	영양관련 문제 및 부작용
항생제 antidote 항염증제 antiflammatory	• 페니실린 penicillamine • 히스타민 histamine • 키닌 kinin • 사이토키닌 cytokine • 아라키돈산 대사물 eicosanoids	• 항균제로 박테리아의 세포벽 합성을 억제 • 철과 아연결핍 가능, 식욕부진, 입맛변화(금속성 맛), 구강염, 메스꺼움/구토, 위통, 설사. • 해독–비타민 B_6 충분한 식사, 윌슨씨병–저구리식, 납중독–저칼슘식, 시스틴뇨증–충분한 수분섭취와 저메티오닌식 • 소변을 알칼리화함.
비스테로이드성 소염제 NSAIDs	• 아스피린 aspirin • 이부루펜 ibuprofen • 인도메타 indomethacin • 페닐부타존 phenylbutazone	• prostanoids(PGI_2 $TAXA_2$ 등)를 형성 • 염증성 관절질환 약물 • 위장장애, 소염, 진통, 신경기능장애 사용 • cyclooxygenase 효소 억제 • 경직성 척추염의 심한 통증 치유에 사용
스테로이드성 소염제 corticosteroid	• 프레드니솔론 prednisolone • 트리암시노론 triamcinolone	• 급성염증, 진통, 관절경직 완화에 효과적 • 장시간사용 시 골다공증, 비정상적 지방축적, 위 · 십이지장궤양, 우울증, 세균감염 등 • eicosanoids의 생성 감소
항류머티스 약제 DMARDs	• 항말라리아제 antimalarials • 설파살라진 sulphasalazine • 페니실라민 penicillamine • 면역억제제 immunosuppressants	• 항말라리아제는 백혈구 기능 억제 : 반드시 시각검사 실시요구. • 관절염의 진행억제를 목적으로 사용. • 치료효과는 수주 혹은 수개월 후에 나타남. • 다양한 부작용으로 정기적 추적검사 요구 • 면역 조절효과가 있음.

* NSAIDs : Non-steroidal anti-inflammatory drugs
* DMARDs : Disease-modifying antirheumatic drugs

(4) 영양관리 원칙

과체중은 체중지탱관절에 부담을 주며, 비만과 외상이 골관절염의 가장 큰 위험요인이다. 비만한 경우 골관절염의 억제를 위한 적정체중 도달과 유지를 위해 균형잡힌 식사는 영양 치료에서 가장 중요한 일이다. 대부분의 골관절염 환자는 유제품, 칼슘, 비타민 D의 섭취량이 부족하다.

이상체중 IBW : ideal body weight을 유지하기 위해서, 에너지 조절, 양질의 단백질, 무기질(칼슘, 철 등), 비타민(A 및 B복합체 등)을 적당량 공급하여야 한다. CPP casein phosphopeptide는 칼슘과 철 등을 녹기 쉽게 하여 흡수율을 높여 준다.

노화과정에서 퇴행성 변화의 원인이 되는 세포손상을 막기 위해 비타민 C, 토코페롤(비타민 E), 베타카로틴, 셀레늄 같은 항산화작용을 하는 영양소를 다량공급하는 것은 골관절염의 치료에 도움이 된다. 비타민 E는 활성산소와 먼저 결합하여 산화하고, 비타민 C는 산화된 비타민 E를 원상태로 되돌려서 항산화작용을 하여, 통증을 완화한다.

콜라겐은 세포나 조직을 연결하여 피부와 뼈의 활성을 촉진하는데, 비타민 C는 관절연골의 기질인 콜라겐 collagen 합성에 관여하며, 아연도 콜라겐 합성에 관여하는 것으로 밝혀졌다. 유황을 함유한 아미노산 시스틴 cystine은 대사 후 유황을 배출하고 글루타티온 glutathione 같은 물질로 전환하여, 유해금속이나 흡연, 음주에 의해 발생하는 활성산소를 제거해 준다. 그러나 항염증성 항산화제를 연골 내에 주입하면 연골의 손상을 막을 수 있으나 치료에 적용하기에는 아직 더 많은 연구가 필요하다.

생선에 많은 ω-3계의 리놀렌산 linolenic acid, C18:3으로부터 생성된 EPA (C20 : 5)는 항염증작용이 있어 통증을 완화시키며, 특히 변형된 무릎관절이나 고관절에 효과가 있다. 고기, 생선, 달걀 등에 많은 ω-6계 지방산인 아라키돈산 arachidonic acid, C20:4이나 리놀산 linoleic acid, C18:2의 섭취가 많으면 염증을 진행시킨다. ω-3계열 EPA와 ω-6계열의 아라키돈산은 생체조절호르몬인 프로스타글란딘 prostaglandin으로 전환하여 염증이나 면역계 조절작용을 한다.

특히 관절염 식단으로는 비타민이 풍부한 감자와 푸른 잎채소, 알파파, 미나리, 셀러리, 마늘, 씨앗류, 바나나, 사과와 파인애플 등이 좋으며, 그 밖에 좁쌀과 현미도 좋다. 칼슘과 철이 풍부한 식품을 권장한다. 소금과 설탕, 포화지방 등은 주의해야 한다. EPA를 많이 함유한 식품은 정어리, 고등어, 장어구이, 꽁치, 참돔, 청어, 방어, 다랑어, 전어, 도루묵에 많다. 또한 골관절염은 노년층에 많으므로 노인식에 준하여 식단작성을 한다.

5. 류머티스성 관절염 Rheumatoid arthritis

(1) 병태생리

류머티스성 관절염은 가장 보편화된 관절질환으로, 관절의 활액막 memnrana sinorial이 감염으로 붓고 파손되어 다른 관절과 연골조직으로 감염이 확대되면 통증과 부종이 생기고 관절기능이 상실되는 만성적 질환이다.

특히 골관절염은 하나 또는 둘 정도의 관절에 비대칭적으로 나타나지만, 류머티스성 관절염은 손과 발의 뼈마디에 대칭적으로 3개 이상의 관절에 침범하므로 다발성 관절염에 속한다(그림 13-12).

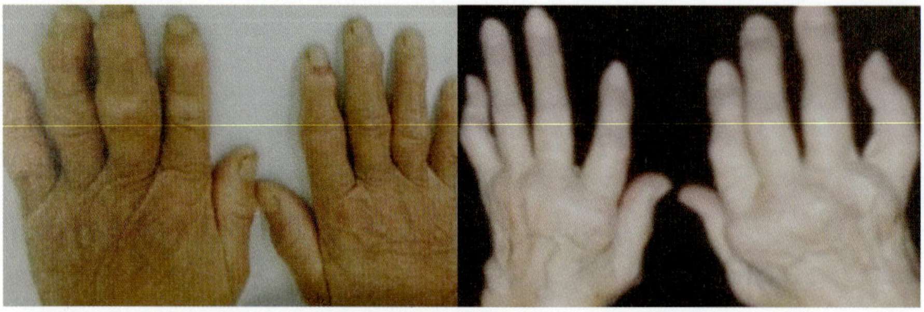

그림 13-12 골관절염(왼쪽)과 류머티스관절염(오른쪽)

대부분 류머티스 관절염은 염증으로 대사율이 항진되며, 장점막의 변화로 인한 영양소의 흡수불량으로 빈혈과 체중감소 현상을 나타낼 수 있다.

정확한 원인은 밝혀지지 않았지만 자가면역 현상이 주요 기전인 것으로 알려져 있다. 자가면역이란 외부로부터 인체를 지키는 면역계의 이상으로, 오히려 자신의 인체를 공격하는 현상을 말한다. 유전적 소인, 세균이나 바이러스 감염도 류머티스성 관절염의 원인으로 보고 있다.

S대학교병원 류머티스내과 송영욱 교수, 해부학교실 강재승 교수팀은 우리 몸의 포도당 대사과정에서 중요한 효소의 역할을 하는 에놀라아제 enolase가 류머티스 관절염의 염증을 일으키 원인물질이라는 것을 밝혀, 세계 최초로 미국의 면역학회지 Journal of Immunology에 게재되었다.

에놀라아제 enolase는 2-포스포글리세린산을 포스포에놀피루브산과 물로 분해하는 효소이다.

이 연구팀은 류머티스관절염(35명)과 퇴행성 관절염(14명) 및 건강인(35명)의 혈액과 무릎 관절액에서 면역세포를 분리한 후 면역세포 표면에서 에놀라아제의 발현 정도를 분석하였다. 그 결과, 건강인의 혈액에서는 에놀라아제를 발현하는 면역세포가 없었는데, 류머티스관절염은 95% 이상, 퇴행성 관절염은 3% 미만이었고, 특히 건강한 상태의 정상면역세포는 면역반응을 유발하지 않았으나, 관절염과 직접 연관이 있는 류머티스관절염 환자의 무릎 관절액에서는 95% 이상의 면역세포에서 에놀라아제가 발현되었다고 한다.

관절염처럼 국소적인 염증반응이 동반되는 질환에서는 과량의 '염증반응 매개인자'를 생성하여 염증부위에 극심한 통증과 고열을 유발하는데, 류머티스 관절염 환자의 혈액과 무릎 관절액에서 에놀라아제가 비정상적으로 높게 발현하는 면역세포만을 분리한 후, 퇴행성 관절염 환자 및 정상인으로부터 분리한 정상 면역세포와의 특성을 분석한 결과, 류머티스 관절염 환자로부터 분리한 면역세포에서만 염증부위에서 극심한 통증과 고열을 동반하는 '염증반응 매개인자'가 현저히 높게 생성됨을 확인하였다.

강재승 교수는 "이는 에놀라아제를 비정상적으로 높게 발현하는 면역세포가 체내에 많이 존재할 경우, 에놀라아제를 통한 면역세포의 활성도가 매우 높아지고 '염증반응 매개인자'를 많이 생성하여 류머티스 관절염의 발생빈도가 현저하게 높아짐을 의미한다."고 하였다.

또 송영욱 교수는 이 연구를 바탕으로 혈액검사만으로 에놀라아제 수치를 측정하여 관절염 발병을 예측하고, 치료 후 예후를 평가할 수 있는 새로운 검사법과 에놀라아제 활성조절과 관련한 연구를 통하여 류머티스 관절염을 완치할 수 있는 새로운 치료제 개발의 가능성을 제시하였다.

류머티스성 관절염은 우리나라 총 인구의 1~2%에서 발병하고, 연령은 20~50세에 주로 나타나지만 20~30대에서 발생하는데 가끔 어린이에게도 나타난다. 신체적 또는 정신적 스트레스 후 폐경 초기에 발병률이 높다. 여성이 남성보다 3배 이상 발병률이 높다가 연령이 증가함에 따라 남녀 간 발병률의 차이가 줄어드는데, 여성의 경우 임신이나 수유, 피임 등 호르몬의 변화가 영향을 주는 것으로 보인다.

류머티스성 관절염의 발병원인이 정확하게 밝혀지지 않았지만, 쌍생아의 경우 동시에 발병하는 일란성 쌍생아는 30% 정도, 이란성 쌍생아는 5% 정도로 유전적 성향이 높다고 하지만 다행히 유전자를 가진 모든 사람이 발병하지는 않는다.

류머티스성 관절염은 혈관, 연골, 뼈, 건, 인대, 관절표면의 활액막까지 영향을 미치는데, 발병 후 악화기와 휴지기가 반복되며, 경우에 따라 수개월 또는 수년 동안 계속되다가 류머티스성 관절염이 완전히 사라지기도 한다.

(2) 증 상

류머티스성 관절염의 발병률은 골관절염보다 낮지만 증상은 훨씬 심하다. 특징적인 증상으로 관절이 뻣뻣해지는, 특히 아침에 심한 강직증상 morning stiffness이 보통 30분 이상 지속되는데, 60일 이상 지속되면 류머티스성 관절염으로 진단할 수 있다. 즉 강직정도와 진행정도가 류머티스성 관절염을 판별하는 중요한 지표가 된다.

발병 초기에는 증상이 거의 없지만, 전구증상으로 미열 등을 호소하며, 관절의 통증, 종창 intumescent이 초기에 나타나고, 피로, 식욕부진, 허약증세가 몇 주에서 몇 달간 지속되다가 점차 체중감소, 고열, 오한, 관절통이 동반되기도 한다. 그 밖에 활액막의 감염은 부종, 압통과 행동하기가 불편해진다. 부종은 활액이 축적되고 활액막이 팽대되거나 관절낭이 비후되기 때문에 발생한다(그림 13-13).

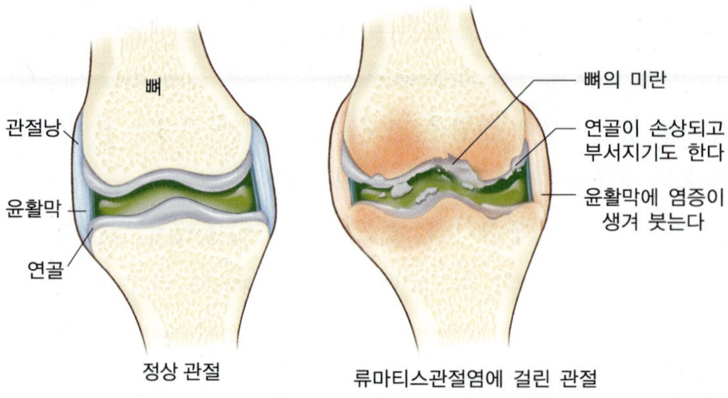

그림 13-13 정상관절과 류머티스관절염의 진행

또한 류머티스의 전형적인 증상으로 손이 비틀리거나 관절이 붓는데, 방치하면 관절의 여러 부분으로 전이되어 근위축으로 인한 변형과 관절의 강직상태를 초래하고, 대부분 염증으로 대사율이 항진되며, 장점막의 변화로 영양소 흡수불량을 나타낸다. 또 빈혈과 체중감소의 현상을 보이며, 비만한 경우에는 관절을 압박하므로 체중 조절을 하여야 한다.

손가락 관절은 갈퀴손변형, 굴곡변형이 나타나고, 피하결절, 녹내장, 심낭염, 흉막염, 심맥관계 병변, 류머티즘이 발병될 수도 있다.

류머티스성 관절염의 증상은 완화와 악화를 반복되는 질환으로 고통이 매우 심하고, 상태가 심한 경우에는 섬유조직이 비정상적으로 증식되어 뼈의 강직현상과 함께 불구가 되는 경우도 있다.

(3) 진단과 치료방법

의사의 진찰과 몇 가지 간단한 혈액검사로 류머티스성 관절염을 진단한다. 적혈구수의 검사는 류머티스 관절염과 빈혈여부를 알 수 있고, 적혈구의 침강속도는 염증여부를 알 수 있으며, 류머티스 인자에 대한 검사결과는 진단에 도움을 준다. 엑스선 검사결과가 질환의 초기단계에 정상으로 나타나기도 하지만 진행단계의 검사결과와 비교를 위해 보관하여야 하며, 흉부와 손발 엑스레이가 가장 유용하다.

류머티스성 관절염의 치료목적은 관절의 염증과 통증을 억제하여 관절의 기능을 보호하고 병세를 호전시켜 관절의 파괴와 변형을 예방하는 것이다. 치료에는 약물요법, 물리요법, 방향요법, 작업치료, 관절 강화운동요법, 정형외과적 치료, 휴식 등이 있다(표 13-7).

관절의 감염을 촉진시키지 않는 범위 내에서 적당한 운동, 보조기구에 의한 기능회복 훈련법 등으로 근육의 강도와 관절의 유연성을 증강시켜야 한다. 그러나 포괄적인 접근을 포함한 최적의 관절염 치료에는 자기관리에 대한 환자교육과 체중조절, 물리요법, 그리고 작업치료 등을 포함한다.

표 13-7 대안적인 관절염 치료법들

종 류	치료 방법
물리요법 physiotherapy	약이나 수술보다는 물리적인 방법에 의존하는 치료법
방향요법 aromatherapy	향기로운 식물 추출물과 정유를 이용하는 치료법
접골요법 osteopathy	뼈와 근육조직을 접골하고 마사지하는 방법
지압요법 chiropractic	관절의 물리적 장애를 손으로 바로잡는 치료법
반사요법 reflexology	손, 발, 머리의 반사 지대 또는 반응부위들을 마사지하는 치료법
침술요법 acupuncture	바늘을 이용해 피부나 조직에 침을 놓는 치료법

물리적인 치료법은 적절한 휴식을 통하여 감염된 관절을 불필요하고 무리하게 사용하는 것을 방지한다. 염증이 생긴 관절을 많이 사용하지 않도록 하고, 지팡이 등 보조기구를 사용하여 관절의 부담을 줄인다.

약물요법으로는 아스피린이 흔히 사용되며, 항염증제antiflammatory, 비스테로이드성 소염제 NSAIDs, non-steroidal anti-inflammatory drugs, 류머티스 관절염 질환 조절 항류머티스 소염제 DMARDs, Disease-modifying antirheumatic drugs와 스테로이드성 소염제(코르티코스테로이드 : corticosteroid) 등이 있다(표 13-6).

비스테로이드성 항소염제와 스테로이드성 소염제는 염증을 완화하여 질병의 증상을 완화시킬 수 있지만 진행을 억제하지는 못하며, 항류머티스 소염제의 치료를 조기에 시작할수록 치료결과가 좋다. 최근에는 항류머티스 소염제에 반응하지 않는 류머티스성 관절염에 대하여 TNF(류머티스성 관절염을 일으키는 대표적인 중간물질)의 차단제를 사용하고 있다. 코르티코스테로이드는 통증, 뻣뻣한 근육 등에는 유효하나 골다공증을 초래하므로 필요할 때 하루 7.5 mg 이하로 복용하는 것이 좋다.

그 밖에 상태가 매우 심각한 경우에는 수술을 하기도 하는데, 질병의 후기단계에서 보존적 치료(conservative method : 휴식과 운동을 혼합하면서 약물요법과 통증이 있는 관절을 국소적으로 치료하는 방법)를 해도 통증이 계속될 때, 관절의 전치환술 total joint replacement 등으로 통증을 완화시킬 수 있다.

수술치료로는 관절염의 상태가 매우 심각한 경우 환자의 고통을 경감시키고 기형을 보정하여 적절한 기능을 회복할 수 있도록 하기 위하여 수술을 실시한다.

(4) 영양관리 원칙

류머티스성 관절염은 칼슘, 엽산, 비타민 B군, 비타민 E, 아연, 셀레늄의 섭취량이 부족한 경우가 많으므로 이들 영양소를 적당량 공급해야 한다. 류머티스성 관절염의 영양치료는 표 13-8에 있다.

일반적으로 류머티스성 관절염은 감염에 의해 주로 발생하는 만성질환으로 오랫동안 지속되면 여러 원인에 의해 영양상태에 영향을 줄 수 있으며, 영양상태는 면역반응에 큰 영향을 끼친다.

표 13-8 류머티스성 관절염의 영양치료

영양소	관련 작용
에너지	• 이상체중 유지 → 관절에 부담을 주지 않도록 한다. • 과체중인 경우 → 적정량의 에너지섭취로 제한. 비만은 관절통 악화, 과식금물. • 영양불량 경우 → 단백질, 비타민, 미네랄 등 충분히 섭취하여야 한다.
단백질	• 이상체중 유지를 위해 → 체단백질분해가 증가되므로, 양질의 단백질을 공급. • 결합조직 → 염증이라는 병리학적 과정이 발생하여 류머티즘 질환이 생김
지방	• 염증반응 억제 → ω–3계 지방산(어유, 올리브유, 달맞이꽃기름 등) 섭취증가. • 생선(EPA, ω–3) → 염증을 완화. 등푸른생선 조리 시 지방손실을 적게 함. • α-리놀렌산(ω–3) → 항염증효과, 차조기유, 들기름, 아마인유에 많이 함유. • ω–3계 지방산 → 항산화작용을 갖는 영양소(비타민 A, E, C)와 함께 섭취. • 육류(아라키돈산, ω–6) → 염증을 진행시킨다. • 저지방식(혈청 내 비타민 A, E 농도저하) → 과산화지질과 아이코사노이드의 합성을 촉진함으로써 류머티스성 관절염 악화.
비타민 D	• 류머티스성 관절염 합병증(빈발하는 골연화) → 방지 기능. • 과량공급 시 → 신장의 석회화 등 부작용이 발생
비타민 E	• 관절주위의 혈액순환을 원활하게 한다. → 통증을 완화.
비타민 C	• 관절의 기질인 교원섬유(콜라겐) 합성을 촉진 → 류머티즘 증상을 경감시킴. • 아스피린 치료 시 → 백혈구 내 비타민 C 감소로 빈혈을 유발할 수 있음. • 스테로이드 호르몬 분비를 도움 → 통증억제, 관절의 결합조직을 강하게 함.
비타민 B_6	• 면역반응 정상유지 → 단백질대사에 작용하여 만성 류머티즘관절에 좋음. • 약물치료로 인한 위점막 손상 → 피리독살-5-인산(PLP)의 요구량 증가
칼슘	• 치료제 복용 시 → 부작용으로 뼈의 약화, 골다공증 같은 증상 초래 • 류머티스성 관절염 → 칼슘흡수불량, 골격손실은 골다공증, 골연화증 초래. • 우유와 유제품으로 → 칼슘섭취량을 늘린다.
아연	• 아연보충 → 관절염 증상은 호전되나, 빈혈이 올 수 있음. 철 함유식품 공급. • 아연섭취 → 프로스타글란딘의 합성을 억제하고, 콜라겐 합성에도 관여
철	• 합병증(빈혈)이 나타나는 경우 → 철 흡수율이 좋은 동물성식품을 섭취.
구리	• 염증이 가라앉으면 → 혈청 내 구리가 감소하며, • 증가된 셀룰로플라스민은 → 항산화작용을 하여 관절염환자를 보호하는 역할.

류머티스성 관절염 환자의 영양불량의 원인은 감염과 염증반응으로 인한 대사율의 항진과 영양요구량의 증가, 류머티스성 관절염과 함께 동반되는 소화성 궤양과 위염으로 인한 식욕저하, 감염과정에서 발생하는 위와 소장의 점막변화로 영양소의 흡수가 감소되고, 류머티스성 관절염의 합병증으로 침의 분비저하로 인한 연하곤란, 충치발생 등은 영양불량이 된다.

따라서 질병을 완화시키기 위해 영양불량의 원인을 파악하고 적절한 영양관리를 통한 영양상태를 증진시키기 위한 계획은 필수적이다.

(5) 류머티즘 관절환자의 특징과 영양치료

- 구강과 턱관절에 염증과 관절의 증상은 장보기나 식사준비 뿐만 아니라 식사를 하는데에도 불편을 느낀다. 즉 씹고 삼키는 데 문제가 있는 경우 식품의 질감이나 점도의 조정이 필요하다.
- 만성 류머티즘 관절환자는 합병증으로 혈관염이 나타나고, 출혈이 쉽게 일어날 수 있다.
- 체내에서 과산화지질이 생기는 것을 막기 위해 항산화 작용이 있는 비타민 E와 C도 보충해준다.
- 뼈의 통증은 주로 식품 알레르기에 의해 나타나는 경우가 많으므로 감자, 커피, 달걀, 고기, 우유, 사과, 오렌지, 토마토 및 후추 같은 알레르기성 식품을 제한하는 것이 바람직하다,
- 커큐민 curcumine은 심황에 들어 있는 황색색소의 주성분으로, 통증을 완화하는 소염효과가 있다. 커큐민은 만성 류머티즘 관절환자의 관절에 부기, 아침에 관절이 경직되는 현상 등의 증상을 완화하는 효과가 있다.
- 락토페린 lactoferrin은 포유동물의 젖과 타액 등의 분비액에 포함되어 있는 당단백질로 염증을 억제하고 면역을 증강시켜 주는 작용이 있다.
- 피해야 할 식품은 콩류, 구근류, 버섯, 해조류 등의 식물성 섬유로 과잉섭취 시 단백질과 무기질의 흡수를 저해한다.
- 콜라겐 collagen의 합성저하가 류머티스성 관절염의 특징은 아니기 때문에 관절염에 비타민 C를 투여하는 데에 의문을 제기하는 학자도 있다.

6. 통 풍 Gout

통풍은 기원전 5세기 히포크라테스의 기록에 존재하는 의학역사상 가장 오래된 질환이며, '발의 발작' 이라는 그리스어에서 유래된 말로서, 고요산혈증 hyperuricacidemia, hyperuricemia에 의해 유발되는 염증성 관절염이나 불용성인 요산나트륨 결정체 monosodium uric acid crystal가 관절, 관절부위의 피하조직, 코, 귀 위쪽피부, 손, 팔꿈치, 신장 등에 침착하여 생긴 결절을 말하며, 바람만 불어도 관절에 통증이 있어 '통풍 gout' 이라 부른다. 통풍은 유전적 소인뿐 아니라 후천적인 요인에 의해 발생한다.

(1) 병태생리 monosodium urate crytstal

체내 세포의 핵에는 핵산이 존재하며 퓨린 purine이 분해되어 생기는 최종산물이 요산 uric acid이다(그림 13-14). 퓨린 생합성에는 글리신 glycine, 아스파르트산염 aspartate, 글루타민 glutamine 등의 아미노산과 포름산 formic acid, 이산화탄소 CO_2 등이 필요하다.

통풍은 퓨린대사의 이상으로 체내에서 요산의 합성이 증가하거나 요산의 배설이 감소하여, 생성량과 배설량 간의 균형이 깨짐으로서 발생한다. 체내에 요산이 과잉 · 축적되면 관절이나 관절주위의 조직, 신장 등에 불용성 요산나트륨염의 결정체가 침착되어 만성적 전신염증과 급성관절염 통증을 일으키는 질환이다.

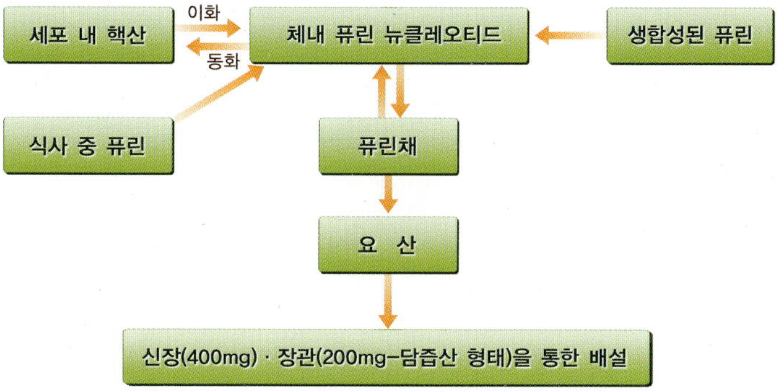

그림 13-14 체내 퓨린대사

요산의 합성이 증가하는 경우는 체내 퓨린의 생합성, 식이로 퓨린의 섭취증가, 세포의 이화, 유전적인 효소의 결함, 정신적 스트레스, 수술, 과로 등으로 통풍이 발생한다. 골수암, 백혈병, 악성림프종, 용혈성 빈혈, 감염 등이 있을 때 세포의 이화작용이 촉진되며, 단식, 정신적 스트레스, 알코올의 과량섭취, 강압이뇨제나 항결핵제 사용, 임신중독증, 신세뇨관 기능저하 등은 요산배설을 감소시킨다.

혈중 요산은 식이로부터 섭취된 외인성 요산과 체내에서 퓨린생합성과 수술이나 외상으로 분해된 세포로부터 유래된 내인성 요산이 있다. 혈중 요산농도보다 더 중요한 역할을 하는 것은 내인성 요산으로 전체 요산생성량의 85%를 차지한다.

고요산혈증이란 혈액 속에 요산 수준이 7 mg/dL 이상일 때를 말하며, 통풍이나 신장의 요산결석의 발생빈도가 정상인의 2배 정도로 높아지고, 9 mg/dL 이상이면 통풍발작의 발생빈도가 높아지는데, 통풍 때에는 10~20 mg/dL로 증가한다.

성인의 혈중 요산농도는 일반적으로 3~5 mg/dL가 정상이다. 통풍의 남녀 발생비율은 20 : 1이며, 노인의 경우는 비슷하다. 통풍은 20대 젊은이에게도 올 수 있으나, 주로 30세 이후의 남성에게서 볼 수 있으며, 갱년기 이후 여성에서도 자주 발생하여 통풍발작의 위험성이 높다. 체중증가가 고요산혈증을 유발하므로 비만한 사람에게서 통풍발병률이 높다.

(2) 증 상

통풍의 증상은 급성으로 시작되는 것이 일반적으로 처음에는 약간의 불쾌감으로 시작해서 몇 시간 내에 관절이 붓고 열이 나고 빨개지면서 심한 통증이 온다. 대개 체온이 낮은 부분의 체액요산의 용해도가 낮아져 통풍의 증상이 많이 나타나고 있으며, 주로 엄지발가락 관절, 무릎, 손목, 손가락 관절, 팔꿈치 등에 증상을 느끼게 되는데, 무증상 고요산혈증, 급성 통풍성 관절염, 간기 통풍, 만성 결절성 통풍 등으로 나타난다.

통풍발작은 신발도 신지 못하고, 이불이 닿는 것조차 참기가 어려운 상태로 매우 심한 통증을 유발하지만, 치료를 받지 않아도 수일 내에 증상이 가라앉고 일주일 이상 지속되지 않으며, 발작 후 수 개월 혹은 수 년간 재발하지 않는 경우도 많다. 그러나 발작은 반복적이며, 경우에 따라서는 몇 달 또는 몇 년 후에 찾아오기도 한다. 질병이 악화되면서 통풍발작의 재발은 더욱 잦은 빈도로 나타나게 되며 만성적으로 진행되는데, 70% 이상이 엄지발가락의 관절에서 처음 발작이 온다. 다른 관절에 올 수도 있지만 엄지발가락에 국한되는 경우가 많다. 통풍은 일반적으로 관절염 증상을 동반하며 통풍환자의 90% 이상이 엄지발가락 부위의 관절염 증상을 호소한다.

혈중 요산이 요산나트륨결정을 형성하여 관절의 연골이나 관절 주위의 연조직에 침착하고 점차 엄지발가락이나 손가락 귓바퀴 팔꿈치 관절 후면에 요산나트륨염의 흰 결절이 생성되는데 이를 '통풍결절' 이라고 한다.

관절의 연골이나 관절주위의 연부조직에 요산이 침착하고, 점차 귓바퀴, 팔꿈치 관절 후면, 엄지발가락이나 손가락 관절에 요산나트륨염의 흰 결절이 생성되는데 통풍결절이라고 한다(그림 13-15).

혈중 요산은 뼈의 칼슘과 결합하여 요산칼슘염 결정을 형성하여, 관절의 연골이나 관절상 주위의 연부조직에 침착하여 통풍결절을 생성한다. 결절생성 후 특히 엄지발가락 관절이 빨갛게 부어오르고 국부발열 후 격심한 통증이 있다가도, 2~3주 후 증상이 완전히 사라진다.

통풍이 진행되면 차츰 통증의 주기가 빨라지고, 발작기간도 길어지며 때로는 발열, 오한, 두통, 위장장애가 나타난다. 피부에 궤양이 생겨 치약같은 액체가 흘러나오기도 한다. 요산이 관절에 결정화되고 염증을 나타내는 원인이 정확히 밝혀지지는 않았지만, 관절에 생긴 경미한 손상이 계기가 되는 것으로 보고 있다.

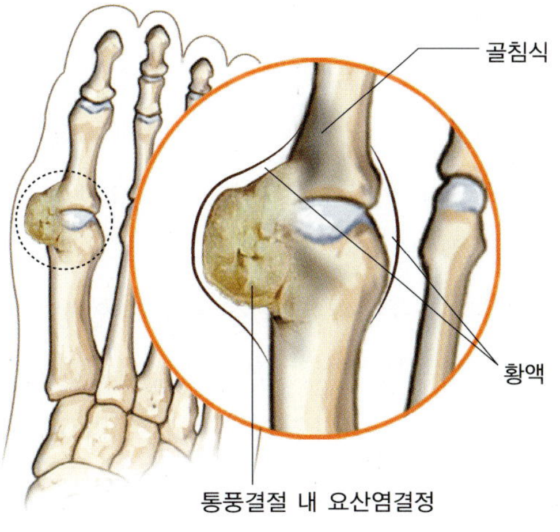

그림 13-15 급성 통풍환자의 발

통풍결절이 증대되어 융합하게 되면 관절조직을 파괴시켜 만성 관절염을 유발하고 심한 경우 골절을 초래하기도 하며, 신장에 축적되어 신우염, 신결석 등을 유발하여 신장의 세뇨관의 손상으로 환자 중 20~25% 가량이 사망하게 된다. 그 밖에 고혈압, 동맥경화, 심근장애, 당뇨병 등 다른 질병과도 관계가 있으나, 특히 비만과 밀접한 관계가 있다.

당뇨병인 경우 20~50%의 고요산혈증이 나타났으나 모두 통풍을 야기하는 것은 아니며, 아직 혈청 포도당농도와 혈청 요산 간의 상호관계는 확실하게 규명되지 않았다.

(3) 진단 및 치료방법

통풍은 증상과 아픈 관절의 형태로 진단한다. 진단법은 혈액검사(요산 : blood uric acid), 요검사(요소질소 : urine urea nitrogen), 신장기능검사(콩팥의 이상여부), 관절 X선 검사, 관절액 검사(관절액을 주사로 뽑아 현미경검사 : 통풍 또는 가성통풍) 등이 있다. 가성통풍의 발작원인은 요산결정체가 아니라 칼슘결정체로서 골관절염을 앓고 있는 노인에서 자주 나타나며 유전성은 없다. 혈중 요산치가 8 mg/dL 이상, 발작은 1년에 2회 이상, 관절 X선 검사에서 뼈의 파괴, 통풍결절이 있는 경우 약물복용이 필요한 것으로 진단한다.

통풍은 비교적 발병기전 및 치료법이 잘 알려져 있으므로 초기에 발견하여 적절한 치료를 한다면 극복할 수 있다. 치료방법에는 통증완화를 위한 약물치료와 요산감소를 위한 장기적 치료법이 있으며, 요산의 생성억제와 배설증가는 환자의 상태에 따라 결정된다.

급성통풍발작이 일어나면 통증부위를 차게 하고 안정시키며, 환부를 심장보다 높게 유지하여 통증을 완화시키고, 진통제로 콜히친 colchicine, 비스테로이드 항염증제 NSAIDs, 스테로이드 항염증제 등으로 치료한다. 비스테로이드 항염제가 매우 효과적이며, 발작 초기에 복용하면 발작기간을 줄일 수 있다. 비스테로이드 항염증제가 개발되기 전에는 콜히친이 사용되었으며, 현재도 사용되고 있는데 효과는 좋지만 일부 환자에게서 설사를 일으키는 부작용이 있다고 한다.

비스테로이드 항염증제와 콜히친은 초기에 복용하면 효과가 크므로 휴대하고 발작초기에 복용하는 것이 효과적이다. 통풍의 원인인 요산을 형성하는 퓨린은 섭취한 음식과 체단백질에서 분해되고 간에서도 합성되므로 약물로 요산 합성을 억제할 필요가 있다.

만성통풍은 고요산혈증 완화를 위해 알로푸리놀 allopurinol, 프로베네시드 probenecid 등의 요산 배설촉진제를 복용한다(표 13-9).

표 13-9 통증 치료약제

작용	약 제	작용기전	부작용
통증 완화	Colchicine Indomethacin	면역억제제, 뼈의 통증완화 비스테로이드 항염증제	요산대사에서는 작용하지 않으며, 특히 설사, 구토, 복통 등을 유발
요산 수치 저하	Probenecid Sulfinpyrazone	신장에서 요산 배설을 증가시켜 혈중 요산의 농도를 감소시킴	신장결석위험 설사, 오심, 복통 아스피린은 요산배설 촉진효과
	Allopurinol	요산의 합성을 억제	발진, 발열, 혈관염 약제에 민감한 성인은 위험

(4) 영양관리 원칙

저퓨린식이는 약물의 복용량을 감소시키는 효과가 있으므로 저퓨린 식이요법을 수행하여 급성의 통증이 유발되지 않도록 관리하여야 한다. 퓨린의 섭취량은 하루 600~1,000 mg로 제한하며, 심한 환자인 경우는 100~150 mg까지 제한한다.

통풍의 증상을 악화시키는 고퓨린 High-purine 식품은 주로 어육류와 패류인 내장고기, 고등어, 조개류, 청어 등이다. 말린 콩, 시금치, 아스파라거스, 생선류, 가금류, 버섯 등의 일상섭취량은 통풍의 증상을 악화시키지 않으며, 달걀, 우유, 빵, 곡류, 야채 등이 좋다. 또 파인애플 함유효소인 브로멜린 bromelain도 항염작용이 있다고 한다(표 13-10).

표 13-10 퓨린 purine 함유식품의 분류

많은(150~800 mg)식품	중간(50~150 mg)식품	적은(0~15 mg)식품
• 내장고기 및 추출물(간, 지라, 소 콩팥, 육즙) • 생선류(정어리, 연어, 청어, 멸치, 고등어, 어란) • 맥주효모 등	• 고기류 및 가금류 • 생선류 및 조개류 • 콩류(강낭콩, 완두콩) • 채소류(시금치, 버섯, 아스파라거스)	• 난류 및 유제품(우유, 치즈) • 곡류 및 빵류(오트밀, 전곡 제외, 밀싹이나 겨) • 채소류(나머지) 및 과일류 • 버섯, 설탕 등

* 식품 100 g에 함유된 퓨린 질소함량

통풍치료는 대사적 스트레스의 감소와 약물사용을 줄이기 위해서 퓨린함량이 낮은 식품을 섭취하는 것이 가장 바람직하며, 이 외에도 에너지, 단백질, 지방, 비타민, 무기질, 수분 등의 섭취에 유의하여야 한다(표 13-11).

표 13-11 통풍의 영양치료

영양소	관련 작용
에너지	• 이상체중 유지 → 설탕 · 과당 제한, 관절에 부담을 주지 않도록 함 • 과체중인 경우 → 적정량 에너지섭취로 제한. 비만은 관절통 악화 과식금물. • 영양불량 경우 → 단백질, 비타민, 미네랄 등 충분히 섭취하여야 함.
단백질	• 이상체중 유지를 위해 → 체단백질분해가 증가되므로, 양질의 단백질을 공급. • 결합조직 → 염증이라는 병리학적 과정이 발생하여 류머티즘 질환이 생김.
지방	• 염증반응 억제 → ω-3계 지방산(어유, 올리브유, 달맞이꽃기름 등) 섭취증가. • 생선(EPA, ω-3) → 염증을 완화. 류코트리엔 생성억제, 통풍억제. 등푸른생선 조리 시 지방손실을 적게 함. • α-리놀렌산(ω-3) → 항염증효과, 차조기유, 들기름, 아마인유에 많이 함유. • ω-3계 지방산 → 항산화작용을 갖는 영양소(비타민 A, E, C)와 함께 섭취. • 육류(아라키돈산, ω-6) → 염증을 진행시킴. • 저지방식(혈청 내 비타민 A, E 농도저하) → 과산화지질과 아이코사노이드의 합성을 촉진함으로써 류마티스성 관절염 악화.
비타민 D	• 류머티스성 관절염 합병증(빈발하는 골연화) → 방지 기능. • 과량공급 시 → 신장의 석회화 등 부작용이 발생
비타민 E	• 관절주위의 혈액순환을 원활하게 한다. → 통증을 완화. • 셀레늄과 병용하면 상승효과 있음.
비타민 C	• 관절의 기질인 교원섬유(콜라겐) 합성을 촉진 → 류머티즘 증상을 경감시킴. • 아스피린 치료 시 → 백혈구 내 비타민 C 감소로 빈혈을 유발할 수 있음. • 스테로이드 호르몬 분비를 도움 → 통증억제, 관절의 결합조직을 강하게 함.
비타민 B_6	• 면역반응 정상유지 → 단백질대사에 작용하여 만성 류머티즘관절에 좋음. • 약물치료로 인한 위점막 손상 → 피리독살-5-인산(PLP)의 요구량 증가
엽산	• 엽산섭취 → 통풍치료제인 allopurinol(요산합성 억제제)보다 xanthine oxidase의 생성을 억제하는 효과가 큼.
칼슘	• 치료제 복용 시 → 부작용으로 뼈의 약화, 골다공증 같은 증상 초래 • 류머티스성 관절염 → 칼슘흡수불량, 골격손실은 골다공증, 골연화증 초래. • 우유와 유제품으로 → 칼슘섭취량을 늘린다.
아연	• 아연보충 → 관절염 증상은 호전되나, 빈혈이 올 수 있음. 철 함유식품 공급. • 아연섭취 → 프로스타글란딘의 합성을 억제하고, 콜라겐 합성에도 관여
철	• 합병증(빈혈)이 나타나는 경우 → 철 흡수율이 좋은 동물성 식품을 섭취.
구리	• 염증이 가라앉으면 → 혈청 내 구리가 감소, • 증가된 셀룰로플라스민 → 항산화작용을 하여 관절염환자를 보호하는 역할.
칼륨	• 칼륨 함유식품(야채, 과일, 해조류 등) → 요산수치를 낮춤. • 칼륨섭취 → 요산의 배설촉진, 소변의 알칼리화로 요로결석을 예방.
나트륨	• 나트륨 섭취 → 요산의 배설촉진, 요산수치를 낮춤. • 나트륨 생리작용 → 칼륨과 함께 혈액 삼투압조절, 세포투과성 유지.

(5) 통풍환자를 위한 예방법

① **수분** : 신장질환, 심장병이 없는 경우 1일 3 L 정도의 수분을 섭취한다.
- 탈수상태에서 → 통풍발작의 가능성이 높고, 약제복용 탈수현상 방지
- 충분한 수분섭취 → 혈중 요산농도 희석.
- 소변 → pH 6.2~6.8 유지, 요산배설, 결석형성 억제.
- 커피나 차의 퓨린 → 요산과 직접 관계가 없으므로 수분섭취를 위해 자유롭게 공급.
- 향신료 → 환자의 식욕증진을 위해 사용해도 좋다.

② **흡연** : 철저히 금연해야 한다.

③ **염분(나트륨)** : 가급적 제한한다.
- 합병증 → 통풍의 경우 고혈압, 당뇨병, 고지혈증 등 우려.

④ **약제** : 아스피린을 피한다.

⑤ **체중** : 신장에 맞게 정상체중을 유지하거나, 10%의 체중감소가 효과적이다.

⑥ **정제탄수화물** : 요산생성 증가로 설탕, 과당 등의 섭취를 피한다.

⑦ **포화지방산** : 요산생성 증가로 섭취를 피한다.

⑧ **알코올** : 종류에 따라 섭취를 제한하기도 하고, 제한된 범위 내에서 권장한다.
- 포도주 → 알칼리성 식품이므로 통풍에 도움을 줌.
- 맥주 → 혈중 요산농도를 높여 증상을 악화.
- 알코올 → 퓨린 분해를 촉진, 요산 증가.
- 알코올 섭취 → 일반적으로 체중 증가.

13-3 골격계의 대사와 질환

1. 골격계의 대사

골격은 유기질과 무기질로 구성되어 있다. 유기질의 주성분은 콜라겐이며, 무기질은 칼슘, 인의 복합체인 하이드록시아파타이트 hydroxyapatite [$Ca(PO_4)_6(OH)_2$]가 주성분이다(그림 13-16).

뼈의 성장에는 길이의 성장과 두께의 성장이 있다. 뼈의 성장과 관련된 세포에는 뼈생성촉진세포, 뼈모세포, 뼈세포, 뼈파괴세포의 네 가지가 있다.

(1) 뼈의 성장과 재생

① **뼈생성촉진세포** osteoprogenitor

골막, 골내막, 치밀골의 중앙관 Haversian canal에서 발견되는 분화되지 않는 세포이다.

② **뼈모세포(조골세포)** osteoblast

뼈를 형성하는 세포인 뼈모세포는 분화되지 않는 뼈생성촉진세포로부터 생긴다. 뼈를 형성하는 세포로 콜라겐의 기질을 만들고 칼슘과 그 밖에 무기질을 침착시킨다. 뼈 기질의 90%를 차지하며, 콜라겐과 당단백질을 합성한다.

③ **뼈세포(골세포)** osteocyte

뼈생성촉진세포에 의해 만들어지고 뼈모세포가 된 후 뼈모세포는 스스로를 칼슘망으로 둘러싸서 성숙한 뼈세포가 되는 것이다. 뼈의 세포외액과 혈장 사이에서 무기질 교환을 하여 뼈의 무기질화에 기여한다.

④ **뼈파괴세포(파골세포)** osteoclast

뼈파괴세포는 뼈의 성장과 재생에 아주 중요하다. 뼈는 계속 생성만 되는 것이 아니라 오래된 뼈는 분해되고 파괴된다. 즉 뼈의 재흡수 resorption를 담당하는 세포이다. 뼈파괴세포는 단핵세포라고 부르는 백혈구의 일종으로, 적골수에서 발견되며 뼈를 파괴하여 칼슘과 인이 혈액 속으로 들어가도록 돕는다.

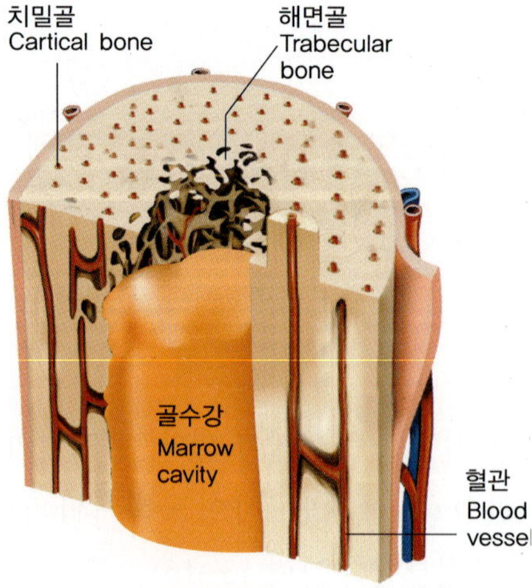

그림 13-16 골격의 구조(치밀골과 해면골)

골격의 구조에 따라 단단한 치밀골(피질골 : compact bone, cortical bone)과 스펀지 상태인 해면골(소주골 : sponge bone, trabecular bone)로 나눈다. 치밀골은 골격의 약 80%를 차지하고, 대부분 팔, 다리 등을 구성하는 긴뼈(장골)에 들어있다. 나머지 20%는 해면골로 장골 끝부분의 우둘투둘한 곳, 팔목뼈와 발목뼈 등을 구성하는 짧은뼈(단골)에 있고, 대사에 의해 쉽게 영향을 받는다.

뼈의 발달과정을 보면, 결합조직에서 세포가 뼈모세포(조골세포)로 바뀌고 해면골 조직을 형성하면, 뼈모세포(파골세포)는 해면골 표면 위에 치밀골을 만들고, 조직이 뼈모세포를 둘러싸면 뼈세포가 된다.

이와 같은 과정은 태어나기 몇 개월 전에 이루어지기 시작하며, 뼈막이 연골뼈 몸통을 둘러싸고 연골이 분해되기 시작하면 뼈모세포는 해면골을 만드는데 이 부분을 뼈 형성중심부라고 한다. 다른 뼈모세포는 뼈막 아래에서 치밀골을 형성하고, 뼈파괴세포는 뼈 속 공간을 만들기 위해 뼈 몸통의 해면골을 파괴한다.

태어난 후 긴뼈 끝에 있는 뼈끝이 계속해서 성장한다. 연골의 얇은 둘레와 뼈형성 중심부 사이에서 뼈끝 성장판 epiphyseal growth plate을 형성하고, 이 부위에서 뼈가 길어지고 두꺼워진다. 내분비계 호르몬이 뼈의 성장을 조절하며, 성장판이 칼슘화(석회화)되면 뼈는 성장을 멈추게 된다. 뼈는 성장이 멈추어도 끊임없이 재흡수와 생성을 반복한다.

나이가 어릴수록 골격의 칼슘교체율이 빠르며, 골격 칼슘의 100%가 교체되고, 아동기에는 약 10%, 성인은 2~4%가 교체된다고 한다.

(2) 뼈의 최대골질량

성장단계가 끝나면 뼈의 길이는 멈추게 되나, 골질량은 계속 증가하여 20대에서 30대 중반까지 최대골질량 peak bone mass을 확보하게 된 후 서서히 감소하게 되며(그림 13-17), 뼈의 양은 뼈의 생성과 재흡수(분해)의 균형으로 결정된다. 즉 나이가 많아질수록 조골세포의 활성은 감소하고 파골세포의 활성은 증가하여 뼈의 분해가 더 증가하므로 전체 뼈의 양은 점점 줄어들어, 뼈는 점점 가벼워지고 구멍이 늘어나며 약해지고 부서지기 쉬운 형태로 변화하면서 뼈의 골질량 bone mass은 감소한다.

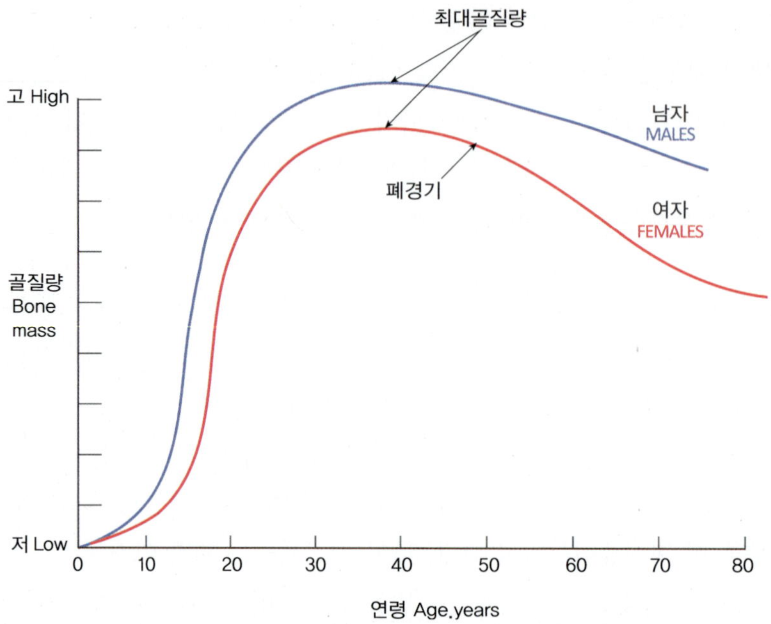

그림 13-16 연령에 따른 골밀도 bone density의 변화

따라서 최대골질량이 많을수록 골소실로 인한 골격계 질환을 예방할 수 있다. 정상적인 골질량의 유지는 혈중 칼슘농도가 가장 중요하며, 정상범위는 9~11 mg/dL이다.

연령이 증가할수록 연골과 뼈의 퇴행성 변화를 가져오므로 나이가 들어갈수록 연골의 화학적 성분이 변화하여 푸른빛을 띤다. 유연했던 연골은 부서지기 쉬우며 엷은 노란색을 띤다. 연골의 칼슘화로 굳어져 가는 현상은 연골을 더욱 약하게 만든다.

남성은 전체 뼈의 25% 이하를 잃고, 여성은 평균적으로 약 35% 정도 잃는다고 한다. 이렇게 뼈의 밀도가 감소하여 생기는 골다공증 osteoporosis 등이 최근 들어 아주 심각한 문제가 되고 있다.

(3) 골격대사

골격과 관련된 영양소에는 칼슘, 인, 마그네슘, 불소 외에 단백질, 비타민 A, 비타민 C, 비타민 D, 비타민 K 등이 있다.

골격의 성장과 생성에 관여하는 주요 호르몬에는 부갑상선호르몬인 PTH parathyroid hormone와 갑상선호르몬인 칼시토닌 calcitonin이 있다(표 13-12).

혈액 내 칼슘농도가 저하되면 부갑상선에서 PTH가 분비되고 신장에서 1,25 OH_2비타민 D calcitriol를 활성화하여 소장에서 칼슘의 흡수를 촉진하고, 신장에서 칼슘의 재흡수를 촉진하며, 파골세포의 활성을 증가하여 칼슘의 저장소인 골격으로부터 칼슘을 용출하여 혈액 내 칼슘농도를 증가시킨다.

혈액 내 칼슘농도가 증가하면 갑상선에서 칼시토닌이 분비되고 파골세포의 활성을 억제하여 골격에 칼슘의 축적을 증가시키며, 소장에서 칼슘의 흡수와 신장에서 칼슘의 재흡수를 감소시킨다.

표 13-12 골격대사에 영향을 주는 호르몬

호르몬	기 능
부갑상선 호르몬 PTH	혈액 내 칼슘농도가 저하된 경우 • 신장에서 비타민 D 활성화 → 1-hydroxylation 촉진 → 1,25OH_2 비타민 D calcitriol증가 • 소장에서 CaBP calcium binding protein 형태로 칼슘흡수 증가 • 골격에서 칼슘 용출 촉진 • 신장에서 인의 재흡수 증가
칼시토닌 calcitonin	혈액 내 칼슘농도가 증가된 경우 • 신장에서 비타민 D 활성화 → 1-hydroxylation 촉진 → 1,25OH_2 비타민 D calcitriol 감소 → 24,25OH_2 비타민 D calcitriol 증가 • 소장에서 인 흡수증가 • 신장에서 인의 재흡수 증가 • 골격의 파골세포에서 뼈의 용출 감소 • 골격의 조골세포에서 뼈의 석회화 증가
비타민 D calcitriol	• 간의 25OH 비타민 D를 신장에서 활성화 → 1-hydroxylation 촉진 → 1,25OH_2 비타민 D calcitriol 증가 • 칼시트리올 calcitriol은 비타민 D 복합체 → 골다공증 치료제로 사용
에스트로겐 estrogen	• 골격에 대한 부갑상선호르몬의 작용 억제 • 칼시토닌의 작용을 촉진 • 골격의 칼슘 용출 억제 • 부족 → 골다공증 유발
성장호르몬 growth hormone	• 골격의 조골세포에서 연골과 콜라겐 합성 촉진 • 1,25OH_2 비타민 D 활성화 → 소장에서 칼슘흡수 증가 • 과잉 → 거대증, 거인증 발생 • 부족 → 어린이의 경우 왜소발육증 유발
갑상선호르몬 thyroid hormone	• 골격의 파골세포에서 재흡수 촉진 • 부족 → 어린이의 경우 성장지연 • 성인의 경우 뼈의 전환율 turnover 감소
인슐린 insulin	• 골격의 조골세포에서 콜라겐 합성 촉진 • 부족 → 성장저해, 골질량 bone mass 감소

2. 골격계 질환의 종류

골다공증과 관절염 이외에도 뼈와 관절에 관련된 여러 형태의 질환이 있다. 이러한 질환들은 여러 요인들에 의해 선천성, 퇴행성, 영양문제, 2차적 질병, 감염, 염증, 외상, 종양 등으로 분류할 수 있다(표 13-13).

표 13-13 뼈의 질환 Bone Diseases에 대한 분류

분 류	예
선천성 질환 congenital diseases	비정상적인 척추만곡증(scoliosis : 앞, 뒤, 옆 굽음), 입천장갈림증(구개열 : cleft palate) 등
퇴행성 질환 degenerative diseases	골다공증 osteoporosis
감 염 infection	골수염 osteomyelitis
영양성 질환 nutritional diseases	비타민 D 결핍 → 골연화증 osteomalasia, 구루병 rickets 비타민 C 결핍 → 괴혈병 scurvy, 연골조직 chondrocyte
2차성 질환 secondary diseases	내분비계통 이상 : 거인증 gigantism 뇌하수체계통 이상 : 난장이증(소인증 : dwarfism)
외상 trauma	타박상 bruise, 골절 fracture
종양 tumors	연골육종 osteochondroma, 다발성골수종 multimyeloma 뼈육종 osteosarcoma

3. 영양결핍성 골격계 질환

영양상태에 영향을 받는 대표적인 대사성 골격계 질환에는 골다공증, 골연화증, 구루병 등이 있다.

세계보건기구 WHO에 의한 골밀도 bone mineral density의 T-score에 따르면 골질환을 다음과 같이 정리할 수 있다.

① **골조소증** osteopenia : 정상인 평균보다 −1에서 −2.5배 표준편차(SD)인 경우

② **골다공증** osteoporosis : 정상인 평균보다 −2.5배의 표준편차 이하인 경우

③ **골 절** fracture : 정상인 평균보다 −2.5배의 표준편차 이하로서 심한 골다공증인 경우

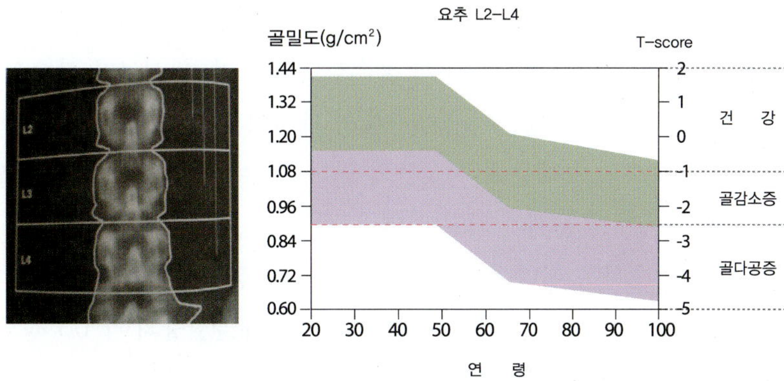

그림 13-18 요추 Spine, L2-L4와 요추 골밀도 lumbar vertebrae의 정상범위

골질량의 감소는 모든 골격에서 일어나지만 특히 척추에서 가장 많이 나타난다(그림 13-18). 가장 흔하게 발생하는 골절부위는 척추의 압박골절 compression fracture, 고관절 hip 부위골절(그림 13-19), 전완 forearm골절이다. 특히 문제가 되는 부위는 고관절과 척추이며, 고관절 골절은 대부분 입원과 수술이 필요하며 생명이 위험할 수 있다.

척추의 경우 척추뼈에서 골손실로 인해 압박을 받고, 부서져 눌리게 되면 뼈의 형태가 변해서 허리나 등에 통증을 느끼게 되고 키가 작아지며 등이 굽는 현상이 나타난다. X선 검사에서 척추골의 퇴화가 나타나기 전까지는 아무런 증상이 없으므로 "침묵의 병"이라고도 한다.

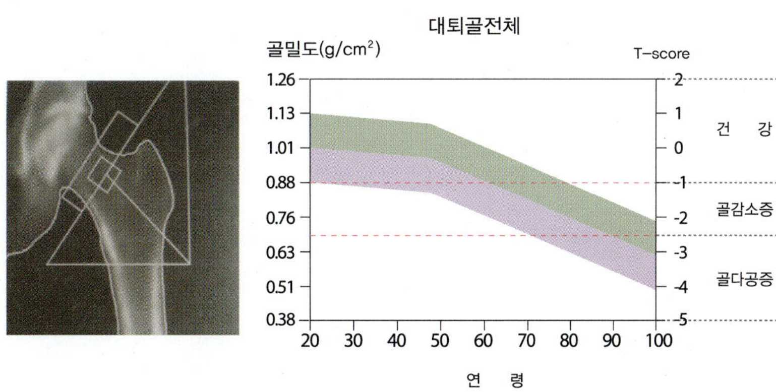

그림 13-19 고관절 A DEXA test of Hip과 대퇴골 femur의 골밀도 T-score

오늘날에는 많은 사람들이 골다공증의 위험에 직면하고 있는데, 골다공증은 여성의 최대골질량이 남성보다 낮아서 골손실도 빠르며, 남성보다 칼슘섭취량도 낮기 때문에 여성의 발병률이 높다. 특히 폐경기 후 에스트로겐의 감소로 골 손실률이 가속화되기 때문에 여성들의 골다공증에 대한 위험도가 높으나, 최근에는 남자들에게도 문제가 되고 있다.

나이에 따른 골손실은 매년 전체골질량의 약 1% 정도이지만, 폐경초기에는 3~5%까지 골손실이 일어나고, 일생동안 여성은 최대골질량의 약 1/3 정도, 남성은 약 1/4 정도의 골손실이 일어난다.

미국에서는 매년 1,500만 명에서 2천만 명이 골다공증 진단을 받고, 45세 이상 인구 중 130만 명이 골절을 일으킨다고 한다. 외국 자료에 의하면 노인인구의 약 30%가 골다공증의 위험을 갖고 있고 60세 이상 여성의 약 18%는 일생에 한 번은 척추골절을 경험한다고 한다.

우리나라에도 약 200만 명의 골다공증 환자가 있는 것으로 추산되고 있는데, 최근 평균수명이 연장되고 노인인구가 크게 증가함에 따라 골다공증에 대한 치료와 예방을 위해 더욱 많은 관심의 초점이 되고 있다.

1. 골다공증

골다공증은 조골세포의 활성에 비해 파골세포의 활성이 증가함에 따라 골질량의 감소와 골격기능의 손상으로 골강도가 낮아지므로 뼈조직의 구조가 치밀하지 못하고 뼈가 매우 약하며 많은 구멍이 생기게 된다. 또한 골질량의 감소는 개인에 따라 다르지만 과다하게 감소하여 골질량이 골절한계치 이하로 떨어지면 체중이나 기계적인 압력에 견디는 힘이 약해져서 가볍게 미끄러지는 작은 충격에도 쉽게 골절 fracture되기 쉽다.

골다공증의 분류는 골다공증의 원인에 따라 1차성 골다공증과 2차성 골다공증으로 나눈다.

(1) 일차성 골다공증

1차성 골다공증은 청 · 장년층에게서 볼 수 있는 원인불명성 골다공증과 노인에게서 볼 수 있는 퇴행성 골다공증으로 나누고, 또 발생시기에 따라 1형(폐경기성 골다공증)과 2형(노인성 골다공증)으로 분류한다(표 13-14).

표 13-14 폐경기성 골다공증과 노인성 골다공증의 특징

구 분	폐경기성 골다공증(1형)	노인성 골다공증(2형)
주요 원인	폐경(에스트로겐 분비저하)	노화로 인한 칼슘흡수 감소, 골격 무기질 손실 증가
골손실부위	해면골	해면골과 치밀골
발병연령	폐경 후(50세 이상~70세)	70세 이상
발병대상(성별)	주로 여성(여성 : 남성=6 : 1)	여성과 남성(여성 : 남성=2 : 1)
골절부위	손목, 척추, 요추	고관절, 척추
골질량 감소속도	빠름	느림
부갑상선호르몬 수준	정상 이하	정상 이상
칼슘흡수	정상 이하	정상 이하
발병요인	에스트로겐, 안드로겐의 결핍	노화

질환과 관련없이 발생되는 골다공증은 특발성 골다공증, 제1형 골다공증, 제2형 골다공증으로 분류하는데, 특발성 골다공증은 정상적 성선기능을 갖는 어린이나 성인에게서 나타나며, 특별한 원인을 찾을 수 없기 때문에 원인불명성 골다공증이라 하며, 노화와 더불어 발생하는 골다공증을 퇴행성 골다공증 involutional osteoporosis, 내분비질환이나 소화기장애에 의한 골다공증은 속발성 골다공증 secondary osteoporosis이라 하며, 제1형과 제2형 골다공증을 포함한다.

① I형 type 1 → 폐경 후 골다공증 또는 원발성 primary 골다공증

제1형 골다공증은 50세 이후 70세까지의 폐경기 여성에게서 폐경 이후 12~20년 내에 유발되는데, 여성호르몬인 에스트로겐의 분비 감소로 급격히 해면골이 손실되어 발생하는 폐경 후 골다공증 postmenopausal osteoporosis이며, 남성호르몬이 부족한 경우도 골다공증이 발병한다.

에스트로겐은 여성의 골밀도를 유지해 주며, 골 재흡수를 방지해 주는 작용이 있다. 즉 에스트로겐의 감소는 칼슘의 흡수를 감소시키고 뼈를 녹이는 파골세포의 활성을 증가시켜 골질량의 손실을 급격히 증가시키는데, 이와 같이 골질량의 손실이 몇 년간 지속되면 골다공증으로 나타나게 된다.

폐경 초기 여성의 골다공증은 5~10% 발생되며, 주로 손목, 척추, 요추부위에서 골절이 발생한다. 폐경 이후 여성의 골다공증은 요추부위의 골질량(골무기질 함량)과 골밀도가 같은 연령의 정상인보다 33% 정도나 낮았고, 정상적인 폐경 이후 여성의 경우 25~40%까지 감소하였다.

일반적으로 비만여성은 마른여성보다 1형 골다공증이 걸릴 위험이 적은 것으로 알려져 있는데, 비만여성은 지방세포에 의한 에스트로겐의 합성 비율과 최대골질량이 마른여성보다 더 높기 때문이다.

② II형 type 2 **→ 노인성 골다공증 또는 속발성** secondary **골다공증**

제2형 골다공증은 노인성 골다공증 age related osteoporosis이라고 하며 노화에 따른 골손실이 주원인으로 해면골과 피질골 모두 골질량이 감소한다.

노인성 골다공증은 주로 70세 이상 남녀 모두에서 발생하며, 여성노인은 50%, 남성노인은 25%로 여성이 더 많다. 노년기에 대퇴경부와 근위상완골, 근위경골과 골반골의 골절이 많이 발생한다. 특히 80세 이상 모든 여성의 경우 대부분 고관절골절의 위험을 갖는다. 척추골절은 요통, 신장축소, 등뼈의 기형, 척추후만증 등을 초래한다.

노인성 골다공증은 노화로 인한 조골세포 osteoblast 기능이 감소되고 피부를 통한 비타민 D의 합성능력이 현저히 감소하며 동시에 비타민 D의 활성형태 [1,25 OH_2 비타민 D]로 전환을 활발하게 하지 못하므로 효과적인 칼슘 이용에 제약을 받게 된다. 그 결과 칼슘흡수가 감소되고 이차적인 부갑상선 기능항진이 발생하는데 기인한다.

특히 지병을 갖고 있어 외부활동이 자유롭지 못한 노인의 경우에는 비타민 D의 합성량이 더욱 적어서 골다공증이 쉽게 발생한다. 66~74세의 여성노인의 경우는 1형과 2형이 병행하여 나타나기도 한다.

제 1, 2형 골다공증 모두에서 나타나는 주된 임상적 부작용은 척추, 손목, 골반, 상완골, 경골의 골절이다. 척추골절의 가장 흔한 증상은 허리통증과 척추의 기형이며, 모든 뼈에서 변형이 나타나는데, 특히 척추의 변형으로 등이 구부러져 키가 작아진다(그림 13-20).

통증은 대개 등과 허리부위의 척추에서 종종 복부 부위로 갑작스럽게 발생하는데, 보통 수일에서 수 주간에 통증이 사라지고, 4~6주면 완전히 거동이 가능한 정상생활로 복귀가 가능하다.

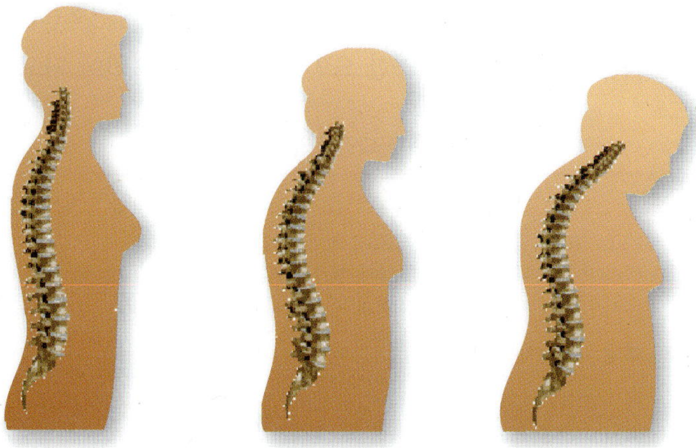

그림 13-20 연령증가에 따른 척추후만증

(2) 이차성 골다공증

① 원인 및 증상

이차성 골다공증은 원인 질환 그 자체가 골격대사에 직접 영향을 미치기도 하고, 원인 질환의 치료를 위해 복용한 약물이나 특정 질병이나 수술 등이 골질량 감소를 유발함으로써 골다공증이 발생한다. 이차성 골다공증의 원인이 되는 약물로는 글루코코르티코이드가 가장 흔하며, 헤파린, 갑상선호르몬, 제산제, 항경련제, 소염제 등이 있다.

원인이 되는 질병에는 갑상선 기능항진증, 부갑상선 기능항진증, 일부 암(림프종, 백혈병, 다발성 골수증) 등의 골대사와 관련이 있는 호르몬 관련 질환과 당뇨병, 소장, 간, 만성 신질환, 췌장질환, 만성 설사, 위절제 등의 질환과 칼슘 흡수 및 활성형태의 비타민 D 전환장애 등이 있다.

어떤 질병이든 거동이 불편하여 장기간 누워서 지내는 환자의 경우에는 골격의 항상성 유지가 손상되어 골다공증이 나타난다.

② 위험요인

골다공증은 골 형성 bone formation보다 골 재흡수 bone resorption 작용이 더 많이 일어나는 현상으로, 골 재흡수 증가는 에스트로겐의 분비 저하, 운동량 저하, 칼슘과 비타민 D 결핍, 단백질과 지질섭취량 부족, 부갑상선호르몬 parathormone 분비과잉 등이 원인이 된다.

골다공증의 유발요인은 유전, 연령, 성별, 월경상태, 체중, 호르몬, 영양, 활동부족, 만성질환, 약물복용 등 다양한 요인들이 주 위험요인이 되고 있다.

표 13-15 골다공증의 유병요인

구 분	내 용
유전	• 가족력(최대골질량 확보에 80%의 영향을 미침) • 비타민 D와 에스트라디올 수용체 • 유사인슐린 성장인자의 유전자
종족	• 백인 > 아시아인 > 흑인
연령과 성	• 최대골질량 : 남성 > 여성 • 골다공증 위험 연령 : 60세 이상 여성 > 70세 이후 남성 • 노령화 : 부갑상선호르몬 분비증가(여성 > 남성) • 노령화 : 갑상선호르몬 분비감소(여성 > 남성)
호르몬	• 폐경 : 10년에 약 9% 골손실 • 난소절제, 성호르몬 부족(골대사율 증가 : 골손실 증가) • 무월경, 생리불순, 조기폐경, 출산 무경험(에스트로겐 부족 또는 불균형) : 골다공증 발생률 증가
신체 활동	• 운동부족, 부동상태(척수손상, 입원한 중환자 등) : 골질량 감소 • 일광노출량 부족 : 피부에서 비타민 D 합성 부족 • 근육감소증 sacopenia : 골다공증의 위험요인
체중	• 저체중 또는 저체지방〉과체중(하중 증가, 골밀도 증가) • BMI 20 미만(WHO연구: 상대위험도 1.4배 증가) > BMI 25 이상
만성질환 및 약물복용	• 칼슘과 골격대사 관련 만성질환, 당뇨병, 갑상선기능항진증 : 골질량 감소 • 약제(이소니아지드, 테트라사이클린, 알루미늄이 함유된 제산제, 코르티코스테로이드, 갑상선호르몬 등) : 소변으로 칼슘배설 증가
식사요인	• 칼슘과 비타민 D의 부적절한 섭취 • 인과 동물성 단백질의 과잉섭취 • 섬유소, 피틴산, 수산의 과잉섭취 • 마그네슘과 불소, 비타민 K 섭취부족
기타 요인	• 흡 연 : 에스트로겐 분비저하, 골 재흡수 증가, 성호르몬 분비감소 • 알코올 : 골수 bone marrow에 영향, 조골세포기능감소, 칼슘흡수 방해 • 카페인 과다섭취 : 소변으로 칼슘배설 촉진, 골밀도 감소

(3) 증 상

골다공증은 여러 요인 multifactorial에 의하며, 복잡한 증후군이다. 골다공증은 뼈의 골질량이 $\frac{1}{3}$ 이상 감소되었을 때 나타나며, 뼈의 형성과 용해과정의 불균형에서 초래된다. 즉 뼈 용해세포의 활성이 비정상적으로 증가되는 반면, 뼈 생성세포의 활성은 정상이거나 약간 감소되면 뼈의 화학적 조성은 변화되지 않고 골질량이나 골밀도가 감소된다.

골질량이 너무 적어지면 뼈의 구조적인 약화와 신체를 지탱하는 기능의 약화가 일어나고, 작은 충격에도 쉽게 골절이 발생한다. 또 뼈의 절대량 감소로 인해 뼈조직의 구조가 치밀하지 못하고 거칠며 작은 구멍이 생기고 뼈가 얇아진다. 이로 인해 대퇴골 상부, 팔목뼈, 어깨뼈, 척추, 늑골 및 골반에 골절이 자주 발생된다. 즉 폐경기 골다공증에서는 척추에 파열골절이 많이 발생되고, 노인성 골다공증에서는 대퇴골 상부의 엉덩이뼈의 골절이 많이 발생된다.

그 밖에 골질량의 감소로 등이 굽어지거나 뼈가 위축되어 뼈의 변형이 초래되고, 뼈의 변형과 파열에 의해서 척추 주위에 있는 신경이나 근육이 늘어나거나 당겨져서 통증을 느끼게 된다.

(4) 치료방법

골다공증의 원인은 복합적이므로 치료법 또한 명확하게 제시되어 있지는 않다. 그러나 골질량 감소를 억제하기 위해서 칼슘을 공급하고 비타민 D, 에스트로겐 및 불소를 섭취하며 운동을 통하여 뼈의 손실이 증가되지 않도록 처방하고 있다.

① 칼슘보충제 급여

골다공증 발생의 가장 뚜렷한 원인으로 칼슘 결핍증세를 들 수 있다. 노령화에 따라 칼슘의 섭취량과 흡수율이 감소되고 호르몬의 변화와 활동의 감소로 칼슘이 필요량에 미치지 못하는 경향이 있다. 그러므로 식사를 통해 칼슘의 섭취가 충분하지 못할 경우 칼슘 보충제 calcium supplements를 복용하도록 해야 한다.

② 비타민 D 급여

비타민 D는 칼슘흡수와 골격의 석회화에 관여하므로 골다공증 치료를 위해 비타민 D 보충제를 처방하기도 한다. 비타민 D는 식사를 통해 충분히 섭취했어도 소장에서 흡수가 미흡할 수도 있다.

칼슘 보충제와 함께 복용하는 것이 효과가 좋으나, 고칼슘혈증 hypercalcemia 및 고칼슘뇨증 hypercalciuria이 부작용으로 나타날 수 있으므로 주의해야 하며, 소화기질환 및 신경질환이 있거나 부신피질호르몬제를 복용하는 환자에게 처방해서는 안된다.

③ 에스트로겐 요법

폐경 후의 골다공증은 여성호르몬의 감소로 인한 경우가 많으므로 에스트로겐을 처방하여 치료하는 방법이 있다. 폐경 후 약 8년 동안 에스트로겐요법을 사용하면 뼈 상실을 감소시키고, 뼈 용해율이 폐경 전의 여성과 같아질 때까지 뼈 용해율을 높인다는 연구보고가 있다.

④ 운동요법

정상적인 활동은 골아세포를 증가시키고 자극하여 해면골 trabeculae bone과 피질골 cortical bone의 재생을 촉진시킨다. 또 적당한 운동은 폐경 이후의 뼈 상실을 방지하는 효과도 있다. 골격의 위축은 걷기, 산책, 조깅 등 골격에 물리적 힘을 가하는 운동을 함으로써 예방할 수도 있다. 그러므로 개인의 신체조건과 생활환경에 맞는 운동을 꾸준히 하는 것이 중요하다.

(5) 영양관리

골다공증의 식사요법은 칼슘평형을 유지시키고 골질량 손실을 억제시켜야 하므로 칼슘, 단백질, 비타민 D, 인 및 비타민 C 등이 충분한 식사를 제공해야 한다. 특히 칼슘의 흡수와 이용성을 증진시킬 수 있는 식사를 제공해야 한다.

1일 700 mg의 칼슘이 음식물로부터 공급되어도 실제로 흡수되는 칼슘의 양은 동시에 섭취되는 음식물에 함유된 각종 흡수촉진 인자 및 흡수저해 인자의 영향을 받아서 변동된다. 그러므로 1일 800 mg/일 섭취 및 고른 영양섭취를 추천하고 있다.

2. 구루병 및 골연화증

(1) 병태생리

활성형 비타민 D는 혈중 칼슘과 인의 농도를 과포화 상태로 증가시켜 뼈에 칼슘과 인의 결정이 축적되게 한다. 이때 뼈에 칼슘과 인이 충분히 축적되지 못하면 골격이 적절하게 석회화되지 못하여 뼈가 약해지고 압력을 받으면 뼈가 굽게 되는 구루병 ricket이 나타나는데, 어린아이에게 발생할 경우를 말하며, 증상으로는 머리, 관절, 흉곽이 커지고 골반형성이 잘 되지 않아서 다리가 굽는다.

골연화증 osteomalacia이란 어른에게서 발생하는 구루병으로, 골반뼈 또는 갈비뼈의 골절이 쉽게 발생하는 것이다. 원인으로는 비타민 D 섭취부족 및 자외선에 대한 노출부족, 섭취한 비타민 D의 흡수부족, 간이나 신장의 장애로 비타민 D의 활성화 부족 등을 들 수 있으며, 뼈의 총량은 정상이지만 기질의 석회화가 감소하여 뼈의 조성이 비정상적이 된다.

(2) 증 상

골연화증의 가장 흔한 기형은 휘어진 다리로서 심한 경우에는 골 통증과 근력약화로 누워만 있게 된다. 때로는 특징적인 증상이 나타나지 않을 수도 있지만 방사선 검사를 해보면 골감소 osteopenia 소견이 드러난다. 대체로 전반적인 골 통증이나 근육의 약화증상이 나타나는데, 근육약화 증상은 대개 가까운 부위를 침범하여 움직임이 다소 불편해 지기도 하며, 보행시 좌우로 흔들리는 특징 waddling gait을 나타내기도 한다.

골 통증은 척추, 골반, 하지에서 주로 나타나며 동일한 부위에 골절이 발생하여 활동이나 무거운 것을 들 때 통증이 악화되기도 한다. 골절은 주로 늑골, 척추 및 장골 등에서 나타나는데 저강도의 외상에 의해 또는 저절로 발생할 수도 있다. 골의 변형은 성인에서는 드물지만 장기간동안 골연화증에 이환된 경우 척추만곡 spinal curvature의 변형이나 흉곽 또는 골반의 변형을 나타내기도 한다.

(3) 치료방법

골연화증은 신장질환, 위장질환, 담낭질환, 소장질환, 간경변증 환자에게서 자주 발생하며, 비타민 D 대사와 칼슘흡수 모두에 영향을 준다. 따라서 치료는 햇빛에 노출시키거나 활성형 비타민 D를 처방, 공급하며 칼슘보충제의 섭취도 필요하다. 그러나 비타민 D는 지방에 저장되어 장기적인 고칼슘혈증과 고칼슘뇨증이 유발되지 않게 주의해야 하며, 소변을 통한 칼슘 배설량을 측정하는 것이 바람직하다.

(4) 영양관리

골연화증은 태양광선을 적게 받아 비타민 D가 부족하거나 저에너지 섭취 및 임신과 수유를 자주 하는 여성에게서 빈발하며, 야외에서 노동이나 활동을 하거나 양질의 식사를 하는 사람에게는 좀처럼 발생하지 않는다.

그러므로 골연화증 환자는 충분한 태양광선을 쬐어서 비타민 D를 공급받고 이와 함께 질 좋은 단백질과 우유 등의 칼슘공급원을 충분히 섭취하도록 한다. 환자의 상태가 심각한 경우에는 6~12주 동안 매일 2,000~4,000 IU 0.05~0.1 mg의 비타민 D와 칼슘을 공급하여 체내의 칼슘 및 인의 양을 증가시키고 뼈의 무기질화를 촉진시키도록 한다.

Chapter 14

대사성 스트레스

학습목표

- 스트레스란 무엇인가?
- 스트레스에 의한 대사변화 및 영양치료 방법을 이해하고 있는가?
- 면역반응에 의한 질환은 어떻게 발생하는가?
- 알레르기의 원인과 치료방법은?

14-1 스트레스의 정의

1. 스트레스란 무엇인가?

스트레스는 단순한 생물학적 개념이라기보다는 다양한 심리적 · 신체적인 상태를 설명하는데 광범위하게 사용되는 용어이기 때문에 그 의미를 표현하기가 쉽지 않다. 원래 스트레스는 물리학이나 공학, 건축분야에서는 어떤 사물체에 가해지는 압력이나 힘이라는 뜻으로 정의되었지만, 20세기 초반 Hans Selye 박사가 '위협으로 인지된 자극에 유기체가 반응하는 방식' 이라는 의학적 용어로 스트레스라는 개념을 사용하기 시작하였다.

따라서 스트레스란 각 개인에 대하여 신체의 적응이 필요로 하는 위험이나 도전이나 어떤 종류의 변화에 따른 비특이성 반응을 의미한다. 우리는 일반적으로 스트레스를 부정적인 경험으로 생각하지만, 적절한 스트레스는 도리어 건강을 위협하지 않고 긍정적인 사고를 행하게 하는 효과를 극대화함으로써 생활에 활력을 불어 넣고 자신의 일에 자신감과 창의력을 높이게 할 수도 있다.

이와 같이 적당한 스트레스는 건강한 항상성을 유지하여 우리 몸에 도움을 주어 더 나은 상태를 유지할 수 있게 한다. 그러나 일반적으로 스트레스란 용어는 외력에 저항하여 내부의 항상성을 유지하기 위해 긴장을 야기시킨다는 의미로 사용되고 있다.

2. 스트레스의 원인

스트레스의 원인을 스트레스인자 stressor 또는 유발인자 trigger라고 하는데 일반적으로 스트레스는 외부 및 내부 요인 모두와 관련된다(표 14-1). 즉, 자극 stimulator으로서의 스트레스이다. 이것은 주로 외부에서 발생하는 어떤 사건, 사람이나 상황을 말하는 것으로써 사람들에게 스트레스를 일으킬 수 있는 잠재적인 자극을 의미한다.

외부 요인은 직업, 다른 사람과 관계, 가정, 모든 상황, 도전, 어려움, 그리고 일상속에서 직면하게 되는 여러가지 물리적 환경을 포함한다. 내적 요인은 영양 상태, 전반적인 건강 및 감정적 안녕 상태 및 수면 등이 있고 이들은 한 개인이 스트레스에 대하여 어떻게 대처하는가에 영향을 미치게 된다. 이러한 것을 반응 reaction으로서의 스트레스라 한다.

표 14-1 스트레스 인자

구 분	스트레스 인자	내 용
외적 원인 external stressor	물리적 환경	고온, 저온, 강한 빛 혹은 열, 소음, 건조, 다습, 제한된 공간, 방사선,
	화학적 인자	산소 결핍, 유독 화학물, 영양부족, 기아 등
	생물학적 인자	세균, 바이러스. 알러젠(알레르기 항원) 등
	사회적(사람과 관계)	예의 없음, 명령, 감정적 격돌
	조직사회	규정, 형식절차, 마감시간
	생활의 큰 사건	죽음, 직업상실, 승진
	일상 복잡한 일	지하철 출근, 자동차 고장, 서류작성
내적 원인 internal stressor	생활 양식	과음, 카페인, 수면부족, 과중한 스케줄
	심리적 상태	비관적 생각, 자격지심, 예민한 분석, 공포, 흥분, 신경 소모, 비현실적인 기대, 독선적 소유, 과장되고 경직된 사고

동일한 스트레스 자극이라 하더라도 모든 사람에게 항상 똑같이 스트레스를 일으키는 것은 아니다. 또한 동일한 스트레스 자극이 개인에게 반복해서 일어난다 하더라도 개인의 그때 그때 상황에 따라서 그 강도가 전혀 다르게 나타날 수도 있다. 이처럼 어떤 스트레스 자극이 개인에게 스트레스 반응을 일으킴으로써 확실한 스트레스 상황이 된다고 할 수 있다. 따라서 한 개인의 스트레스 감수성은 주로 자기 자신의 내적 원인에 기인한다. 이와 같이 대부분의 스트레스는 본인 스스로 만든다는 것이 매우 중요한 사실이다. 그러나 많은 사람들은 자신이 혼란스러울 때 외적 원인이라고 생각하는 모순이 있다.

인간은 지구상 어떤 생물체보다도 스트레스에 적응하며 발전해 왔으며 생존을 지속하였다. 특히 동물들과는 달리 기후의 변화나 다양한 생태계의 변화과정 속에서도 포식자들의 위험을 극복하며 발전하여 왔다는 것이 삶의 연속성에 영향을 준 요인이었다고 할 수 있다.

스트레스로 인한 문제점들을 해결하며 다양한 극복요인들을 인지하고, 파악하는 능력은 성인기 이전에도 관리되어야 하는 점이다. 10대 청소년들은 특히 우울증으로 발전할 가능성이 높으며 이러한 우울증의 악화가 자살 가능성의 증대로 이어질 수 있으므로 스트레스에 효과적으로 대처할 수 있는 전략이 무엇보다 요구되며, 스트레스 발생시 이러한 문제점들을 감소시킬 수 있는 위험요인을 억제시키는 능력을 함양할 수 있는 방안 역시 필요하다.

3. 스트레스의 증상

일반적인 증상은 매우 다양하지만 그들을 모두 종합하면 4 가지 범주로 나누어 볼 수 있다(표 14-2).

표 14-2 스트레스의 증상

증 상	내 용
신체적	피로, 두통, 불면증, 심계항진, 흉부 혹은 복부 통증, 구역질, 전율, 근육통 및 경직, 안면홍조, 땀
정신적	집중력 혹은 기억력 감소, 우유부단, 혼동
감정적	불안, 신경과민, 우울증, 분노, 좌절, 근심, 걱정, 불안, 성급
행동적	안절부절못함, 신경질적인 습관, 과식, 과음, 흡연, 울음, 욕설, 과격한 행동

4. 스트레스에 대한 반응

스트레스 자극을 생존에 대한 위협으로 인식하는 경우, 생체는 비교적 일정하게 정형화된 생리적 · 심리적인 반응을 보인다. 급격한 스트레스에 대하여 Cannon은 투쟁-도피 반응 fight-flight reaction이란 개념을 제안하였고, 만성적 스트레스에 대하여 Selye는 일반적 적응증후군 general adaption syndrome이라는 개념을 제안하였다.

(1) 투쟁-도피 반응

투쟁-도피 반응은 생체가 급성의 스트레스 자극에 반응하는 방식을 의미하는 용어이다. 위협에 대하여 생체는 빠른 판단과 대처를 위해 감각은 예민해지고, 중추신경계로 혈류의 공급은 증가하게 된다. 민첩한 행동시 팔과 다리를 포함한 근골격계로의 혈류공급이 늘어나지만, 긴장된 활동과 별로 관계가 없는 피부와 소화기계로는 혈류공급이 감소한다. 이때 심장의 활동은 급격히 증가하여 박동량과 횟수 모두가 증가하며, 호흡도 빨라진다.

동시에 심리적으로는 분노, 두려움, 수치심 등의 부정적인 감정을 경험하게 된다. 이러한 생리적 · 심리적인 변화는 교감신경계의 활성화와 부신피질호르몬 epinephrie, norepinephrine 및 스테로이드 호르몬에 의해서 매개된다.

(2) 일반적인 적응 증후군

투쟁-도피 반응은 급성 스트레스 자극에 대해서 비교적 적절한 예가 되고 있지만, 지속적이고 만성적인 스트레스 자극의 경우는 시간이 경과함에 따라서 반응방식이 달라질 수 있다. Selye는 이를 고려하여 스트레스에 대한 반응을 세 단계로 구분하였다.

① **경고기** alarm reaction stage

스트레스 자극에 대하여 생체가 최초로 반응하는 경보반응 단계로는, 시상하부에서 교감신경 중추를 자극하고 교감신경계는 일제히 아드레날린을 생산한다. 뒤이어 부신수질에서까지 에피네프린과 노르에피네프린을 생산하고 심장박동이 빨라지고 호흡은 가빠지며 혈압이 올라간다.

피부와 위장관 및 신장으로 가는 혈관은 수축되고 근육으로 가는 혈관은 이완된다. 간에서는 저장된 글리코겐을 포도당으로 전환한 뒤 혈액으로 방출하여 근육이 쓸 에너지를 미리 만들어서 스트레스에 대항하게 된다. 이러한 반응을 일으키고 나면 우리 몸은 원초적으로 싸우거나 도망칠 준비를 마치게 된다. 이를 일컬어 fight or flight 반응이라 한다.

② **저항기** resistant stage

자극에 대하여 신체가 가용한 체내 에너지를 동원하여 저항력을 높이는 시기이다. 이 시기는 스트레스를 극복하려는 심리적 · 행동적 · 생리적 반응에 의하여 스트레스에 대한 대응력이 높아지는 시기이다.

시상하부에서 분비된 성장호르몬과 부신피질 자극호르몬의 작용으로 부신피질 호르몬(주로 코티솔)의 분비가 높아가지고 신진대사가 활발해진다. 이것을 시상하부-뇌하수체-부신 축이라 한다. 이러한 생체의 저항성에 의하여 처음에는 항상성을 유지하지만 스트레스가 지속될 경우 체단백질이 소모되며 저장 지방도 감소하게 되면서 소진기 단계로 전환하게 된다.

③ **소진기** exhaustion stage

지속적인 스트레스 자극으로 인해서 신체의 에너지 자원을 더 이상 동원할 수 없을 만큼 소진한 생태이다. 만성적 스트레스는 생체를 과도하게 활성화된 상태로 만든다. 체액을 보상하려는 기전이 과도해지면서 고혈압 상태가 되어 칼륨은 항상 부족하고 혈당은 항상 높은 상태로 유지된다.

또한 코티솔은 늘 높은 농도로 존재하게 되어 면역과 염증시스템을 억제하여 감염에 취약해진다. 따라서 생체 저항력이 급격히 감소하게 되고, 협심증이나 당뇨병 및 위궤양 등 만성질병이 나타나고 심하면 죽음에 이르기도 하는 단계이다. 사람에 따라서 정도의 차이는 있겠지만 심각한 스트레스 자극에 만성적으로 노출될 경우 대부분 소진기 단계를 경험하게 된다.

14-2 스트레스에 의한 대사변화

어떠한 위험상황에 직면했을 때 우리 몸은 그 상황을 극복하기 위한 힘과 에너지를 제공하기 위해 다음과 같이 변화한다. 근육, 뇌, 심장에 더 많은 피를 보낼 수 있도록 맥박과 혈압이 증가하고, 더 많은 산소를 얻기 위하여 호흡이 빨라지며, 상황의 빠른 판단과 행동을 위해 정신 및 감각기관은 더 예민해지고, 근육은 긴장하게 된다. 동시에 위험에 대비한 중요한 장기들인 뇌, 심장, 근육으로 가는 혈류량은 증가한다. 그러나 비교적 덜 중요한 피부, 소화기관, 신장, 간으로 가는 혈류의 양은 감소하게 된다.

또 추가 에너지를 위하여 혈중에 당, 지방, 콜레스테롤 양이 증가하고, 상해 시에 출혈을 예방하기 위하여 혈소판이나 혈액응고인자가 증가하는 변화를 겪게 된다. 이러한 변화는 주로 체내 호르몬의 변화에 기인하며 신체의 항상성 유지, 즉 생존을 위한 필수적인 반응이다(표 14-3).

표 14-3 급성 및 만성 스트레스 상황에서 스트레스 호르몬의 변화

호르몬 Hormone	급성기 Acute phase	장기 단계 Prolonged phase
Adrenal axis		
ACTH	Increase	Decrease
Cortisol	More increase	Variable
Thyroid hormone axis		
TSH	Increase or no change	Decrease
T4	Increase or no change	Decrease
T3	Decrease	More decrease

ACTH : adrenocorticotropic hormone ; TSH : thyroid stimulating hormone ; T4 : thyroxine ; T3 : tri-iodothyronine

스트레스를 인식한 뇌가 부신수질 adrenal modulla에 신호를 보내어 아드레날린과 norepinephrine을 분비하며 뇌의 중심부에 있는 시상하부 hypothalamus와 뇌하수체 pituitary gland는 코티솔 및 기타 호르몬을 분비하기 위한 부신피질 adrenal cortex에 신호를 보낸다. 동시에 많은 신경회로는 행동반응에 관여함으로써 스트레스원에 대하여 경고, 주의집중, 식욕억제, 통증억제 등의 행동을 유도한다.

스트레스에 대하여 행동양식을 조절하는 이 구성요소를 시상하부-뇌하수체-부신 축 HPA-axis이라 하는데, 신체의 항상성을 유지하고 에너지 생산 및 활용을 최적화한다. 또한 교감신경계 SNS, sympathetic nervous system를 통해 빠른 반응을 유도하게 된다. 이러한 신경계와 호르몬의 활성은 스트레스의 위험을 극복하기 위하여 에너지를 요구하므로 조직에 저장된 지방을 이용하여 당을 신생시키게 된다. 동시에 소화를 중단시키고, 심장박동 및 혈압을 상승시킴으로써 혈당치를 증가시키고, 심장은 근육으로 더 많은 혈액을 보내게 된다.

그러나 여성의 경우 스트레스에 대한 반응이 다를 수 있다는 주장이 있다. 캘리포니아대학의 Taylor 박사는 여성들은 스트레스에 대해 싸우거나 피하는 것보다 단기적으로는 주위의 도움을 요구하는 방식을, 장기적으로는 육아에 더 관심을 가지는 방법을 택한다는 것이다.

이러한 남녀 차이는 호르몬 차이에 기인하며, 따라서 이 이론은 남성들에 비하여 여성들이 스트레스에 의한 고혈압이나 알코올 중독 등의 발생비율이 낮은 이유를 설명하는 데 도움이 될 것으로 보인다.

스트레스 반응에서 남녀 차이가 나타나는 것은 모성적 행동 및 사회연대를 촉진하게 하는 기능을 가진 옥시토신이란 호르몬 때문인데, 남성 호르몬인 테스토스테론이 옥시토신의 작용을 억제하는 반면, 여성 호르몬인 에스트로겐은 옥시토신의 작용을 강화하는 기능이 있다.

1. 시상하부-뇌하수체-부신 축 hypothalamic-pituitary-adrenal axis

시상하부에는 내분비 기능을 갖고 있는 신경분비세포라는 세포군이 있으며, 이 세포들이 중추신경계와 내분비계를 형태적 · 기능적으로 연결한다. 시상하부는 중추신경계로부터 입력을 받아서 뇌하수체 전엽의 여러 호르몬 분비를 촉진하거나 억제하는 방출인자와 억제인자를 생성한다.

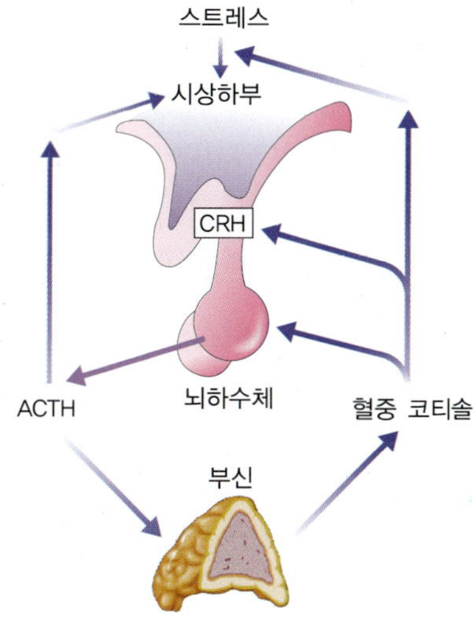

그림 14-1 시상하부-뇌하수체-부신 축

시상하부의 코르티코트로핀분비호르몬 CRH, corticotropin releasing hormone은 뇌하수체 pituitary gland의 부신피질 자극호르몬 ACTH, adrenocorticotrotropic hormone 분비를 조절하여 부신겉질에서 코티솔 cortisol을 생산한다. 정상적으로 코티솔은 하루변이 diurnal variation에 따른 분비와 음성되먹임 negative feedback에 의해 조절된다. 따라서 부신피질 자극호르몬이 부신피질에 작용하는 시상하부-뇌하수체-부신피질계의 주요 호르몬이다(그림 14-1).

스트레스에 의하여 부신에서 생성된 코티솔은 에너지원으로 사용하기 위하여 혈중 콜레스테롤 농도를 올리며 당의 신생에 관여한다. 즉 단백질과 지방을 당으로 전환해서 혈당을 올리고 간의 글리코겐을 유지하며 인슐린 저항을 초래해서 혈당을 올리게 된다. 이러한 현상은 지방이 간 주위에 축적되어 복부비만을 유도하고 결국 성장호르몬과 성호르몬의 생산을 억제하게 되며, 또한 혈소판 응집을 증가시킨다. 증진된 혈중 코티솔 농도는 음성 피드백에 의해 CRH, ACTH의 분비를 억제하게 된다.

그러나 과도한 만성적인 스트레스는 음성 피드백을 억제함으로써 혈중 코티솔 함량이 과다하게 유지되기 때문에 여러 가지 증상을 유발하게 된다. 결국 코티솔의 상승 정도는 스트레스의 심한 정도를 의미하며, 혈중 코티솔 함량의 극심한 변화는 스트레스에 의한 사망률 증가와 관련이 있다고 알려져 있다.

뇌하수체 전엽호르몬으로는 부신피질 자극호르몬 ACTH 외에도 갑상선 자극호르몬 TSH, 황체형성 호르몬 LH, 난포 자극호르몬 FSH, 성장호르몬 GH 및 프로락틴 prolactin이 있다. 뇌하수체 후엽에서는 항이뇨 호르몬 ADH, vasopressin과 옥시토신 oxytoxin이 분비된다. 부신피질은 glucocorticoids 및 성호르몬 androgens을 분비한다. Glucocorticoids에는 코티솔과 코티코스테론 corticosterone이 있는데, 인간은 주로 코티솔을 분비한다. Glucocorticoids의 분비는 부신피질 자극호르몬에 의해 자극되며, 또 부신피질 자극호르몬은 시상하부 호르몬인 코르티코트롬빈 분비호르몬 CRF에 의해서 자극된다. 이처럼 시상하부-뇌하수체-부신피질계는 기능적으로 연결되어 외적 자극 stress이에 대해 내부의 항상성 homeostasis을 유지하는 역할을 하게 된다.

2. 갑상선 호르몬

갑상선 호르몬은 에너지 소비와 대사활동을 조절하는 중요한 호르몬으로서 생체의 성장 및 발달에 필수적인 요소이다. 갑상선 호르몬으로 티록신 T_4, thyroxine 및 트리요오드티로닌 T_3, tri-iodothyronine이 있다. 이들은 주로 포도당 대사, ATP 생성을 위한 효소 creatine phosphokinase의 활성에 관여한다. 심한 스트레스 자극에 의한 갑상선 호르몬의 혈중농도는 일시적으로 상승하지만, 심한 스트레스 상황이 지속되면, 갑상선 호르몬의 분비를 촉진하는 갑상선 자극호르몬 tyroide stimulating hormone, TSH 분비가 억제되어 혈청 T_4 및 T_3 농도가 낮아지며, 특히 T_3의 감소는 TSH 분비 감소와 높은 상관관계를 보인다.

3. 스트레스 고혈당

고혈당은 스트레스 상황에 대한 보상작용의 2차적인 현상으로 나타나지만, 고혈당 자체가 면역기능의 저하와 이로 인한 감염의 증가나 혈역동학 및 심근전도 장애 등과 같은 부작용을 유발한다. 인슐린 저항성은 스트레스의 심한 정도와 일치한다고 보고된 바, 만성 스트레스는 제2형 당뇨병의 유발로 발전할 수 있다. 또한 여러 호르몬에 의한 글리코겐분해 glycogenolysis와 염증성 사이토카인들인 TNF tumor necrosis factor-α, 인터루킨 IL, interleukin -1β, IL-6 등은 인슐린 저항성 혹은 인슐린분비 감소를 초래하여 고혈당을 일으킨다.

14-3 식이요법

스트레스를 받으면 신체는 이에 대항하여 항상성 homeostasis을 유지하기 위해 부신피질호르몬을 포함한 내분비계가 주관하는 생체조절계, 교감신경 및 부교감신경계 등 자율신경계의 작용에 의하여 평형이 유지된다. 스트레스를 받으면 부신피질 호르몬의 분비가 많아져서 기초대사는 일시적으로 30~40% 정도 증가한다. 즉 스트레스에 대하여 생체가 항상성 유지를 위하여 새로운 열량의 보충과 신진대사의 항진에 따른 열량의 수요가 증가한다. 또한 단백질이 분해되어 에너지원으로 쓰이기 때문에 스트레스가 많은 상태에서는 충분한 열량과 단백질의 보충이 필요하다.

그러나 스트레스가 증가할수록 식욕감퇴가 일어나고 실제로 식사량은 감소한다. 따라서 스트레스가 심하여 생체제어계의 조정능력이 부족해질 때에는 생체 내의 영양대사에도 변화가 일어나며, 이때 식품은 여러 가지 방법으로 스트레스를 조절할 수 있다. 따뜻한 오트밀같은 식품은 세로토닌의 수준을 향상시켜 마음을 진정시키고, 어떤 음식은 스트레스 호르몬인 코티솔과 아드레날린의 분비를 조절할 수 있다.

또 영양소가 풍부한 음식은 면역시스템을 증진하고 혈압을 낮추는 방법으로 스트레스의 영향을 조절할 수 있게 한다. 따라서 스트레스 상태에서는 하루의 3식과 그 외에 간식 등을 계획하고, 식품의 분배는 양과 영양소별로 고려하여 섭취하는 것이 좋다. 현대의 불규칙한 생활에서도 식사시간만은 규칙적으로 하는 것이 생활의 활력과 능률을 높이며 소화기 장애를 막을 수 있다. 특히 하루에 30가지 이상의 여러 종류의 식품을 섭취하도록 권하고 있으며 일반적으로 양질의 단백질, 칼슘, 각종 비타민 섭취가 충분해야 한다.

스트레스에 의해 식욕이 저하될 때는 과즙, 과일 등으로 충분한 수분과 비타민 C를 공급하고 감미, 산미로 식욕을 촉진시키게 한다. 또 향신료나 약간의 자극성 식품을 이용하는 것도 식욕의 증진에 도움이 된다(표 14-4).

표 14-4 스트레스 해소에 도움을 주는 음식들

음 식	내 용
오렌지	비타민 C는 면역 체계의 강화 및 스트레스 호르몬의 수준을 낮추는 기능이 있다. 스트레스를 요구하는 작업을 하기 전에 비타민 C를 복용할 경우, 혈압 및 코티솔 수준이 신속하게 정상으로 돌아왔다는 보고가 있다.
시금치	마그네슘 함량이 높은 시금치는 스트레스에 의한 두통과 피로를 해소한다. 녹색잎이 많은 채소는 마그네슘의 풍부한 원천이다.
생 선	오메가-3 지방산을 함유한 연어와 참치 같은 생선의 섭취는 스트레스 호르몬의 증가를 방지하고 심장질환과 우울증 증상을 보호할 수 있다. 최소 일주일에 두 번 이상의 오메가-3 함유 생선의 섭취를 권장한다.
블랙 티	홍차의 섭취는 스트레스 상황에서 마음의 평정 및 코티솔 함량을 낮추는 효과가 있다. 그러나 커피에 있는 카페인은 스트레스 호르몬 및 혈압을 증가시킨다.
견과류	피스타치오 뿐만 아니라 호두, 아몬드와 같은 다른 견과류의 섭취는 스트레스를 완화시킴으로써 콜레스테롤 수치를 낮추고 동맥의 염증을 감소시키는 효과가 있어 심장병을 예방하며 당뇨병의 위험도 낮춘다.
아보카도	높은 혈압을 감소시키는 가장 좋은 방법 중 하나는 충분한 칼륨을 섭취하는 것이다. 아보카도는 바나나와 함께 훌륭한 칼륨의 공급원이다.

1. 당 질

정상 상태에서 뇌는 포도당이 유일한 열량원이다. 뇌는 신체의 다른 기관과는 달리 영양소를 저장하지 못하기 때문에 공급되는 포도당이 부족하면 뇌활동에 지장을 초래한다. 반대로 과잉공급될 때는, 뇌기능 과증으로 신경과민이나 화를 잘 내고 불안정 상태 등의 장애를 보인다. 그러므로 설탕과 같은 고농도의 당섭취를 할 때에는 이런 증세가 급속히, 그리고 심하게 나타날 수 있다.

특히 설탕과 같은 정제된 당의 과잉섭취는 여러 가지 문제점을 유발하여 노이로제 및 등교나 출근거부증 등을 유발할 수도 있다. 따라서 당질의 경우에는 빵, 그리고 파스타뿐만 아니라 구식 오트밀과 같은 복합 탄수화물 complex carbs은 혈당을 조절하는 기능이 있다. 단순 당분의 섭취는 빠른 세로토닌의 증가를 유발하기 때문에 단기적으로는 유익하나 장기적인 단순당분 섭취는 제한되어야 한다.

2. 단백질

수면부족, 생활리듬의 변화, 외상 등 생리적 스트레스나 정신적 불안, 긴장 등 심리적인 스트레스는 질소가 6~20% 손실된다는 보고가 있다. 그러므로 스트레스에 대한 저항력을 증진하기 위해서는 간장, 혈액, 피부, 근육 등에 저장 단백질을 증가시키는 것도 유효하며 영양과 동시에 체력에 적합한 운동도 중요하다. 특히 동물성 단백질이나 대두 단백질을 충분히 섭취하여 필수아미노산이 충족되도록 한다.

3. 칼 슘

칼슘은 뇌세포의 흥분을 억제하는 기능이 있으므로 칼슘이 부족하면 흥분상태를 일으키기 쉽다. 따라서 칼슘이 충분한 상태에서는 스트레스를 받아도 정신적 동요나 흥분이 덜 일어난다. 오늘날과 같이 스트레스가 많은 사회구조를 볼 때 칼슘의 요구량이 과거에 비해 증가하였다고 볼 수 있다. 따라서 칼슘함량이 많은 작은 생선이나 해조류 및 우유 등 적극적인 칼슘의 섭취가 요구된다.

4. 비타민

(1) 비타민 A군

비타민 A가 부족하면 부신피질 호르몬의 코티솔 합성이 저하된다는 보고와 스트레스 자극에 의해 비타민 A가 소모된다는 것으로 보아 스트레스와 비타민 A는 관계가 있음을 알 수 있다.

(2) 비타민 B군

비타민 B군이 모자라면 정신적 장애를 가져온다는 사실은 이미 알려져 있다. 스트레스 환경에서는 체내의 신진대사가 항진됨에 따라 비타민 B_1, B_2, B_6, Niacin, 엽산의 소비가 높아진다. 특히 비타민 B_1은 당대사에 관계하며, 비타민 B_6는 아미노산 대사에 관여하여 여러 가지 신경전달물질의 생성에 이용된다. 따라서 비타민 B_6가 부족하면 신경전달물질의 생성능이 떨어지고 뇌의 중추신경 장애가 일어난다. Niacin도 뇌작용에 중요한 작용을 하므로 부족시에는 현기증, 환각증, 착란 등의 정신증세를 보인다.

(3) 비타민 C

스트레스를 받을 경우 부신 중의 비타민 C 농도가 감소한다. 그리고 비타민 C는 스트레스로 신진대사가 항진될 때도 크게 소비되므로 심하고 지속적인 스트레스에는 그 섭취량을 증가시켜야 한다.

14-4 스트레스관리 및 대치법

1. 스트레스와 식욕

스트레스를 계속 심하게 받는데 해소시키지 못하게 되면 신체적 · 정신적 영향이 나타나기 쉽다. 스트레스와 관련된 내인성 물질이 섭식 조절기구에 작용하여 식욕에 영향을 주므로 정상적인 기능이 깨어지고 내분비, 대사, 장기조절, 의식, 행동에까지 이상이 생겨 이들의 악순환으로 식욕부진, 거식, 과식 등 복잡한 식행동이 일어난다.

섭식조절의 메커니즘에 있어서 정상적인 공복감과 만복감의 식행동은 시상하부를 중추로 하는 신경회로, 즉 만복중추와 섭식중추에서 조절된다. 이러한 식행동은 인간의 심리적 · 사회적 영향을 크게 받는다.

(1) 과 식

극도의 스트레스를 받으면 먹는 것으로 해소를 시도하는 사람들이 많다. 이는 주로 여성의 경우이며, 특히 전쟁이나 재난시에는 뚱뚱한 여성이 증가한다고 한다. 심장질환자 중에는 스트레스 상태가 되면 대식증 bulimia 또는 기분전환으로 음식을 먹는 과잉식욕증후군 binge eating syndrome을 볼 수 있다. 이들 중 절반 이상은 밤에 먹는 야식증후군으로 야식을 먹음으로써 스트레스를 해소하고자 한다.

(2) 식욕부진

신경성 식욕부진이나 우울증의 경우 시상하부에서 방출하는 부신피질자극호르몬 방출인자의 농도가 높아져서 식욕의 저하를 가져온다. 이것을 신경성 식욕부진증 anorexia nervosa이라고 한다. 이는 주로 사춘기 여성에서 빈번히 일어나며 가족과의 관계나 친구 또는 이성과의 관계 등에서 오는 심리적 스트레스가 주요인이다.

2. 스트레스관리

스트레스란 인간과 환경과의 상호작용이며, 외부 압력이 위협이 느껴지면 상태불안으로 이어진다. 스트레스는 누구에게나 다양하게 나타나는 것으로 생활의 일부라 할 수 있는데, 이에 잘 대처하면 더욱 긍정적인 방향으로 변화시킬 수 있다. 따라서 스트레스를 관리하여 이로 인한 장애를 받지 않도록 하여야 한다.

(1) 스트레스원의 감소와 회피

스트레스 대처방법 중 가장 근원적인 것은 스트레스원 자체를 줄이거나 없애는 방법이다. 그러나 이 방법은 현실적으로 가능하지는 않고, 가능하다 하더라도 모든 스트레스 자극을 다 없애는 것만이 생체가 활력있는 삶을 영위함에 있어 꼭 도움이 되는 것은 아니다. 왜냐하면 어떤 스트레스들은 개인의 적응능력을 높여줌으로써 의미있는 삶을 실현하고 건강을 유지하는 데 꼭 필요한 경우도 있기 때문이다.

또 개인이 스트레스에 대응하는 능력은 각각 다르므로 동일한 스트레스가 사람마다에게 미치는 효과도 다르다. 따라서 스트레스 자극을 줄이려는 노력도 중요하지만, 발생한 스트레스 자극을 위협이 아닌 긍정적인 도전으로 받아들이는 태도를 배양하는 것이 중요하다.

(2) 스트레스원의 인식과 분석

사람마다 스트레스를 어떻게 인지하고 있는가를 살펴보는 것이 중요하므로 불안한 반응이 일어날 때의 상황을 점검한다. 즉 자기 자신이 하나의 스트레스원에 대하여 임의대로 추측하는 것은 아닌지, 모든 원인을 자신과 연결하여 자신 때문이라는 생각을 하는지, 좋은 것은 전부 극소화하고 나쁜 것은 극대화하는 흑백논리식 사고를 하는지, 실수를 실수로 생각하는지 등을 점검해 본다.

그렇게 원인을 냉철하게 분석함으로써 신체적 · 심리적 스트레스원을 확인할 수 있으므로 상황에 대하여 적절히 인지하고 교정할 수 있어서 스트레스에 대해 올바른 대처가 가능하다.

(3) 대처자원 증진

스트레스원을 제거하거나 피하거나 또는 그 영향을 최소한으로 줄일 수 있는 방법은 스트레스와 불안에 대처하는 적극적인 자질뿐 아니라 스트레스를 극복할 수 있는 자원을 더 많이 보유하고 있다면 덜 위협적으로 받아들이고 비교적 쉽게 극복할 수 있다. 특히 금전적인 여유는 스트레스에 대한 적절한 대안이 될 수 있지만, 어떤 경우에는 그 자체가 스트레스 자극이 될 수도 있다. 물질적 자원과는 달리, 심리사회적 자원은 사회관계 속에서 일어나는 스트레스 극복에 더 용이하다. 즉 사회적 지지망, 정서적 풍요로움, 내적 자존감들은 그 자체가 삶을 풍성하게 해준다.

(4) 인지행동적 대처

인지행동적 대처는 스트레스원을 줄이거나 없애는 것이 아니라 자극에 대하여 적극적으로 대처함으로써 스트레스를 극복하기 위한 방법으로 스트레스에 대한 인지적 왜곡 혹은 선입견을 바꾸어주는 방법이 포함된다. 일상에서 개인이 비교적 손쉽게 사용할 수 있는 인지적 대처의 예는 다음과 같다.

① 생각 바꾸기

동일한 어떤 사실을 비교적 큰 위협으로 인지하는 사람은 그렇지 않은 사람에 비하여 더 큰 스트레스를 받을 수밖에 없다. 따라서 불필요하게 외부 상황을 스트레스로 인식하는 태도를 바꾸는 것은 스트레스를 줄이는 데 중요하다.

② 거절하기

외부의 요청들은 그것을 수행함에 있어 대부분 많은 시간과 노력을 요구하기 때문에 스트레스 자극이 될 수 있다. 특히 부당하거나 무리한 요구는 더 큰 자극원이 된다. 그러한 요청을 거절했을 때 돌아올 부정적인 상황 때문에 거절하지 못할 때, 이런 요청들 중 많은 부분은 반드시 받아들이지 않아도 되는 것들이므로 요청을 거부한다고 해서 결코 무례하거나 잘못된 일이 아니다. 따라서 부당한 요청에 대하여 적절하게 거절하는 것은 자신과 타인의 스트레스를 모두 줄일 수 있는 좋은 방법이다.

③ 의사소통

사실이나 의견만이 아니라 이에 수반되는 느낌들을 잘 전달하거나 인지하는 것은 의사소통의 기본이다. 다른 사람과 대화할 때 어떤 생각이나 사실에 수반되는 느낌을 잘 표현하고, 또 다른 사람들이 말할 때 그 내용의 바탕에 깔린 감정들을 잘 인지할 수 있어야 한다.

④ 이완요법(해소법)

해소방법으로는 자신이 제일 즐기거나 좋아하는 일에 시간을 투자한다. 등산, 운동, 대화, 오락, 휴양 등 여러가지 방법 등이 있다. 이러한 방법은 모두 정서적으로 이완적인 상태를 경험하게 해준다. 즉 보상을 바라지 않고 본인이 좋아서 몰입적인 활동을 하는 것은 심리상태를 매우 이완적으로 만들기 때문에 스트레스에 대처하는 데 있어 매우 좋은 효과가 있다. 또한 인지적 왜곡이 심하거나 불안장애 등이 있는 경우라면 전문적인 치료로 운동요법, 자율훈련법, 정신과 치료 등을 할 수 있다.

(5) 명 상

오래전부터 전통적인 종교적 방법으로 명상 혹은 명상과 관련된 정신적 이완 기법은 스트레스 증상을 완화시키는 데 효과가 있음이 과학적으로 밝혀졌다. 즉 명상은 혈압과 심장박동을 조절하게 한다. 따라서 1회에 20~30분 정도의 명상을 하루에 한 두 번 하는 것은 스트레스 해소로 건강유지에 유익한 영향을 미칠 수 있다.

14-5 스트레스와 질병

스트레스가 인체에 다양하게 영향을 미친다는 것은 이미 알려진 사실이지만, 그 정량법은 의학적으로 아직 충분히 해명되지 못한 상태이기 때문에 계량적으로 스트레스와 질병 간의 관련성을 나타내기는 어렵다. 그러나 역학조사는 현대인에게 각종 스트레스가 증가하고 그에 의한 질병의 발생이 날로 심각해지고 있음을 보여주고 있다. 이는 스트레스가 정신질환은 물론이고 퇴행성 만성질병을 중심으로 발병되고 악화되는 경우가 많기 때문이다.

이런 질병의 발병원인이 스트레스라는 증명은 어려우나 크게 관련된 것은 사실이다. 특히 스트레스는 두통, 편두통, 고혈압, 관상동맥질환, 위십이지장 궤양, 과민성 대장증후군, 류마티스 관절염 및 암의 발생빈도를 높이는 것으로 알려져 있다.

1. 소화기계의 손상

심각한 정신적 긴장과 스트레스는 우선적으로 위장계통에 쉽게 일어난다. 불안과 노여움 등의 정신적 갈등은 위의 운동과 위액의 분비가 활발해지고 위점막이 충혈됨을 알 수 있으며, 반복될 때는 주로 소화불량, 위산과다, 위궤양, 십이지장 궤양, 장염 등 각종 소화기 질환으로 많이 나타난다. 이것은 약물을 투여해도 치료가 되지 않고 만성 또는 난치성으로 되는 경우가 있으므로 무엇보다 예방이 중요하다.

2. 순환기계통 질환

주로 심장의 발작, 동맥경화, 고혈압, 부정맥 등이 나타난다. 이는 정신적 흥분이 맥박을 증가시켜서 혈압의 상승으로 심장활동량이 증가되어 발작을 일으키는 데서 유발된다. 또한 스트레스로 인하여 혈액 내 유리지방산의 상승이 지방산의 상승장애를 일으키고, 이것이 다시 부정맥을 초래한다. 고혈압은 흥분과 긴장 시 혈압의 상승으로 심호흡과 혈압의 안정을 취하는 것이 중요하므로, 하루 중 혈압의 고저를 관찰하여 스트레스와의 관계에 주의한다.

고지혈증은 동맥경화나 관상동맥 질환과 밀접한 상관관계를 가지고 있다. 스트레스를 받으면 콜레스테롤 분비가 항진되고 lipase의 활성화로 저장 중의 중성지방이 글리세롤과 유리지방산 FFA으로 분해되어 혈중에 방출된다. FFA는 산화되어 아세틸 CoA가 되어 콜레스테롤과 중성지방의 합성이 증가한다.

이상과 같이 퇴행성 질환을 중심으로 스트레스가 중요한 위험인자임을 알았다. 따라서 스트레스로 인한 질병을 예방 · 치료하기 위해서는 건전한 관리법 및 퇴치방법이 무엇보다도 중요하다고 할 수 있다.

3. 스트레스 고혈당

고혈당은 대개의 경우에는 스트레스 상황에 대한 보상작용의 2차적인 현상으로 나타나지만, 급성 스트레스는 당뇨병력이 없는 사람의 12% 정도에서도 새롭게 나타날 수 있을 만큼 심각하다. 고혈당 자체가 면역기능의 저하와 이로 인한 감염의 증가 또는 혈역동학 및 심근 전도장애 등과 같은 부작용을 유발한다. 인슐린 저항성은 스트레스의 심한 정도와 일치한다는 보고가 있다.

Chapter 15

암과 그 치료법

학습목표

- 암의 원인과 종류를 알 수 있는가?
- 암의 예방 및 치료법을 이해했는가?

암 Cancer은 우리나라 사망원인의 1위를 차지하는 질병으로서 2010년 통계청 발표에 의하면 인구 10만 명당 암 사망자는 1998년 108.6명, 2007년에는 137.5명, 2008년에는 140.5명으로 급속하게 늘어나고 있다. 또한 국가 암 통계를 보면 우리나라 사람 3명 중 1명 꼴로 암에 걸릴 수 있다고 분석되었다.

2008년에 가장 많이 발생한 암은 위암이었으며 갑상선암, 대장암, 폐암, 간암, 유방암, 전립선암의 순으로 많이 발생하는 것으로 나타났다. 성별 발생빈도로는 남자 5대암으로 위암, 대장암, 폐암, 간암, 전립선암이었고, 여자 5대암은 갑상선암, 유방암, 위암, 대장암, 폐암 순이었다. 이는 남녀 각각에서 전체 암발생의 2/3 이상을 차지하였다.

암발생이 지속적으로 증가하고 있는 이유는 첫째, 노인인구의 증가, 둘째, 암진단 기술의 발달과 조기 검진의 활성화, 셋째, 식생활 등 생활 습관의 서구화로 서구형 암종이 늘어나는데 따른 것으로 증가추세는 당분간 계속될 것으로 전망되고 있다.

표 15-1 2008년 주요 암 발생 현황 (단위: 명, %)

순위	전체			남자			여자		
	암종	발생자수	%	암종	발생자수	%	암종	발생자수	%
1	위	28,078	15.7	위	18,898	20.3	갑상선	22,648	26.4
2	갑상선	26,923	15.1	대장	13,536	14.6	유방	12,584	14.7
3	대장	22,623	12.7	폐	13,384	14.4	위	9,180	10.7
4	폐	18,774	10.5	간	11,776	12.7	대장	9,087	10.6
5	간	15,664	8.8	전립선	6,471	7.0	폐	5,390	6.3
6	유방	12,659	7.1	갑상선	4,275	4.6	자궁경부	3,888	4.5
7	전립선	6,471	3.6	방광	2,582	2.8	간	3,887	4.5
8	담낭, 담도	4,378	2.4	췌장	2,404	2.6	담낭, 담도	2,229	2.6
9	췌장	4,320	2.4	신장	2,220	2.4	췌장	1,916	2.2
10	자궁경부	3,888	2.2	담낭, 담도	2,149	2.3	난소	1,816	2.1
	계	178,816	100	계	93,017	100	계	85,799	100

출처 : 2010년 통계청 발표

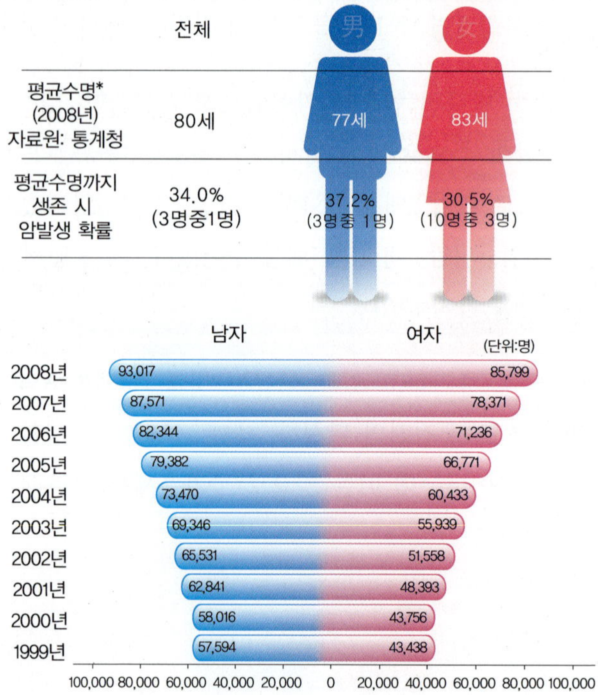

'99년 대비 암 발생자수 남자 61.5%, 여자 97.5% 증가

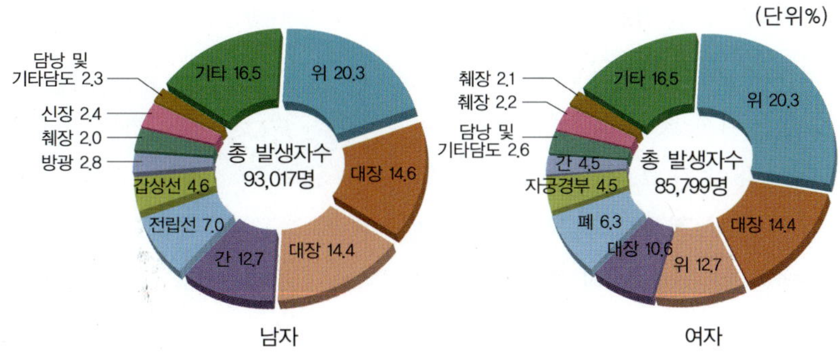

그림 15-1 암 발생현황(2010년 통계청 발표)

15-1 암의 분류 및 원인

1. 암의 정의

인간의 몸을 구성하고 있는 가장 작은 단위를 세포 cell라고 부르는데, 정상적으로 세포는 세포 내 조절기능에 의해 분열하며 성장하고 죽어 없어지기도 하며 세포수의 균형을 유지하게 된다. 어떤 원인으로 세포가 손상을 받는 경우, 치료를 받아 회복하여 정상적인 세포역할을 하게 되나 회복이 안 된 경우 스스로 죽게 된다 (세포자가사멸, apoptosis).

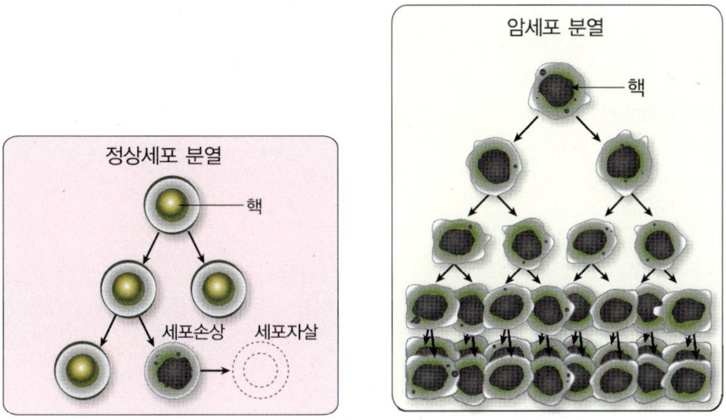

그림 15-2 암세포와 정상세포의 분열 및 증식

그러나 여러 가지 이유로 인해 이러한 증식과 억제가 조절되지 않는 비정상적인 세포들이 통제되지 못하고 과다하게 증식할 뿐만 아니라 주위 조직 및 장기에 침입하여 종양형성 및 정상 조직의 파괴를 초래하는 상태를 암 cancer이라 정의할 수 있다.

암은 종양의 일종으로 양성 종양 benign과 악성 종양 malignant으로 나뉘어진다. 악성일 경우가 전이 metastasis성격을 띠는 우리가 흔히 알고 있는 암이며, 종양이 발생한 신체장기의 위치에 따라 간암, 위암, 자궁암, 폐암 등으로 불린다.

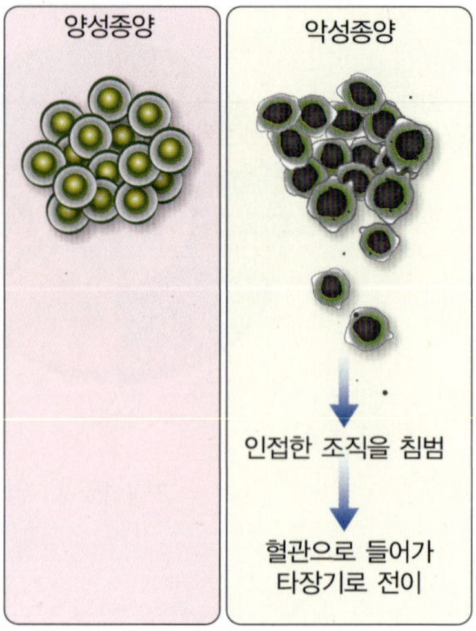

그림 15-3
양성종양과 악성종양의 비교

표 15-2 양성 종양과 악성종양의 특성

특 성	양성 종양	악성 종양
성장 속도	• 천천히 자람 • 성장이 멈추는 휴지기를 가질 수 있음	• 빨리 자람 • 저절로 없어지는 경우는 매우 드묾
성장 양식	• 점점 커지면서 성장하나 범위가 한정되어 있음 • 주위 조직에 대한 침윤은 없음	• 주위 조직으로 침윤하면서 성장함
피막 형성 여부	• 피막이 있어 종양이 주위 조직으로 침윤하는 것을 방지함 • 피막이 있으므로 수술적 절제가 쉬움	• 피막이 없으므로 주위 조직으로의 침윤이 잘 일어남
세포의 특성	• 분화가 잘 되어 있음 • 분열상은 없거나 적음 • 세포가 성숙함	• 분화가 잘 안 되어 있음 • 정상 또는 비정상의 분열상이 많음 • 세포가 미성숙함
인체의 영향	• 인체에 거의 해가 없음	• 항상 인체에 해가 됨
전이 여부	• 없음	• 있음

Guide

암세포의 특징

① 통제되지 않고 비정상적인 자가증식을 한다.
② 원래의 정상조직 기능과 분화특성을 상실한다.
③ 세포의 모양이 불규칙하고 핵의 크기가 다양하다.
④ 빠른 분열, 성장하여 주변조직을 파괴하고 종양을 형성한다.
⑤ 주변의 다른 조직으로 전이가 가능하다.

2. 암의 원인

장기별로 암이 발생하는 원인이 다르겠지만 총체적으로 보면 공통적으로 암을 일으키는 원인이 있다. 아직 명확하지는 않지만 여러 가지 위험인자들, 예를 들면 바이러스, 약물 및 화학물질, 방사선, 유전적 요인, 물리적 자극 등에 의해 암 유발인자가 발현하여 세포 내 DNA를 공격 혹은 자극하여 변성이 생기게 되면 무한정 증식하여 암을 형성하는 것으로 알려져 있다. 그러나 현대사회가 급속한 성장을 하면서 내적인 요인보다는 외적인 요인, 즉 대기오염, 흡연, 음주, 식이 등에 의해서 발생하는 것이라 보는 견해가 대다수이다.

아직도 많은 암의 원인이 밝혀지지 않고 있기는 하나 여러 역학연구를 통한 발암요인과 암발생 간의 인과관계에 근거하여 위험요인들을 밝혀내고 있다. 세계보건기구의 산하기구인 국제암연구소 IARC 및 미국 국립암협회지에서 밝힌 암의 원인은 아래와 같다.

표 15-3 국제암연구소(IARC)와 미국 국립암협회지에서 밝힌 암의 원인

원 인	국제암연구소	미국 국립암협회지
흡 연	15~30%	30%
만성 감염	10~25%	10%
음 식	30%	35%
직 업	5%	4%
유 전	5%	–
생식요인 및 호르몬	5%	7%
음 주	3%	3%
환경오염	3%	2%
방사선	3%	3%

위의 표에서 보듯이 암의 원인의 70% 정도는 흡연, 감염, 음식 등의 환경요인이 주이며 유전적인 원인이 5%인 것을 감안하면 위험요인을 피하고 생활양식의 변화를 통해서 암의 예방이 가능하다는 것을 알 수 있다.

(1) 바이러스 virus

보통 독감을 일으키는 일반 바이러스가 인체에 침입하면 세포를 파괴하여 자기 자손을 증식시키지만 암을 일으키는 바이러스는 세포 그 자체의 이상 증식을 시켜 정상 세포를 암세포로 변화시킨다. 바이러스 감염으로는 인후암의 엡스타인-바르 바이러스 Epstein-Barr virus, 림프절종의 버켓바이러스 Burcket virus, 간암의 헤파티티스 B 바이러스 hepatitis B virus, 헤르페스 바이러스 herpes virus 등이 지적되고 있다.

(2) 화학 물질

현재 우리 인류에게 발생하는 암 중 30~40%는 담배로 인한 암이다. 담배 속에는 적어도 20여 종의 A급 발암물질이 함유되어 있다. 암의 종류에 따라 차이는 있으나 담배를 장기간 지속적으로 피우면 발암물질들의 축적으로 암의 발생확률이 크게 높아진다.

이와같이 담배가 폐암의 가장 중요한 원인으로 대두되고 있는 것이다. 뿐만 아니라 석유, 유해색소, 공업지대의 매연, 배기가스 등에 포함되어 있는 화학 물질은 세포에 직접 작용하여 세포의 성질을 변화시켜 돌연변이를 만들거나 세포 내에 존재하던 암 바이러스의 활동을 촉구하여 체내에 생존하던 암세포를 표면화시키는 작용을 한다.

(3) 호르몬 이상 및 성생활

특정 호르몬이 필요 이상으로 분비될 경우 그 호르몬의 지배를 받는 기관에 암이 발병될 수도 있다. 예를 들면 난포호르몬이 필요 이상으로 분비되면 그 호르몬의 지배를 받는 유선이나 난소에 암이 발생되는 경우이다. 또한 처음 임신할 때의 연령 및 초경과 폐경의 나이도 유방암의 발병과 관련이 있다.

호르몬제 피임약과 불임치료도 정상적인 여성의 배란을 변형시키므로 발암 원인이 된다. 모든 자궁경부암 환자에게서 인체유두종 바이러스가 발견된 것으로 보아 잘못된 성생활도 암의 발병을 증가시키는 위험인자로 판단된다.

(4) 면역학적 장애

인체의 면역체계인 임파구는 모든 종양에 대해 중요한 역할을 한다. 그러므로 면역력 저하는 암발생의 가능성을 높이게 되고 면역력이 저하된 노인이나 환자에게 암발생이 빈발하는 것을 볼 수 있다.

(5) 식 이

다른 요인들처럼 식이와 생활습관은 암발생에 지대한 영향을 준다. 어떤 식품들은 직접 DNA를 손상시키거나, 혹은 직접 암을 유발시키는 원인이 된다. 고지방 식이를 하는 사람은 대장암 및 직장암의 발생률이 높고 염장 식품을 많이 섭취하는 사람은 위암의 발생률이 높으며 우리 나라에서는 곰팡이가 핀 땅콩이 간암의 원인이 된다고 알려져 있다.

식품의 조리방법들도 발암물질을 생성시킬 수 있다. 육류, 가금류, 생선은 고온에서 조리 시 식품표면에 발암물질이 생성된다.

① 곰팡이 핀 음식

땅콩류에 피는 곰팡이가 내는 독소의 하나인 아플라톡신 Aflatoxin B_1과 묵은 쌀이나 된장 등에 피는 곰팡이는 발암의 원인이 된다.

② 타고 그을린 음식

탄 음식과 그을린 음식에 있는 헤테로사이클릭 아민 Heterocyclic amine은 발암의 원인이 된다. 태운 음식으로는 숯불고기, 햄버거, 태운 생선 등을 들 수 있다.

③ 니트로사민

니트로사민 Nitrosamine은 아초산염과 아민류라는 두 가지로 만들어지는데 아초산염의 공급원인 초산염은 절임 채소류에 많이 들어 있고 아민류는 발색제를 사용하는 육가공 식품의 소시지류에 들어 있다.

④ 식품첨가물

식품의 색깔, 조직, 형태를 유지하고 저장성을 높이기 위해서 첨가하는 것이 식품첨가물 Food additives이며 식품 중 잔류 항산화제, 잔류 항곰팡이제, 잔류 합성착색료, 고기 중 잔류 호르몬제, 잔류 농약 등이다.

⑤ 고지방식과 동물성 지방

고지방식을 많이 하고 식이섬유의 섭취가 부족하면 대장암과 유방암에 걸릴 확률이 높은 것으로 알려져 있고 이는 담즙과 연관성이 있다. 또 지방이 산화하여 생기는 과산화지질이라는 물질이 세포와 유전자를 변이시켜 암을 발생시킨다는 학설이 있고 육류, 소시지, 베이컨, 튀김 등과 같이 지방이 많은 음식은 비만증뿐 아니라 위암과 자궁내막염을 증가시키는 요인이 된다고 보고되어 있다.

지방조직이 에스트로겐을 생성하기 때문에 마른 여성보다 비만한 여성이 에스트로겐 수치가 더 높다. 폐경기 여성의 유방암의 경우, 에스트로겐이 관여하는 것으로 보인다. 따라서 고지방식이는 발암의 원인이 될 수 있다.

⑥ 술, 담배

술과 담배는 서로 상승작용을 한다. 즉 담배연기에 함유된 발암 물질이 알콜에 녹으면 세포막을 통해 내부로 쉽게 침투할 수 있게 된다. 술에 의해 발생하는 암은 구강, 식도, 인후, 췌장, 간장, 위암 등이며 담배에 의한 것은 폐, 후두, 피부암 등이다.

(6) 그 밖의 원인

이 밖에 자외선, 스트레스, 심리적 요인, 유전적 요인 등이 중요한 발암 원인으로 알려져 있다.

표 15-4 우리나라에서 암발생의 2/3를 차지하는 주요 암의 일반적인 원인

위암	식생활(염장식품-짠 음식, 탄 음식, 질산염 등), 헬리코박터 파일로리균
폐암	흡연, 직업력(비소, 석면 등), 대기오염
간암	간염바이러스(B형, C형), 간경변증, 아플라톡신
대장암	유전적 요인, 고지방식, 저식이섬유 섭취
유방암	유전적 요인, 고지방식, 여성호르몬, 비만
자궁경부암	인유두종 바이러스, 성관계

15-2 발암기전

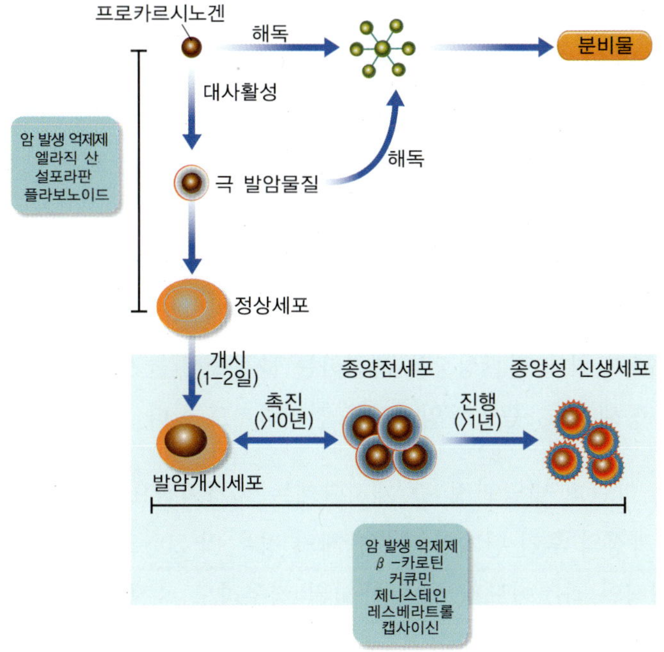

출처: Cited surh (2003) Nuture review

그림 15-4 다단계 발암과정

암화 과정은 다단계 발암 과정을 거쳐서 일어난다. 암은 크게 개시, 촉진, 진행의 세 과정으로 구분되는 다단계로 진행된다.

첫 번째 단계인 개시단계에는 정상세포가 DNA변이를 거쳐 개시세포 initiated cells가 된다. 정상세포를 암세포로 변형시키는 유전자를 발암유전자 oncogene라고 한다. 이 발암유전자는 유전된 것일 수도 있고, 환경적으로 유래된 것일 수도 있다. 대개 신체는 변이세포가 성장하지 못하도록 방어기전을 가지고 있고, 항산화 비타민, 무기질 및 면역체계 등은 초기 단계에서 암 성장을 멈추어서 변이세포가 손상된 유전자로 진행되지 않도록 한다.

손상된 DNA가 복구되지 않거나 손상된 세포가 사멸되지 않으면 두 번째 단계인 촉진단계가 진행된다. 암 억제 유전자는 성장과 종양형성을 억제하는 역할을 한다. 이 유전자에 이상이 생겨 제 기능을 하지 못하면 성장억제력을 잃게 되어 암성장이 유발된다.

촉진단계에서 세포는 암 억제 유전자의 억제력 상실 등으로 인해 계속 돌연변이가 생긴 DNA를 복제, 분열해서 결국 종양을 만든다. 모든 종양이 위험하지는 않으며 생명에 지장을 주지 않는 것을 양성종양이라고 한다. 그 반면 암으로 성장하는 것을 악성이라고 한다.

악성종양은 세 번째 진행단계로 넘어갈 수 있다. 이 단계에서는 종양은 재빨리 성장해서 주변주직을 침입해 그 기능을 손상시키고 급속히 증가시키는 암세포에 영양공급을 하기 위해 혈관성장을 촉진하는 물질을 만들기도 한다. 또한 혈액이나 림프를 통해 다른 곳으로 암세포를 전이하기도 한다.

이와 같은 일련의 다단계 발암과정 중 개시단계는 비가역적으로 진행되는 과정인 반면에 발암과정의 후기 단계인 촉진단계의 경우 약 20~30년 동안 서서히 진행되는 가역적인 과정이므로 이미 개시된 경우라도 촉진단계를 억제 또는 지연시키면 암의 예방에 효과를 볼 수 있다. 암 촉진단계는 조직의 염증이나 산화적 스트레스에 의해 유도될 수 있는 것으로 알려져 있다. 따라서 소염작용이나 항산화 작용을 갖는 물질 등의 경우 발암 촉진단계의 억제제로 작용할가능성이 높다. 최근에 발암과정을 예방할 수 있는 물질을 식물성 화학물질 파이토케미컬, phytochemical에서 찾아내려는 노력이 계속 진행되고 있다.

15-3 증상 및 진단

초기단계에는 많은 암들이 증상을 나타내지 않아 암에 걸린 사실을 모를 수도 있다. 그러나 암이 자라면서 주위의 기관, 구조물, 혈관, 신경을 압박하여 여러 징후와 증상이 나타나게 된다. 암은 일반적으로 체중감소, 발열, 피로, 전신쇠약, 식욕저하 등의 전신적인 증세(악액질, cancer cachexia)를 만든다. 이는 암세포에서 만들어진 물질들이 혈관을 통해 전신으로 퍼지며 신체대사에 영향을 주기 때문에 생기는 것이다. 또한 암은 여러 면역기능에도 영향을 준다.

표 15-5 일반적인 암의 증상

종 류	일반적 증상	예 방 법
위 암	• 소화불량이나 상복부의 불편감 • 속쓰림 • 체중감소 • 복통 • 오심, 구토 • 식욕감퇴 • 연하 곤란 • 위장관 출혈	• 음식은 헬리코박터 파일로리균과 함께 위암의 원인 가운데 약 80%를 차지함 • 어릴 때부터 맵고 짠 음식, 자극성이 강한 음식, 불에 탄 음식, 부패된 음식, 질산염이 많이 포함된 음식은 삼간다. • 신선한 채소와 과일 등을 포함한 균형적인 식사를 하는 것이 좋음 • 위암 환자의 직계 가족이나 위축성 위염, 소화성 궤양, 기능성 소화불량증이 있는 분이 헬리코박터 파일로리균에 감염되었다면 치료한다. • 일반적으로 흡연자가 위암에 걸릴 확률이 비흡연자에 비해 3배 내지 4배 정도 높은 것으로 알려져 있으므로 금연이 필요함
폐 암	• 기침, 호흡곤란 • 흉부의 통증, 피 섞인 가래, 각혈	• 금연 이외에 확실한 것은 없음
간 암	• 상복부의 통증 • 덩어리 만져짐 • 복부팽만 • 체중감소 • 심한 피로감, 소화불량 • 일반적으로 '침묵의 장기'라고 할 정도로 증상이 늦게 나타남	• B형 간염 예방백신 접종 • 간염바이러스의 감염 경로에 노출되지 않도록 주의 • 적절한 음주 습관 • 만성간질환을 가진 환자의 철저한 간질환 관리와 주기적 검진
자궁 경부암	• 질출혈 • 붉은 질 분비물 증가 • 골반통 요통 • 성교 후 출혈	• HPV 백신의 예방접종 • 카로티노이드 섭취 • 비타민 C, E 섭취
유 방 암	• 통증이 없는 멍울이 만져짐 • 유방뿐만 아니라 겨드랑이에서 덩어리가 만져질 수 있음 • 유두에서 피가 섞인 분비물이 나오거나 젖꼭지에 잘 낫지 않는 습진이 생기는 경우 • 유방 피부 혹은 유두가 유방 속으로 끌려들어가 움푹 패이거나 유두가 함몰되기도 함 • 암이 진행하면 유방피부의 부종으로 마치 피부가 오렌지 껍질같이 두꺼워짐.	• 야채 및 과일 • 콩류 음식 • 녹차는 유방암 발생확률을 30% 줄여주는 효과가 있다고 함 • 금연 및 금주
전립선암	• 전립선암은 다른 대부분의 암과 비교하여 증식하는 속도가 느리므로 초기에는 증상이 없으나 암이 어느 정도 진행되면 각종 배뇨증상과 전이에 의한 증상이 발생하게 됨	• 비타민 D • 녹차, 레티노익산, 비스테로이드성 항염제 • 섬유질이 많은 음식, 신선한 과일과 야채, 콩 종류
갑상선암	• 결절이 크거나 최근에 갑자기 커진 경우 • 결절이 커져 기도나 식도를 눌러 호흡 곤란 증상이나 음식물을 삼키기 힘든 증상이 있을 때 • 갑상선에 덩어리가 있으면서 목소리 변화가 같이 있을 때 • 결절이 주위 조직과 붙어있어 잘 움직이지 않을 때 • 결절이 매우 딱딱하게 만져질 때 • 결절과 같은 쪽에서 림프절이 만져질 때 • 가족 중에 갑상선암 환자가 있고 갑상선에 결절이 만져질 때 • 나이가 20세 이하이거나 60세 이상일 때	• 방사선 • 자연 유산 및 고령 출산 • 인공 폐경(난소절제술) • 비만 (현재 갑상선암의 원인이 된다고 확실하게 밝혀진 물질은 거의 없음)
대장암	• 설사, 변비 • 혈변(검붉은색), 점액변 • 가늘어진 변 • 복부불편감(복통, 복부팽만) • 체중이나 근력의 감소 • 피로감 • 식욕부진, 소화불량, 오심과 구토 • 복부 종물	• 섭취 총 칼로리가 높으면 대장암의 위험도가 높아짐 • 붉은 고기, 고단백질, 고지방 식이는 칼로리가 높아서 위험함 • 섬유소, 그 자체로는 대장암 예방 효과가 없음 • 신선한 과일과 야채 섭취는 대장암 예방에 효과가 있음 • 칼슘 섭취는 대장암의 위험도를 낮춤

15-4 치료 및 예방

1. 암의 치료

암의 치료는 수술 · 방사선요법 · 항암화학요법 등의 3대 치료법이 병용되어 널리 사용된다. 이밖에도 몇 가지 종양에 따라서는 면역요법 및 영양요법 등을 행하고 있다. 어떤 치료법을 택할 것이냐는 암단계의 위치, 환자의 건강과 나이 등을 고려하여 달라질 수 있다.

(1) 수술요법

암의 1차 치료는 대부분 수술로 이루어지며, 조기에 발견하여 종양을 완전히 도려내는 수술이 현재까지는 가장 확실한 치료법이다. 수술은 암 치료법 가운데 가장 역사가 길며 특히 조기 암의 수술은 완치율이 대단히 높다.

(2) 화학요법

화학요법은 암의 세포분열주기를 멈추기 위해서 항암제를 이용하는 방법이다. 항암화학요법은 여러 차례 나누어 받는데 한 번 치료할 때마다 일정한 수의 암세포를 파괴하는 것이 아니라 일정한 비율로 암세포를 없앤다. 항암제를 투여할 시에는 항암제의 부작용을 최소화하고 치료를 안전하게 시행하기 위해 적절한 용량조절이 필요하다. 항암제의 부작용은 여러 가지가 있는데 우선 골수를 억제하고 오심과 구토, 구내염, 탈모, 전신 쇠약과 피로감을 느낀다. 항암제의 종류는 Paclitaxel, Docetaxel, Fludarabine 등 여러 가지가 있으며 현재도 많은 항암제가 만들어지고 있다.

(3) 방사선요법

방사선 치료는 암 치료에 있어서 빼놓을 수 없는 방법이다. 이 치료는 수술요법이나 항암요법과 병용하며, 암 수술 전에 방사선을 종괴에 쪼임으로써 암 크기를 축소시켜 수술 범위를 축소하고, 수술하는 동안 암 세포가 다른 곳으로 전이되는 것도 어느 정도 막아준다. 방사선을 암 치료에 사용하는 것은 방사선이 갖고 있는 암 세포를 파괴할 수 있는 특성 때문이다.

그러나 암 치료에 사용되는 다른 방법과 마찬가지로 방사선 치료에도 위험요소가 전혀 없는 것은 아니다. 방사선 치료란 암 세포를 파괴하기 위해 비교적 많은 양의 방사선을 짧은 시간동안 암 종괴에 쪼이는 것이다. 이때 암 세포의 파괴와 함께 약간의 건강한 정상 세포들도 파괴되므로, 우리가 원치 않은 부작용이 생긴다. 가장 흔히 보는 부작용은 피로감이나 탈진감, 치료받는 부위의 피부 이상, 식욕 감퇴 등인데 심한 부작용은 별로 없다. 간혹 탈모가 되기도 하지만 시간이 지남에 따라 회복된다.

(4) 면역요법

면역요법은 다른 요법에 비해 부작용이 적고 타 요법과 병용 시 우수한 효과를 발휘해 최근에 중요성이 더욱 부각되고 있는 요법이다. 면역감시기구는 우리 몸을 계속적으로 감시하여 비정상적인 암세포가 생기면 이 암세포를 이물질로 인식하여 면역반응을 일으킴으로써 암세포를 파괴시키는 면역감시기능을 갖고 있다. 이 면역감시기능이 충분히 기능을 하지 못하면 암세포가 면역감시기구를 피해 성장을 계속하여 암이 발생하게 된다. 이럴 때에 면역감시기구를 인위적으로 강화시켜 면역반응을 마음대로 조절할 수만 있다면 암도 치료할 수 있다. 암 치료법 중 수술, 항암화학요법, 방사선요법은 암세포를 직접 공격하는 것인 반면, 면역요법은 환자 자신이 가지고 있는 면역력에 작용해 이를 활성화시킴으로써 암을 치료하는 간접적인 방법이다.

(5) 유전자 요법

현재 암 환자의 치료에 많이 사용되고 있는 유전자 치료의 방법을 대별하면 다음과 같다. 첫째, 암 유전자의 활성을 억제하는 것이다. 암 유전자는 암의 성장을 촉진하는 단백질을 생성하는데, 암 유전자의 활성이 증가한 세포는 증식을 계속해 암으로 발전한다. 따라서 이를 억제하면 암의 성장을 억제할 수 있다는 원리이다.

둘째, 몸에 있는 암 억제 유전자의 기능을 복원하는 것이다. 암 억제 유전자란 암의 성장과 발생을 억제하는 유전자로 암세포에서는 이의 기능이 소실된 경우가 많아 암의 성장을 막지 못한다. 이 경우에 암 억제 유전자의 기능을 복원하면 암의 발생을 억제할 수 있다는 원리이다.

셋째, 몸의 정상 면역 기능을 회복하고자 하는 시도이다. 정상적으로도 우리 몸에서는 끊임없이 외부의 자극에 의하여 돌연변이가 일어나고 있는데, 이상이 생긴 세포는 생체 면역 기능에 의하여 제거되어 암으로의 발전을 막는다. 그런데 암 환자는 면역기능이 감소되어 있으니 이를 자극하는 물질을 분비하는 유전자를 삽입하여 정상 면역 기능을 회복시켜 발병을 막고자 하는 시도이다.

(6) 영양관리

암치료 시에는 많은 영양적 복합증상이 나타난다. 특히 식욕부진과 심각한 근육손실을 가져오므로 체중과 근육 감소를 최소화하고 영양소 결핍을 막아 환자가 암을 이겨낼 수 있도록 도와주어야 한다. 또한 많은 암환자들은 유당소화가 어려우므로 유제품을 피하고, 화학요법으로 설사가 유발되어 전해질이 현저히 감소될 수 있으므로 나트륨과 칼륨을 함유한 식품과 액체의 섭취가 중요하다.

암을 치료하는 동안 잘 먹음으로써 얻는 이득은 첫째, 환자는 암질환의 치료에 대처할 수 있는 최상의 기회를 획득하고, 둘째, 치료에 의한 부작용을 더 잘 극복하고, 셋째, 감염의 위험을 감소시킬 수 있으며, 넷째, 항암치료로 손상된 세포를 빨리 재생시킨다. 따라서 균형잡힌 식사로 좋은 영양상태를 유지하는 것은 중요하고, 충분한 열량과 단백질, 비타민과 무기질을 공급할 수 있는 식사는 암 치료에서 가장 중요한 관리단계이다.

2. 암의 예방

(1) 암과 영양

암은 질병으로 인한 사망의 가장 주된 원인으로 이로 인한 경제적 · 사회적 손실은 매우 커 암이 발생하기 전에 예방하는 것이 건강증진의 가장 효율적인 방법이다. 암 발생원인의 약 1/3이 식품과 관련이 있고 특히 위암과 대장암 등의 소화기 암은 식품과 더욱 밀접한 관련성을 지니고 있기 때문이다.

과일과 채소에 다량 함유된 파이토케미컬 phytochemical은 비타민, 무기염류, 식이섬유 등과 상호작용을 통해 활성산소를 억제함으로써, DNA손상을 일으킬 수 있는 세포 내 산화작용을 억제하는 항산화작용을 가지고 있고, 면역력을 증강시키거나, 체내에서 발암물질 생성을 억제하고 발암물질을 불활성화하는 효소의 작용을 촉진시킨다.

check point

암환자 음식섭취에 관한 제언

입안이 헐거나 아파 음식을 먹을 수 없을 때:

- 찬 음식 섭취는 통증을 진정시킨다.
- 아이스크림, 바나나 같은 부드러운 음식을 공급한다.
- 오렌지주스, 토마토, 양념을 한 식품, 짠 식품, 생채소와 토스트 같이 거친 식품 등 입안을 쓰리게 하는 식품들을 피한다.
- 액체음료는 상처부위에 닿지 않도록 한다.

구강 건조증

- 입을 따뜻한 소금물이나 구강세척제로 자주 닦는다.
- 식사와 식사 사이에 자주 소량의 음료를 마신다.
- 타액 분비를 자극하기 위해 사탕이나 껌을 사용한다.
- 양치를 자주한다.

설 사

- 음료를 충분히 마신다. 스프, 묽은 과일주스 등을 섭취한다.
- 콩류, 양파, 양배추 계열 채소, 솔비톨이나 만니톨을 함유하는 식품, 탄산음료 같은 가스를 증가시키는 식품과 음료는 피한다.
- 고지방식은 피한다.
- 카페인의 섭취를 피한다.
- 식사는 소량씩 자주 섭취한다.

변 비

- 수분을 충분히 섭취한다. 특히 아침에는 따뜻한 음료를 마신다.
- 잡곡밥, 견과류, 생과일, 채소류를 먹는다. 흰 식빵, 백미 같은 정제 탄수화물의 섭취를 피한다.
- 규칙적으로 운동을 한다.

표 15-6 암을 예방할수 있는 파이토케미컬

파이토케미컬	식품급원	가능한 기전
β-카로틴	당근, 호박, 고구마	항산화제,세포주기제어, 항균
카테익 엑시드 에틸 에스터	꿀	면역조절, 항산화제
캡사이신	고추	면역조절, 세포사멸
커큐민	강황	면역조절
디아릴 설파이드	마늘, 양파	효소조절, 항균
진저롤	생강	항산화, 면역조절
이소플라본	대두	에스트로겐 길항물질
이소티오시아네이트	브로콜리, 양배추, 콜리플라워	효소조절, 항균
리모노이드	오렌지, 레몬, 라임, 포도	세포사멸
리그닌	아마씨	에스트로겐 길항물질
루테인	토마토, 시금치	항산화제
리코펜	토마토, 붉은색 자몽	항산화제
페닐프로피노이드	계피, 클로버, 바닐라	항산화제, 항균
폴리페놀	녹차	명역조절, 세포사멸
레스버라트롤	포도	항산화제, 면역조절

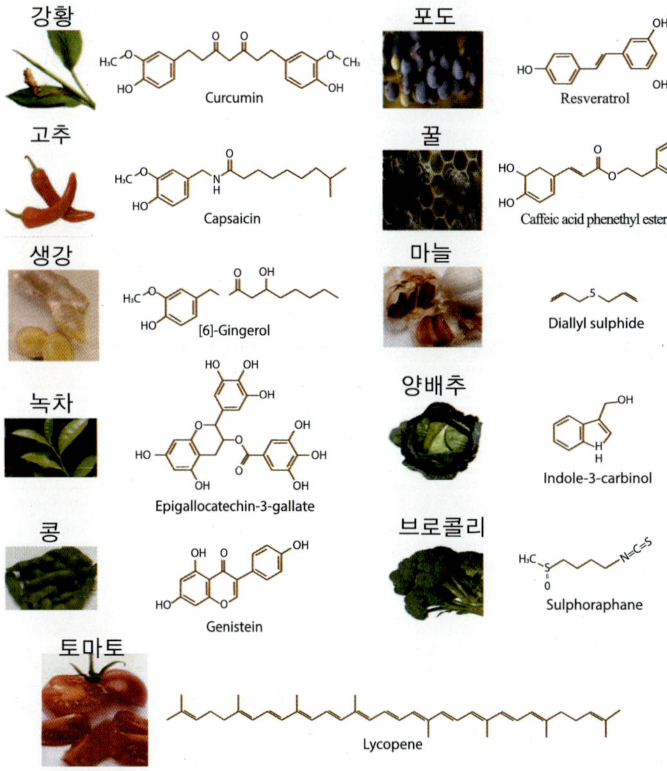

*출처: Surh(2003), Nature Reviews cancer

그림 15-5 암을 예방할 수 있는 파이토케미컬

check point

보건복지부의 10대 암예방 수칙

① 담배를 피우지 말고, 남이 피우는 담배 연기도 피하기
② 채소와 과일을 충분하게 먹고, 다채로운 식단으로 균형 잡힌 식사하기
③ 음식을 짜지 않게 먹고, 탄 음식을 먹지 않기
④ 술은 하루 두 잔 이내로만 마시기
⑤ 주 5회 이상, 하루 30분 이상 땀이 날 정도로 걷거나 운동하기
⑥ 자신의 체격에 맞는 건강 체중 유지하기
⑦ 예방 접종 지침에 따라 B형 간염 예방 접종 받기
⑧ 성 매개 감염병에 걸리지 않도록 안전한 성생활 하기
⑨ 발암성 물질에 노출되지 않도록 작업장에서 안전 보건 수칙 지키기
⑩ 암 조기 검진 지침에 따라 빠짐없이 검진 받기

(2) 암 검진

우리나라는 크게 국가에서 시행하는 국가 암조기검진 프로그램과 관련 학회 또는 개별 의료기관에서 제공하는 암 검진 프로그램이 있다.

암 검진은 일반적으로 신체적 이상이나 증상이 없고 스스로 건강하다고 생각될 때, 검사를 받아 병을 조기에 발견하여 치료하고자 하는 것이다.

표 15-7 5대암 검진 권고안

종 류	검진대상	검진방법	검진주기
위 암	40세 이상 남녀	위장조영촬영 또는 위내시경검사	2년
간 암	30세 이상 남성, 40세 이상 여성으로 간경변증이나 B형 간염바이러스 항원 또는 C형 간염바이러스 항체 양성으로 확인된 자	간초음파검사 혈청알파태아단백검사	6개월
대장암	50세 이상 남녀	대장내시경검사 또는 이중조영바륨검사 + 에스결장경검사	5~10년
유방암	30세 이상 여성	30세 이상 여성	매월
	35세 이상 여성	유방임상진찰	2년
	40세 이상 여성	유방촬영술 + 유방임상진찰	2년
자궁 경부암	20세 이상 여성 또는 성경험이 있는 여성	자궁경부질세포검사	1년

검진을 통하여 암을 조기에 발견하여 치료하면 완치율을 크게 높일 수 있다. 암은 상당히 진행될 때까지도 특이 증상이 없을 수 있으며, 암이 진행되어 나타나는 증상들도 평소 흔히 경험해 오던 증상들과 비슷하기 때문에 치료시기를 놓치는 경우가 많다.

따라서 예방으로 암의 발생을 줄이고 설령 암이 발생하였다 하더라도 조기에 검진을 받아 치료하면 암으로 인한 사망을 크게 줄일 수 있다. 특히 한국인에게 흔한 위암, 간암, 대장암 유방암, 자궁경부암 등은 비교적 쉽게 검진을 받을 수 있으며, 조기에 발견하여 치료받을 경우 대부분 완치가 가능하다.

check point

요 약

- 암은 우리나라 사망원인의 1위를 차지하는데 공통적으로 암을 일으키는 원인이 있다. 아직 명확하지는 않지만 현대사회가 급속한 성장을 하면서 내적인 요인보다는 외적인 요인, 즉 대기오염, 흡연, 음주, 식이 등에 의해서 발암되는 것이라 보는 견해가 대다수이다.
- 암은 유전자 내 돌연변이에 의해 발생하며 암화 과정은 오랜 시간을 필요로 한다. 이때 적절한 식이를 통해서 암의 유발을 예방할 수 있다. 즉, 식품에 들어있는 안전한 화합물들이 정상 세포가 암세포로 전환되는 과정을 억제하는 것에 관심이 대두되고 있다.
- 평상시 적절하고 균형된 식사 섭취와 규칙적인 운동으로 적정 체중을 유지하고, 정기 검진을 통해 암 예방을 위해 노력해야 한다.

check point

용어 해설

- **세포자가사멸** apoptosis
  세포가 세포주기를 떠나서 죽는 정상적인 과정
- **암** cancer
  조절되지 않는 세포분열로 특징되는 상태
- **발암유전자** oncogene
  정상세포를 암세포로 변형시키는 비정상적인 유전인자
- **화학요법** chemotherapy
  암의 성장을 막기 위한 약제의 사용

Chapter 16

면역반응 및 면역계 질환

학습목표

- 면역이란 무엇인가?
- 면역 반응은 어떻게 이루어지는가?
- 면역반응질환과 관련된 특징들을 이해하고 있는가?
- 알러지의 체질과 치료방법에는 어떤 것들이 있는가?

16-1 면 역

1. 면역의 개념

면역이란 질병, 특히 감염성 질병으로부터 숙주를 보호하는 체계를 말한다. 면역학 immunology이란 개체가 외래물질에 대하여 체내에서 일어나는 세포 및 분자적 변화를 다루는 학문이며 면역계 immune system를 구성하는 세포 및 분자의 기능을 이해하기 위하여 실험에 기초하여 얻은 결과를 논리적으로 체계화 한 실험과학이다.

면역계란 면역반응에 관여하는 세포와 분자로 구성되며 외래물질에 대하여 면역계를 구성하는 생체의 세포와 분자가 집합적이고 협동적으로 반응하는 것을 면역반응 immune respones이라 한다. 면역계의 가장 중요한 기능은 감염성 외래물질에 대한 개체의 방어이다. 따라서

면역은 감염을 일으키는 세균과 바이러스 및 암에 대한 숙주의 항상성 유지이다.

그러나 때때로 면역계는 비감염성 물질에 대하여도 반응할 수 있다. 즉, 다른 숙주로부터 조직을 이식받을 경우, 유발되는 이식거부 transplantation rejection는 정상적인 면역반응의 하나이다. 그러나 비감염성 외래물질에 대하여 반응이 민감하게 야기될 경우도 있고 이러한 현상은 대표적으로 알레르기 allergy, 폐렴, 간염, 기관지염, 당뇨, 동맥경화 등과 같은 병리학적 현상을 유발하기도 한다.

2. 면역현상에 대한 실험적 현상

천연두 smallpox는 전 세계적으로 동서양에 있었던 가장 무서운 감염병의 하나로서 우리나라에서에서는 역병 또는 마마 등으로 불렸다. 흥미로운 것은 이 천연두를 극복하기 위한 동양적 방법과 서양적 방법에 차이가 있었다는 것이다. 동양, 특히 고대 중국에서는 천연두에 감염된 후 자연적으로 치유되는 환자의 피부에 생긴 부스럼을 수집하여 어린이들에 흡입시키는 방법을 실시하여 천연두를 극복하는 관습이 있었다. 이는 동양에서도 전통적으로 이미 면역이라는 개념이 있었음을 보여주고 있다.

실험학문으로서의 면역이란 개념을 처음 증명한 사람은 영국의사인 에드워드 제너 Edward Jener인데, 그는 목장에서 일하는 여성 중에서 우두 smallpox에 감염된 사람은 이후 심한 천연두에 전염되지 않는 것을 관찰한 후 우두의 농포 성분을 8세 소년의 팔에 주사하였다. 그 후 이 소년을 천연두에 인위적으로 노출시켰음에도 천연두가 발병되지 않음을 확인한 다음, 1798년에 예방접종 vaccination이란 논문을 발표하였다.

이 논문은 역사적으로 감염성 질병에 대한 면역의 개념을 처음 증명한 것으로서 이후 면역학 발전의 기초가 되었다. 한편, 동양에서 실시한 면역의 개념은 실질적으로 경비 혹은 경구투여에 의한 외래물질에 특이적 방어력을 가지게 하는 현대의 점막면역의 효시가 되었다고 생각한다.

3. 면역계의 생리적 기능

면역계의 가장 중요한 생리적 기능은 감염성 외래물질에 대한 방어이다. 하나의 개체는 자신이 아닌 감염성 혹은 비감염성 물질인 외래물질 foreigner에 대한 반응을 나타낸다. 이러한 외래물질을 항원 antigen이라 한다.

면역계의 가장 중요한 원래 기능은 항원 중에서 감염성 항원인 미생물에 의해 유래되는 감염에 의한 질병으로부터 숙주를 방어 host defence하는 것이다.

여기서 감염성 미생물은 크게, 세포 외 미생물 extracellular bacteria, 세포 내 미생물 intracellular bacteria로 나눌 수 있으며, 여기에는 세균, 곰팡이 fungi, 바이러스 virus, 원충 protozoan 및 다세포성 기생충 multicellular parasites 등이 포함된다. 숙주에 감염을 일으키는 이러한 미생물들은 숙주에 침입, 숙주의 특정 조직 내 침범 및 증식을 함으로써 숙주를 감염시키고, 일부의 병원균은 그들이 독소 toxine를 분비함으로써 질병을 일으킨다.

일반적으로 말하는 정상면역 과정은 이러한 미생물에 대한 숙주의 방어작용이며, 다음과 같은 단계를 통하여 미생물을 제거하는 것을 의미한다. 다시 말해서 정상면역 과정은 침입한 미생물의 인식, 면역세포의 활성화, 미생물에 대하여 활성화된 작동세포 effector cell 및 작동세포가 분비하는 항체 antibody를 통하여 미생물로부터 숙주를 방어하게 된다. 즉, 면역의 원래의 의미는 감염성 미생물로부터 자신을 보호하는 작용이다.

16-2 면역반응

병원성 외래물질의 감염에 대하여 생체는 초기의 선천면역 반응과 후기의 적응면역 반응을 유도한다(그림 16-1). 또한 생체의 면역계는 다양한 병원체를 가장 효과적으로 제거하기 위하여 각 미생물의 특성에 따라 가장 효과적인 방법으로 선택적으로 작용한다.

즉, 외래물질에 대하여 생체는 감염 이전에 있었던 방어기구인 선천면역 innate immunity에 의하여 1차 방어를 실시하게 된다. 선천면역계를 구성하는 성분은 피부 등의 상피조직, 혈액에서는 호중구, 큰포식세포 macrophage 및 자연살해세포 NK cell, natural killer cell, 혈액 순환 단백질인 보체 complement 및 이러한 작동세포를 조절하는 단백질인 cytokine 등으로 구성된다.

선천면역계는 포식된 외래항원의 정보를 적응면역 adaptive immunity에 전달하는 항원제시 과정을 통하여 각 미생물에 대하여 가장 효과적으로 극복하는 방법을 선택하게 된다.

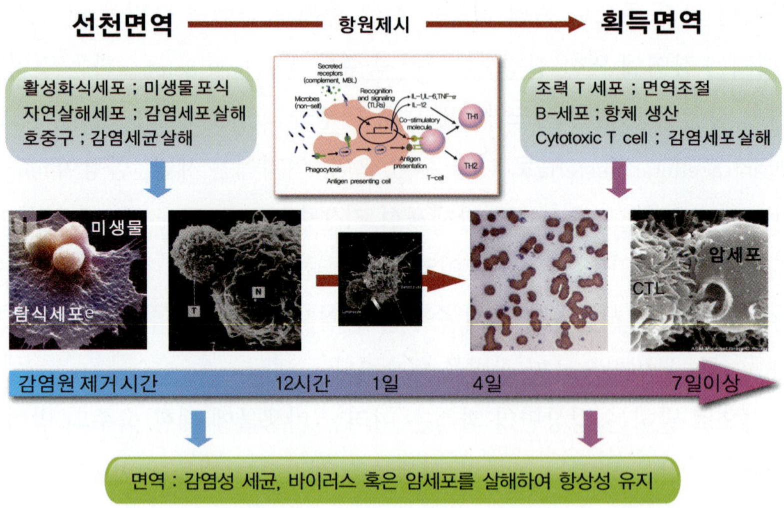

그림 16-1 선천면역과 획득면역

이 과정에서 대식세포 및 수지상 세포 등의 항원제시세포는 염증 및 면역계를 조절하는 TNF-α, IL-1β, IL-6 및 IL-12와 같은 cytokine을 생산하고 그들의 영향을 받게 된다. 선천면역계의 방어체계를 극복한 외래물질은 적응면역계에 의하여 제거된다. 적응면역 반응은 숙주에 침입한 미생물의 종류에 따라 체액성 humoral 혹은 세포성 cellular 면역반응을 통하여 제거된다. 채액성 면역반응은 B-세포가 생산하는 항체에 의하여 세포 외에 침입한 미생물 외인성 항원; exogenous antigen을 제거한다. 세포성 면역반응은 세포독성 T-세포 cytotoxic T lymphocyte에 의하여 세포 내에서 만들어진 내인성 항원 endogenous antigen인 바이러스 감염세포 혹은 암세포 등 비정상적인 세포를 제거한다.

표 16-1 미생물 방어기전 원리

구 분	선천면역	획 득 면 역	
작동세포/분자	대식세포	B-세포 : 항체	T-세포 : CTL
기 능	• 세균의 탐식 • 항체의 옵소닌화에 의한 포식작용 증가	• 세균의 고정 및 살해 • 모든 종류의 감염성 세균과 감염 전에 반응함으로 가장 효과적인 방어수단임 • 예방주사에 의한 면역의 목적이 됨	• 감염세포 살해 • 바이러스 감염세포 및 암세포의 방어
방어 미생물	외인성 항원	외인성/내인성 항원	내인성 항원

적응면역 adaptive immunity은 획득면역 acquired immunity 혹은 항원 특이적 면역반응 antigen specific immunity이라고도 불리며, 주로 항원제시세포로부터 항원을 제시 받은 조력 T-세포 helper T-cell가 생산하는 항원 특이적 cytokines에 의하여 조절된다. 즉, 생체의 항상성 유지를 위한 방안 중의 하나인 면역반응은 항원의 종류에 따라서 그를 방어하기 위한 수단으로 조력 T-세포의 형태가 Th1형 및 Th2형으로 균형있게 분화하면서 이루어진다. 조력 T-세포의 Th1 및 Th2 분화는 침입한 항원의 종류에 따라서 가장 유용한 생체방어력을 유도하고 항원의 종류에 따라서 체액성 면역반응 humoral immunity 및 세포성 면역반응 cellular immunity을 매개하는 기능을 한다.

Th1형 면역반응은 내인성 항원 즉, 바이러스나 암세포 등에 대한 세포성 면역반응을 유도하고 Th2형 면역반응은 항체 생산에 의한 세균 등의 외인성 항원을 제거하는 체액성 면역반응을 매개한다. 즉, 획득면역계는 감염성 미생물의 감염에 대하여 항원의 종류에 따라 전문적인 작동기전을 제공하며 동시에 선천면역계에 의한 숙주의 방어체계를 강화시키는 기능을 가지고 있다. 또한, 적응면역계의 중요한 특징은 항원에 대한 기억능을 유도함으로써 이후 동일한 감염에 즉각적인 방어효과를 나타나게 한다.

표 16-2 선천면역의 구성 요소

대분류	구성 요소	주요 기능
장벽 Barrirs	상피층 epithelial ayers	미생물 칩입 억제
	디펜신 defensin	미생물 살해
혈액 성분	호중구 neutrophil	미생물 살해
	대식세포 macrophage 수지상 세포 dendritic cell	미생물 포식 및 살해, 적응면역에 항원의 제시, cytokine 생산
	NK natural killer 세포	바이러스 감염세포 및 암세포 살해, 대식세포 활성화
	보체 complement	미생물 살해, 미생물 옵소닌화
사이토카인 cytokine	TNF-α, IL-1, 케모카인	염증 유도
	IFN-α, β	바이러스 감염에 저항
	IFN-γ	대식세포 활성화
	IL-12	NK-세포 및 T-세포 활성화
	IL-15	NK-세포 증식
	IL-10, TGF-β	염증 조절

1. 선천면역

자연면역, 본래면역 혹은 내재면역이라 불리는 선천면역 innate immunity은 감염 이전부터 개체에 존재하며 적응면역 반응이 일어나기 전에 작동되는 제1차 방어선으로 감염에 대하여 매우 빠르게 반응을 일으킨다. 숙주의 방어체계에서 선천면역의 또 하나의 중요성은 적응면역계의 기능을 증진시키는 것이다. 적응면역계가 정상적으로 작동하는 개체에 실험적 조작을 통하여 일부의 선천면역계를 인위적으로 제거 혹은 억제할 경우, 감염의 정도가 매우 증가한다는 실험 결과는 숙주의 방어체계에서 선천면역계가 차지하는 중요성을 말해주고 있다.

따라서 선천면역은 감염에 대하여 숙주가 반응하는 첫 번째 방어체계이며 감염의 신호를 적응면역계에 전달하는 중요한 기구이다. 감염원의 침입에 대한 적응면역계는 한 개체에 침입한 미생물이 내인성 혹은 외인성 항원의 특징을 가지냐에 따라서 가장 잘 대응하는 방법을 선택하여 미생물을 제거하게 되는데, 이때 선천면역계는 적응면역의 방어체계 선택에 영향을 미치게 된다.

선천면역계를 구성하는 성분은 침입하는 감염성 외래물질에 대한 1차 장벽으로 피부, 소화기 및 순환기, 소화기관의 상피장벽 epithelial barriers, 상피세포가 생산하는 디펜신 defensins과 같이 미생물 살해작용을 가지는 peptide 성분, 탐식(포식)세포 phagocyte와 자연살해세포 NK cell, natural killer cell 등의 혈액순환 면역세포, 혈중에 존재하는 보체 단백질 및 선천면역계를 구성하는 세포의 활성화를 조절하는 cytokine과 같은 단백질 성분을 포함한다(표 16-2).

(1) 탐식세포 phagocyte의 미생물 제거 및 염증반응

미생물을 인식하여 탐식하는 대표적인 세포로 호중구와 대식세포 및 수지상 세포를 들 수 있다. 숙주가 미생물이 감염되면 탐식세포는 주로 미생물을 포획하여 살해하는 기전을 가지며 이 과정에서 염증 반응이 일어난다. 즉 조직에 침입한 미생물을 대식세포가 인식하고, 대식세포는 혈액 중에 가장 많은 세포주를 가진 호중구를 감염조직으로 이동시키는 작용을 하며 수지상 세포는 이들 미생물의 항원을 적응면역에 전달함으로써 항원특이적인 면역반응을 유도하게 된다.

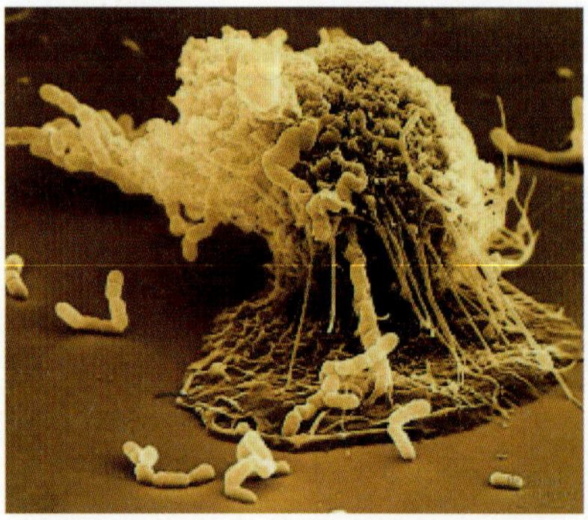

* 출처 : Aegeri, 2008

그림 16-2 활성화된 탐식세포(대식세포)의 미생물 흡수

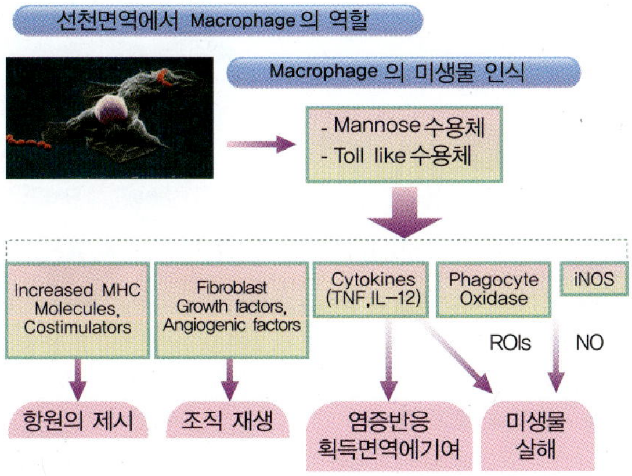

* 사진 출처 : cellsalive. com

그림 16-3 대식세포의 작용

대식세포는 골수 bone marrow에서 유래하며 혈액 내에서 성숙하여 단핵세포 monocyte로 순환하다가 조직에 들어가서 대식세포 macrophage가 된다. 대식세포는 조직에 위치함에 따라 다른 이름으로 불리는데 중추신경계에 존재할 경우에는 미세아교세포 microglial cell, 간에서는 쿠퍼세포 Kuffer cell, 폐에서는 폐포 대식세표 alveolar macrophage, 뼈에서는 오스테오크라스트 osteoclast라 한다. 이러한 대식세포는 숙주 내에 미생물이 침입할 수 있는 모든 기관에 존재하며 미생물 침입 시에 신속하게 미생물을 포식 phagocytosis하는 기능을 가진다(그림 16-2).

대식세포는 세포질 내에 단백질 분해효소인 라이소자임 lysozyme, 콜라겐분해효소 collagenase, 엘라스타제 elastase 등을 함유하는 과립인 용해소체 lysosome 과립을 가지며, 이곳에서 탐식한 미생물을 살해하며 살해된 항원을 가공하여 T-세포에 항원 펩타이드를 제공하게 된다. 동시에 염증성 cytokines를 분비하여 염증반응 및 면역반응을 조절하는 기능을 매개하면서 미생물을 제거하게 된다(그림 16-3).

염증반응은 감염된 미생물의 제거에 필수이며 염증의 단계는 다음과 같다. 조직의 대식세포가 분비한 사이토카인인 TNF-α 및 IL-β 등과 케모카인은 주위 모세혈관의 혈관내피세포에 작용하여 혈액 내의 면역세포(특히 호중구)와 반응하는 접착세포 adhesion molecule, 셀렉틴 및 인테그린 리간드의 발현을 촉진시켜 면역세포의 혈액 흐름성을 저하시키고, 동시에 혈관내피세포의 간격을 여유있게 둠으로써 감염부위에 면역세포의 이입을 유도한다(그림 16-4).

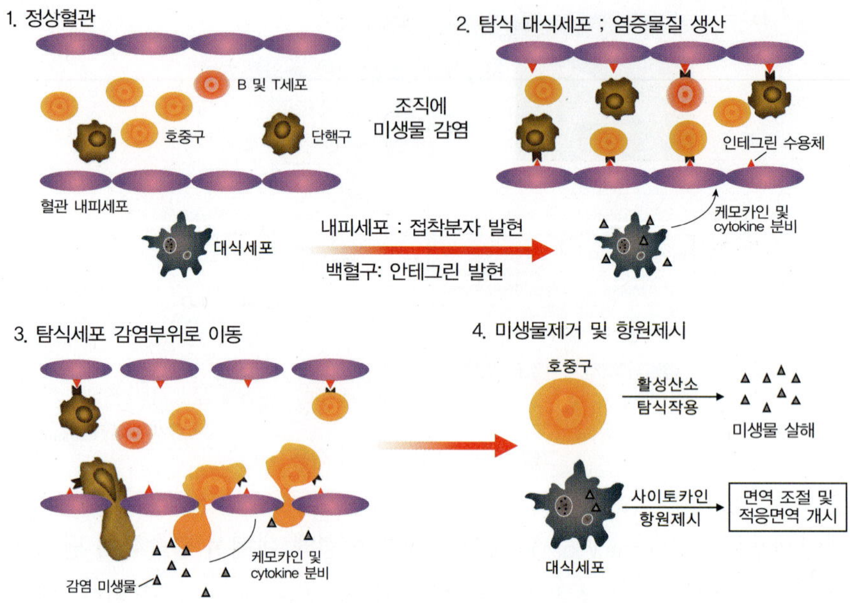

그림 16-4 염증의 단계에 의한 백혈구의 보충 및 작용기전

이렇게 조직에 혈액의 면역세포가 축적되는 현상은 염증의 중요한 요소이며, 염증반응에 의하여 혈액으로부터 맨 처음 감염부위로 이동하는 백혈구는 호중구이다. 감염조직에 들어온 호중구는 미생물을 포식하여 세포질의 용해소체 lysosome에 미생물을 포식하여 살해하거나 반응성산소 ROIs, H_2O_2 : reactive oxigen intermediates 등 및 산화질소 NO, nitric oxide를 생산하여 감염미생물을 살해하고 스스로 자살한다. 감염부위에 있는 고름은 미생물 살해 후 자살한 호중구의 산물이다.

대식세포는 미생물이 완전히 제거될 때까지 감염부위에 남아서 스스로 분열하고 증식하며 호중구의 감염 부위로의 이동을 유도하고 적응면역계의 구성성분이 T-세포에게 항원제시 등의 역할 및 적응면역이 유도된 후 생산된 항체와 같이 미생물을 제거하는 기능을 가진다.

따라서 대식세포는 조직에 감염된 미생물을 처음 포식하여 제거시키고 감염부위에 백혈구의 보충을 유도하여 감염미생물의 살해를 조절하는 기능을 가진다. 이러한 기능은 대부분 대식세포가 생산하는 사이토카인에 의하여 매개된다.

(2) 전문적 항원제시세포 기능을 가진 수지상세포

전문적 항원제시세포 professional antigen presentin cell로 알려진 수지상세포 DC, dendritic cell는 대식세포와 동일하게 골수유래의 세포이며 피부, 림프조직, 점막상피 등의 조직에 분포한다. 수지상세포는 대식세포와 유사한 미생물 탐식, 사이토카인, 케모카인 생산 등의 기능을 가진다. 대식세포가 주로 외부에서 침입한 미생물을 탐식하고 제거하는 기능을 가진 반면, 수지상세포는 대식세포와 마찬가지로 외래물질을 포식 후에 T-세포에게 항원을 지시하는 기능을 가지기에 항원 특이적 면역반응(적응면역 반응)의 유도에 중추적인 역할을 하게 된다. 수지상 세포의 이런 기능은 T-세포에 항원을 제시하기 위한 class II MHC를 항상 발현하고 있기 때문이다.

즉, 미성숙 상태의 수지상 세포는 외부에서 침입한 미생물을 포식하고 가공하면서 적응면역을 유도하기 위하여 가까운 림프절 lymp node로 이동하여 그곳에 있는 미감작 T-세포에 자신의 class II MHC를 통하여 가공한 항원을 제시하는 기능을 가진다. 따라서 수지상세포는 항원에 대한 특이적이고 강력한 면역반응인 적응면역을 유도하는 가장 중요한 전문적 항원제시세포이다.

(3) 자연살해세포 NK cell, Natural killer cell

자연살해 natural killer란 이름은 혈액이나 비장에서 분리한 이들 세포가 다른 자극원 없이 직접 표적세포 target cell를 살해시키는 기능이 있다는 것에서 유래되었다. NK 세포는 주로 혈액이나 비장에 존재하며 주로 혈액에서 바이러스 감염세포 및 암세포를 살해하는 기능을 가진다. 또한, NK 세포는 선천면역에서 IFN-γ의 주된 생산원이며 IFN-γ는 미생물 살해기능을 가지는 대식세포를 증식 및 활성화하는 작용을 한다.

NK 세포는 NK 세포 억제 수용체 및 활성수용체를 가지고 있다. 정상세포에 발현된 분자는 억제 수용체가 인식하여 NK 세포의 살해능을 억제하고, 활성수용체는 비정상세포에 발현되는 특수분자를 인식함으로써 살해능을 획득하게 된다. 또한 NK-세포는 비정상적 세포에 표지된 항원을 인식한 항체를 매개로 표적세포를 살해 ADCC, antibody-dependent celllar cytotoxicity하기도 한다. NK 세포의 증식 및 활성화는 대식세포가 생산하는 IL-12 및 IL-15에 의하여 유도된다.

(4) 사이토카인 cytokine

선천면역에서 면역조절 능력을 가진 단백질인 사이토카인은 주로 대식세포 및 수지상 세포가 미생물을 인식함에 의하여 생산된다. 탐식세포의 미생물 인식은 크게 두 가지 기능, 즉 미생물을 포획 uptake하여 살해하는 기능 및 면역조절 성분인 사이토카인을 생산하는 기능을 수행하게 된다(그림 16-5).

탐식세포의 미생물 살해는 미생물의 공통구조를 탐식세포의 탐식유형 수용체 endocytic pattern-recognition receptor가 인식하여 미생물을 세포 내 과립으로 들어오게 함으로써 유도된다. 한편, 면역조절 기능을 가진 사이토카인의 생산은 미생물의 특징적 구조를 탐식세포의 신호유형 수용체 signal pattern-recognition receptor가 인식함으로써 유도된다.

탐식유형수용체 중 대표적인 것은 만노오스 수용체 mannose receptor이며 이는 포유동물에는 존재하지 않고 미생물에만 존재하는 공통구조인 만노오스와 퓨코스를 가진 세포벽 표면 탄수화물을 인식한다. 또 다른 탐식유형수용체인 청소수용체 scavenger receptor는 혈중에 산화지질 단백질을 포식하는 수용체로 이는 동맥경화의 원인이 되는 거품세포 foam cell의 역할을 한다. 미생물 혹은 미생물산물을 탐식세포의 신호유형수용체가 인식하면 염증 및 면역조절작용을 하는 여러 가지 사이토카인 cytokine을 생산한다.

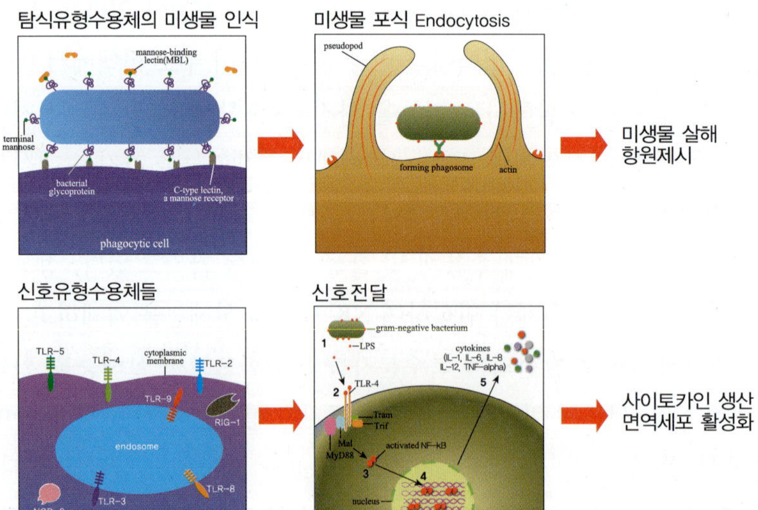

* 출처 : Ph. D. Gray E. Kaiser

그림 16-5 탐식세포의 미생물 인식 및 활성화 단계

표 16-3 선천적 면역세포가 생산하는 주요 사이토카인의 종류 및 기능

사이토카인	생물학적 기능
TNF ; tumor necrosis	내피세포의 활성화에 의한 염증의 유도, 호중구 활성화,
factor ; 종양괴사인자	급성염증 유도
IL-1 ; interleukin 1	내피세포의 활성화에 의한 염증의 유도, 급성염증 유도
IL-6 ; terleukin6	급성염증 관련 단백질 생산, 항체생산 B-세포 증식
IL-10 ; interleukin6	IL-12 생산 억제
IL-15; interleukin15	NK-세포, T-세포 증식
케모카인 ; chemokine	백혈구의 화학주성에 의한 혈액으로부터 조직으로의 이동
제1형 IFN; interferon-α,β	항바이러스 활성 및 NK-세포 활성화

선천면역에서 사이토카인을 생산케 하는 신호유형수용체 중 대표적인 것은 탐식세포의 세포외부 혹은 내부에 존재하는 Toll Like Receptor TLR로 알려져 있다. TLR는 현재까지 TLR1에서 TLR11까지 발견되고 있으며, 포유류 세포에는 발현되지 않고 미생물에 존재하는 여러 종류의 분자들을 인식한다. 미생물에 대한 선천면역 반응에서 염증성 사이토카인 TNF-α 등을 생산하는 성분 중 하나는 그램 음성균의 세포벽성분인 lypoholysaccharide LPS이다.

사이토카인은 면역세포가 생산하는 수용성 단백질이며 미생물 등의 여러 가지 항원에 대한 반응으로 생성되고 선천면역뿐만 아니라 적응면역을 조절 및 매개하는 기능을 가진다. 하나의 사이토카인은 여러 종류의 면역세포에게 작용할 수 있고, 서로 다른 사이토카인이 한 가지 타입의 면역세포에 동시에 작용하여 세포의 활성화에 있어서 상승작용을 유도할 수도 있고 다른 사이토카인이 한 가지 면역세포의 활성화에 있어서 길항작용을 나타낼 수도 있다.

선천면역에서 사이토카인을 생산하는 세포는 주로 대식세포와 수지상 세포이며, NK-세포 및 내피세포에서도 생산된다. 표 16-3은 선천면역계의 대식세포 및 수지상 세포가 생산하는 주요 사이토카인을 정리한 것이다.

2. 적응면역 adaptive immunity

적응면역이란 특정 미생물에 대하여 연속적인 노출에 대하여 적응적으로 반응한 결과로 특정 미생물에 대하여 증가된 면역반응을 의미한다.

또 선천면역과는 달리, 항원의 노출 후에 획득된 면역반응이기에 획득면역 acquired immunity이라고도 불린다. 또한 적응면역은 노출된 각 항원에 대하여 특이적으로 반응하기에 항원 특이적 면역반응 specific immunity이라고도 한다. 즉, 적응면역은 비자기 성분인 단백질 다당류 혹은 기타 거대분자들 간을 구별하는 기능이 있다.

적응면역을 구성하는 각 세포가 인식하는 항원의 특정부위를 항원 결정기 antigenic determinant 혹은 에피토프 epitope라 한다. 따라서 한 가지 종류의 미생물 및 거대분자는 한 개 이상의 항원결정기를 가지고 있다. 적응면역계를 구성하는 림파구는 10^7~10^9개의 다른 종류의 항원결정기를 인식할 수 있다고 추산되며 이러한 능력은 적응면역의 다양성 diversity이라 한다.

이 다양성의 개념, 즉 인간의 림파구가 가지는 항원 특이성 전체의 수를 림파구 레퍼토리 lymphocyte repertoire라 하며 이 개념은 이후 면역학의 발전에 크게 영향을 미친 단일크론항체 monoclonal antibody 생산의 기초 이론이 되었다. 적응면역계는 항원에 감작 sensitization되면 항원의 제거를 위하여 림파구의 증식이 유도되는데 이를 크론 확장 clonal expansion이라 한다. 적응면역주로 B-세포 및 T-세포에 의하여 유도되는데, B-세포 및 T-세포의 이름은 각 세포가 성숙 mature되는 기관인 골수 Bone-marrow 및 흉선 Thymus에서 유래하였다.

적응면역계는 감염원의 제거를 위하여 각 감염원의 특성에 따라 각기 다른 반응을 보인다. 즉, 세포외 항원 주로 세균 등에 대하여는 B-세포 매개의 항체를 생산하는 체액성 면역계 humoral immunity가 작동하고, 바이러스와 같은 세

표 16-4 적응면역계를 구성하는 B-세포 및 T-세포의 종류 및 기능

세 포	아 집 단	생물학적 기능
T-lymphocyte	보조 T-세포 ; helper T-cell (Th cell, $CD4^+$ cell)	• 항원제시세포로부터 항원제시 받음 • 면역조절 cytokine 생산(Th1형 및 Th2형 cytokine)
	세포독성 T-세포 ; cytotoxic T cell (CTL, $CD8^+$ cell)	• 바이러스 감염세포 살해 • Th1형 cytokine에 의해 활성화
	조절 T-세포 ; regulatory T cell; Tr	• T-세포 활성화의 억제
B-lymphocyte		• 항체 생산 • Th2형 cytokine에 의하여 활성화

포 내 항원에 대하여는 T-세포 매개의 세포성 면역계 cellular immunity가 작동하게 된다. 따라서 적응면역계는 감염원의 유형에 따라 선천면역에 비하여 더 강력한 면역기구이며, 적응면역계의 작동은 앞서 서술한 항원제시세포의 항원제시에 의하여 개시된다. 표 16-4는 적응면역계를 구성하는 B-세포 및 T-세포의 종류 및 기능을 요약한 것이다.

각 항원에 1차 감작 후 동일한 항원의 재감작이 일어남에 따라 면역반응의 강도는 더욱 커지게 되며 이러한 현상은 적응면역계가 가지는 고유한 특성인 항원에 대한 기억 memory 등을 가지고 있기 때문이다. 정상적인 면역계는 항원의 제거가 성공하면 항상성 homeostasis에 의하여 휴지상태로 되고, 자기 항원에 대하여는 반응하지 않는 면역관용 tolerance에 의한 무반응성의 특징을 가지나 때때로 자기 항원에 대하여 면역관용이 유도되지 못하는 이상상태가 될 경우는 후반부에 서술한 자가면역질환 autoimmune disease이라는 병리학적 상태를 야기하게 된다.

(1) 항원제시 세포에 의한 항원 제시 antigen presentation

항원제시세포는 그의 용해소체 phagolysosome 혹은 세포질에서 항원을 펩타이드로 가공하여 조직적합성 복합체 major histocompatibility complex; MHC라 명명된 유전자 좌에 결합한 펩타이드 항원을 세포표면에 발현하는 능력을 가진 세포를 의미한다. 따라서 MHC의 기능은 펩타이드 항원을 T-세포에게 제시하는 것이고 이를 항원 제시 antigen presentation라고 한다(그림 16-6).

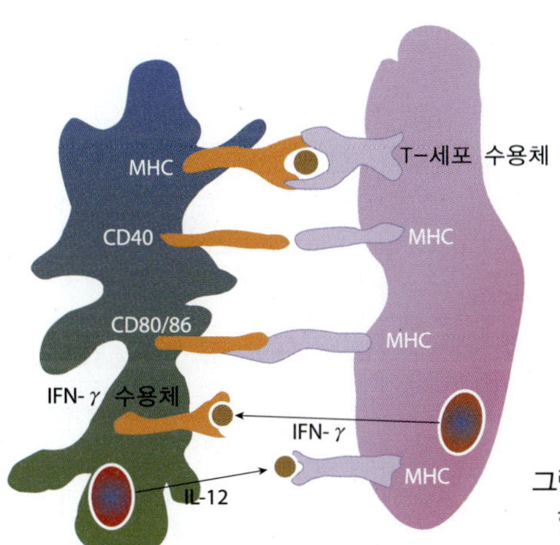

그림 16-6
항원세시세포의 T-세포로의 항원제시

MHC는 class I MHC 및 class II MHC로 분류하며, class 1 및 2 MHC가 결합하는 펩타이드 항원 감염 미생물의 종류에 따라 다르다.

Class I MHC는 모든 유핵세포에서 발현되나, classII MHC는 수지상 세포, B-세포 및 대식세포 등에서만 발현된다. 즉, MHC 분자의 형성과정에서 class I MHC는 바이러스와 같은 세포질 내 단백질 항원에서 유래된 펩타이드와 결합하며, class II MHC와 항원 펩타이드의 결합은 항원제시세포에 의하여 포식된 항원이 용해소체에서 분해된 후 소포 내에서 이루어진다. 따라서 항원제시세포는 개체로 침입한 미생물을 포식 후 단편화 된 항원 펩타이드를 T-세포에 전달하는 기능을 가진 세포를 의미한다(표 16-5).

항원제시세포의 항원제시 기구는 주조직적합성 복합체 MHC, major histo-compatability complex로 명명된 유전자에 의하여 생성된 단백질에 의한다. MHC는 두 가지 형태, 즉 class I MHC 및 class II MHC로 구분되며 항원지시세포의 class II MHC는 소포체 endoplasmic reticulum에서 조립된다. 항원제시세포는 조직에 들어온 항원을 포획한 파고솜 식포; phagosome은 단백질 분해효소체인 라이소좀 lysosome과 결합하여 파고라이소좀 phagolysosome을 형성하게 되고 여기서 항원은 단백질 효소에 의하여 가공 processing되어 peptide로 분해된다. 소포체에서 조립된 class II MHC는 골지체 golgi body를 통하여 파고라이소솜에서 peptide 항원과 결합한 class II MHC-peptide 복합체 complex가 되어 세포 표면에 항원을 제시하게 된다. 항원은 조력 T-세포의 T-세포 수용체 TCR, t-cell receptor가 인식하고 항원제시세포가 제시한 항원은조력 T-세포의 T-세포 수용체 TCR, T-cell receptor에 의하여 인식하게 되는데 항원제시세포에 의하여 제시된 peptide 항원 class II MHC-peptide 항원복합체은 조력 T-세포의

표 16-5 항원제시세포의 특징과 기능

항원제시세포	특 징	주요 기능
수지상 세포	class II MHC를 항상 발현함. 동시자극자 항상 발현됨.	단백질 항원에 대한 T-세포의 면역반응을 개시. 조력 T-세포 활성화하여 cytyokine 생산, CTL 활성화
대식세포	class II MHC의 발현은 T-세포가 생산하는 IFN-γ에 의함	지연성 과민반응과 같은 세포매개 작동단계에 주로 관여
B-세포	class II MHC를 항상 발현함.	체액성 면역반응에서 조력 T-세포 활성화; IL-4 생산

T-세포 수용체에 의하여 인식하게 되고 조력 T-세포의 CD4 분자가 class II MHC와 결합함으로서 항원제시가 수행된다.

성공적인 항원제시, 즉 T-세포의 활성화를 위하여는 항원제시세포가 발현하는 CD80/86 및 CD40과 같은 항원동시자극자 costimulator의 발현 및 T-세포의 인식이 요구된다. 항원제시세포로서 수지상 세포는 미감작 $CD4^+$ (조력 T-세포) 및 $CD8^+$(세포독성 T-세포) 모두에게 항원을 제시함으로써 두 type의 T-세포 모두를 활성화하는 작용을 한다.

대식세포의 경우 조력 T-세포가 생산된 IFN-γ의 영향을 받아 class II MHC를 발현하여 보조 T-세포에 항원을 제시하는 기능을 가지게 된다. 즉, 수지상 세포에 의하여 항원을 제시받은 보조 T-세포가 생산한 IFN-γ의 영향을 받아 항원제시세포로서의 기능을 획득하게 되고 증식하면서 국소조직에 침투한 미생물의 탐식능이 활성화 된다. 따라서 대식세포의 기능은 항원 제시의 측면보다는 미생물의 탐식작용이 더 중요한 의미를 가진다.

이러한 기능은 주로 선천면역이 적응면역 반응을 유도함으로써 활성화된 적응면역계가 다시 선천면역계의 구성 요소인 탐식세포의 활성화를 유도하여 외래물질의 제거작용을 강화하게 하는 작용이다. 마지막으로 B-세포는 조력 T-세포에 항원을 제시하고 활성화된 T-세포가 생산하는 cytokine(주로 IL-4)의 영향을 받아 항체 생산을 하는 형질세포 plasma cell로 분화 및 증식을 유도하게 한다.

결론적으로 항원제시세포로서 수지상 세포와 대식세포는 T-세포에 탐식한 항원을 제시함으로서 적응면역을 매개하는 중요한 역할을 하게 된다. 이 두 가지 세포의 역할을 정확하게 규정하는 것은 어려우나 대식세포는 주로 미생물의 탐식기능 및 염증반응을 매개함으로써 주로 선천면역반응의 중요 세포로서의 기능이 더 우선하며, 수지상세포의 경우는 class II MHC 및 T-세포의 활성화 유도에 필수적인 요소인 동시자극자 co-stimulatory molecules를 항상 발현하고 있기에 적응면역을 직접 유도하는 가장 중요한 세포로 인정되고 있다. 수지상 세포의 이러한 능력 때문에 이 세포를 전문적 항원제시세포 professional antogen presenting cell로 부르고 있고, 현재 그들의 아집단에 대한 연구도 진행되고 있다.

감염장소에서 미생물을 포식한 항원제시세포는 림프절로 이동하여 조력 T-세포에게 항원을 전달하고 그곳에서 항원에 대응하는 항체 생산 혹은 CTL의 활성화를 거쳐서 감염부위로 귀소 homing하여 여러 종류의 감염 미생물을 극복하게 된다.

(2) 세포성 면역 cellular immunity

① 보조 T-세포의 활성화 및 cytokine 생산

항원의 제시에 의하여 활성화된 보조 T-세포는 여러 가지 cytokine을 생산하여 보조 T-세포 자신, 세포독성 T-세포, B-세포 및 탐식세포를 활성화하는 기능을 함으로써 적응면역반응에 관여하는 세포의 활성화를 조절하는 기능을 가진다.

인터루킨-2 IL-2는 항원으로 자극된 T-세포의 생존 및 증식을 유도하고 선천면역계를 구성하는 NK-세포의 활성화에 관여한다.

IL-4는 B-세포의 항체 IgG1 생산을 촉진하는 기능을 가지며 T-세포가 Th2형으로의 분화를 촉진하는 기능을 한다. 특히 IL-4가 IL-13과 함께 알레르기를 유발하는 IgE 항체를 생산하도록 자극하는 가장 중요한 요소가 사이토카인이다. 인터페론-γ(IFN-γ)는 보조 T-세포가 Th1형으로 분화하여 세포성 면역반응을 촉진하는 가장 중요한 요소 역시 사이토카인이며, 항원제시능의 증진, 대식세포의 탐식능증진, 세포성 면역반응의 실행 등에 관여한다.

IFN-γ는 B-세포에서 IL-4와 서로 길항작용을 하는데, 즉 B-세포가 IgG1 및 IgE형 항체의 생산을 억제하고, IgG2a형 항체의 생산을 촉진한다. 또한 대식세포를 활성화하여 포식한 미생물을 살해하는 기능을 높이게 하는 역할을 한다.

전환성장인자인 TGF-β는 면역세포의 활성화를 억제하는 기능을 가진다. 즉, TGF-β는 T-세포의 증식과 기능을 억제할 뿐 아니라, 항염증 사이토카인으로서 대식세포 및 호중구의 활성화를 억제하는 기능을 가진다. 또한 TGF-β는 B-세포에 작용하여 IgA형 항체의 생산을 촉진하게 하는 기능을 가짐으로써 점막면역계의 활성화에 중요한 역할을 한다(표 16-6).

표 16-6 적응면역의 사이토카인

사이토카인	주 생산세포	생물학적 기능
IL-2	CD4(Th1) cells	T-세포 증식 및 사이토카인 합성 증진, NK 세포의 증식 및 활성화, B-세포 증식 및 항체 생산
IL-4	CD4(Th2) cells	B-세포 항체 생산 ; 주로 IgG1 및 IgE, T-세포를 Th2 세포로 분화, 비만세포의 증식
IL-5	CD4(Th2) cells	IgA 생산 B-세포 증식, 호산구 활성화
IL-13	CD4(Th2) cells	B-세포에 작용하여 IgE로 동현 전환, 염증반응 촉진
IL-17	CD4 cells	내피세포 및 대식세포에 작용하여 케모카인 생산 촉진, 염증 유발, 대식세포의 사이토카인 생산 촉진, GM-CSF 생산
IFN-γ	CD4(Th1) cells	대식세포 활성화, B-세포 작용하여 IgG2 type로 동현전환, Th1 세포로 분화 촉진, MHC 발현 촉진, 항원제시 증진 등
TGF-β	CD4 cells	IgA 생산 증진, T 세포 및 대식세포 활성화 억제염증 억제 및 염증에 의한 조직의 복구

② 세포독성 T-세포

세포독성 T-세포 CTL, cyttoxic T-lymphocyte는 생체 내 감염 혹은 변형된 자기 세포를 살해하는 기능을 가진다. 바이러스 감염세포의 세포질 내에서 생산된 바이러스의 단백질 혹은 돌연변이 유전자가 생산한 단백질 등은 class I MHC 분자에 결합되어 세포표면에 제시되는데 CTL은 class I MHC-peptide 분자를 인식하여 감염세포 혹은 암세포를 살해하는 작동세포이다. 감염세포 혹은 암세포 등의 세포질에서 생산된 단백질은 프로테아좀 proteasome이라는 단백질 효소 복합에 의하여 peptide로 분해되고 TAP transporter associated with antigen processin 단백질에 의하여 소포체로 들어간다.

소포체에 들어간 항원 peptide는 이곳에서 생성된 class I MHC 분자와 결합하여 세포표면에 위치하게 된다. 감염세포 표면의 class I MHC-peptide 복합체는 항원 peptide를 특이적으로 인식하는 CTL에 의하여 인식된 후 살해되게 된다.

바이러스 감염세포를 탐식한 수지상세포는 가공한 바이러스 항원을 보조 T-세포 혹은 세포독성 T-세포에게 제시한다. 이렇게 한 가지 세포(수지상세포가) 서로 다른 두 가지 type의 세포(보조 및 세포독성 T-세포)에 항원을 제시하는 것은 교차제시 cross-presentation or cross priming라 한다. 수지상 세포가 전문적 항원제시세포라 불리는 이유 중의 하나는 이러한 특성 때문이다.

표 16-7 항체의 특징 및 기능

항체 동형(class)	생물학적 기능
IgM	미감작 B-세포의 항원 수용체, 보체 활성화
IgD	미감작 B-세포의 항원 수용체
IgG	혈액에 많이 분포. 유일한 태반 통과 항체로 태아 면역에 관여, 혈액 및 피부 등 전신에 들어온 미생물을 옵소닌 작용, 항체의존 세포독성, 보체의 활성화 기능에 의하여 방어.
IgE	기생충 방어가 원래 목적임. 비만세포 탈과립을 유도함으로써 제1형 면역 과민반응, 즉, 알레르기를 유도함
IgA	소화기 장관 및 기관지에 침입한 미생물을 제거하는 점막면역의 매개체

(3) 체액성 면역 humoral immunity

체액성 면역은 B-세포가 생산하는 항체가 매개하며 항원-특이 B-세포의 항원수용체인 면역글로불린 immunoglobulin이 항원을 인식하면서 개시된다. 체액성 면역의 매개체는 항체 antibody이며 항원을 인식한 B-세포가 생산한다. 항원제시세포인 수지상세포 DC는 단백질 항원 인식 후 $CD4^+$ 보조 T-세포에게 항원을 제시하고, 보조 T-세포가 생산하는 IL-4, IL-6, IFN-γ 등의 cytokine 영향을 받아 B-세포 항체생산기능이 있는 형질세포 plasma cell로 분화 및 증식하게 된다. 단백질 항원이 탄수화물, 지질 등의 항원에 비하여 높은 반응성을 가진 항체가 생산되는 이유는 항원제시 세포가 T-세포로의 항원 제시로 보조 T-세포의 활성화(cytokine 생산)를 유도하기 때문이다.

이 중 일부는 기억세포로 분화하며 혈액을 따라 전신을 순환하게 된다. 항체는 두 개의 중쇄 heavy chain 및 경쇄 light chain로 구성되며 중쇄의 구조와 다양한 미생물에 대한 작동기능의 차이에 의하여 5개의 종 class, 즉 IgM, IgG, IgD, IgE 및 IgA로 구분하고 있다. 각 항체의 특징 및 기능은 표 16-7과 같다.

3. 점막면역

위장관 및 호흡관 등 점막표면을 통하여 들어온 미생물에 대하여 반응함으로써 이를 방어하는 면역반응을 의미한다. 점막 면역기관의 활성화는 외래물질에 의한 감염을 억제하는 면역기능에 있어서 매우 중요하다.

생체의 점막면역계는 호흡계 관련 림프조직 BALT, Bronchous associated lymphoid tissue, 비강관련 림프조직 NALT, Nasal associated lymphoid tissue 및

장관관련 림프조직 GALT, Gut associated lymphoid tissue으로 구분되며, 이 중에서 GALT는 생체에서 가장 큰 림프조직으로 소화기를 통하여 장관으로 이입되는 외래물질에 대한 점막면역능을 유도함으로써 외래물질에 대한 방어 기능을 담당하고 있다. 특히 장관면역계는 성인의 경우 피부보다 약 200배 정도 넓은 표면적을 가지기에 감염성 외래물질의 접촉기회가 가장 높은 기관으로서 외래물질에 대하여 전신면역반응을 유도하는 점막면역계의 중요한 부분으로 감염에 대하여 생체방어를 담당하는 제 1선의 장소이다(그림 16-7).

GALT를 구성하는 면역기관 중에서 Peyer's patch는 장관면역계를 담당하는 가장 중요한 면역기관으로 소화계를 통하여 이입된 감염성 물질의 대부분이 유입되는 inductive site로서 항원의 흡수를 담당하는 special M cells, 탐식세포 phagocytes, B cell 영역 및 T cell 영역으로 구성되어 있다.

감염성 미생물 혹은 면역반응을 활성화하는 성분의 이입에 의한 Peyer's patch을 구성하는 면역세포의 활성화는 근처의 2차 림프기관인 mesentric lymph node MLN를 통하여 장관면역계를 활성화하며, 주로 IgA 항체가 방어체계의 중심이 된다. 점막에 존재하는 IgA는 미생물과 결합하여 항원-항체 복합체를 만들어서 항원이 숙주로 침입을 못하게 함으로 유도된다.

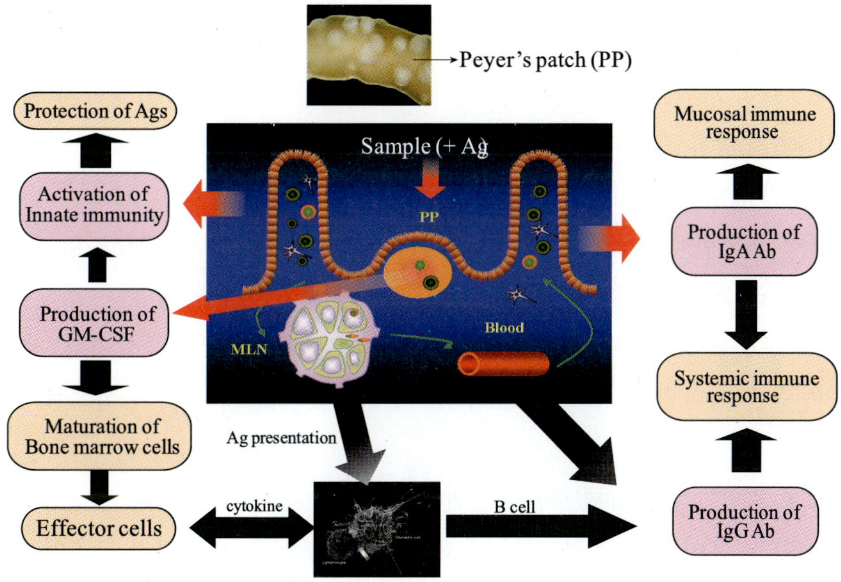

* 그림 출처 : www.chlamydiae.com

그림 16-7 장관면역 활성화에 의한 생체의 자기방어

16-3 면역반응에 의한 질환

면역반응은 원래 감염에 대한 자기 방어이나 비감염 성분 혹은 자기항원 self-antigen에 대하여 때때로 비정상적인 면역반응을 일으켜서 조직의 손상이나 질병을 유도하기도 한다. 이러한 질환은 크게 비감염 성분에 대하여 비정상적으로 과하게 면역반응을 나타내는 과민반응 질환 hypersensitivity diseases 및 자기항원에 대하여 면역관용의 실패로 유도되는 자가면역 질환 autoimmune diseases의 두 가지로 나뉜다.

알레르기 allergy는 여러 가지 무해한 항원에 대하여 면역계가 반응함으로써 일으키는 질병으로 정의한다. 따라서 알레르기는 면역반응에 의하여 조직의 손상을 유발하는 질병인 면역과민 질환 hypersensitivity disease의 하나이다. 이러한 과민반응은 그 작동기구에 의하여 4가지 유형으로 분류되며 일반적으로 IgE 항체 매개로 일어나는 과민반응을 의미한다. 면역과민반응은 감염에 대하여 혹은 비감염성 항원에 대한 면역반응이 민감하게 반응하는 것을 의미한다.

민감성 sensitivity이란 용어는 한 개체가 어떤 항원에 노출된 후 다시 동일한 항원에 노출되면 면역계가 예민한 반응을 보인다는 임상적 정의로부터 유래되었다. 이러한 과민성 증상은 면역과민반응을 유도하는 항원을 알레르기 항원이라 부르며 과민반응을 유발하는 분자, 세포 및 증상에 따라 제1형에서 제4형까지 4가지 종류로 분류하고 있다. 제1형부터 제3형은 항체 IgG, antibody 및 IgE 매개형 반응이며 제4형은 세포매개형 과민반응이다.

제1형 과민반응은 즉시형 과민반응 immediate hypersensitivity으로 알러젠에 대하여 생산된 항체 IgE와 비만세포 mast cell 간의 교차반응 cross reaction에 의하여 염증세포의 모임 및 염증물질의 방출에 의하여 일어나는 증상이다. 제1형 과민반응은 아나필락틱 쇼크 anaphylactic shock 및 아토피 atopy 증상으로서 가장 흔한 과민성 질환이다.

제2형 과민반응은 항체매개 과민반응 antibody dependant hypersensitivity이며, 주로 면역관용이 실패할 경우에는 IgG 및 IgM type 항체가 자기 항원에 대하여 반응하는 것으로서 수혈거부나 류마티스 염증 등의 자가면역 질환이 여기에 속한다.

표 16-8 과민반응의 종류

과민반응의 종류	매개자	활성화 면역기구	임상예
제1형 : 즉시형 과민반응	IgE	비만세포의 활성화 및 매개물질; 히스타민, 지질, 사이토카인	식품 알레르기, 아나필락틱 쇼크, 아토피, 천식 등
제2형 : 항체 매개 과민반응	IgG	세포의 옵소닌화, 항체매개 세포독성, 보체	약물 알레르기(페니실린),
제3형 : 면역복합체 매개 과민반응	IgG	보체 매개 탐식작용	혈관조직 손상
제4형 : 세포매개 과민반응	T-세포	지연성 과민반응, 식세포의 활성화, 사이토카인, T-세포 유입	투베르쿨린 반응

제3형 과민반응은 면역 복합체 매개 과민반응 immune complex-mediated hypersensitivit으로서 혈중의 항원-항체 복합체가 혈관 조직에 침착하여 보체의 활성화 기전을 유도함으로 조직상해를 유발하는 반응이다.

제4형 과민반응은 지연형 과민반응 delayed type hypersensitivity으로서 주로 항원의 재감작에 의하여 감작 부위에 주로 T 림파구가 모임으로써 조직 부종 및 염증을을 유발하는 작용으로 이식거부 반응 및 투베르쿨린 Tuberkylin 반응이 여기에 속한다(표 16-8).

1. IgE 항체 매개의 제1형 면역과민반응

제1형 면역과민반응은 알러젠에 대하여 생산된 IgE 항체 매개로 유발되며 즉시형 면역과민반응이라 한다. IgE 항체의 생산은 항원에 대한 Th2형 면역반응을 유발하는 성향에 기인하며, 한 개체가 Th2형 면역반응에 민감한 것은 유전적 요인과, 항원의 성질 및 항원 노출의 정도 등이다. Th2형 면역반응은 보조 T-세포가 생산하는 사이토카인에 의하여 유발되며, 대표적인 사이토카인은 IL-4이다.

IL-4는 항체전구체인 IgM으로부터 IgG1 및 IgE로의 전환을 유도한다. 제1형 면역과민반응을 일으키는 사람의 특징은 동일한 항원에 대하여 정상적인 사람은 IgG1 항체를 주로 생산하고 IgE 항체는 소량만 생산함에 비하여, 아토피나 알레르기 환자의 경우에는 비정상적인 IgE 항체를 생산하기 때문이다. 이렇게 동일한 항원에 대하여 IgE 항체를 비정상적으로 생산하는 이유는 유전적인 요소이며, 그 외의 이유는 아직 정확하게 해석되지 않았다.

선진국의 서양인의 약 40% 정도는 인간에 직접 감염을 일으키는 세균이 아닌 환경적 알러젠에 대하여 IgE 생산을 높이는 아토피성 체질을 가지는 것으로 분류되고 있고, 현재 우리나라에서도 아토피 인구는 증가추세에 있어 사회적 문제로 대두되고 있다.

이러한 환자의 경우 혈액 내의 총 IgE 함량은 정상인에 비하여 높고 동시에 호산구(염증을 일으키는 과립을 가진 백혈구의 일종)의 비율이 높다. 또한, 특정 알러젠에 대하여 과민반응이 없다 하더라도 갑자기 알레르기나 아토피로 발전될 가능성도 많다. 제1형 면역과민반응을 일으키는 기전은 다음과 같다.

(1) 제1형 면역과민반응의 작용기전

알러젠을 일으키는 항원인 알러젠 allergen의 주요 성분은 단백질 혹은 단백질과 결합한 화학물질이다. 제1형 과민반응은 T-세포 Th2 의존적이기에 T-세포가 인식할 수 있는 항원인 단백질 성분이 주로 알레르기를 유발한다. 생체에 알러젠이 들어오면, 1차적으로 알러젠 특이 수용체를 가진 B-세포가 알러젠을 인식하게 된다.

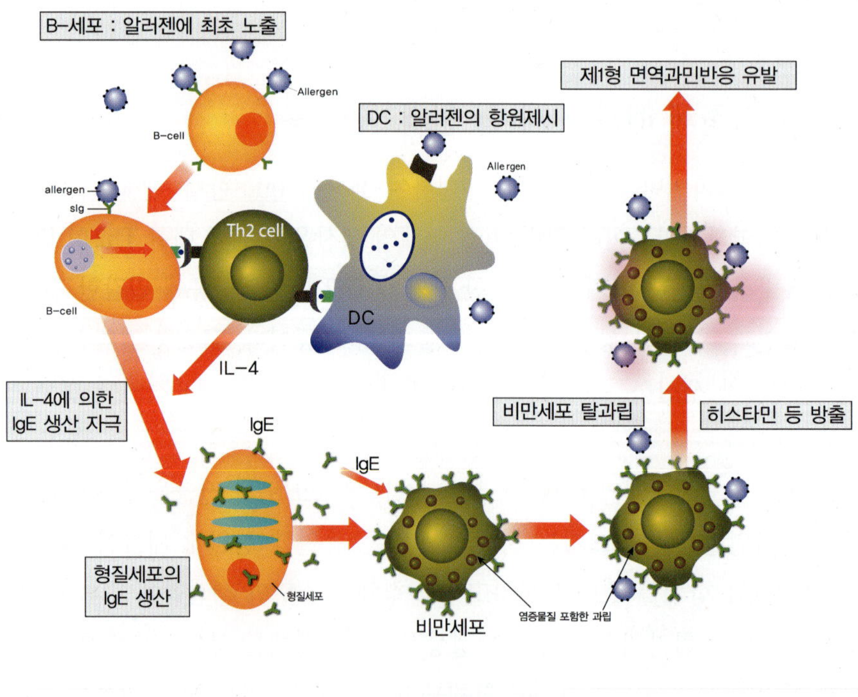

그림 16-8 제1형 면역과민반응

알러젠을 인식한 B-세포는 알러젠을 포식 phogocytosis하고, 가공하여 항원 펩타이드를 T-세포에 제시한다. 항원을 제시받은 T-세포는 Th2형으로 분화되고, IL-4와 IL-5 및 IL-13과 같은 사이토카인을 생성하게 된다.

한편, 알러젠 특이 수용체를 가진 B-세포는 알러젠을 인식 후, 분화되는 과정에서 Th2 세포가 생산한 IL-4의 영향을 받아 IgE를 생산하는 형질세포 plasma cell로 증식 및 분화하게 되며 IgE를 생산한다. 제1형 면역과민 환자는 정상인에 비하여 1,000배 이상의 IgE가 생산되기도 한다(그림 16-8).

일반적으로 항원에 의하여 생산된 IgG 항체는 혈액으로 들어가 전신을 순환하면서 감염부위로 들어가 생체방어 기능을 담당하게 되나, 면역과민반응에 의하여 생산된 IgE는 조직의 비만세포 mast cell와 반응하여 부착된 형태로 존재하게 된다. 이런 상태에서 동일한 알러젠에 재노출되었을 경우에 알러젠은 비만세포에 부착된 IgE와 항원-항체 반응을 유발하게 된다.

이 항원-항체 반응은 비만세포를 활성화하며 활성화 단계는 크게 세 가지로 설명한다.

첫째, 비만세포의 탈과립에 의한 히스타민 histamine의 방출에 의한 혈관투과성을 증진, 트립신 분해 효소 등에 의한 조직의 손상이다. 과립에서 방출된 히스타민은 혈관내피세포에 작용하여 혈관의 평활근 세포를 이완시키는 작용을 야기하며 동시에 혈관 이완작용을 야기하는 산화질소 NO의 합성을 유발하게 된다. 히스타민의 이러한 작용이 즉시형 과민반응의 발적의 주요 원인이 된다. 그러나 히스타민은 그들의 운반체에 의하여 급속하게 제거되기 때문에 작용시간은 매우 짧다.

둘째, 프로스타글란딘 및 류코트리엔 등의 지질 성분의 생산에 의한 혈관확장과 기관지 수축 및 백혈구의 화학주성의 유도이다. 따라서 IgE 매개의 즉시형 면역과민반응은 알러젠의 재감작 후 5~10분 이내에 두드러기라고 일컫는 부종 등의 증상을 야기하며 대개의 경우에는 한 시간 내에 완화된다.

셋째, 염증성 사이토카인의 생성, 즉 TNF-α, IL-3, IL-4 등의 사이토카인은 비만세포의 증식을 유발하고, IgE-항체의 생산 및 백혈구(주로 호중구 및 Th2 세포) 생산을 촉진하는 작용을 하는 알레르기 후기단계인 염증반응에 주된 역할을 하게 된다.

표 16-9 비만세포의 탈과립에 의하여 방출되는 염증성 인자

<table>
<tr><th colspan="2">염증매개물 생산 경로</th><th>염증매개물</th><th>기 능</th></tr>
<tr><td colspan="2" rowspan="2">비만세포 과립에 존재</td><td>히스타민</td><td>혈관투과성 증진</td></tr>
<tr><td>단백분해 효소</td><td>조직 상해</td></tr>
<tr><td rowspan="2">알러젠 재감작 반응에 의하여 비만세포에서 합성</td><td>지질 성분</td><td>프로스타그란딘, 류코트리엔 등</td><td>혈관확장, 기관지 수축, 혈관투과성 증진, 호중구 화학주성</td></tr>
<tr><td>사이토카인</td><td>TNF, IL-3, IL-4 등</td><td>비만세포 증식, 염증유발, IgE 생산, 점액분비, 호중구 생산 등</td></tr>
</table>

후기 단계 반응은 알러젠 노출 후 4시간부터 20시간 사이의 염증 유발 백혈구 보충 등의 염증반응을 유도하고 20시간 이후 점차 사라지게 된다. 표 16-9에 비만세포의 탈과립에 의하여 방출되는 염증성 인자들의 종류 및 특징에 대하여 설명하였다.

(2) 제1형 면역과민반응에 의한 질병

① 전신 아나피락시스

IgE 매개 즉시형 면역과민반응인 아나피락시스 anaphylaxis는 식품, 약물, 곤충의 독 등이 상피세포 혹은 장점막을 통해 재감작되었을 경우에 혈액을 통하여 전신적인 면역과민반응을 유발하는 것이다. 아나필릭시스 반응은 조직의 비만세포의 활성화에 의하는데 혈관의 이완에 의한 혈압의 저하 및 쇼크를 유발하며 종종 치명적이다.

증상은 주로 기도의 협착을 비롯하여 장의 과민반응 장과 호흡기의 점액증가 및 피부 두드러기 등을 야기한다. 통계에 의하면 즉시형 면역반응을 일으키는 원인은 식품, 약물(페니실린 계통) 및 곤충의 독(벌독) 등이 있다. 원인 식품으로는 메밀, 우유, 키위, 잣, 땅콩, 새우 등 여러 가지 식품 등이 있다. 그러나 원인 미상인 경우도 많다.

사망률은 즉시형 과민반응에서 0.1% 정도이다. 식품 아나필락시스에 의한 사망은 주로 천식 진단을 받은 환자에게서 일어나며, 약물과 곤충의 경우에는 주로 심혈관계에 작용하여 문제를 야기한다.

② 기관지 천식

기관지 천식은 폐에서 반복적으로 일어나는 즉시형 과민반응에 의한 염증질환으로 유병률이 5~10%에 달하는 매우 흔한 질병이다. 유병률은 선진국에서는 높고 저개발국에서는 낮게 발생한다. 이 증상은 기침, 천명, 호흡곤란 등이 주증상인 만성 호흡기 질환이고 비만세포에서 분비되는 류코트리엔에 의한 호산구의 침윤에 의한 기관지 염증 및 기관지 평활근의 수축이 주원인으로 생각한다.

천식은 때때로 치명적일 수 있으며 약 70%의 경우가 IgE 매개의 즉시형 과민반응이고, 30%의 정도는 약물과 추위 및 운동과 같은 비면역학적인 원인에 의하여도 발생할 수 있다.

③ 알레르기 비염

알레르기 비염 hay fever은 우리나라를 포함하여 전 세계적으로 20~30%의 유병률을 가진 매우 흔한 알레르기 질환이며 꽃가루 및 집먼지 진드기 등이 주원인이 된다. 증상은 점막 부종, 백혈구 침윤, 기침, 재채기 및 코가려움 등이다.

④ 아토피 atopy 질환

아토피의 그리이스 어원은 atopos로 기묘한 질병 strange disease이란 의미이며, 우리나라에서는 나이가 들면서 많이 걸으면 낫는 병이라 하였다. 아토피는 보통 소아기 또는 사춘기에 알러젠 allergen에 감작되어 IgE 항체를 생산하는 개인적 혹은 가족적 성향이다. 그 결과 천식과 비/결막염 또는 습진 등 전형적 증상이 발생할 수 있다. 아토피 질환을 가진 사람은 IgE-감작에 의하여 유발되기에 IgE 항체 고 반응자에 대한 임상적 정의라 할 수 있다.

아토피의 가장 큰 증상은 피부의 가려움증이다. 아토피 환자의 가려움증은 행위를 유발하고 그것은 또 피부 염증을 유발한다. 염증은 다시 가려움증을 유발하는 악순환이 반복되며 이 과정에서 피부의 손상 및 바이러스나 세균에 의한 2차 감염을 유발하게 된다. 전체 아토피의 60% 정도가 1세 미만에 유발되며 나이가 들면서 치유되는 경향이 있지만 최근에는 성장에 따른 치유율이 감소하고 있다.

⑤ 음식물 알레르기

섭취한 식품에 의한 즉시형 과민반응으로 전신 아나필락시스가 유발되기도 한다. 증상으로 구토 및 설사가 있고 두드러기 반응이 주로 유발된다. 많은 음식 알레르기원이 있지만 가장 흔한 것은 땅콩과 조개 및 생선 등이 있다.

⑥ 피부 알레르기

알러젠의 직접접촉 혹은 장관을 통한 흡수에 의하여 피부의 비만세포 감작에 의한 두드러기 혹은 발작반응을 나타내는 경우이다.

2. IgG 항체 매개의 제2형 면역과민반응

IgG 항체는 정상적으로는 감염에 대한 숙주의 자기방어에 관여하는 항체지만 일부의 경우에 과민반응을 유발한다. 즉, IgG 항체는 때때로 비감염성 항원(주로 자기항원)과 반응하여 급성 혹은 만성 과민반응을 유도한다. IgG 항체가 매개하는 제2형 면역과민반응은 대개 면역관용 immunologic tolerance의 이상에 의하여 야기되는 자가면역질환을 야기한다.

면역관용은 한 번 노출되었던 항원에 대하여 숙주가 동일한 항원에 재노출되었을 때 면역반응이 일어나지 않는 현상이다. 따라서 숙주는 자기 항원에 대하여는 면역반응을 유도하지 않는 자기관용 self-tolerance을 나타내며 이는 정상적인 면역계가 가지는 기본 성질이다. 그러나 이 기전에 문제가 생겨 자기관용 기전이 실패하면, 자신의 세포나 조직 등 자기항원 self-antigen에 대하여 면역반응을 나타내게 되는데, 이를 자가면역 autoimmunity이라 한다.

이러한 자가면역 질환의 원인은 특정 병원균, 약물(항생제인 페니실린, 항심부정맥제인 퀴니딘 등)에 대하여 생긴 항체가 숙주의 자기 항원과 반응하여 야기될 수 있다.

그러나 항체 매개 면역반응이 일부에서만 유발되는 원인으로 유전적인 요인이 관여되는 것으로 알려져 있지만 그 궁극적인 원인에 대한 이해는 아직 확실하게 밝혀져 있지 않기에 이에 대한 이해는 면역학 분야에서 해결해야 할 중요한 부분으로 남아 있다. 주로 자기 항체에 의하여 유발되는 제2형 면역과민반응을 유발하는 병리학적 질환의 대표적인 기전은 항체의 옵소닌작용에 의한다.

특정 조직의 세포에 대하여 생성된 항체 단독 혹은 항체-보체는 항체 혹은 보체 대한 수용체를 가지고 있는 대식세포에 의하여 쉽게 포식되어 제거된다. 이렇게 대식세포에 포식되기 용이하도록 항체가 표적세포 혹은 물질에 반응하는 작용을 옵소닌작용 opsonization이라 하며, 가장 흔한 자가면역반응의 원인이 된다. 그 외에도 자기 세포를 손상시키는 기전은 항체-보체 결합 및 항체 의존성세포독성 ADCC 등이 있다.

(1) 자가면역 용혈성 빈혈, 자가면역 혈소판 감소성 자반병

자신의 적혈구 혹은 혈소판의 막단백질에 대하여 생성된 항체가 옵소닌작용에 의하여 이들 적혈구 및 혈소판을 제거함으로써 용혈이나 빈혈 등의 증상을 야기한다.

(2) 급성 류마티스 열

아직 확정되지 않은 이유로 생긴 항체가 자기 심근과 반응함으로 염증을 유발하는 심근염 및 관절염이 이에 속한다.

(3) 그레이브스 병 갑상선기능 항진증

갑상선 자극호르몬 TSH, thymus stimulation hormonel의 수용체에 대한 항체가 생성되어 수용체와 반응함으로써 갑상선 호르몬 thyroxine, triodothy-ronine의 분비를 촉진시키는 질병이다.

(4) 인슐린 저항성 당뇨병

인슐린의 분비는 정상적이나 인슐린 감수성이 낮아지는 질병을 의미한다. 인슐린 저항성 당뇨의 원인 중 하나는 세포의 인슐린 수용체에 대한 자가항체의 생산이다. 이 항체는 세포의 인슐린 수용체에 반응하여 인슐린의 결합을 방해함으로써 당뇨를 유발하게 된다.

3. 면역복합체 매개의 제3형 면역과민반응

수용성의 항원이 항체와 결합한 경우나 정상적일 경우, 대식세포의 탐식작용에 의하여 제거된다. 그러나 탐식세포가 제거하기에 많은 양의 항원이 있어 여분의 항원-항체 복합물은 혈관벽에 침착하게 되고 이러한 복합물은 결국 제거되는 과정에서 항체에 대한 수용체를 가진 백혈구의 침윤을 유발하여 염증을 야기하게 되므로 혈관의 주위를 손상시키게 된다.

(1) 전신성 홍반성 루푸스 systemic lupus erythematosus

루푸스 lupus는 라틴어의 '늑대' 라는 의미이며, 반복적으로 붉은 빛의 피부염이 나타난다. 주로 여성에게 많이 발생하며, 특히 흑인 여성에서 많이 발생한다. 발병 원인은 죽은 자기세포가 효과적으로 제거되지 못할 경우에는 자기 항원에 대한 항체가 생성되어 발생되는 병변이다. 이들 항원-항체 복합체는 사구체 신장염, 관절염, 동맥의 혈관염 등을 유발하기도 한다.

(2) 혈청병 serum sickness

항체의 수동면역에 의하여 유발되는 혈관과 주위 조직의 손상을 야기하며 지속적인 수동면역은 관절염과 피부반점 및 발열현상을 유발한다. 수동면역은 특별한 병의 치료 목적으로 이종의 동물에서 생산한 항체를 다른 숙주에 주사하는 것으로서 치료목적으로 투여된 이종항체가 숙주에서는 항원으로 작용하기에 과량의 항원-항체 복합물이 형성됨으로 식세포에 의한 제거가 불충분하게 된다.

혈청병은 면역복합체 매개 면역과민반응의 전형적인 예로서 특이 질병의 치료 목적으로 이종항체를 주사하는 방법은 주로 과거에 사용한 방법이다. 뱀 독소로 면역된 말에서 얻은 혈청을 독사에게 물린 사람에게 주사함으로써 뱀독을 중화시키는 방법은 현재에도 사용되고 있다.

4. 면역세포 매개의 제4형 면역과민반응

제4형 면역과민반응은 즉시형 반응이 아니고 항원의 재감작 몇 시간 후부터 일어나기에 지연성 과민반응 DTH, delayed type hepersensitivity이라고 불리며 제

1-3형 과민반응과는 다르게 주로 항원 특이적 T-세포 매개로 유발되는 면역과민반응이다. 지연성 과민반응의 작동기전은 세포매개 면역반응과 동일한 기전을 가진다. 즉, 항원에 재감작된 T-cell Th1 cell은 IFN-γ 및 TNF-β와 같은 염증성 cytokine을 생산한다. 생산된 사이토카인은 혈관내피 세포에 반응하여 혈관투과성을 증진시킴으로써 염증장소에 백혈구(대식세포, T-세포) 및 혈장 성분이 이입되어 국소부위 팽창을 유발하게 된다.

이러한 반응은 항원 재감작 후 최소 몇 시간이 필요하고 그 반응은 72시간 정도까지 지속되기도 한다. 지연성 과민반응의 가장 좋은 예는 투베르쿨린 검사이다. 즉, 결핵균 Mycrobacterium *tuberculosis*으로부터 얻은 항원인 투베르쿨린 tuberculin을 피하주사하면 결핵균에 감작된 개체(예방주사 맞았거나 감염 후 완치된 사람)는 약 24~72시간 후에 피하주사된 국소부위에 결핵균에 대한 Th1-세포매개의 세포성 면역반응(염증에 의한 부종)이 일어난다.

이 부종의 발현 결과로 결핵균에 대하여 숙주의 방어력이 생성되었는지를 확인할 수 있다. 지연성과민반응에 의한 질병의 야기는 주로 세포독성 T-세포에 의한 자기세포의 살해 · 활성화된 대식세포가 생산하는 반응성 산소 대사산물, 산화질소 및 염증성 사이토카인에 의한 세포살해가 원인이 되며 다음과 같은 질환이 있다.

(1) 접촉성 과민반응 contact hypersensitivity reaction

담쟁이덩굴 독 toxin, 화학물질, 일부 곤충 단백질 및 화장품, 중금속 등과 접촉함으로써 유발되는 발진을 말한다. 이러한 성분은 생체 세포의 변형을 유발하는데, 이렇게 변형된 자기세포는 주로 세포독성 T-세포에 의하여 제거된다. 세포독성 T-세포가 변형된 세포를 살해하는 과정에서 활성화된 대식세포가 생산하는 염증에 의한 발진이 일어난다.

(2) 제1형 당뇨병 인슐린 의존성 당뇨병, IDDM

인슐린을 분비하는 췌장 β-세포에 대한 Th-1 세포에 의한 지연성 과민반응, 세포독성 T-세포에 의한 살해 및 자가항체에 의한 세포손상이 원인이 되어 인슐린 분비에 이상이 생김으로 나타나는 대사성 질환으로 고혈당과 케토산증 ketoacidosis을 특징으로 한다. 만성합병증으로는 진행성동맥경화증, 모세혈관 폐쇄에 의한 망막손상 및 말초신경 이상을 유발한다.

(3) 류머티스 관절염 rheumatoid arthritis

발병 원인으로 유전적 요인이 있고, 정상적인 경우 세균이나 바이러스 감염에 대하여 방어를 하는 면역세포가 관절 내에서 어떤 이유로 강한 염증을 유발하여 나타나는 자가면역질환으로 주로 관절에 손상을 주는 질병이다.

염증 부위에 T-세포 및 항체생산 B-세포(형질세포)가 모두 관찰되는 점으로 보아 세포매개 면역반응 및 항체매개 면역반응 모두 관여하는 것으로 알려져 있다. 염증부위의 뼈는 손상을 받아 파괴되며 염증성 세포에 의한 IL-1β, TNF-α 및 IFN-γ 등의 염증성 사이토카인이 존재한다.

(4) 염증성 장질환 크론 병, 궤양성 대장염

염증성 장질환의 정확한 원인 인자는 아직 정확히 알려져 있지 않지만 유전 및 여러 가지 환경인자에 의하여 지속적으로 장내의 세균총에 의한 점막의 자극에 기인되는 T-세포 및 대식포의 활성화, 염증성 사이토카인의 생산 등에 의한 염증반응의 산물이다. 점막 상피층의 손상은 지속적인 조직손상과 염증반응에 의한 장내세균 및 독소의 자극이 유지되기에 만성질환으로 발전하게 된다.

크론병은 위생가설과 일치하는 질병의 하나로서 기생충의 감염이 많은 지역에서는 드물고 기생충 감염이 적은 선진국에서 흔하게 발생한다. 크론병의 치료와 대한 임상연구 결과 돼지의 장내 기생충(편충)인 Trichuris suis의 알을 환자에게 투여한 결과 70% 이상이 유효한 치료 효과를 보였다는 보고가 있다. 이러한 연구결과는 다른 면역과민질환인 다발성 경화증, 천식, 알레르기 비염 등의 치료 가능성을 시사하였다.

(5) 기 타

중추신경계에 이상이 생긴 질환으로 허약이나 마비의 증세를 가지는 다발성 경화증, 바이러스 감염에 의하여 유발되는 것으로 보고된 자가면역성 심근염 등이 있다.

16-4 Allergy의 원인 및 치료

1. Allergy의 원인

(1) 체 질

Allergy를 일으키기 쉬운 체질은 유전성이 강하다. 유전적 소인이 있을수록 발병시기가 빠르기 때문에 영유아기에 주로 발병한다. Allergy가 일어날 위험성이 큰 유아는 생후 6개월 동안 오직 모유만을 먹이고, 부득이한 경우에는 단백질 가소분해 조제유를 보충으로 섭취시킨다. Allergy가 가장 많이 일어나는 시기인 생후 2, 3세 때에는 우유, 달걀, 땅콩, 생선 등 제1형 면역과민반응을 유발할 수 있는 식품은 제한토록 한다.

영유아기 때에는 allergy 원인이 주로 식사성이지만 나이를 먹어감에 따라 흡입성 allergen이 원인이 된다. 따라서 일상생활 중에 여러 가지 환경에 반복 접촉하거나 자극을 받아 allergy 반응이 유발될 수 있다.

(1) 위생가설 Hygiene hypothesis

1976년 Gerrad는 카나다에서 시골에 거주하는 Mertis 인디안들은 백인들에 비하여 IgE 항체의 농도가 낮다는 것을 처음 확인하였다. 그 후 1989년 Strachan은 사회가 산업화되고 공중보건이 좋아지며 예방접종의 보급과 항생제의 사용은 감염성 질환을 감소시키며, 따라서 감염에 대하여 생체가 정상적으로 면역체계를 자극할 기회가 상실되어 과민성 면역질환인 알레르기 및 아토피 등의 질환의 발생이 급증한다는 위생가설을 제창하였다.

이 가설은 여러 가지 임상연구 결과를 통하여 증명되고 있는데, 생후 1년간의 영아기 시절의 감염에 의한 Th1 면역반응의 성숙이 중요하며, 따라서 감기와 같은 바이러스 원인 질환을 자주 앓을수록 성인이 되었을 경우에는 천식에 걸릴 확률이 낮다는 보고가 있다. 학자들은 이 시기에 지나친 위생관념이나 지나친 항생제 사용은 바이러스에 노출될 확률은 줄이지만 아토피 질환을 유발할 수 있다고 발표했다.

통계자료가 보여주는 것은 환경의 도시화 및 현대화가 알레르기 질환의 유병률을 높이는 것은 확실하기에 위생적으로 지나치게 청결함은 이후 알레르기 질환의 유병률을 높인다는 것은 확실하다. 또한 형제의 수도 중요한 요인이 되는데 혼자인 아이보다 두 명 이상의 아이가 있는 가정의 경우에는 바이러스성 질환의 노출 확률이 높아 알레르기 질환의 유병률이 떨어진다는 보고도 있다.

그러나 아이 수가 많은 육아시설에서 자란 아이들의 경우에는 천식 유병률이 높다는 보고도 있는 바, 어린이들을 무조건적으로 여러 가지 환경에 무차별적으로 노출시켜 알레르기 질환을 억제한다는 것은 아직은 위험하다 생각되며 확실한 알레르기 질환의 유병률이 증진되는 원인에 대한 확실한 이유가 밝혀지기를 기대한다.

2. Allergen의 종류

Allergy의 원인이 되는 allergen의 종류는 대부분 단백질이며 요약하면 표 16-10과 같다.

모든 식품이 allergen으로서 작용할 가능성을 가지고 있다. 그러나 그 중에서 소수만이 이상반응을 초래하게 한다. 특히, 동물성 · 식물성 식품을 구성하는 단백질 성분이 allergen이 되는 경우가 대부분이다. 또한 곰팡이 및 자율신경을 흥분시키는 식품도 allergen으로 작용하기도 한다. 식품 allergen을 정리하면 다음과 같다.

표 16-10 알러젠의 종류

Allergen 구분	내 용
흡 입 성	먼지, 진드기, 화분류, 깃털류, 진균류(곰팡이 포자 등)
식 사 성	땅콩, 우유, 달걀, 어패류, 채소류, 메밀, 고등어, 조개 등
접 촉 성	화학약품, 화장품, 칠, 염색약, 세제, 비누 등
약 물	penicillin, aspirin, sulfa제 등
기 타	세균류와 대사산물, 기생충, 곤충류 등

표 16-11 식품 알러젠의 종류

식품 Allergen	내 용
식물성 식품	땅콩, 메밀, 밀, 대두, 마, 토란, 밤, 샐러드, 오이, 우엉, 쑥갓, 고비, 고사리, 죽순, 시금치, 더덕, 가지, 토마토, 복숭아, 바나나, 키위, 파인애플, 사과, 귤 등
동물성 식품	우유, 돼지고기, 달걀, 난류, 고등어, 꽁치, 삼치, 게, 새우, 오징어, 조개류, 낙지, 연어 등
식품 첨가물	가공식품, 보존식품, 조미료 등
곰팡이	된장, 간장, 고추장 등에 생긴 곰팡이
자율신경 흥분식품	고추, 겨자, 고추냉이, 알코올, 커피, 차 등
기 타	떡, 밥 및 단백질 식품 과식 시

3. Allergy의 치료

(1) 식사요법

특정 식품 섭취 시에 allergy 증상이 일어나면, 즉시 그 식품의 섭취를 중단한다. allergy를 유발할 수 있는 확률이 많은 식품의 동시 섭취를 금한다. 우유, 달걀, 대두 등은 allergy를 잘 유발하는 대표적 식품이다.

① 항원의 제거

식사성 allergy는 자세한 식습관 조사가 필요하며, 이것을 통하여 싫어하는 음식 중에서 알레르기 식품을 발견할 수도 있다. Allergy성 식품의 제한이나 금식 기간은 증세의 정도와 체질에 따라 의사의 처방에 따른다. 일반적으로 allergy를 유발하는 항원성이 강한 식품은 섭취를 제한하며 증상에 따라 소량부터 천천히 양을 증가하여 섭취하기도 한다. 강한 allergy 반응을 유발하는 식품의 경우, 1~2년간 혹은 평생 섭취를 금해야 할 수도 있다.

금기식품이 많아지면 영양학적으로 충분한 식단의 계획이 어렵기에 유사식품으로 대치해야 한다. 특히 단백질 식품에 대하여는 세심한 주의를 요한다. 예로서 우유 allergy가 있는 사람의 경우에는 분유나 발효유로 바꾸었을 때 allergy 증상이 나타나지 않을 수 있다. 또한 밀에 예민한 사람은 보리로, 고등어 등의 등푸른 생선에 예민한 사람은 동태 등으로 대치하면 allergy가 유발되지 않을 수 있다.

② 조리법 변경

찬 우유에 예민한 사람이 따뜻하게 마실 경우, 생달걀에 예민한 사람이 가열 조리한 달걀을 섭취할 경우, 빵에 예민한 사람이 바싹 구운 토스트를 먹을 경우 allergy 증상이 억제될 수 있다. 이러한 현상은 allergy를 유발하는 물질이 단백질임을 의미하는 것으로 열에 의한 단백질 변성은 allergy로서의 기능을 소실하게 하기 때문이다. 동시에 allergy는 염증반응이기에 염증을 악화시키는 알코올의 섭취는 금한다.

③ 식품선택의 조건

가공식품은 되도록 피하고 첨가내용을 확인한다. 채소류는 향이 강한 것을 피하고 가능한 한 가열 조리한다. 향신료는 가능한 쓰지 않고 기름은 신선한 것을 사용한다. 소화흡수가 잘 되는 음식을 섭취한다. 특히 어린이의 경우는 간식 음료 중에 allergen을 함유하는지 신경을 쓴다.

④ 기 타

과식 및 과음은 allergen의 섭취를 증진함으로 증상을 악화하기에 피하고 동시에 알코올을 섭취하지 않는다. Allergy 치료에 비타민 B 복합체, 비타민 C가 특히 유효함으로 신선한 과일과 채소를 충분히 섭취한다. 음식의 맛은 싱겁고 맵지 않게 하며, 향신료 및 자극성 조미료를 금한다. 커피, 차, 콜라 등도 금하고 소화가 잘 되지 않는 식품이나 장내 가스 형성 식품을 금하며 규칙적인 식생활을 유지한다.

(2) 면역치료

① 염증의 억제

염증성 사이토카인의 생산을 억제하는 스테로이드가 대표적이다. 스테로이드는 흡입제나 전신적 치료제로서 사용하며, 비스테로이드제로서 내피세포에 백혈구의 흡착을 억제하는 물질에 대한 연구가 진행되고 있다. 또, 기관치 천식의 억제방법으로 평활근의 수축을 억제하기 위하여 에피네프린 및 에피네프린 유사 약제가 있으나 장기작 사용시에는 심각한 부작용을 초래할 수 있다.

② 탈감작 desensitization 치료

항원에 대한 IgE의 농도를 감소시키게 하는 방법으로 알레르기를 일으키는 알러젠의 양을 소량으로부터 몇 개월에 걸쳐 항원량을 늘려 면역하는 방법이다. 이 방법은 IgE의 생산은 억제하나 IgG 항체의 생산을 증진시킴으로 항원에 대한 중화 기능을 높이는 방법이다. 이 치료법의 정확한 기전은 완전히 밝혀지지 않았으나 곤충독과 같은 단백질 항원 및 페니실린에 의한 급성 아나필락시스의 예방에는 매우 성공적이었다.

참고 문헌

- 강구일 · 강동원 · 김재하 · 배진우 · 손동렬 · 이대희 · 이성룡 · 이재흔 · 이회영 · 정원석 · 정지창 · 주일로 · 차인준 공역, "간추린 약리학", 정문각, 2002.
- 강남이 · 권순형 · 김경민 · 김순미 · 정혜경 · 조미숙, "New 영양생리학", 지구문화사. 2012.
- 고려대학교 의과대학 병리학교실. 병리학. 신광출판사. 2001.
- 국가암정보센터, http://www.cancer.go.kr
- 국립암센터, http://ncc.re.kr
- 국민건강통계 –국민건강영양조사 제4기 3차년도. 질병관리본부. 2009.
- 국제암연구소, International agency for research on cancer, http://www.iarc.fr/
- 권종숙 · 김경민 · 김혜경 · 장유경 · 조여원 · 한성림, "사례와 함께 하는 임상영양학", 신광출판사. 2012.
- 김대식 · 김종규 · 최화식 · 황수미, "폐기능 및 기타 생리검사학. 고려의학", 2009.
- 김동준. 2012년 미국당뇨병학회 당뇨병 표준진료 권고안 요약, 대한당뇨병학회지, 2012.13(1); 7 ~ 15.
- 김용규. 사업장에서 문제가 되는 호흡기질환의 관리. 한국산업간호협회지. 15(3). 2008.
- 김우준 · 김호진, "다발성 경화증", 대한의사협회지. 52(7) 665–676. 2009.
- 김은미 · 나미용 · 박미선 · 백희준", 임상영양관리지침서. 대한영양사협회. 1999.
- 김혜영 외 19인, "식이요법", 지구문화사, 2008.
- 김혜영 외 19인, "식이요법", 지구문화사, 2011.
- 대한간질학회, 임상간질학, PUBLIC, 2010.
- 대한뇌졸중학회, 뇌졸중 진료지침, 2009.
- 대한당뇨병학회, http://www.diabetes.or.kr
- 대한암협회, http://www.kcscancer.org
- 류혜진, "식후 고혈당의 약물요법", 대한당뇨병학회지, 2012, 13(1), 39–44.
- 보건복지부 통계포털, http://stat.mw.go.kr
- 사단법인 대한영양사협회, 임상영양관리지침서 제3판. (주)메드랑. 2008
- 서정숙 · 여인법 · 최미숙, "임상영양학", 지구문화사. 2010.

- 손숙미 · 임현숙 · 김정희 · 이종호 · 서정숙 · 손정민, "임상영양학", 교문사. 2011.
- 식품약품안정청, 연구용역 개발과제. 2010.
- 안은영 · 정현애, "파킨슨병의 병태생리", 고령자 · 치매작업치료학회지. 3(1). 1-9. 2009.
- 윤옥현 · 이영순 · 이경자 · 최경순 · 오순덕 · 이정실", 포인트 식사요법", 교문사. 2012.
- 이미숙 · 이선영 · 김현아 · 정상진 · 김원경 · 김현주, "임상영양학", 파워북. 2010.
- 이연숙 · 구재옥 · 임현숙 · 강영희 · 권종숙, "이해하기 쉬운 인체생리학", 파워북. 2011.
- 이영남 · 노희경 · 임병순 · 김성환 · 이애랑 · 권순형 · 이정실 · 조금호, "임상영양학", 수학사. 2008.
- 이은정, "식후 고혈당이 혈당조절에 미치는 영향", 대한당뇨병학회지. 2012,13(1); 23-2
- 이채우, "파킨슨병 치매에 대한 고찰", 고령자 · 치매작업치료학회지. 3(2) 59-71. 2009.
- 유정아, "식후 고혈당의 식사요법", 대한당뇨병학회지, 2012, 13(1); 33-39.
- 장유경, 변기원, 이보경, 이종현, 이홍미, 조영현. 임상영양관리. 도서출판 효일. 2011.
- 전시자 외 9인, "성인간호학", 현문사, 2012.
- 주은정 · 이경자 · 박은숙 · 유현희, "질병맞춤형 임상영양학", 교문사. 2012.
- 한국 지질 · 동맥경화학회. 이상지질혈증 치료지침제정위원회, 이상지질혈증 치료지침서 2판 수정보완판. 2011.
- 한정순 외 5인, "간호와 영양", 메디시언, 2010.
- 한상숙 9인 집필, "New 해부생리학", 메디시언. 2010.
- 한창동 편역, "관절수술 Arthritis surgery", 도서출판 아카데미아. 2005.
- 황진아 · 고인종 · 김수연 · 박정와 · 심유진 · 정은정 · 정해연 · 황혜진, "재미있는 인체생리학", 수학사. 2012.

- Adhami VM, Mukhtar H, "Human Cancer Chemoprevention: Hurdles and Challenges" Top Curr Chem. 2012. [Epub ahead of print]
- Alberti KG, Zimmet PZ, "Definition, diagnosis and classification of diabetes mellitus and its complications. Part 1: diagnosis and classification of diabetes mellitus provisional report of a WHO consultation, "Diabet Med. 1998; 15(7): 539-53.
- American cancer society, http://www.cancer.org/
- Bethesda, MD. The Seventh Report of the Joint National Committee on Prevention, Detection, Evaluation, and Treatment of High Blood Pressure(JNC 7).

National Institutes of Health. 2003

- Bosaeus I. Nutritional support in multimodal therapy for cancer cachexia. Support Care Cancer. 2008; 16(5): 447–51.
- DeBruyne LK, Pinna K, Whitney EN. Nutrition & diet therapy. Cengage learning. 2008
- Ellie Whitney, Sharon Rady Rolfes. Understanding Nutrition, 12th edition. Wadsworth, Cengage Learning. 2011
- Fearon K, Arends J, Baracos V. Understanding the mechanisms and treatment options in cancer cachexia. Nat Rev Clin Oncol. 2012. [Epub ahead of print]
- George V.Z. Dedoussis, Andriana C. Kaliora, and Demosthenes B. Panagiotakos. Genes, Diet and Type 2 Diabetes Mellitus: A Review. Rev Diabet Stud. 2007; 4(1): 13–24.
- Gould DW, Lahart I, Carmichael AR, Koutedakis Y, Metsios GS. Cancer cachexia prevention via physical exercise: molecular mechanisms. J Cachexia Sarcopenia Muscle. 2012. [Epub ahead of print]
- Harvey Ra, Champe PC, Howland RD, and Mycek MJ. Lippincott's Illustrated Reviews: Pharmacology, 3rd ed. Lippincott Willams & Wilkins, Philadelphia, USA. 2005
- Insel Paul, Turnner R. Elaine, Ross Don. Discovering Nutrition, 2nd edition. Jone and Bartlett. 2006
- Jun KR, Park HI, Chun S, Park H, Min WK. Effects of total cholesterol and triglyceride on the percentage difference between the low-density lipoprotein cholesterol concentration measured directly and calculated using the Friedewald formula. Clin Chem Lab Med 46: 371–5. 2008
- Kakizoe T. Asian studies of cancer chemoprevention: latest clinical results. Eur J Cancer. 2000; 36(10): 1303–9.
- Key TJ, Schatzkin A, Willett WC, Allen NE, Spencer EA, Travis RC. Diet, nutrition and the prevention of cancer. Public Health Nutr. 2004; 7(1A): 187–200.
- Kondrup J, Allison SP, Dlia M, Vellas B, Plauth M. ESPEN Guidelines for Nutrition Screening 2002. Clin Nutr 2003; :22: 415–421
- Kuzuya T et al. Report of the Committee on the classification and diagnostic criteria of diabetes mellitus. Diabetes Res Clin Pract. 2002; 55(1): 65–85.

- Laura, Eric and Jacob. Human Physiology, 8th edition. Mc Graw Hill. 2004
- Linda Brannon, Jess Feist. Heahth psychology: An introduction to behavior and health. CENGAGE Learning. 2007
- Mahan L. Kathleen, Escott-Stump Sylvia. Krause's Food & Nutrition Therapy, 12th edition. Saunders, an imprint of Elsevier Inc. 2008
- Matatease LE et al. Contemporary Nutrition Support Practice: A Clinical Guide, 2nd ED., Saunders Company. P. 24., 2003
- Michelle McGuire, Kathy A. Beerman. Nutritional Sciences From Fundamentals to Food, 2nd edition. Wadsworth, Cengage Learning. 2011
- Michelle McGuire, Kathy A. Beerman. Nutritional Sciences From Fundamentals to Food. Thomson Wadsworth. 2007
- Mukhtar H. Chemoprevention: making it a success story for controlling human cancer. Cancer Lett. 2012; 326(2): 123−7.
- Sharon Rady Rolfes, Kathryn Pinna, Ellie Whitney. Understanding Normal and Clinlcal Nutrition, 7th edition. Wadsworth, Cengage Learning. 2006
- Stephen Hodgson, M.D. Editor in Chief. Mayo Clinic on Osteoporosis. Mayo Clinic Rochester, Minnesota. 2003
- Surh YJ. Cancer chemoprevention with dietary phytochemicals. Nature Reviews Cancer. 2003, 3: 768−780.
- Third report of the national cholesterol education program expert panel on detection, evaluation, and treatment of high blood cholesterol in adults. National Institutes of Health, National Heart, Lung, and Blood Institute. NIH Publication No. 02−5215. 2002
- Unwin N, Shaw J, Zimmet P, Alberti KG. Impaired glucose tolerance and impaired fasting glycaemia: the current status on definition and intervention. Diabet Med. 2002; 19(9): 708−23. Review
- Venkateswaran V, Klotz LH. Diet and prostate cancer: mechanisms of action and implications for chemoprevention. Nat Rev Urol. 2010; 7(8): 442−53.
- Waugh N, Cummins E, Royle P, Clar C, Marien M, Richter B, Philip S. Newer agents for blood glucose control in type 2 diabetes: systematic review and economic evaluation. Health Technol Assess. 2010; 14(36): 1−248.
- Williams MT, Hord NG. The role of dietary factors in cancer prevention: beyond

fruits and vegetables. Nutr Clin Pract. 2005; 20(4): 451−9.

- Wordlaw Gordon M., Hampl Jeffrey S., DiSilvestro Robert A. Perspectives in Nutrition 6th edition. Mc Graw Hill. 2004
- Yeong Wook Song, Jae Seung Kang. etc. α-Enolase Expressed on the Surfaces of Monocytes and Macrophages Induces Robust Synovial Inflammation in Rheumatoid Arthritis. The American Journal of Immunology. July, 2011
- Yusof AS, Isa ZM, Shah SA. Dietary patterns and risk of colorectal cancer: a systematic review of cohort studies(2000−2011). Asian Pac J Cancer Prev. 2012; 13(9): 4713−7.
- http://en. Wikipedra.org
- http://en.wikipedia.org
- http://www.americanheart.org
- http://www.cengage.com/global.
- http://www.cengage.com/wadsworth.
- http://www.evolve.elsevier.com
- http://www.health.jbpub.com
- http://www.hypertension.or.kr
- http://www.ichapters.com
- http://www.ksn.or.kr
- http://www.mhhe.com/fox8
- http://www.nhbi.gov/guidelnes/cholesterd/aptIII-rpt, html
- http://www.snuh.org

찾아보기 (INDEX)

ㄱ

ㄴ

ㄷ

ㄹ

ㅁ

ㅂ

ㅅ

ㅍ

ㅎ

INDEX

NEW
임상영양학

2013년 3월 1일 초판 인쇄
2013년 3월 5일 초판 발행

저 자 김미현/양경미/윤정미/윤택준
이복희/이양순/허은실

발행인 주 병 오

발행처 지구문화사 JIGU PUBLISHING Co.

경기도 파주시 회동길 209 (문발동)
파주출판문화정보산업단지 518-2

영업팀 (031) 955-7566 · 7577
편집팀 (031) 955-7731
FAX (031) 955-7730
홈페이지 www.ji-gu.co.kr
전자우편 jigupub@hanmail.net
등록번호 1979년 7월 13일 제 9-57호

ISBN 978-89-7006-631-8 값 24.000원

식품구성
자전거
곡류
고기 · 생선
달걀 · 콩류
채소류
과일류
우유
유제품류
MILK